普通高等教育公共基础课计算机类系列教材

大学计算机基础

主　编　姜　楠　高　巍　张丽秋

副主编　王淮中　张　颜　张立忠

科 学 出 版 社

北　京

内 容 简 介

本书是高等院校非计算机专业的计算机基础课程所用教材，根据教育部高等学校大学计算机课程教学指导委员会编制的《大学计算机基础课程教学基本要求》编写而成。

本书共 9 章，主要内容包括计算思维与计算机基础概述、计算机系统概述、操作系统基础、WPS Office 办公软件、计算机网络基础与网络安全、算法与数据结构、程序设计基础、数据库技术基础和 IT 新技术。

本书凝练了计算机科学与技术中相关的基本理论、方法和技能，内容丰富，概念清晰，深入浅出，简明易懂，既强调实用性又兼顾前瞻性，注重培养大学生的计算思维能力。为了提高学生的实践能力，本书还有配套的实验辅导书《大学计算机基础实验教程》（姜楠、张颜、王淮中，科学出版社）。

本书可以作为高等学校计算机公共基础课的教材，也可以作为计算机培训教材和计算机爱好者的自学教材。

图书在版编目(CIP)数据

大学计算机基础/姜楠，高巍，张丽秋主编. —北京：科学出版社，2022.8
（普通高等教育公共基础课计算机类系列教材）
ISBN 978-7-03-072958-3

Ⅰ. ①大… Ⅱ. ①姜… ②高… ③张… Ⅲ. ①电子计算机-高等学校-教材 Ⅳ. ①TP3

中国版本图书馆 CIP 数据核字（2022）第 152217 号

责任编辑：韩　东　宋　丽 / 责任校对：赵丽杰
责任印制：吕春珉 / 封面设计：东方人华平面设计部

科学出版社 出版
北京东黄城根北街 16 号
邮政编码：100717
http://www.sciencep.com

三河市中晟雅豪印务有限公司印刷
科学出版社发行　各地新华书店经销
*
2022 年 8 月第 一 版　开本：787×1092　1/16
2022 年 8 月第一次印刷　印张：20 1/4
字数：480 168

定价：66.00 元

（如有印装质量问题，我社负责调换〈中晟雅豪〉）
销售部电话 010-62136230　编辑部电话 010-62135120-1028

前　言

近年来，以高速互联、天地一体、智能便捷、综合集成为特征的新一代信息基础设施正在加速形成并不断完善，以大数据、物联网、云计算和人工智能为代表的新一轮信息技术创新浪潮席卷全球。计算机在信息化社会中无处不在，现如今的计算机绝不仅仅是运行应用软件的工具，更代表着一种科学的方法论及思维模式。

随着计算机教育的普及和发展，教育部高等教育司近年提出了以计算思维为切入点的大学计算机基础课程教学改革的新思路，将计算思维与计算机基础教育相结合，普及计算机文化，培养学生专业应用能力，训练计算思维。因此，计算思维不仅是计算机专业学生应该具备的素质和能力，也应该是非计算机专业学生应该具备的素质和能力。

本套教材正是根据教育部高等学校大学计算机课程教学指导委员会编制的《大学计算机基础课程教学基本要求》编写而成的，同时还兼顾了全国计算机等级考试（二级）新大纲中对公共基础部分的要求。本书在内容编排上以理论为主、以实践为重点，内容丰富、层次清晰、由浅入深、循序渐进，叙述简明扼要，实用性强，有较强的可读性。

为方便学生学习，本书的配套实验辅导书《大学计算机基础实验教程》（姜楠、张颜、王淮中，科学出版社）同期出版，不仅延续和拓展了本书的知识内容，而且针对不同层次的要求设计了丰富的实践案例，并辅以大量的习题，可作为实践环节及课后辅导的教程。希望通过本书的学习，学生不仅能够掌握最新的计算机技术，还能够培养良好的计算思维方式，同时也能为进一步学习其他计算机课程打下坚实的基础。

本书由姜楠、高巍、张丽秋担任主编，负责全书的总体策划、撰写、统稿与定稿工作，由王淮中、张颜、张立忠担任副主编。在本书的编写过程中，编者借鉴和引用了大量同行的研究成果，在参考文献中一一列出，在此对他们表示衷心的感谢。

由于编者学识和经验有限，加之时间仓促，书中难免有不足和疏漏之处，恳请读者批评指正。

目　　录

第 1 章　计算思维与计算机基础概述

计算机是一种能够按照程序运行，自动、高速处理海量数据的现代化智能电子设备。它既可以进行数值计算，又可以进行逻辑计算，还具有存储记忆功能。计算机是 20 世纪人类伟大的科学技术发明之一，对信息化社会生产和人们生活产生了极其重要的影响。它的应用领域从最初的军事科研扩展到社会生活的各方面，已形成规模巨大的计算机产业，带动了全球范围的技术进步，由此引发了深远的社会变革。计算机现已成为现代人类活动中不可缺少的工具，对它的认识与掌握是一个现代高素质人才必须具备的基本素养。

计算机的出现为人类认识世界和改造世界提供了一种更加有效的方式。以计算机技术和计算机科学为基础的计算思维深刻地影响了人类的思维方式。随着物联网的提出与发展，计算机与其他技术又一次掀起信息技术的革命。它与计算技术相互促进，推动了计算思维的研究和应用。计算思维在人类社会的经济、科技等领域发挥了重要的作用，是现代社会中每个人都应该具备的思维方式。

1.1　计 算 思 维

1.1.1　计算思维的概念

思维作为一种心理现象，是人类认识世界的一种高级反映形式。理论思维、实验思维和计算思维是人类认识和改造世界的 3 种基本思维。理论思维又称推理思维，以推理和演绎为特征，强调推理，以数学学科为代表。实验思维又称实证思维，以观察和总结自然规律为特征，强调归纳，以物理学科为代表。计算思维又称构造思维，以设计和构造为特征，强调自动求解，以计算机学科为代表。

2006 年 3 月，美国卡内基 • 梅隆大学计算机科学系主任周以真教授在美国计算机权威期刊 *Communications of the ACM* 上提出并定义了计算思维。周教授认为，计算思维是运用计算机科学的基础概念进行问题求解、系统设计和人类行为理解等涵盖计算机科学之广度的一系列思维活动。它是建立在计算和建模之上，能够帮助人们利用计算机处理无法由单人完成的系统设计、问题求解等工作。简言之，计算思维就是通过约简、嵌入、转化和仿真等方法，把一个看似很难解决的问题重新阐释成一个我们容易解决的问题。

1．求解问题中的计算思维

利用计算思维求解问题的过程，首先是把实际的应用问题转换为数学问题；然后建立模型，设计算法并编程实现；最后在实际的计算机中运行并求解。前两步是计算思维中的抽象，最后一步是计算思维中的自动化。

2．设计系统中的计算思维

Richard Karp 教授认为，任何自然系统和社会系统都可视为一个动态演化系统，演化伴随着物质、能量和信息的交换，这种交换可以映射为符号变换，使其能通过计算机进行离散的符号处理。动态演化系统抽象为离散符号系统后，就可以采用形式化的规范描述，然后建立模型、设计算法并开发软件来揭示演化的规律，实时控制系统的演化并自动执行。

3．理解人类行为中的计算思维

中国科学院王飞跃认为，计算思维是基于可计算的手段，是以定量化的方式进行的思维过程。计算思维就是应对信息时代新的社会动力学和人类动力学所要求的思维。利用计算手段来研究人类的行为，可视为社会计算，即通过各种信息技术手段，设计、实施和评估人与环境之间的交互。

计算思维是涵盖计算机科学的一系列思维活动，而计算机科学是计算的学问。计算机科学关注的是诸如什么是可计算的，如何去计算。计算思维不仅仅属于计算机科学家，它也应该是每个人应具备的基本技能。每个人都应该像掌握阅读、写作和算术等基本技能一样掌握计算思维技能，使其成为适合于每一个人的“一种普遍的认识和一类普适的技能”。这在一定程度上，意味着计算机科学从前沿高端到基础普及的转型。

1.1.2 计算思维的特征

一般认为，计算思维的主要特征体现在以下方面。

1．计算思维是概念化思维，不是程序化思维

计算机科学不是计算机编程，而是像计算机科学家一样去思考问题，这意味着不仅要进行计算机编程，还要能够在抽象的多个层次上思维。

2．计算思维是根本的技能，不是刻板的技能

计算思维是分析和解决问题的能力，而非简单的、机械的、重复的操作技能。它的重点是培养分析、解决问题的能力，而不仅仅是学习使用某一软件。

3．计算思维是人的思维方式，不是计算机的思维方式

计算思维是人类求解问题的方法和途径，属于人的思维方式，而不属于计算机的思

维方式。所以计算思维绝非要让人类像计算机一样思考。计算机之所以能够求解问题，是因为人类将计算思维赋予了计算机，计算机才能够执行如迭代、递归等复杂计算。

4．计算思维是思想，不是人造物

计算思维不是我们生活中随处可见的计算机软硬件等人造物，而是计算的概念，这种概念被人们用于求解问题、管理日常生活、与他人交流和互动。当计算思维真正融入人类活动的整体时，就成为一种人类特有的思想。

5．计算思维是数学和工程思维的互补与融合

计算机科学在本质上源自数学思维，因为像所有的科学一样，其形式化基础构建于数学之上。计算机科学从本质上源自工程思维，因为人们建造的是能够与实际世界互动的系统。基本计算设备的限制迫使计算机科学家必须进行工程性的思考，不能只是数学性的思考。构建虚拟世界的自由使计算机科学家能够设计超越物理世界的各种系统。数学思维和工程思维的互补与融合很好地体现在计算思维的过程中。

6．计算思维面向所有的人、所有的领域

计算思维无处不在，当计算思维真正融入人类活动时，它作为一个求解问题的有效工具，人人都应该掌握。因此，计算思维不仅仅是计算机专业学生要具备的能力，也是所有受教育者应该具备的能力。它面向所有领域，可以用来对现实世界中的各种复杂系统进行设计与评估，甚至解决行业、社会、国民经济等宏观问题。

1.1.3　计算思维的本质

计算思维的本质是抽象和自动化。它反映了计算的根本问题，即什么能被有效地执行。计算是抽象的自动执行，自动化需要某种计算机去解释抽象。

1．抽象

抽象指的是将待解决的问题用特定的符号语言标识并使其形式化，从而达到机械执行的目的（即自动化），算法是抽象的具体体现。抽象可以将现实中的事务或解决问题的过程，通过化简等方式，抓住其关键特征，降低其复杂度，变为计算设备可以处理的模型。抽象过程中的化简对于重构事务处理的流程，利用自动化的高效率大大提高生产、生活和学习的效率至关重要，如自动化生产、自动化办公、网上购物、网约车、自适应考试与学习诊断等。

尽管现代计算设备的计算能力已经相当高，但在处理复杂事务上还有力不从心的时候，如天气预报、药物学与分子生物学的计算都属于非常复杂的计算。借助抽象来解决此类问题，不但可以降低复杂度，还可以非常逼近真实事物，又不至于失真。

2．自动化

自动化是自动执行的过程，它要求被自动执行的对象一定是抽象的、形式化的，只有抽象、形式化的对象经过计算后才能被自动执行。

由此可见，抽象与自动化是相互影响、彼此共生的。计算思维的目的是问题求解，本质是抽象和自动化，而其目的和本质之间又隐藏着互为表里的关系。

1.1.4 计算思维与问题求解

1．计算思维与计算机

计算思维虽然具有计算机的许多特征，但是计算思维本身并不是计算机的专属。实际上，即使没有计算机，计算思维也会逐步发展。但是正是由于计算机的出现，才给计算思维的研究和发展带来了根本性的变化。

由于计算机对于信息和符号的快速处理能力，许多原本只是理论可以实现的过程变成了实际可以实现的过程。海量数据的处理、复杂系统的模拟和大型工程的组织，都可以借助计算机实现从想法到产品整个过程的自动化、精确化和可控化，大大拓展了人类认知世界和解决问题的能力和范围。机器替代人类的部分智力活动催发了对智力活动机械化的研究热潮，凸显了计算思维的重要性，推进了对计算思维的形式、内容和表述的深入探索。在这样的背景下，作为人类思维活动中以形式化、程序化和机械化为特征的计算思维受到重视，并且本身作为研究对象被广泛和深入地研究。

什么是计算？什么是可计算？什么是可行计算？计算思维的这些性质得到了前所未有的彻底研究。由此不仅推进了计算机的发展，也推进了计算思维的发展。在这个过程中，一些属于计算思维的特点被逐步揭示出来，计算思维的内容也得到不断地丰富和发展。从思维的角度，计算科学主要研究计算思维的概念、方法和内容，并发展成为解决问题的一种思维方式，极大地推动了计算思维的发展。

2．计算思维求解问题的步骤

计算思维是一种使用工具高效解决问题的思路方法，它不是知识和工具本身。应用计算思维进行问题分析与求解可以归纳为以下几步。

分解：遇到问题后，需要先将问题进行分解，将大问题分解成小问题，将复杂问题分解成简单问题，将新问题拆分成若干老问题。其目的就是让我们解决问题时更容易处理。

模式识别：简单来说，模式识别就是在相似的问题和经验之间建立联系，找到事物规律然后不断复制重复执行。通过识别规律，我们就可以轻松地解决问题。

抽象化：识别重要的信息，忽略不相关的细节。看待问题要抓住主要的、本质的东西，忽略其他的，去繁求简。识别问题的关键部分有助于人们找到问题的解决办法。

算法：算法是解决问题或执行任务时所需的一系列步骤。开发算法首先要使用分解的方法把问题分解成小部分，然后在这些小部分中首先忽略不重要的细节，然后识别模式。算法中每一步骤的含义都必须明确，无歧义无错误。

1.1.5　计算思维举例

【例 1.1】哥尼斯堡七桥问题。

哥尼斯堡七桥问题是 18 世纪著名的古典数学问题之一。东普鲁士有一座名叫哥尼斯堡的小城，城中有一条贯穿全城的普雷格尔河，河中央有两座小岛。7 座桥将两座小岛与河岸连接起来，如图 1.1（a）所示。当时人们热衷一个难题：一个人如何不重复地走完 7 座桥，最后回到出发地点？即寻找走遍这 7 座桥，且只许走过每座桥一次，最后又回到原出发点的路径。

1736 年，瑞士数学家列昂纳德·欧拉发表图论的首篇论文，论证了该问题无解，即从一点出发不重复地走遍 7 座桥，最后又回到原来出发点是不可能的。后人为了纪念数学家欧拉，将这个难题称为“哥尼斯堡七桥问题”。

为了解决哥尼斯堡七桥问题，欧拉将河岸和小岛抽象为一个点，用 4 个字母 A、B、C、D 代表 4 个区域，并用连接两个点的线段表示桥，7 条线表示 7 座桥，如图 1.1（b）所示。在图中，只有 4 个点和 7 条线，这样描述是基于该问题的本质考虑，抽象出最本质的属性，忽视非本质的特征（如桥的长度等），从而将哥尼斯堡七桥问题抽象成一个数学模型，即经过图中每边一次且仅一次的回路问题。这就是计算思维中的“抽象”。

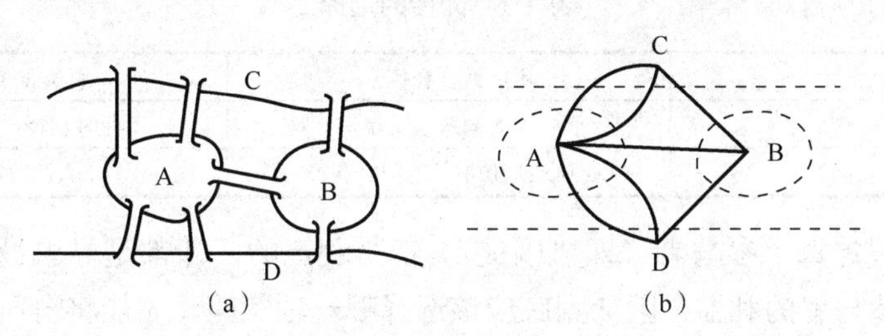

图 1.1　哥尼斯堡七桥问题

欧拉在论文中论证了这样的回路是不存在的。后来，人们将有这样回路的图称为欧拉图。

欧拉不仅给出了哥尼斯堡七桥问题的证明，还将问题进行了一般化处理，即对给定的任意一个河道图与任意多座桥，判定是否每座桥恰好走过一次，并用数学方法给出了 3 条判定规则。

1）如果连通奇数座桥的地方不止两个，满足要求的路线是找不到的。

2）如果只有两个地方连通奇数座桥，可以从这两个地方之一出发，找到所要求的路线。

3）如果没有一个地方是连通奇数座桥的，则无论从哪里出发，所要求的路线都能实现。

此类问题也可归结为“一笔画”问题。一笔画的必要条件是，奇数结点数目是 0 或 2。图中 A、B、C、D 都是奇数结点，数目是 4，所以不能够“一笔画”。

欧拉的论文为图论的形成奠定了基础。今天，图论已广泛应用于计算机科学、运筹学、信息论、控制论等科学之中，并成为我们对现实问题进行抽象的一个强有力的数学工具。随着计算机科学的发展，图论在计算机科学中的作用越来越大，同时，图论本身也得到了充分的发展。

【例 1.2】囚徒困境问题。

囚徒困境问题是 1950 年美国兰德公司提出的博弈论模型。经典的囚徒困境如下：警方逮捕甲、乙两名嫌疑犯，但没有足够的证据指控二人有罪。于是警方分开囚禁嫌疑犯，分别和二人见面，并向双方提供以下相同的选择：

1）若一人认罪并作证检控对方（相关术语称“背叛”对方），而对方保持沉默，此人将即时获释，沉默者将判监 10 年。

2）若二人都保持沉默（相关术语称互相“合作”），则二人同样判监 1 年。

3）若二人都互相检举（相关术语称互相“背叛”），则二人同样判监 5 年。

使用表格（表 1.1）概述如下。

表 1.1　囚徒的选择

参与者	甲沉默（合作）	甲认罪（背叛）
乙沉默（合作）	二人同服刑 1 年	甲即时获释；乙服刑 10 年
乙认罪（背叛）	甲服刑 10 年；乙即时获释	二人同时服刑 5 年

囚徒困境假定每个参与者（即“囚徒”）都是利己的，即都是寻求最大自身利益，而不关心另一参与者的利益。囚徒到底应该选择哪一项策略，才能将自己个人的刑期缩至最短呢？

就个人理性选择而言，检举背叛对方所获得刑期，总比沉默要来得低。分析困境中两名理性囚徒会如何做出选择。

1）若对方沉默，背叛会让我获释，所以会选择背叛。

2）若对方背叛指控我，我也要指控对方才能得到较低的刑期，所以也会选择背叛。

二人面对的情况一样，所以二人的理性思考都会得出相同的结论——选择背叛。背叛是两种策略之中的支配性策略（无论对方如何选择策略，当事人一方都会选择某个确定的策略）。因此，这场博弈中唯一可能达到的纳什均衡（非合作博弈均衡，即两个博弈当事人的策略组合分别构成各自的支配性策略），就是双方参与者都背叛对方，结果

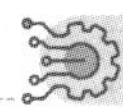

二人同样服刑 5 年。

这场博弈的纳什均衡，显然不是顾及团队利益的帕累托最优（资源分配的一种理想状态，即从一种分配状态到另一种状态的变化中，在没有使任何人境况变坏的前提下，使至少一个人变得更好）解决方案。以全体利益而言，如果两个参与者都合作保持沉默，两人都只会被判刑 1 年，总体利益更高。但根据以上假设，二人均保持理性，且只追求自己个人利益。均衡状况会是两个囚徒都选择背叛，结果二人判决均比合作要高，总体利益比合作要低。这就是“困境”所在。

囚徒困境反映了个人最佳选择并非团体最佳选择。虽然囚徒困境本身只属于模型性质，但现实中的价格竞争、环境保护等方面，也会频繁出现类似情况。许多行业的价格竞争都是典型的囚徒困境现象，每家企业都以对方为敌人，只关心自己的利益。在价格博弈中，只要以对方为敌手，那么不管对方的决策怎样，自己总是以为采取低价策略会占便宜，这就促使双方都采取低价策略，如可口可乐公司和百事可乐公司之间的竞争、各大航空公司之间的价格竞争等。

现实中，无论是人类社会或大自然都可以找到类似囚徒困境的例子，如关税战、广告战、自行车赛等。社会科学中的经济学、政治学和社会学，以及自然科学的动物行为学、进化生物学等学科，都可以使用囚徒困境分析，模拟生物面对无止境的囚徒困境博弈。

【例 1.3】汉诺塔问题。

传说在古印度的贝拿勒斯神庙里安放了一块黄铜座，座上竖有 3 根宝石柱子。在第一根宝石柱子上，按照从小到大、自上而下的顺序放有 64 个直径大小不一的金盘子，形成一座金字塔，如图 1.2 所示。天神让庙里的僧侣们将第一根柱子上的 64 个盘子借助第二根柱子全部移到第三根柱子上，即将它整个迁移，同时定下 3 条规则。

1）每次只能移动一个盘子。

2）盘子只能在 3 根柱子上来回移动，不能放在他处。

3）在移动过程中，3 根柱子上的盘子必须始终保持大盘在下，小盘在上。

据说当这 64 个盘子全部移动到第三根柱子上之后，世界末日就要到了。这就是著名的汉诺塔问题。

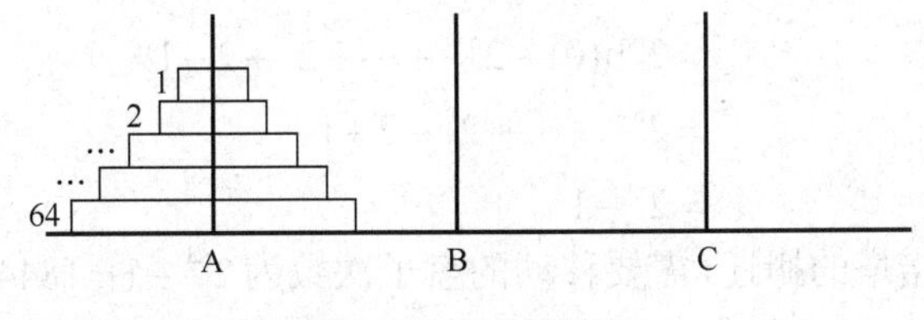

图 1.2　汉诺塔问题

使用计算机求解一个实际问题，首先要从这个实际问题中抽象出一个数学模型，然后设计一个解此数学模型的算法，最后根据算法编写程序，经过调试和运行，从而完成该问题求解。

汉诺塔问题是一个典型的使用递归方法来解决的问题。递归是计算机科学中的一个重要概念。所谓递归，就是将一个较大的问题规约为一个或多个子问题的求解方法。这些子问题比原问题简单，且在结构上与原问题相同。

根据递归方法,可以将64个盘子的汉诺塔问题转化为求解63个盘子的汉诺塔问题,如果63个盘子的汉诺塔问题能够解决，则可以将63个盘子先移动到第二根柱子上，再将最后一个盘子直接移动到第三根柱子上，最后又一次将63个盘子从第二根柱子移动到第三根柱子上，最终可以解决64个盘子的汉诺塔问题。依此类推，63个盘子的汉诺塔求解问题可以转化为62个盘子的汉诺塔求解问题，62个盘子的汉诺塔求解问题又可以转化为61个盘子的汉诺塔求解问题，直到1个盘子的汉诺塔求解问题。再由1个盘子的汉诺塔问题的解求出2个盘子的汉诺塔问题，直到解出64个盘子的汉诺塔问题。以3个盘子为例，汉诺塔问题的求解示意图如图1.3所示。

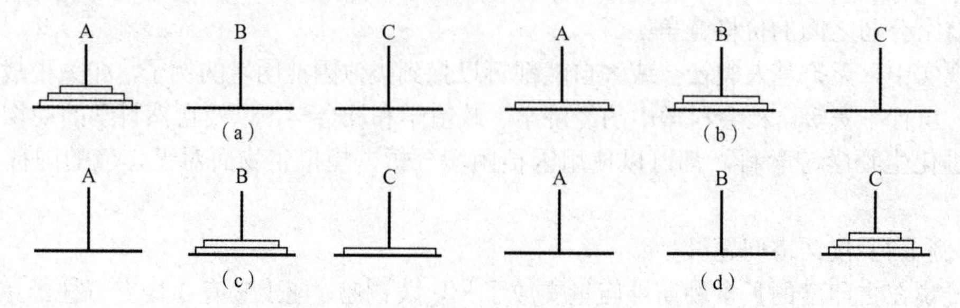

图1.3　3个盘子的汉诺塔问题求解示意图

按照上面的算法，n个盘子的汉诺塔问题需要移动的盘子数是n-1个盘子的汉诺塔问题需要移动的盘子数的2倍加1。于是有：

$$\begin{aligned} h(n) &= 2h(n-1)+1 \\ &= 2(2h(n-2)+1)+1 \\ &= 2^2 h(n-2)+2+1 \\ &= 2^3 h(n-3)+2^2+2+1 \\ &\vdots \\ &= 2^n h(0)+2^{n-1}+\cdots+2^2+2+1 \\ &= 2^{n-1}+\cdots+2^2+2+1 \\ &= 2^n-1 \end{aligned}$$

因此,要完成汉诺塔的搬迁,需要移动的盘子次数为$2^{64}-1=18446744073709551615$次。如果每秒移动一次，一年有31536000秒，即使僧侣们一刻不停地来回搬动，也需要花费大约5849亿年的时间。假定计算机以每秒1000万个盘子的速度进行搬迁，则需要花费大约58490年的时间。

【例 1.4】旅行商问题。

旅行商问题是威廉·哈密顿爵士和英国数学家柯克曼于 19 世纪提出的一个数学问题。其大意是，有若干个城市，任何两个城市之间的距离都是确定的，现要求一个旅行商从某城市出发，必须经过每一个城市且只能在每个城市逗留一次，最后回到原出发城市。问如何事先确定好一条最短的路线，使其旅行的费用最少。

人们在考虑解决这个问题时，一般首先想到的最原始的一种方法是，列出每一条可供选择的路线（即对给定的城市进行排列组合），计算出每条路线的总里程，最后从中选出一条最短的路线。假设现在给定的 4 个城市分别为 A、B、C 和 D，各城市之间的距离为已知数，如图 1.4 所示。从图中可以看到，可供选择的路线共有 6 条，如图 1.5 所示，从中很快可以选出一条总距离最短的路线。

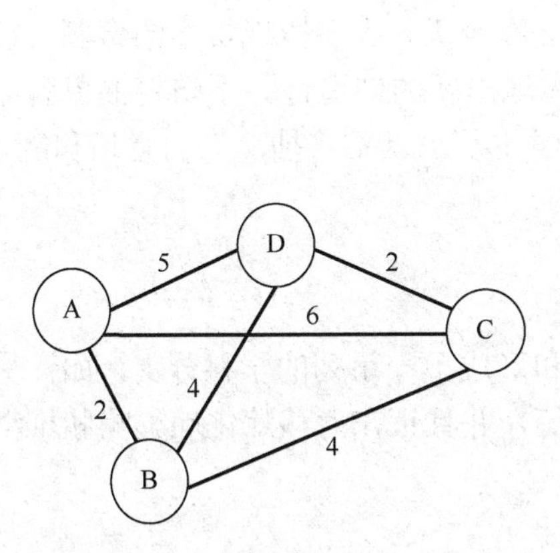

图 1.4　城市交通图

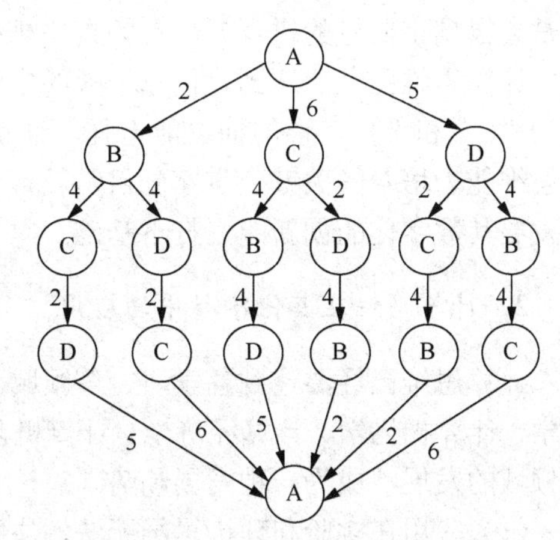

图 1.5　组合路径图

设城市数目为 n 时，那么组合路径数则为 $(n-1)!$。很显然，当城市数目不多时要找到最短距离的路线并不难，但随着城市数目的不断增多，组合路线数将呈指数级急剧增长，以至达到无法计算的地步。这就是所谓的“组合爆炸问题”。假设现在城市的数目增为 20 个，组合路径数为 $(20-1)!=1.216\times10^{17}$，如此庞大的组合数目，若计算机以每秒检索 1000 万条路线的速度计算，也需要花上 386 年的时间。

1.1.6　计算思维的应用领域

1. 计算思维在生活中的应用

在生活中，很多看起来习以为常的做法其实都和计算思维不谋而合。也可以说，计算思维是生活知识的概括和总结。不妨使用计算思维方式考虑以下日常生活的事例。

1）预置和缓存：当孩子早晨上学之前，他（她）必须把当天所需的学习物品全部放到书包里。

2）回推：当孩子在路上不小心把东西弄丢时，他（她）会按照当时走过的路往回寻找。

3）最短路径问题：设想快递员会怎样安排投递路线呢？通常快递员不会盲目投递，他会事先规划好自己的投递路线，按照最短路径进行优化。

4）分类：出门旅游前要打包行李，你会怎么做？通常不会一股脑儿将行李塞满，而是会先把物品分类，然后有序放入行李箱中。

5）背包问题：假设卡车要运送一批物品，每种物品的质量、价值均不同。由于卡车运送物品的质量有限，不能把所有的物品都运送走，那么如何才能让卡车运走的物品价值最高？这时可以把所有物品的组合列出来，如果卡车能装下某组合，并且该组合价值最高，就选择这种物品的运送方案。

6）查找：在汉语字典中查找一个汉字，读者不会从第一页开始一页一页地翻看，而是会根据字典里的拼音或部首的有序排列快速地定位汉字页码。

计算思维已经渗透到我们每个人的生活之中。在今天，大多数现实中的事例可以编码为“0”和“1”，谁的抽象能力强，谁就可以体现出新的创造性。不妨将抽象看作计算思维能力培养的关键，贯穿到日常教育中，使学生从小具备“抽象”的意识和能力，为发展其数字化的创新能力打下基础。

2．计算思维在其他学科中的应用

计算思维已经渗透到各学科、各领域，创造和形成了一系列的学科分支，如计算生物学、计算机化学、计算经济学、计算机艺术学等，并且正在潜移默化地影响和推动着各领域的发展，成为一种发展趋势。

（1）应用在实验和理论思维无法解决的问题上

应用在实验和理论思维无法解决的问题上，如大量复杂问题求解、宏大系统建立、大型工程项目都可以通过计算模拟，再如航天事业、人工智能、舰艇设计等。

（2）计算生物学

计算生物学是计算机、生物学（生态学）、数学等领域交叉产生的新型热门学科。生物学的“数据爆炸”为计算机科学带来了巨大的挑战和机遇，从各类数据中发现复杂的生物规律和机制，建立有效的计算模型。以这些模型来进行快速的模拟和预测，指导生物学的实验，辅助药物设计，改良物种，造福人类。作为一门新兴学科，计算生物学使传统生命研究走向定量化、精确化，而且可以在系统层面上进行观察研究，这将是未来生命科学研究的重要发展方向之一。

（3）计算机化学

计算机科学在化学中的应用包括化学中的数值计算、化学模拟、化学中的模式识别、化学数据库及检索、化学专家系统等。在化学中，计算思维已经深入其研究的方方面面，如绘制化学结构及反应式，分析相应的属性数据、系统命名及光谱数据等，无不需要计算思维支撑。

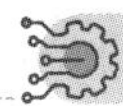

（4）脑科学

脑科学是研究人脑结构与功能的综合性学科，它以揭示人脑高级意识功能为宗旨，与心理学、人工智能、认知科学和创造学等有着交叉渗透，是计算思维的重要体现。

（5）物理学

在物理学中，物理学家和工程师仿照经典计算机处理信息的原理，对量子比特中包含的信息进行操控，如控制一个电子或原子核自旋的上下取向。随着物理学与计算机科学的融合发展，光量子计算机模型“走入寻常百姓家”将不再是梦想。

（6）计算经济学

例如，计算博弈论正在改变人们的思维方式。囚徒困境是博弈论专家设计的典型示例，可以用来描述两家企业的“价格战”等许多经济现象。

（7）计算机艺术学

这是科学与艺术相结合的一门新兴的交叉学科，它包括绘画、音乐、舞蹈、影视、广告、书法模拟、服装设计、图案设计、产品和建筑造型设计及电子出版物等众多领域。

此外，计算思维影响的学科领域还有工程、社会、地质学、天文学、数学、医学、法律、娱乐、体育等。

1.2　计算机基础概述

计算思维是计算机科学领域的思维工具。只有储备一定的计算机知识，才能更好地提高计算思维能力，运用计算思维去发现问题、解决问题，成为未来智能世界的创造者。

1.2.1　计算工具的发展

随着社会不断地发展和进步，人类从未停止发明和改进计算工具，从古老的结绳计数，到算筹、算盘、计算尺、差分机，直到 1946 年第一台通用计算机 ENIAC（electronic numerical integrator and computer，电子数字积分计算机）诞生，计算工具经历了从简单到复杂、从低级到高级、从手动到自动的发展过程，目前仍在不断地进化。

1. 早期的计算工具

结绳计数是古代各民族十分普遍的计数方法。最简单的结绳计数法就是在绳子上打结，捕到一只羊，打一个结，捕到两只羊，就打两个结……吃掉一只羊，就解去一个结。用这种方式既可“存储”，又便于计算。在中国历史上，结绳计数和契刻计数的方法大约使用了几千年，直到新石器时代的晚期，才逐渐地被数字符号和文字计数所代替。

春秋战国时期，出现了算筹，如图 1.6 所示。算筹被普遍认为是人类最早的手动计算工具。东汉时期，我国又发明了另一种更便捷的计算工具——算盘，如图 1.7 所示。关于算盘的最早记录见于汉朝徐岳撰写的《数术记遗》中，流行于宋、元时期。在宋代名画《清明上河图》中，药铺柜台上就放着一个算盘。

1614 年，苏格兰数学家、物理学家兼天文学家约翰·纳皮尔提出并发明了对数。1620 年，英国数学家埃德蒙 · 甘特发明了一种使用单个对数刻度的计算工具——对数尺。当和另外的检测工具配合使用时，可以用来做乘除法。1630 年，英国数学家威廉 · 奥却德发明了有滑尺的计算尺，并制成了圆形计算尺，如图 1.8 所示。

图 1.6　算筹及其计数法

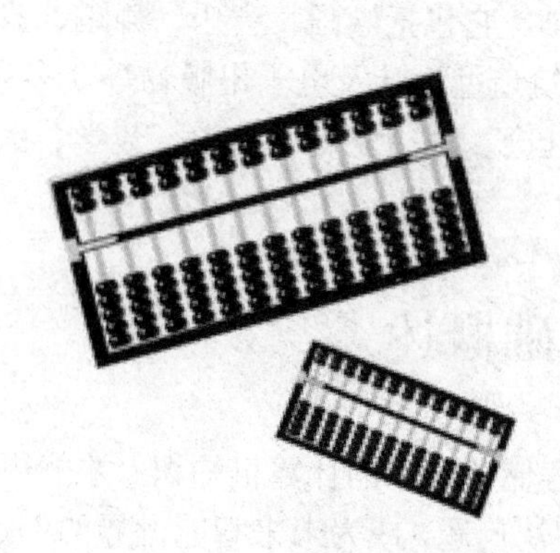

图 1.7　算盘

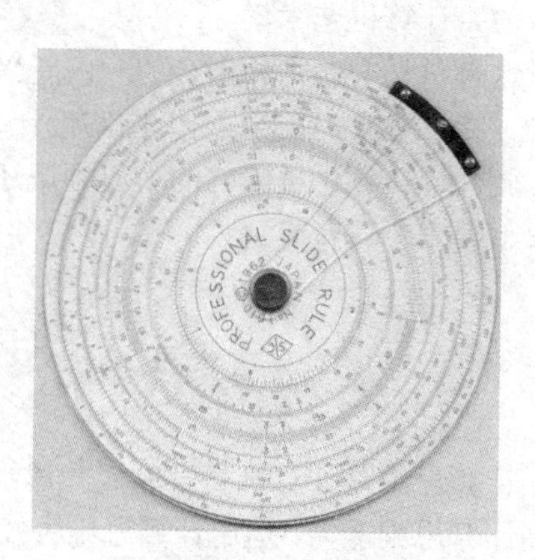

图 1.8　圆形计算尺

2. 机械式计算工具

机械式计算机的构思是与计算尺同时出现的，是计算工具上的一大发明。

（1）帕斯卡的加法器

法国数学家帕斯卡成功制造了第一部能计算加、减法的计算机。1639 年，16 岁的帕斯卡，看着父亲费力地计算税率税款，想到要为父亲制造一台可以帮助他计算的机器。帕斯卡耗费了整整 3 年时间，借助精密的齿轮传动原理，设计图纸，动手制造。1642 年，“加法器”问世，如图 1.9 所示。

这台加法器可以做 8 以内的加、减法，是人类历史上第一台机械式计算机，是人类在计算工具上的新突破。它的发明意义远远超出了这台计算机本身的使用价值。它告诉人们使用纯机械装置可以代替人的思维和记忆，从此欧洲兴起了“大家来造思维工具”的热潮。

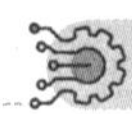

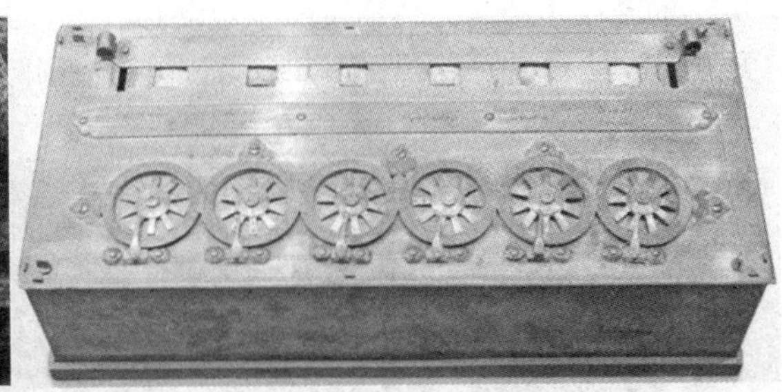

图 1.9　帕斯卡及其加法器

（2）莱布尼茨的乘法器

1674 年，德国数学家莱布尼茨设计完成了一台乘法器，它可以运行完整四则运算，可以看作是一种有较高实用价值的计算机，如图 1.10 所示。这台计算机中的许多装置成为后来的技术标准。莱布尼茨还提出了“可以用机械代替人进行烦琐重复的计算工作”的伟大思想，这一思想至今仍鼓舞着人们探求新的计算工具。

图 1.10　莱布尼茨及其乘法器

3．机电式计算机

（1）巴贝奇的差分机

19 世纪，电力技术得到很大发展，电动式计算机便慢慢取代以人工为动力的计算机。1822 年，英国数学家查尔斯·巴贝奇提出带有程序控制的完全自动的计算机的设想，用蒸汽机为动力，驱动大量的齿轮机构运转，设计了一台差分机，如图 1.11 中图所示。

（2）巴贝奇的分析机

1834 年，巴贝奇完成了分析机的设计方案（如图 1.11 右图所示），它在差分机的基础上做了较大的改进，不仅可以作数字运算，还可以作逻辑运算，可惜碍于当时机械技术的限制而没有制成，但已包含了现代计算的基本思想和主要的组成部分。

在巴贝奇分析机艰难的研制过程中，不能不提及计算机领域“第一位软件工程师、第一个程序员”——艾达·奥古斯塔。艾达 1815 年生于伦敦，她是英国著名诗人拜伦的女儿。艾达负责为分析机编写软件，编写了包括三角函数的计算程序、级数相乘程序、伯努利数计算程序等。人们公认她是世界上第一位软件工程师、第一个程序员。

1880 年，美国的霍勒里斯与比林斯发明了电动穿孔卡片式计算机，能机械化地处理数据。后来他们更开创了第一家制造电子计算机的公司——国际商业机器公司（简称 IBM）。

图 1.11　巴贝奇及其差分机和分析机模型

4．现代计算机

20 世纪初，电子管的出现使计算机的改革有了新的发展，人们看到了另一条实现自动计算过程的途径。

1942 年，时任美国爱荷华州立大学数学物理教授的阿塔纳索夫与研究生贝利组装了著名的“ABC 计算机”，它使用了 300 多个电子管，是世界上第一台具有现代计算机雏形的计算机。但是由于第二次世界大战爆发，阿塔纳索夫应征入伍，导致“ABC 计算机”研究工作终止，该计算机并没有真正投入运行。

在第二次世界大战中，由于迫切的军事需要，美国宾夕法尼亚大学和有关单位在 1946 年制成了 ENIAC。

以使用电子管为特点的第一代电子计算机在 20 世纪 40 年代末和 50 年代初获得重大发展。以晶体管代替电子管并增加浮点运算的第二代电子计算机于 20 世纪 50 年代中期问世。1964 年，IBM 360 系统问世，它成为使用集成电路的第三代电子计算机的著名代表。1971 年 11 月，Intel 推出 MCS-4 微型计算机系统，标志着使用超大规模集成电路的第四代电子计算机开始出现。

第五代电子计算机被称为智能计算机。进入 20 世纪 80 年代以来，日本、美国等发达国家开始研制第五代电子计算机。在系统设计上，第五代电子计算机应用人工智能的方法和技术，系统地建造知识库管理系统和推理机，使机器本身能根据存储的知识进行推理和判断。智能计算机已经成为一个动态发展的概念，它始终处于不断向前推进的计算机技术的前沿。

神经计算机，又称第六代电子计算机，是模仿人的大脑的判断能力和适应能力，并具有并行处理多种数据功能的神经网络计算机。与以逻辑处理为主的第五代电子计算机不同，它本身可以判断对象的性质和状态，并能采取相应的行动，而且可以同时并行处理实时变化的大量数据，并引出结论。以往的信息处理系统只能处理条理清晰、经络分明的数据，而人的大脑却具有能处理支离破碎、含糊不清信息的灵活性，第六代电子计算机将具有类似人脑的智慧和灵活性。

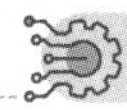

注：由于第五代电子计算机和第六代电子计算机目前仍处于研发阶段，后文不再展开论述。

1.2.2　现代计算机的诞生

1．图灵机

图灵机，又称图灵计算、图灵计算机，它是数学家阿兰·图灵提出的一种抽象计算模型，即将人们使用纸笔进行数学运算的过程进行抽象，由一个虚拟的机器替代人们进行数学运算。

图灵在 1936 年发表的《论可计算数及其在判定问题中的应用》中提出图灵机模型。在文章中，图灵表述了图灵机的概念，并且证明了只要图灵机可以被实现，就可以用来解决任何可计算问题。这种理论上的计算机后来被命名为“图灵机”。

图灵机只是一个理想的设备，它由 3 部分组成：一条两端可以无限延长的带子，一个读写头，以及一个可控制读写头工作的控制器，如图 1.12 所示。

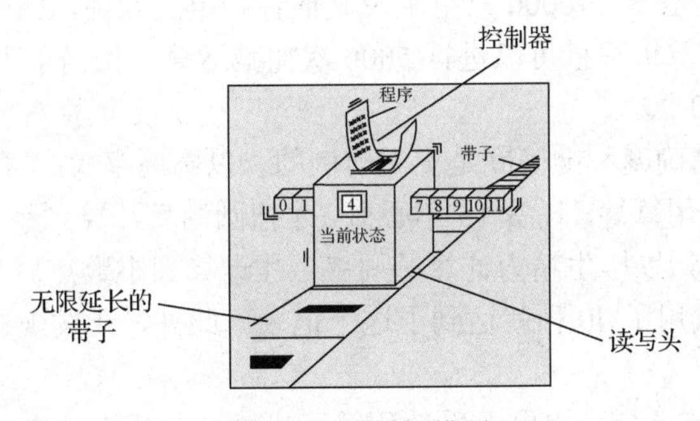

图 1.12　图灵机模型

图灵机的基本思想是，使用机器来模拟人们用纸笔进行数学运算的过程，它把这样的过程分解为两种简单的动作。一种是在纸上写上或擦除某个符号；另一种是把注意力从纸的一个位置移动到另一个位置。

这两种动作重复进行。在每个阶段，人要决定下一步的动作，依赖于此人当前所关注的纸上某个位置的符号和此人当前思维的状态。

图灵对现代计算机的贡献是建立了图灵机的理论模型，发展了可计算性理论，提出了定义机器智能的图灵测试。图灵机第一次把计算和自动机联系起来，不仅为现代计算机的设计指明了方向，还成为算法分析和程序语言设计的理论基础，是计算机学科核心的理论之一。

2．ENIAC

1946 年 2 月，美国宾夕法尼亚大学物理学家莫克利和工程师埃克特等共同研制成功了 ENIAC，这是世界上第一台通用计算机，如图 1.13 所示，标志着人类计算工具的历史性变革，从此人类社会进入以数字计算机为主导的信息时代。

图 1.13　ENIAC

ENIAC 是一个庞然大物，其占地面积为 170m^2，总质量达 30t。机器中约有 18000 只电子管、1500 个继电器、70000 只电阻及其他各种电气元件，耗电功率约 150kW。这样一台“巨大”的计算机每秒可以进行 5000 次加减运算，相当于手工计算的 20 万倍、机械式计算机的 1000 倍。

ENIAC 的运算精确度和准确度是史无前例的。以圆周率（π）的计算为例，中国的古代科学家祖冲之利用算筹，耗费 15 年心血，才把圆周率计算到小数点后 7 位数。1000 多年后，英国人香克斯以毕生精力计算圆周率，才计算到小数点后 707 位。然而，使用 ENIAC 进行计算，仅用了 40 秒就达到了这个记录。此外，还发现在香克斯的计算中，第 528 位是错误的。

ENIAC 最大的特点是采用电子器件代替了机械齿轮或电动机械来执行算术运算、逻辑运算和存储信息，但它不具备现代计算机“存储程序”的思想。它能够完成许多基本计算，如四则运算、平方立方、正余弦等，但是它采用十进制进行计算，逻辑单元多，结构复杂，可靠性低，而且因为没有内部存储器（简称内存），在做每项计算之前，技术人员都需要插拔许多导线，非常烦琐。尽管如此，ENIAC 仍然是世界上第一台真正运转的大型电子计算机，它奠定了电子计算机的发展基础，开辟了一个计算机科学技术的新纪元。

3．EDVAC

1946 年 6 月，美籍匈牙利科学家冯・诺依曼提出了现代计算机的基本原理“存储程序和程序控制”，为电子计算机的逻辑结构设计奠定了基础。根据存储程序和程序控制原理制造出的新计算机 EDSAC（electronic delay storage automatic calculator）和 EDVAC（electronic discrete variable automatic computer）分别于 1949 年和 1952 年在英国剑桥大学和美国宾夕法尼亚大学投入运行。EDSAC 是世界上第一台存储程序计算机，也是所有现代计算机的原型和范本。EDVAC 是最先开始研究的存储程序计算机，其运算速度

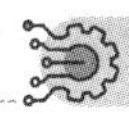

是 ENIAC 的 240 倍。

自 ENIAC 诞生以来，电子计算机技术获得了突飞猛进的发展。现在，计算机已经不仅仅是一个计算工具，它更是一个能够对各种信息进行获取、表示、存储、传输、处理、控制的信息处理机。它已经渗入了人类社会生活的各领域，完全改变了人类生存的方式，并由此带来了整个社会天翻地覆的变化。

图灵机奠定了现代电子计算机的理论模型，而冯·诺依曼则最先提出存储程序的思想，并成功将其运用在计算机的设计之中。后来，人们把利用这种原理设计的电子计算机系统称为“冯·诺依曼结构”计算机。由于冯·诺依曼对现代计算机技术作出突出贡献，因此他又被称为“计算机之父”。

冯·诺依曼思想主要包括以下 3 点。

1）计算机应包括运算器、存储器、控制器、输入设备和输出设备五大基本部件。

2）计算机内部应采用二进制来表示指令和数据。每条指令一般具有一个操作码和一个地址码。其中，操作码表示运算性质，地址码指出操作数在存储器中的地址。

3）将编写好的程序送入内存储器中，然后启动计算机工作，计算机能自动逐条取出指令和执行指令。

从以上 3 点可以看出，冯·诺依曼设计思想明确地提出了“存储程序”的概念，他的全部设计思想实际上是对“存储程序”概念的具体化。

1.2.3　现代计算机的发展

1. 电子计算机的发展

ENIAC 问世以来的短短 70 余年间，计算机的发展突飞猛进。根据计算机采用的主要电子器件，通常将电子计算机的发展划分为电子管计算机、晶体管计算机、集成电路计算机、大规模和超大规模集成电路计算机 4 个时代。

（1）第一代——电子管计算机（1946～1957 年）

这个时期的计算机主要采用电子管作为运算和逻辑元件。计算机的体积较大，运算速度较低，存储容量小，可靠性差且价格昂贵。在软件方面，使用机器语言和汇编语言编写程序，程序的编写和修改都非常烦琐。其代表机型有 ENIAC、EDVAC（图 1.14）、IBM 650（小型机）和 IBM 709（大型机）等。计算机的主要应用领域为军事和科学研究。

（2）第二代——晶体管计算机（1958～1964 年）

1948 年，晶体管的发明大大促进了电子设备的发展。这个时期的计算机全部采用晶体管作为电子器件。运算速度比第一代计算机的速度提高了近百倍，体积为原来的几十分之一，功耗大幅降低，可靠性有所提高。这一时期的计算机开始使用磁盘和磁带作为外存。计算机中存储的程序使计算机具有很好的适应性，可以更有效地用于商业领域、大学和政府等部门。在软件方面，计算机高级语言 FORTRAN 和 BASIC 也相继被开发出来，并被广泛使用。一些新的职业如程序员、分析员和计算机系统专家及与此相关的软件产业由此诞生。这一代计算机不仅用于科学计算，还用于数据处理和事务处理及工业控制。其代表机型有 IBM 7090（图 1.15）、IBM 7094 和 ATLAS 等。

图 1.14 EDVAC

图 1.15 IBM 7090

（3）第三代——集成电路计算机（1964～1970 年）

1964 年，美国 IBM 公司研制成功第一个采用集成电路的通用电子计算机系列 IBM 360 系统，如图 1.16 所示。这个时期的计算机主要以中小规模集成电路为电子器件，中小规模的集成电路可在单个芯片上集成几十个晶体管，且使用半导体存储器。在软件方面出现了操作系统，各类高级语言全面发展。计算机的运行速度也提高到每秒几百万次，可靠性和存储容量进一步提高。计算机的功能越来越强，可操作性越来越好，应用范围也越来越广。它们不仅被用于科学计算，还用于文字处理、企业管理、自动控制等领域，出现了计算机技术与通信技术相结合的信息管理系统，可用于生产管理、交通管理、情报检索等领域。

图 1.16 IBM 360 系统

（4）第四代——大规模和超大规模集成电路计算机（1971 年至今）

这个时期的计算机主要以大规模集成电路（large scale integration，LSI）为主要电子器件。它的集成度越来越高，在更小的芯片上集成更多的电路。软件方面出现了数据库系统、可扩充语言和网络软件等，计算机的运行速度可达每秒上千万次到万亿次。同

时，计算机的体积、功耗和价格不断下降，而功能和可靠性不断增强。大规模集成电路的使用使航天航空、工业自动化等技术得到迅猛发展，这些领域的蓬勃发展对计算机提出了更高的要求，有力地促进了计算机工业的发展。

2．微型计算机的发展

从 20 世纪 70 年代初期开始，计算机逐步向微型化方向发展，体积大幅度减小，价格也大幅度降低。1972 年，世界上第一台微处理器和微型计算机在美国旧金山南部的硅谷应运而生，它的诞生开创了微型计算机的新时代。

20 世纪 80 年代初期，计算机的价格已经降到个人能够承受的范围，计算机进入个人计算机（personal computer，PC）时代。1981 年，IBM 公司推出首台 PC——IBM PC，采用主频为 4.7MHz 的 Intel 8088 微处理器，运行微软公司开发的 MS-DOS 操作系统，主要用于家庭、办公室和学校。IBM PC 的诞生具有划时代的意义，它首创了个人计算机的概念，为 PC 制定了企业通用的工业标准。

微型计算机的发展主要表现在其核心部件——微处理器的发展上，每当一款新型的微处理器出现时，就会带动微型计算机系统的其他部件的相应发展，如微型计算机体系结构的进一步优化、存储器存取容量的不断增大、存取速度的不断提高、外围设备的不断改进及新设备的不断出现等。

自第一台 PC 诞生后，其后短短几年间，80286 微处理器、80386 微处理器、80486 微处理器相继推出。1993 年，Intel 公司的奔腾（Pentium）系列微处理器诞生。随后，“奔腾时代”的大幕拉开，Intel 公司分别于 1995 年推出了 Pentium Pro，1997 年推出了 Pentium II，1999 年推出了 Pentium III。2004 年，Intel 公司发布了 Pentium 4 微处理器，该处理器首次采用纳米工艺，支持超线程技术，采用新的金属触点接口，并可用于制造更轻薄的笔记本计算机。2005 年 4 月，Intel 公司的第一款双核处理器平台——酷睿双核处理器问世，标志着多核处理器时代的到来。

至此，PC 从单纯的计算工具发展成为能够处理数字、符号、文字、语言、图形、图像、音频和视频等多种信息的强大的多媒体工具，其应用范围已扩大到国民经济各部门和社会生活等领域，并进入以计算机网络为特征的时代。

3．我国计算机的发展

1953 年，我国成立了第一个电子计算机科研小组。1956 年，我国制定了《十二年科学技术发展规划》，开启了计算机事业的探索和发展。60 多年来我国高性能通用计算机的研制主要取得以下成果。

1956 年，夏培肃完成第一台电子计算机运算器和控制器的设计工作，同时编写了中国第一本电子计算机原理讲义。

1957 年，哈尔滨工业大学研制成功中国第一台模拟式电子计算机。

1958 年 8 月 1 日，中国科学院计算技术研究所研制成功我国第一台小型电子管通用计算机 103 机，标志着我国第一台电子计算机诞生。该机字长 32 位、每秒运算 30 次，采用磁鼓内存，容量为 1KB。

1959 年 9 月，我国第一台大型电子管计算机 104 机研制成功。该机的运算速度为每秒 1 万次，该机字长 39 位，采用磁芯存储器，容量为 2～4KB，并配备了磁鼓外部存储器（简称外存）、光电纸带输入机和 1/2 寸（1 寸≈3.33cm）磁带机。

1960 年，中国第一台大型通用电子计算机——107 型通用电子数字计算机研制成功。1964 年，我国第一台自行研制的 119 型大型数字计算机在中国科学院计算技术研究所诞生，其运算速度为每秒 5 万次，字长 44 位，内存容量为 4KB。在该机上完成了我国第一颗氢弹研制的计算任务。

1965 年，我国自行设计的第一台大型晶体管计算机——109 乙机在中国科学院计算技术研究所诞生，字长 32 位，运算速度每秒为 10 万次，内存容量为双体 24KB。之后推出 109 丙机，该机在两弹试验中发挥了重要作用。

1974 年，清华大学等单位联合设计、研制成功采用集成电路的 DJS-130 小型计算机，运算速度达每秒 50 万次。

1977 年 4 月，清华大学、四机部六所、安庆无线电厂联合研制成功我国第一台微型计算机 DJS 050。

1983 年 12 月，国防科技大学研制成功我国第一台亿次巨型计算机“银河-Ⅰ”(图 1.17)，运算速度为每秒 1 亿次，这是我国高速计算机研制的一个重要里程碑。银河机的研制成功，标志着我国计算机科研水平达到了一个新高度，使中国成为继美国、日本之后第三个能独立设计和研制超级计算机的国家。随后，我国又相继成功研发了“银河-Ⅱ”（1992 年）、“银河-Ⅲ”（1997 年）、“银河-Ⅳ”（2000 年）系列超级计算机，并广泛应用于天气预报、空气动力实验、工程物理、石油勘探、地震数据处理等领域，产生了巨大的经济效益和社会效益。国家气象中心将“银河”超级计算机用于中期数值天气预报系统，使我国成为世界上少数几个能发布 5～7 天中期数值天气预报的国家之一。

图 1.17　中国第一台巨型计算机“银河-Ⅰ”

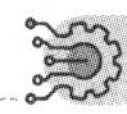

1985 年，电子工业部计算机管理局研制成功与 IBM PC 兼容的长城 0520CH 微型计算机。由此我国微型计算机产业进入了一个飞速发展、空前繁荣的时期。

1993 年 10 月，国家智能计算机研究开发中心（后成立北京市曙光计算机公司，以下简称曙光公司）研制成功“曙光一号”全对称共享存储多处理机，这是国内首次以基于超大规模集成电路的通用微处理器芯片和标准 UNIX 操作系统设计开发的并行计算机。

1995 年，曙光公司又推出了国内第一台具有大规模并行处理机结构的并行机曙光 1000（含 36 个处理机），峰值速度达到每秒 25 亿次，实际运算速度超过 10 亿次浮点运算，内存容量为 1024MB。曙光 1000 与美国 Intel 公司 1990 年推出的大规模并行机体系结构与实现技术相近，与国外的差距缩小到 5 年左右。

1997～1999 年，曙光公司先后在市场上推出具有机群结构的曙光 1000A、曙光 2000-Ⅰ、曙光 2000-Ⅱ超级服务器，其峰值计算速度已突破每秒 1000 亿次浮点运算，机器规模已超过 160 个处理机，机群操作系统等技术进入国际领先行列。

1999 年，国家并行计算机工程技术研究中心研制的“神威Ⅰ”计算机通过了国家级验收，并在国家气象中心投入运行。系统有 384 个运算处理单元，峰值运算速度达每秒 3840 亿次。

2000 年，曙光公司推出每秒 3000 亿次浮点运算的曙光 3000 超级服务器。

2002 年，中国科学院计算技术研究所研制成功我国第一款通用 CPU——“龙芯”芯片，我国在此芯片的逻辑设计与版图设计方面具有完全自主的知识产权，采用该 CPU 的曙光“龙腾”服务器同时发布。龙腾服务器采用了曙光公司和中科院计算所联合研发的服务器专用主板，采用曙光 Linux 操作系统。该服务器是国内第一台完全实现自有产权的产品，在国防、安全等部门发挥了重大作用。

2003 年，百万亿次数据处理超级服务器曙光 4000L 通过国家验收，再一次刷新国产超级服务器的历史纪录，使国产高性能产业再上新台阶。

2003 年 12 月，联想承担的国家网格主结点“深腾 6800”超级计算机正式研制成功，其实际运算速度达到每秒 4.183 万亿次，全球排名第 14 位。

2004 年 6 月，美国能源部劳伦斯伯克利国家实验室公布了最新的全球计算机 500 强名单，曙光公司研制的超级计算机“曙光 4000A”排名第 10 位，运算速度达 8.061 万亿次。

2010 年 11 月，我国自主研发的“天河一号”超级计算机凭着每秒 4700 万亿次的运算峰值速度脱颖而出，成为当时世界运算速度最快的超级计算机。2011 年，中国拥有世界最快的 500 个超级计算机中的 74 个。

2013 年 11 月，第 41 届全球超级计算机 500 强排行榜中，中国“天河二号”（图 1.18）计算机以每秒 5.49 亿亿次的峰值速度和每秒 3.39 亿亿次的持续计算速度位居榜首。天河二号相当于 50 万个现在的中高端 PC 的运算能力总和。

图 1.18　天河二号

2016 年 6 月，世界超级计算机 500 强榜单中，中国自主研发的“神威•太湖之光”超级计算机（图 1.19）和“天河二号”超级计算机位居前两位。中国超级计算机上榜总数首次超过美国，名列第一。“神威•太湖之光”超级计算机目前落户在位于无锡的中国国家超级计算机中心。该超级计算机的运算速度达到了每秒 12.5 亿亿次的峰值计算水平和每秒 9.3 亿亿次的持续计算能力。中国将借此在超级计算机领域领先很长一段时间，中国的航天事业也借此得到极大的促进。

图 1.19　神威•太湖之光

2018 年 7 月 28 日，由国防科技大学牵头研制，运算速度预计可达“天河二号”10 倍以上的“天河三号 E 级原型机系统”已在国家超级计算天津中心完成研制部署，并于 7 月 22 日顺利通过项目课题验收，将逐步进入开放应用阶段。随后，“神威”“曙光”“E 级原型机”也相继交付，齐头并进，全力向整机研制成功的目标冲刺。

超级计算机要求集成电路芯片上的元件和连线密集排列，故工作时会产生大量热量。这样一来，散热就要耗费很多电力，同时这也成为集成电路规模的天花板，决定着超级计算机发展的上限。但如果使用超导材料制作集成电路，因电阻为零，散热将不再是问题。所谓超导，就是某些物质在极低温度下电阻消失的现象。因此，超导计算机所需的电量预计只有传统计算机的 1/1000～1/40，而其运算速度却可能超越 E 级。

1.2.4　计算机的分类

20 世纪中期以来，计算机一直处于高速度发展时期，计算机种类也不断分化。可以从不同的角度对计算机进行分类。通常按计算机的运算速度、字长、存储容量等综合性能指标，可将计算机分为高性能计算机、大型计算机、小型计算机、微型计算机、工作站、服务器和嵌入式计算机。

1．高性能计算机

高性能计算机又称超级计算机或巨型计算机，通常采用大规模并行处理的体系结构，由很多处理器（机）组成，有极强的运算处理能力，其浮点运算速度已达到每秒千万亿次以上。高性能计算机主要用于解决诸如气象、太空、能源、医药、军事等科学研究中的大型复杂任务和计算密集型问题。

研制超级计算机的技术水平体现了一个国家的综合国力，因此，超级计算机的研制是各国在高新技术领域竞争的热点。中国、美国及日本在超级计算机方面都走在世界的前列。

2．大型计算机

大型计算机也称大型机，具有运算速度快、存储容量大和强大的 I/O（input/output，输入输出）处理能力，并允许众多用户同时使用。作为大型商业服务器，它们一般被用于大型事务处理，是事务处理、商业处理、信息管理、大型数据库和数据通信的主要支柱。

3．小型计算机

小型计算机与大型计算机的主要区别是规模。小型计算机具有体积小、价格低、性价比高等优点，适合中小企业、事业单位用于工业控制、数据采集、分析计算、企业管理及科学计算等，也可以用作巨型机或大型计算机的辅助计算机。随着时间的推移，计算机类型之间的区别正在变得越来越模糊。

4．微型计算机

微型计算机是指使用微处理器的计算机，简称微机。由于其体积小、功耗低、成本少、灵活性大、性价比高，广泛应用于办公、学习、娱乐等社会生活的各方面，是发展最快、应用最普及的计算机。

供单个用户使用的微型计算机一般称为 PC。PC 配置有一个紧凑的机箱、显示器、键盘、打印机及各种接口，可分为台式微型计算机和便携式微型计算机。台式微型计算机可以将全部设备放置在书桌上，因此又称桌面计算机。便携式微型计算机包括笔记本计算机、掌上计算机及个人数字助理（personal digital assistant，PDA）。便携式微型计算机将主机和主要外部设备集成为一个整体，显示屏为液晶显示，可以直接用电池供电。

5. 工作站

工作站是一种高端的微型计算机，通常配有高分辨率的大屏幕、多屏显示器及大容量存储器，主要面向专业应用领域，具有强大的数据运算与图形、图像处理能力。工作站主要用于工程设计及制造、图像处理、动画制作、信息服务、模拟仿真等专业领域。常见的工作站有图像处理工作站、计算机辅助设计工作站、办公自动化工作站等。不同任务的工作站有不同的硬件和软件配置。

6. 服务器

服务器是在网络环境中为多个网络用户提供丰富的资源共享服务的一种计算机。在服务器上需要运行网络操作系统、网络协议和各种网络服务软件。与微型计算机相比，服务器在存储能力、处理能力、稳定性、可靠性、安全性、可管理性等方面的要求更高，硬件系统的配置也更高。根据服务器的综合性能，服务器可分为入门级服务器、工作组级服务器、部门级服务器、企业级服务器，如图 1.20 所示；根据服务器外形，服务器可分为机架式服务器、刀片服务器、塔式服务器、机柜式服务器。在网络环境下，根据提供的服务类型不同，可将服务器分为文件服务器、数据库服务器、应用程序服务器、Web 服务器、邮件服务器等。

图 1.20　企业级机架式服务器

7. 嵌入式计算机

嵌入式计算机是指嵌入到应用对象系统中，实现对象体系智能化控制的计算机系统。嵌入式计算机系统是以应用为中心，将操作系统和功能软件集成于计算机硬件系统之中，适用于对功能、可靠性、成本、体积、功耗等综合性能有严格要求的专用计算机系统。嵌入式计算机的应用领域非常广泛，涵盖了日常生活中大多数的家用电器。日常使用的电冰箱、全自动洗衣机、空调、智能手机、工业自动化仪表、医疗仪器、飞机、汽车等都采用了嵌入式计算机技术。随着物联网的发展，嵌入式系统成为智能终端的必备。作为物联网重要技术组成的嵌入式计算机，将会有更广泛的应用前景。

1.2.5　计算机的特点

计算机主要具有以下几个特点。

1．高速运算能力

运算速度是计算机的一个重要性能指标。计算机的运算速度通常使用每秒执行定点加法的次数或平均每秒执行指令的条数来衡量。当前计算机的运算速度高达每秒亿亿次，微型计算机也可达每秒亿次以上。计算机高速运算的能力极大地提高了工作效率，为快速解决大量复杂的科学计算问题提供了强有力的保障。

2．计算精度高

计算机采用二进制形式表示数据，它的精度主要取决于存储数据的二进制位数，即机器字长。字长越长，其精度越高。计算机的字长从 8 位、16 位、32 位增加到 64 位，甚至更长，从而使计算结果具有很高的精度。一般的计算机二进制位数能达到 15 位有效数字，计算精度从千分之几到百万分之几不等。

3．具有记忆存储能力

计算机具有完善的存储系统，可以存储大量数据。计算机的内部记忆能力是计算机和其他计算工具的一个重要区别。由于具有内部记忆信息的能力，在运算过程中就可以不必每次都从外部取数据，只需事先将数据输入内部的存储单元中，运算时就可以直接从存储单元中获得数据，从而大大提高运算速度。现代计算机的存储容量越来越大，已具有高达千兆数量级的容量。

4．具有逻辑判断能力

计算机不仅具有算术运算能力，还具有逻辑运算功能，可以对已知条件进行比较、判断和分析等。这种能力是计算机处理逻辑推理问题的前提。借助于逻辑运算，可以让计算机做出逻辑判断，分析命题是否成立，并可根据命题成立与否做出相应的对策。

5．具有自动执行能力

由于计算机的工作方式是将程序和数据先存放在计算机内，工作时按程序规定顺序的操作步骤，一步一步、自动地取出指令并完成，通常无须人工干预，因而自动化程度高。例如，生产车间及流水线管理、各种自动化生产设备，因为植入了计算机控制系统才使工厂生产自动化成为可能。计算机通用性的特点表现在能求解自然科学和社会科学中大多数类型的问题，能广泛地应用于各领域。

1.2.6 计算机的应用

计算机最初的应用是数值计算，后来随着计算机技术的发展，超级并行计算机技术、高速网络技术、多媒体技术、人工智能技术等相互渗透，改变了人们使用计算机的方式，从而使计算机几乎渗透到人类生产和生活的各领域，对工业和农业都有极其重要的影响。计算机的应用范围归纳起来主要有如下几个方面。

1. 科学计算

科学计算也称数值计算，是指用计算机完成科学研究和工程技术中所提出的数学问题。科学计算是计算机最早的应用领域，研制第一台计算机的目的源于军事科研的要求，计算机发展的初期也主要用于科学计算。

随着现代科学技术的发展，各种领域中的计算模型日趋复杂，如大型水坝的设计、卫星轨道的计算、卫星气象预报、地震探测等，通常需要求解高阶微分方程组、联立大量线性方程组、大型矩阵等。如果利用人工来进行这些计算，通常需要几年甚至几百年，而且还不能保证计算的准确性。计算机具备的高速、高精度的运算能力是人工计算所无法比拟的，利用计算机可以解决人工无法解决的复杂计算问题。所以，计算机自然就成为发展现代尖端科学技术必不可少的工具。

2. 数据/信息处理

数据/信息处理也称非数值计算，是指对各种数据进行搜集、存储、加工、整理、分类、检索、统计、分析等一系列活动的统称，其目的是获取有用的信息，为决策提供依据。

当今社会已经从工业社会进入信息社会，计算机已广泛应用于企业管理、物资管理、辅助决策、文档管理、情报检索、文字处理、医疗诊断、数字媒体艺术等各行业。信息管理和实际应用领域相结合产生了很多的应用系统，如企业管理领域的办公自动化系统、商业流通领域的电子商务系统等。

3. 过程控制

过程控制也称实时控制，是指利用计算机对生产过程、制造过程或运行过程进行监测与控制，即由计算机实时采集数据、检测控制对象的运行数据等实时参数，按照一定的算法进行分析处理，然后反馈到执行机构进行控制。过程控制是生产自动化的重要技术，用于生产过程控制的系统可以提高劳动生产效率、产品质量、自动化水平和精确度，减少生产成本，减轻劳动强度。

计算机过程控制已在电力、石油、冶金、化工、纺织、机械、交通、航天等行业得到广泛的应用。例如，在汽车工业方面，利用计算机控制机床、控制整个装配流水线，不仅可以实现精度要求高、形状复杂的零件加工自动化，而且可以使整个车间或工厂实

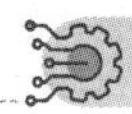

现自动化。

4. 计算机辅助系统

1）计算机辅助设计（computer aided design，CAD）是利用计算机系统帮助设计人员进行工程或产品设计，以实现最佳设计效果的一种技术。它已广泛地应用于飞机、汽车、机械、电子、建筑和轻工等领域。例如，在电子计算机的设计过程中，利用 CAD 技术进行体系结构模拟、逻辑模拟、插件划分、自动布线等，从而大大提高了设计工作的自动化程度。又如，在建筑设计过程中，可以利用 CAD 技术进行力学计算、结构计算、绘制建筑图纸等，这样不但提高了设计速度，而且提高了设计质量。

2）计算机辅助制造（computer aided manufacturing，CAM）是利用计算机系统进行生产设备的管理、控制和操作的过程。例如，在产品的制造过程中，使用计算机控制机器的运行、处理生产过程中所需的数据、控制和处理材料的流动及对产品进行检测等。使用 CAM 技术可以提高产品质量，降低成本，缩短生产周期，提高生产率和改善劳动条件。

3）计算机集成制造系统（computer integrated manufacturing system，CIMS），将 CAD 和 CAM 技术集成，实现设计生产自动化，这种技术称为计算机集成制造系统。它的实现将真正做到无人化工厂（或车间）。

4）计算机辅助教学（computer aided instruction，CAI）是指在计算机的辅助下进行各种教学活动。计算机辅助教学的特点是交互教学和个性化指导。它改变了传统的教学方式，在现代教育技术中起着相当重要的作用。近年来发展迅速的远程教育、在线教育更是在教学的各环节中大量使用了计算机辅助教学。

5）计算机辅助测试（computer aided testing，CAT）是指利用计算机来进行复杂而大量的测试工作，一般分为脱机测试和联机测试两种方法。

除上述计算机辅助系统外，还有如计算机辅助工程（computer aided engineering，CAE）、计算机辅助质量（computer aided quality，CAQ）管理、计算机辅助经营管理、计算机辅助教育等。人们将它们统称为 CA×系统。

5. 人工智能

人工智能（artificial intelligence，AI）是使用计算机模拟人类的某些智能活动与行为，如感知、思维、推理、学习、理解等，建立智能信息处理理论，进而设计可以展现某些近似于人类智能行为的计算机系统。它涉及计算机科学、信息论、仿生学、神经学和心理学等诸多学科，是计算机当前的重要应用领域，也是今后计算机发展的主要方向之一。人工智能技术的高速发展，为人类生活带来了许多便利，如语音识别技术、图像分析技术、无人驾驶汽车、医疗诊断、翻译工具及具有一定思维能力的智能机器人等。

人工智能研究包括模式识别、符号数学、推理技术、人机博弈、问题求解、机器学习、自动程序设计、知识工程、专家系统、自然景物识别、事件仿真、自然语言理解等。

人工智能应用中最具代表性、应用最成功的两个领域是专家系统和机器人。计算机专家系统是一个具有大量专门知识的计算机程序系统。它总结了某个领域的专家知识构建了知识库。根据这些知识，系统可以对输入的原始数据进行推理，做出判断和决策，以回答用户的咨询。机器人是人工智能技术的另一个重要应用。目前，机器人工作在各种恶劣环境（如高温、高辐射等）中的应用前景非常广阔。

6. 多媒体应用

多媒体一般包括文本、图形、图像、音频、视频、动画等信息媒体。多媒体技术是指人们和计算机交互地进行多种媒介信息的捕捉、传输、转换、编辑、存储、管理，并由计算机综合处理为表格、文字、图形、动画、音响、影像等信息的技术。多媒体技术的发展改变了计算机的使用领域，使计算机由办公室、实验室中的专用品变成了信息社会的普通工具，广泛应用于工业生产管理、学校教育、公共信息咨询、商业广告、军事指挥与训练，甚至家庭生活与娱乐等领域。同时，多媒体技术与人工智能技术的有机结合还促进了虚拟现实、虚拟制造技术的发展，使人们可以在计算机产生的环境中感受真实的场景；在还没有真实制造零件及产品时，通过计算机仿真与模拟产生最终产品，使人们感受产品各方面的功能与性能。

7. 计算机网络

计算机技术与现代通信技术的结合构成了计算机网络。计算机网络是将分布于世界各地的计算机系统使用通信线路和通信设备连接起来，以实现计算机之间的数据通信和资源共享。网络和通信的快速发展改变了传统的信息交流方式，加快了社会信息化步伐，深刻地改变了人们的工作方式和生活方式。

随着移动技术的飞速发展，物联网、云计算、移动互联等已经成为计算机应用的重要模式。在未来，计算机的应用领域将继续扩展，并将开拓人们无法预见的新领域。

1.2.7 计算机的发展趋势

计算机技术是世界上发展较快的科学技术之一，未来的计算机将向巨型化、微型化、网络化、智能化和多媒体化等方向发展。

1. 巨型化

发展高速度、大容量和功能强大的巨型计算机，对于保障国家安全、进行科学研究、提高经济竞争力具有非常重要的意义。诸如航天工程、石油勘测、人类遗传基因检测、机械仿真等现代科学技术，以及执行军事任务、处理图像及破译密码等，都离不开巨型计算机。

巨型计算机的发展集中体现了计算机科学技术的发展水平，推动了计算机系统结构、硬件和软件的理论和技术、计算数学及计算机应用等多个科学分支的发展。目前，运算速度为每秒亿亿次的巨型计算机已经投入运行，更高速度的巨型计算机也正在研制中。

2．微型化

微型化是指利用微电子技术和超大规模集成电路技术，使计算机的体积进一步缩小，价格进一步降低。计算机的微型化已成为计算机发展的重要方向。随着微电子技术的进一步发展，微型计算机将发展得更加迅速，其中各种便携式计算机、笔记本计算机等以更优的性价比广泛受到人们的欢迎。

3．网络化

计算机网络已经在交通、金融、企业管理、教育、邮电、商业等各行各业中得到广泛的应用，并形成全球性互联网络。物联网、云计算等又进一步拓展了计算机网络化的发展范围。

4．智能化

智能化是指计算机具有模拟人的感觉和思维过程的能力，这也是第五代电子计算机要实现的目标。智能化的研究领域众多，如模式识别、物形分析、自然语言的生产和理解、博弈、定理自动证明、自动程序设计、专家系统、学习系统和智能机器人等。目前，已研制出可以代替人类在危险环境中工作的机器人。

5．多媒体化

多媒体技术使用多媒体信息，包括文本、声音、图像、视频等，将其集成为一个系统，并具有交互性。典型的就是虚拟现实（virtual reality，VR）技术的使用，VR 技术可广泛用于城市规划、室内设计、工业仿真、古迹复原、房地产销售、旅游、教学等众多领域，让用户足不出户即可获得身临其境的感受。

展望未来，计算机的发展必然要经历很多新的突破。从目前的发展趋势来看，未来的计算机将是微电子技术、光学技术、超导技术和电子仿生技术相互结合的产物。第一台超高速全光数字计算机，已由英国、法国、德国、意大利和比利时等国的 70 多名科学家和工程师合作研制成功，光子计算机的运算速度比电子计算机的运算速度快 1000 倍。在不久的将来，超导计算机、神经网络计算机等全新的计算机也会诞生。届时计算机将发展到一个更高、更先进的水平。

1.3　计算机中信息的表示

计算机中所表示和使用的信息可分为 3 类：数值信息、文本信息和多媒体信息。数值信息用来表示量的大小和正负；文本信息用来表示一些符号和标记；多媒体信息表示声音、图像、动画等。各种信息在计算机内部都是采用二进制编码形式表示的。

1.3.1 数制

1．数制的概念

数制也称进位计数制，是指用一组固定的符号和统一的规则来表示数值的方法。例如，常用的十进制数，钟表计时中使用的六十进制数。在计算机内，各种信息都是以二进制数的形式表示的，为了书写和表示方便，还常使用八进制数和十六进制数。无论哪一种进制的数，都有一个共同点，即都是进位计数制。为了区分不同数制的数，通常有两种方法来表示数制。

方法 1：对于任何一个 R 进制数 N，记为如下的形式：

$$N=(a_n a_{n-1}\cdots a_0 a_{-1} a_{-2}\cdots a_{-m})_R$$

例如，$(10110.01)_2$ 是二进制数，$(462.5)_8$ 是八进制数，$(54C)_{16}$ 是十六进制数。没有用括号及下标标记的数，将其默认为十进制数，如 324 是十进制数。

方法 2：在数字后面跟上一个英文字母来表示该数的数制。十进制数使用 D 表示，二进制数使用 B 表示，八进制数使用 O 表示，十六进制数使用 H 表示，如 1001B 表示二进制数 1001，7A6H 表示十六进制数 7A6。

2．基数

一个数制所包含的数字符号的个数称为该数制的基数，用 R 表示。例如，十进制数用 0、1、2、3、4、5、6、7、8、9 这 10 个数字符号表示，它的基数 R=10；二进制数的基数 R=2；八进制数和十六进制数的基数同理。

3．位权

任何一个 R 进制数都是由一串数码表示的，其中每一位数码所表示的实际值大小，除数码本身的数值外，还与它所处的位置有关。该位置上的基准值称为位权（或称位值）。位权使用 R 进制数的 i 次幂（R^i）表示。对于 R 进制数，小数点前第 1 位的位权为 R^0，小数点前第 2 位的位权为 R^1；小数点后第 1 位的位权为 R^{-1}，小数点后第 2 位的位权为 R^{-2}，以此类推。

显然，对于任意一个 R 进制数，其最右边数码的位权最小；最左边数码的位权最大。

根据进位规则，R 进制数 N 可按权展开表示如下：

$$\begin{aligned}N&=(a_n a_{n-1}\cdots a_0 a_{-1} a_{-2}\cdots a_{-m})_R\\&=a_n\times R^n+a_{n-1}\times R^{n-1}+\cdots+a_1\times R^1+a_0\times R^0+a_{-1}\times R^{-1}+\cdots+a_{-m}\times R^{-m}\end{aligned}$$

式中，a_i 表示第 i 位的数码，进制不同，数码的个数不同；R^i 表示位权；n 表示整数部分的位数；m 表示小数部分的位数。在基数为 R 的数制中，是根据“逢 R 进一”的原

则进行计数的。

例如，十进制数 596.42，按位权展开为如下形式：

$$596.42 = 5\times10^{2} + 9\times10^{1} + 6\times10^{0} + 4\times10^{-1} + 2\times10^{-2}$$

4．常用数制

数制有很多种，但计算机中经常使用的是十进制、二进制、八进制和十六进制。

（1）十进制

十进制具有以下特点。

1）包含 10 个数码，即 0、1、2、3、4、5、6、7、8、9。

2）基数为 10。

3）运算规则：逢十进一，借一当十。

例如，十进制数 131.45，按位权展开为如下形式：

$$131.45 = 1\times10^{2} + 3\times10^{1} + 1\times10^{0} + 4\times10^{-1} + 5\times10^{-2}$$

（2）二进制

二进制具有以下特点。

1）包含两个数码，即 0、1。

2）基数为 2。

3）运算规则：逢二进一，借一当二。

例如，二进制数 10010.01，按位权展开为如下形式：

$$(10010.01)_2 = 1\times2^{4} + 0\times2^{3} + 0\times2^{2} + 1\times2^{1} + 0\times2^{0} + 0\times2^{-1} + 1\times2^{-2} = (18.75)_{10}$$

（3）八进制

八进制具有以下特点。

1）包含 8 个数码，即 0、1、2、3、4、5、6、7。

2）基数为 8。

3）运算规则：逢八进一，借一当八。

例如，八进制数 130.7，按位权展开为如下形式：

$$(130.7)_8 = 1\times8^{2} + 3\times8^{1} + 0\times8^{0} + 7\times8^{-1} = (88.875)_{10}$$

（4）十六进制

十六进制具有以下特点。

1）包含 16 个数码，即 0、1、2、3、4、5、6、7、8、9、A、B、C、D、E、F。

2）基数为 16。

3）运算规则：逢十六进一，借一当十六。

例如，十六进制数 10A.4，按位权展开为如下形式：

$$(10A.4)_{16} = 1\times16^{2} + 0\times16^{1} + 10\times16^{0} + 4\times16^{-1} = (266.25)_{10}$$

计算机之所以采用二进制数，是因为二进制数具有以下特点。

1）容易实现。二进制的数码只有两个，即 0 和 1，可以使用电子元件的两种状态（如开关的接通和断开）来表示，容易实现。

2）运算规则简单。例如，加法运算 $0+0=0$，$0+1=1$，$1+1=10$；减法运算 $1-0=1$，$1-1=0$，$10-1=1$。

3）适合逻辑运算。二进制中的 0 和 1 分别代表逻辑代数中的假值（False）和真值（True），更容易实现逻辑运算。

但是，二进制数的缺点也很明显，如数字冗长、书写繁杂且容易出错，不方便阅读等。所以，在计算机技术文献的书写中，常用八进制数和十六进制数表示。

二进制、八进制、十进制、十六进制之间 0～15 数值的对应关系如表 1.2 所示。

表 1.2　4 种数制 0～15 数值的对应关系

十进制	二进制	八进制	十六进制	十进制	二进制	八进制	十六进制
0	0000	0	0	8	1000	10	8
1	0001	1	1	9	1001	11	9
2	0010	2	2	10	1010	12	A
3	0011	3	3	11	1011	13	B
4	0100	4	4	12	1100	14	C
5	0101	5	5	13	1101	15	D
6	0110	6	6	14	1110	16	E
7	0111	7	7	15	1111	17	F

1.3.2　数制之间的转换

日常生活中常用的是十进制数，计算机采用的是二进制数，人们书写时又多采用八进制数或十六进制数。因此，必然产生各种数制之间的相互转换问题。

1．非十进制数转换为十进制数

非十进制数转换为十进制数的规则是，数码乘以各自的位权再累加，即将非十进制数的数值按其权展开，再将各项相加。

【例 1.5】将二进制数 1101.11 转换为十进制数。

采用位权展开法，过程如下：

$$\begin{aligned}(1101.11)_2 &= 1\times 2^3+1\times 2^2+0\times 2^1+1\times 2^0+1\times 2^{-1}+1\times 2^{-2}\\ &= 8+4+0+1+0.5+0.25=(13.75)_{10}\end{aligned}$$

注意：小数点前面从左向右依次是 2^3、2^2、2^1、2^0；小数点后面从左向右依次是 2^{-1}、2^{-2}。

同理，在进行八进制数或十六进制数转换时，只需要把基数分别换为 8 或 16 即可。

【例 1.6】将八进制数 211.5 转换为十进制数。

$$(211.5)_8 = 2\times8^2+1\times8^1+1\times8^0+5\times8^{-1} = 128+8+1+0.625=(137.625)_{10}$$

【例 1.7】将十六进制数 3D.8 转换为十进制数。

$$(3D.8)_{16}=3\times16^1+13\times16^0+8\times16^{-1}=48+13+0.5=(61.5)_{10}$$

2．十进制数转换为非十进制数

将十进制数转换为非十进制数时，要将该数的整数部分和小数部分分别转换，然后拼接起来即可。

（1）十进制数转换为二进制数

1）十进制整数转换为二进制整数。

规则：将十进制整数除以 2，得到一个商数和余数；再将商数除以 2，又得到一个商数和余数；继续这个过程，直到商等于 0 为止。每次相除得到的余数即为二进制的各位数码。第 1 次得到的余数为最低有效位，最后一次得到的余数为最高有效位。此方法称为“除 2 倒取余”法。

【例 1.8】将十进制数 57 转换为二进制数。

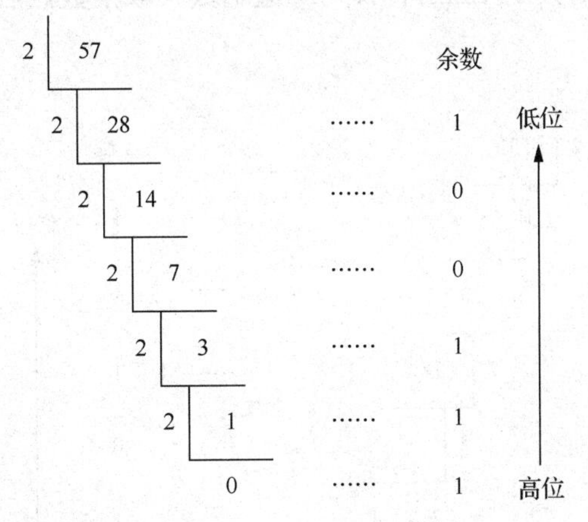

所以，$(57)_{10}=(111001)_2$。

2）十进制小数转换为二进制小数。

规则：用 2 乘以十进制数中的纯小数，在得到的积中取出整数部分；再用 2 乘以余下的纯小数部分，在得到的积中再取出整数部分；继续这个过程，直到余下的纯小数为 0 或满足所要求的精度为止。最后将每次取出的整数部分从左到右排列即可得到所对应的二进制小数。此方法称为“乘 2 顺取整”法。

【例 1.9】将十进制数 0.625 转换为二进制数。

```
        0.625                整数
   ×        2
  ─────────────
        1.25   ……   1        高位
        0.25                  │
   ×        2                 │
  ─────────────               │
        0.5    ……   0         │
        0.5                   │
            2                 │
  ─────────────               ↓
        1.0    ……   1        低位
  ─────────────
        0
```

所以，$(0.625)_{10}=(0.101)_2$。

注意：每次乘法后，得到的整数部分若是 0 也应该取。而且，将一个十进制小数转换为二进制小数通常只能得到近似表示，一般根据精度要求截取到某一位小数即可。

【例 1.10】将十进制数 151.225 转换为二进制数（取小数点后 4 位）。

整数部分：

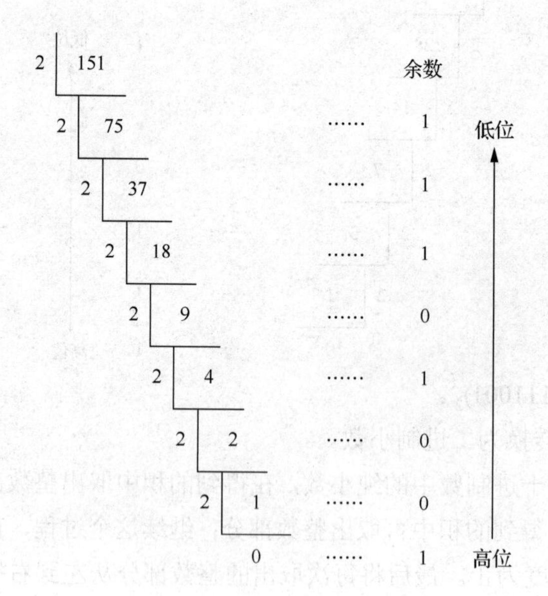

小数部分：

		整数	
0.225 × 2 = 0.45	……	0	高位
0.45 × 2 = 0.90	……	0	↓
0.90 × 2 = 1.80	……	1	↓
0.80 × 2 = 1.60	……	1	低位

所以，$(151.225)_{10} = (10010111.0011)_2$。

上述将十进制数转换为二进制数的方法同样适用于十进制数与八进制数、十进制数与十六进制数之间的转换，只是使用的基数不同。

（2）十进制数转换为八进制数

规则：十进制数转换成八进制数时，整数部分采取“除 8 倒取余”法，小数部分采取“乘 8 顺取整”法。

【例 1.11】将十进制数 394.375 转换为八进制数。

整数部分：

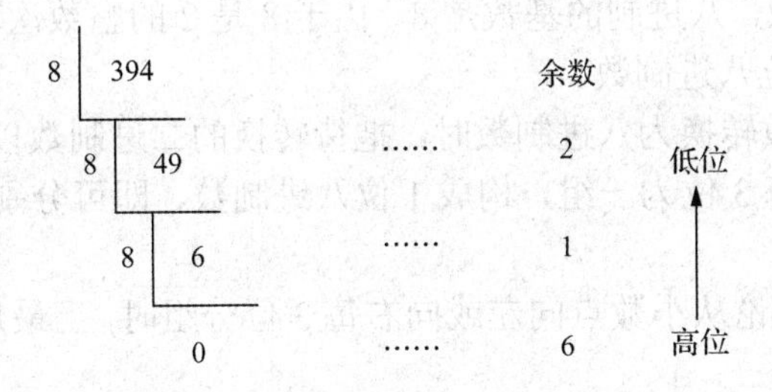

小数部分：

		整数
0.375 × 8 = 3.000	……	3

所以，$(394.375)_{10} = (612.3)_8$。

（3）十进制数转换为十六进制数

规则：十进制数转换为十六进制数时，整数部分采取“除 16 倒取余”法，小数部分采取“乘 16 顺取整”法。

【例 1.12】将十进制数 460.84375 转换为十六进制数。

整数部分：

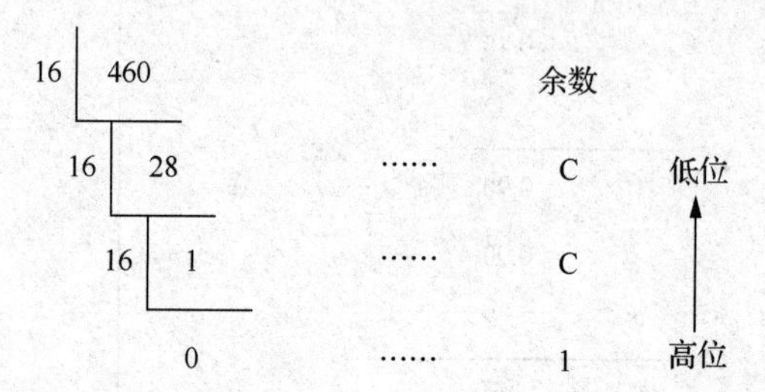

小数部分：

0.84375
整数
× 16
13.5 …… D
高位
0.5
× 16
8.0 …… 8
低位

所以，$(460.84375)_{10} = (1CC.D8)_{16}$ 。

3．二进制数与八进制数之间的转换

（1）二进制数转换为八进制数

二进制的基数是 2，八进制的基数是 8。由于 8 是 2 的整数次幂，即 $2^3=8$，所以，3 位二进制数相当于 1 位八进制数。

规则：将二进制数转换为八进制数时，把待转换的二进制数以小数点为界，分别向左、右两个方向，以每 3 位为一组，构成 1 位八进制数，即可分别转换为八进制数的整数和八进制数的小数。

值得注意的是，无论从小数点向左或向右每 3 位分组时，当最后一组不足 3 位数时，应补“0”凑足 3 位。

【例 1.13】将二进制数 10101011111.10111 转换为八进制数。

按上述规则，从小数点开始向左、右方向按每 3 位二进制数一组划分，得

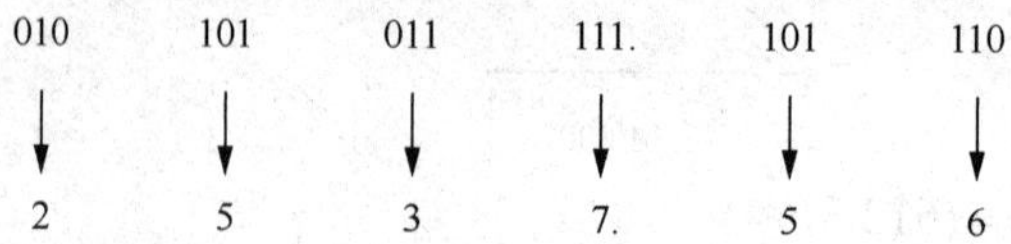

在所划分的二进制位组中，第一组和最后一组不足 3 位，分别补“0”构成 3 位。

再以一位八进制数代替每组的 3 位二进制数即可。

所以，$(10101011111.10111)_2=(2537.56)_8$。

（2）八进制数转换为二进制数

八进制数转换为二进制数的方法为上述过程的逆过程。

规则：将每 1 位八进制数用与其等值的 3 位二进制数表示即可。

【例 1.14】将八进制数 4231.57 转换为二进制数。

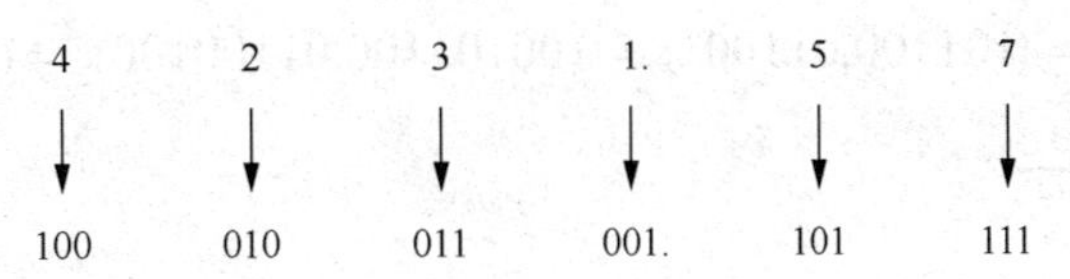

所以，$(4231.57)_8=(100010011001.101111)_2$。

4．二进制数与十六进制数之间的转换

（1）二进制数转换为十六进制数

二进制的基数是 2，十六进制的基数是 16，16 是 2 的整数次幂，即 $2^4=16$，所以 4 位二进制数相当于 1 位十六进制数。

规则：将二进制数转换为十六进制数时，把待转换的二进制数以小数点为界，分别向左、右两个方向，以每 4 位为一组，构成 1 位十六进制数，即可分别转换为十六进制数的整数和十六进制数的小数。

值得注意的是，无论从小数点向左或向右每 4 位分组时，当最后一组不足 4 位数时，应补“0”凑足 4 位。

【例 1.15】将二进制数 1010011101.10111 转换为十六进制数。

按上述规则，从小数点开始向左、右方向按每 4 位二进制数一组划分得：

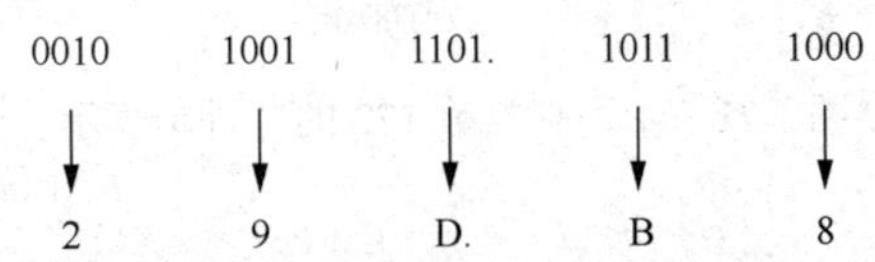

在所划分的二进制位组中，第一组和最后一组不足 4 位，分别补“0”构成 4 位。再以 1 位十六进制数字代替每组的 4 位二进制数字即可。

所以，$(1010011101.10111)_2=(29D.B8)_{16}$。

（2）十六进制数转换为二进制数

十六进制数转换为二进制数的方法为上述过程的逆过程。

规则：将每 1 位十六进制数用与其等值的 4 位二进制数表示即可。

【例 1.16】将十六进制数 A2E. C5 转换为二进制数。

A　2　E.　C　5

↓　↓　↓　↓　↓

1010　0010　1110.　1100　0101

所以，$(A2E.C5)_{16}=(101000101110.11000101)_2$。

5．八进制数和十六进制数之间的转换

规则：借助二进制数来转换。先将八进制数或十六进制数转换为二进制数，再将二进制数转换为十六进制数或八进制数。

【例 1.17】将八进制数 54.31 转换为十六进制数。

$$(54.31)_8=(101100.011001)_2=(00101100.01100100)_2=(2C.64)_{16}$$

1.3.3 数值信息的表示

对于数值数据的表示，主要考虑位数、正负号和小数点位置等。例如，8 位二进制数代表 1 字节，每一位有 0 和 1 两种可能。那么 1 字节有 2^8 共 256 种可能，即 1 字节可以表示的最大的十进制数是 255。如果再考虑正负号，使用左起第一位二进制数来表示正负号，则 1 字节所能表示的最大数为+127。

1．整数在计算机中的表示

整数指不包含小数部分的数字，可以不考虑小数点的问题。整数有正整数、零和负整数 3 种，二进制数也有正数和负数之分。通常在二进制数的最前面规定一个符号位，若是 0 就代表正数，若是 1 就代表负数。例如，十进制整数 172 使用 2 字节表示，如图 1.21 所示。

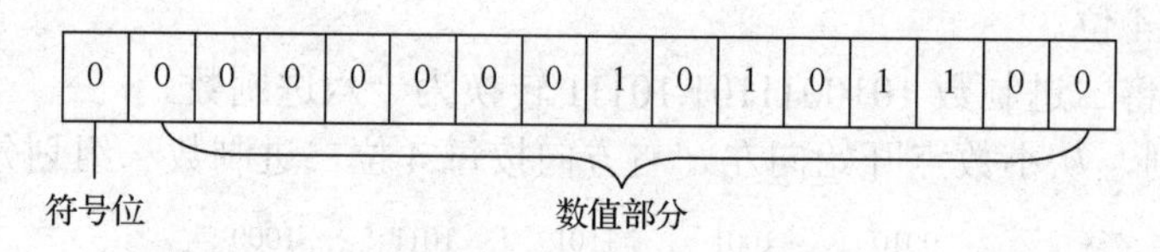

图 1.21　十进制整数 172 的二进制表示

（1）原码

正数的符号位用“0”表示，负数的符号位用“1”表示，其余位表示数值本身。计算机存储整数时，一般使用长度为 16 位或 32 位的二进制位来存储，若使用 16 位来存储，则原码最高位为符号位，后 15 位为数值位。本书中的示例都使用 16 位来表示。

【例 1.18】写出十进制数+52 和−52 的原码表示。

$$[+52]_{原}=0000\ 0000\ 0011\ 0100$$

$$[-52]_{原}=1000\ 0000\ 0011\ 0100$$

原码的表示比较直观，它的数值部分就是该数的绝对值，即使用对应的十进制数转换为二进制数后的二进制数值。正数与其相反数的数值部分相同，但符号位不同。

注意：0 的原码有以下两种表示。

$$[+0]_{原}=0000\ 0000\ 0000\ 0000$$

$$[-0]_{\text{原}}=1000\ 0000\ 0000\ 0000$$

原码的表示简单易懂，在计算机中常用来实现乘、除运算，但加、减运算不方便，如遇到两个异号数相加或两个同号数相减时，就要做减法。为了简化运算器的复杂性，提高运算速度，需要把减法运算转换为加法运算，这样做的优点是在设计电子器件时，只需要设计加法器，不需要再单独设计减法器。因此人们引入了反码和补码表示。

（2）反码

规定：正数的反码等于其原码，负数的反码是将其原码除符号位之外，其余各位按位取反。反码是为了获取补码使用的。

【例 1.19】写出十进制数+25 和−25 的反码表示。

$$[+25]_{\text{反}}=[+25]_{\text{原}}=0000\ 0000\ 0001\ 1001$$

$$[-25]_{\text{原}}=1000\ 0000\ 0001\ 1001$$

$$[-25]_{\text{反}}=1111\ 1111\ 1110\ 0110$$

注意：0 的反码有以下两种表示。

$$[+0]_{\text{反}}=0000\ 0000\ 0000\ 0000$$

$$[-0]_{\text{反}}=1111\ 1111\ 1111\ 1111$$

（3）补码

规定：正数的补码等于其原码，负数的补码等于其反码末尾加 1。

注意：0 的补码只有一种表示，$[+0]_{\text{补}}=[-0]_{\text{补}}=0000\ 0000$。

【例 1.20】给出十进制数+37 和−37 的补码表示。

$$[+37]_{\text{补}}=[+37]_{\text{原}}=[+37]_{\text{反}}=0010\ 0101$$

$$[-37]_{\text{原}}=1000\ 0000\ 0010\ 0101$$

$$[-37]_{\text{反}}=1111\ 1111\ 1101\ 1010$$

$$[-37]_{\text{补}}=1111\ 1111\ 1101\ 1011$$

在补码表示中，符号位也参与运算，可以把加减法运算统一成加法运算。

【例 1.21】计算 37−25 的值。

$$[37]_{\text{补}}=0000\ 0000\ 0010\ 0101$$

$$[-25]_{\text{补}}=1111\ 1111\ 1110\ 0111$$

$$\begin{array}{r} 0000000000100101 \\ +\ 1111111111100111 \\ \hline 10000000000001100 \end{array}$$

符号位进位自动丢掉，取16个二进制位

即，$[37]_{\text{原}}-[25]_{\text{原}}=[37]_{\text{补}}+[-25]_{\text{补}}=[12]_{\text{补}}=[12]_{\text{原}}$。

总结以上规律，可以得到如下公式：

$$X-Y=X+[-Y]_{\text{补}}$$

在现代计算机系统中，有符号数值的存储和计算都采用补码形式。因为补码可以将符号位和数值统一处理，同时加减法运算也可以统一处理，把减法运算转为加法运算。

此外，补码与原码相互转换，运算过程相同，不需要额外的硬件电路。

2．实数在计算机中的表示

实数是指带有小数的数值，通常在计算机中有两种表示方法，即定点数和浮点数。

（1）定点数

定点数是指小数点隐含在某一个固定的位置上。常用的定点数有两种，即定点整数和定点小数。

1）定点整数。定点整数的小数点位置约定在最低数值位的后面。定点整数分为无符号整数和有符号整数两类。对于无符号整数，直接采用其二进制形式表示即可；对于有符号整数，常用其补码形式表示。

【例 1.22】使用定点数表示有符号整数$(172)_{10}$。

由进制转换得到$(172)_{10}=(10101100)_2$，在计算机内表示为如下形式。

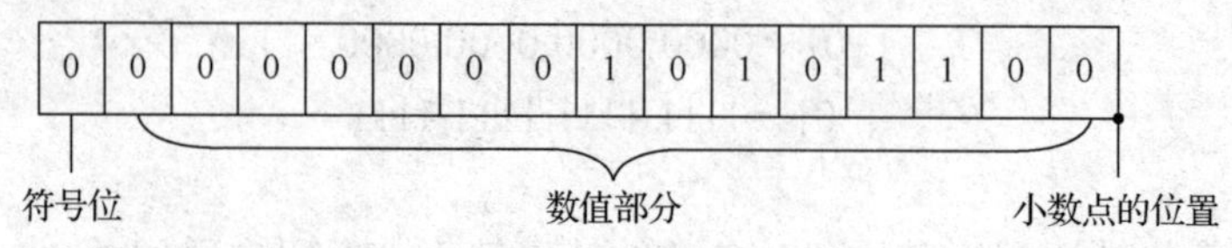

因为该二进制数的有效位数仅有 8 位，故第一个字节的后 7 位均用“0”填充。

2）定点小数。定点小数的小数点位置约定在最高数值位的左面，用于表示小于 1 的纯小数。小数点前面再设一位符号位，0 表示正号，1 表示负号。

【例 1.23】使用定点数表示小数$(0.352)_{10}$。

由进制转换得到$(0.352)_{10} = (0.010110100001110)_2$，在计算机内表示为如下形式。

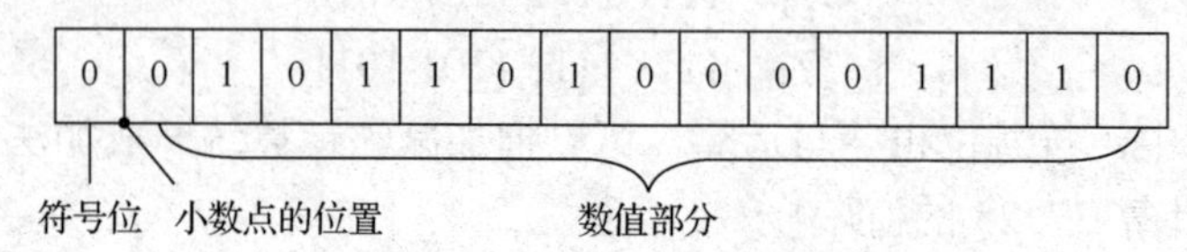

（2）浮点数

由于定点数表示的数值范围小，精度低，现在通常使用浮点数来表示实数。浮点数就是小数点的位置可以任意移动，其思想来源于科学记数法。例如，十进制数 123.45 可以写为 1.2345×10^2。

一个二进制 N 的浮点数表示方法如下：

$$N = \pm M \times 2^E$$

式中，M 是二进制小数，称为尾数；E 是二进制整数，称为阶码。尾数和阶码都有符号位。

为了在计算机中存放方便和提高精度，必须使用规格化形式唯一地表示一个浮点数。规格化形式规定尾数值的最高位为 1。例如，二进制数可以表示为$(1010.011)_2=$

$(0.1010011\times2^{+100})_2$。注意，式中的阶码 100 为二进制数，相当于十进制数 4，0.1010011 为尾数，2 为基数。

各种编程语言和编译器大多支持二进制 32 位浮点数和二进制 64 位浮点数，分别对应于 float 和 double。

浮点数在内存中的表示是将特定长度的连续字节的所有二进制位按特定长度划分为符号域、指数域和尾数域 3 个连续域。例如，float 类型浮点数 N 的内存表示形式如图 1.22 所示。

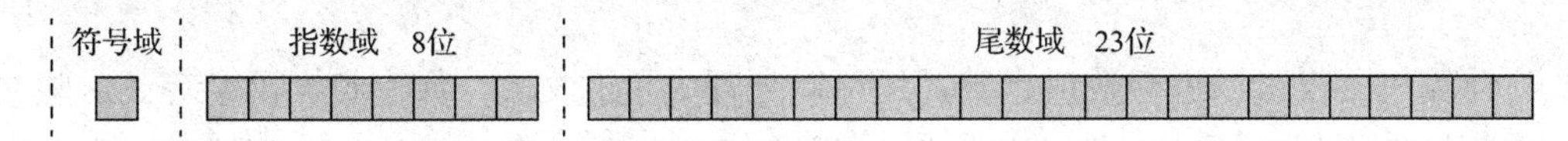

图 1.22　32 位浮点数（float）的表示形式

从图 1.22 可以看出，float 类型在内存中占用的二进制位数为 1+8+23=32 位。

3．计算机中的数据单位

（1）位

位（bit，b）也称比特，是表示计算机数据的最小单位。二进制数的 0 或 1 就是一个位，如数据$(1001)_2$的长度就是 4 位。比特率常用来表示数据的传输速率，单位是 b/s，其含义是指每秒传送多少个二进制位。

（2）字节

字节（Byte，B）是计算机中最基本的存储单位。计算机是以字节为单位分配存储空间的。1 字节由 8 位二进制数字组成，即 1 字节=8 位。计算机存储器容量的大小以字节数来衡量，常用 KB、MB、GB 和 TB 等表示，它们之间的换算关系如下。

1KB（千字节）=1024B=2^{10}B

1MB（兆字节）=1024KB=2^{20}B

1GB（吉字节）=1024MB=2^{20}KB=2^{30}B

1TB（太字节）=1024GB=2^{20}MB=2^{40}B

1PB（拍字节）=1024TB=2^{20}GB=2^{50}B

注意：所有硬盘、U 盘和存储卡，因为生产厂家的计算方式和操作系统的计算方式不同，实际在计算机中看到的容量会与厂商标示的容量有一定的差异。生产厂商按 1MB=1000KB 标称产品容量，而操作系统按 1MB=1024KB 计算，这样 1GB 约等于 0.93GB。这就导致设备的存储容量要比标示的存储容量少，如一个 16GB 的 U 盘，在计算机上查看这个 U 盘的容量只有 14.9GB。

大数据是一个体量特别大、数据类别众多的数据集。大数据体量一般在 10TB 规模以上，但在实际应用中，很多企业用户把多个数据集放在一起，形成了 PB 级的数据。那么 PB 到底有多大呢？举个例子，1PB 大约是 4000 亿页文本，对比一下中国国家图书馆藏书约 3000 万册。假设每本书平均 300 页，总数不过才 90 亿页文本，即 1PB 的容量大约可以存放 40 多个国家图书馆的藏书。再假设，手机播放 MP3 的编码速度为平均每分钟 1MB，而 1 首歌曲的平均时长为 4 分钟，那么 1PB 大约包含 2.7 亿首 MP3 歌曲，可以连续播放 2000 年。由此可见，PB 级别的数据量之大。

1.3.4 文本信息的表示

计算机不仅可以进行数值运算，还可以处理大量的文本，如字符、汉字等。这些文本在计算机内部也是以二进制的形式表示的。用以表示文本信息的二进制编码称为字符编码。

1. 西文编码

（1）ASCII

美国信息交换标准码（American standard code for information interchange，ASCII）是由美国国家标准学会制定的、标准的单字节字符编码方案。ASCII 共包含 2^7=128 个不同的字符。其中，前 32 个和最后一个为控制码，是不可显示或打印的，通常为计算机系统专用。其余 95 种均为可打印/显示字符，包括 0～9 数字、52 个英文大小写字母和一些标点符号与运算符号等。标准 ASCII 表如表 1.3 所示。ASCII 表中每个字符都对应一个数值，称为该字符的 ASCII 值，用于在计算机内部表示该字符。

注意：计算机内部用 1 字节（8 位二进制位）存放一个 7 位 ASCII，最高位置为 0。

表 1.3 标准 ASCII 表

ASCII 值	字符	ASCII 值	字符	ASCII 值	字符	ASCII 值	字符	ASCII 值	字符
000	NUL	012	FF	024	CAN	036	$	048	0
001	SOH	013	CR	025	EM	037	%	049	1
002	STX	014	SO	026	SUB	038	&	050	2
003	ETX	015	SI	027	ESC	039	'	051	3
004	EOT	016	DLE	028	FS	040	(	052	4
005	ENQ	017	DC1	029	GS	041	)	053	5
006	ACK	018	DC2	030	RS	042	*	054	6
007	BEL	019	DC3	031	US	043	+	055	7
008	BS	020	DC4	032	空格	044	,	056	8
009	HT	021	NAK	033	!	045	-	057	9
010	LF	022	SYN	034	"	046	.	058	:
011	VT	023	ETB	035	#	047	/	059	;

续表

<table>
<tr><th>ASCII 值</th><th>字符</th><th>ASCII 值</th><th>字符</th><th>ASCII 值</th><th>字符</th><th>ASCII 值</th><th>字符</th><th>ASCII 值</th><th>字符</th></tr>
<tr><td>060</td><td><</td><td>074</td><td>J</td><td>088</td><td>X</td><td>102</td><td>f</td><td>116</td><td>t</td></tr>
<tr><td>061</td><td>=</td><td>075</td><td>K</td><td>089</td><td>Y</td><td>103</td><td>g</td><td>117</td><td>u</td></tr>
<tr><td>062</td><td>></td><td>076</td><td>L</td><td>090</td><td>Z</td><td>104</td><td>h</td><td>118</td><td>v</td></tr>
<tr><td>063</td><td>?</td><td>077</td><td>M</td><td>091</td><td>[</td><td>105</td><td>i</td><td>119</td><td>w</td></tr>
<tr><td>064</td><td>@</td><td>078</td><td>N</td><td>092</td><td>\</td><td>106</td><td>j</td><td>120</td><td>x</td></tr>
<tr><td>065</td><td>A</td><td>079</td><td>O</td><td>093</td><td>]</td><td>107</td><td>k</td><td>121</td><td>y</td></tr>
<tr><td>066</td><td>B</td><td>080</td><td>P</td><td>094</td><td>^</td><td>108</td><td>l</td><td>122</td><td>z</td></tr>
<tr><td>067</td><td>C</td><td>081</td><td>Q</td><td>095</td><td>_</td><td>109</td><td>m</td><td>123</td><td>{</td></tr>
<tr><td>068</td><td>D</td><td>082</td><td>R</td><td>096</td><td>`</td><td>110</td><td>n</td><td>124</td><td>|</td></tr>
<tr><td>069</td><td>E</td><td>083</td><td>S</td><td>097</td><td>a</td><td>111</td><td>o</td><td>125</td><td>}</td></tr>
<tr><td>070</td><td>F</td><td>084</td><td>T</td><td>098</td><td>b</td><td>112</td><td>p</td><td>126</td><td>~</td></tr>
<tr><td>071</td><td>G</td><td>085</td><td>U</td><td>099</td><td>c</td><td>113</td><td>q</td><td>127</td><td>DEL</td></tr>
<tr><td>072</td><td>H</td><td>086</td><td>V</td><td>100</td><td>d</td><td>114</td><td>r</td><td></td><td></td></tr>
<tr><td>073</td><td>I</td><td>087</td><td>W</td><td>101</td><td>e</td><td>115</td><td>s</td><td></td><td></td></tr>
</table>

由于标准 ASCII 字符集的字符数目有限，在实际应用中往往无法满足要求，国际标准化组织又将 ASCII 字符集扩充为 8 位代码。这样，ASCII 字符集在原来的 128 基本字符集的基础上又可以扩充 128 个字符，也就是使用 8 位扩展 ASCII 能为 256 个字符提供编码。这些扩充字符的编码均为高位为 1 的 8 位代码（即十进制数 128～255），称为扩展 ASCII。扩展 ASCII 所增加的字符包括加框文字、圆圈和其他图形符号等。

（2）Unicode

对世界上的各种语言文字，计算机处理时都会通过编码方式赋给一个二进制数。起初没有世界统一的标准，每种文字自己设计编码表，同一个二进制在不同的文字系统中对应不同的文字，每一种文字必须使用正确的解码方式才可以打开识别。有时，电子邮件中的乱码，就是发信人和收信人使用的编码方式不同造成的。

1988 年，几家权威的计算机公司开始一起研究一种能够替换 ASCII 的编码，称为 Unicode 编码，也称统一码、万国码。Unicode 标准定义了一个字符集和几种编码格式。它涵盖了世界上的大多数字符，可以只通过一个唯一的数字（Unicode 码）来访问和操作字符。因此，Unicode 码避免了多种编码系统的交叉使用，也避免了不同编码系统使用相同数字代表不同字符。目前，Unicode 编码在 Internet 中有着较为广泛的使用，微软公司和苹果公司也已经在它们的操作系统中支持 Unicode 编码。

Unicode 标准提供了 3 种不同的编码格式，使用 8 位、16 位和 32 位编码单元，分别为 UTF-8、UTF-16、UTF-32。最常见的是 UTF-8 编码，它将一个字符编为 1～4 字节，其中 1 字节的字符和 ASCII 完全一致，所以它向下兼容 ASCII。UTF-16 以 2 字节为一个单元，每个字符都由 1～2 单元组成，所以每个字符可能是 2 字节或 4 字节，包括最常见的英文字母都会编成 2 字节。大部分汉字也是 2 字节，少部分生僻字为 4 字节。

2．汉字编码

ASCII 只对英文字母、阿拉伯数字、标点符号及控制符进行编码。为了使用计算机处理汉字，同样需要对汉字进行编码。从汉字编码的角度看，计算机对汉字信息的处理过程实际上是各种汉字编码间的转换过程。这些编码主要包括汉字输入码、汉字信息交换码、汉字内码和汉字字形码等。输入汉字信息时，使用汉字输入码来编码（即汉字的外部码）；汉字信息在计算机内部处理时，统一使用机内码来编码；汉字信息在输出时使用字形码以确定一个汉字的点阵。这些编码构成了汉字处理系统的一个汉字代码体系。下面介绍国内使用的几种主要汉字编码。

（1）国标码

汉字国家标准代码，简称国标码，国家标准强制冠以“GB”。汉字因为符号比较多，在计算机中使用 2 字节表示。1981 年，国家标准总局公布的《信息交换用汉字编码字符集 基本集》（GB 2312—1980）分两级，一级汉字 3755 个，二级汉字 3008 个，共 6763 个汉字。另外，还定义了其他字母和符号 682 个，如序号、数字、罗马数字、英文字母、日文假名、俄文字母、汉语注音等，总计 7445 个字符和汉字。由于 GB 2312—1980 只收录了 6763 个汉字，未能覆盖繁体中文字、部分人名、方言、古汉语等方面出现的罕用字，所以发布了辅助集，国家标准化管理委员会于 2005 年推出《信息技术 中文编码字符集》（GB 18030—2005）标准。

国标码中每个汉字及字符用 2 字节来表示。第一个字节称为“高位字节”，第二个字节称为“低位字节”。每字节的最高位置为 0，其余 7 位用于表示汉字信息。这样，任意一个汉字都可以转换为对应的 16 位二进制编码。例如，“京”字的国标码为 3E29H，其对应的二进制编码为 00111110 00101001。

（2）机内码

根据国标码的规定，每个汉字都有一个确定的二进制代码，但是国标码在计算机内部是不能被直接采用的。这是因为国标码 2 字节的最高位均为 0，很容易与 ASCII 发生冲突。为了加以区分，人们将国标码的 2 字节的最高位分别置为 1，其余位不变，得到了机内码。因此有“国标码+8080H=机内码”的关系。在计算机中使用机内码存储、处理和传输汉字。例如，汉字“大”字的国标码为 3473H，2 字节的最高位均为“0”。把两个最高位全改成“1”变成 B4F3H，可得到“大”字的机内码。将其转换为二进制编码，那么在计算机中用于表示“大”字的编码就是机内码“10110100 11110011”。

（3）汉字字形码

为了输出汉字，每个汉字的字形必须事前存储在计算机中。一套汉字所有字符形状的数字描述信息组合在一起称为字形信息库，简称字库。不同的字体对应不同的字库，如宋体、黑体等。在输出汉字时，计算机要先在字库中找到汉字的字形描述信息，才能把汉字显示在输出设备上。这种对汉字字形的数据描述，称为汉字字形码。

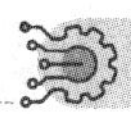

汉字字形码是一种用点阵记录汉字字形的编码，是汉字的输出形式。汉字是方块字，将方块等分成有 n 行 n 列的格子，简称它为点阵。凡汉字所涉及的格子点为黑点，用二进制数“1”表示；否则为白点，用二进制数“0”表示。这样，一个汉字的字形就可以用一串二进制数表示了。常用的点阵有 16×16、24×24、32×32、48×48 等，点数越多，打印的字体越美观，但汉字库占用的存储空间也越大。例如，16×16 汉字点阵有 256 个点，需要 256 位二进制位来表示一个汉字的字形码。这样就形成了汉字字形码，也即汉字点阵的二进制数字化。如图 1.23 所示是“中”字的 16×16 点阵字形示意图。

除了点阵字形编码，还有一种应用更广泛的字体——矢量字体，每个字形是通过数学曲线来描述的，它包含了字形边界上的关键点、连线的导数信息等。这类字体的优点是字体尺寸可以任意缩放而不变形，无论放大多少倍都不会出现锯齿，如图 1.24 所示。

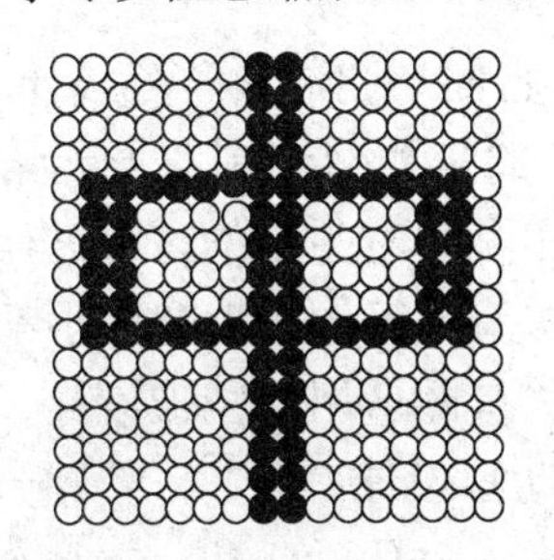

图 1.23　“中”字的 16×16 点阵字形示意图

图 1.24　矢量字体“字”

与汉字有关的编码还有 BIG5、GBK 等。

BIG5 码又称“大五码”，是通行于我国台湾、香港、澳门等地区的一个繁体字编码方案。它采用双字节编码方式，一共收录了 13461 个汉字和图形符号，其中包括 13053 个常用汉字和 408 个符号。

GBK（汉字扩展内码规范）是中华人民共和国全国信息技术标准化技术委员会于 1995 年 12 月制定的一个汉字编码标准。2000 年已被 GB 18030—2000 替代。2005 年 GB 18030—2005 替代了 GB 18030—2000。向下与 GB 编码兼容，向上支持 ISO/IEC 10646 国际标准，一共收录了 20902 个汉字和图形符号，简、繁体字融于一库。

汉字的输入、处理和输出的过程，实际上是汉字的各种编码之间的转换过程，如图 1.25 所示。

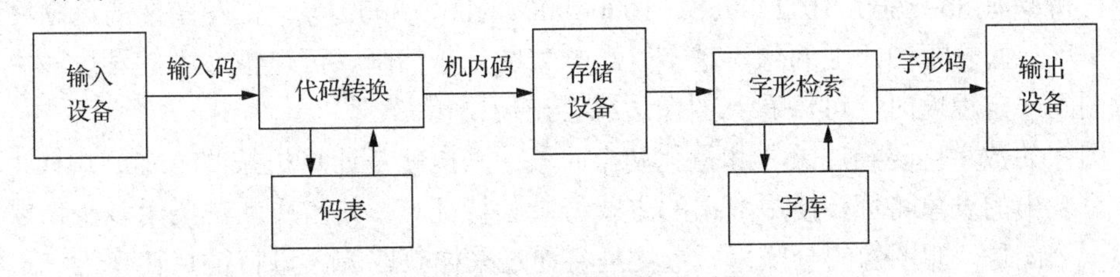

图 1.25　汉字信息的处理过程

在输出汉字时，首先根据该汉字的机内码找到该汉字在字库中的位置，然后根据字形码，在屏幕上显示或使用打印机进行输出。

1.3.5 多媒体信息的表示

计算机所能存储、处理的信息除数值信息、文本信息外，还有图形、图像、声音和视频等多媒体信息。多媒体信息具有生动性、多样化、交互性、集成性等特点。然而要使计算机能够存储、处理多媒体信息，就必须先将这些信息转换为二进制信息。将声音、图像、图形、视频转换为二进制代码存储的过程称为数字化。

1．图形图像

计算机中的图像有两种格式，一种称为矢量图，即图形；另一种称为位图，即图像。

（1）图形

矢量图形是由几何的点、线、面、体等构成的图，它们是通过数学公式计算得到的。矢量图只能通过计算机软件生成。矢量图文件中保存的是如何绘制图形元素的数学描述，因此文件占用内存空间较小。矢量图的显示和输出是即时生成的，通过计算得出显示一个图形需要多少离散的点，因此放大后图形不会失真。每次放大和缩小都需要按照描述元素重新计算，所以图形的大小与分辨率无关。矢量图适用于图形设计、文字设计和一些标志设计、版式设计等，也可以用于平面卡通动画设计。

矢量图形中的元素称为对象，每个对象都是一个自成一体的实体，它具有颜色、形状、轮廓、大小和位置等属性。这一特征使矢量图形特别适用于图例和三维建模，如在CAD 软件中绘制的图形就是矢量图。矢量图形具有文件小、元素对象可编辑、分辨率不依赖于输出设备等优点；最大的缺点是难以表现色彩层次丰富的逼真图像效果。

（2）图像

图像由无数个独立的像素组成，每个像素独立显示颜色，计算机中需要给出构成图像的每个像素的位置和颜色。图像包含的每个像素都有独立的颜色编码，各像素的颜色编码之间相互独立，因此，图像可以显示任意的颜色组合。由于图像由像素和颜色编码组成，因此将图像称为位图图像，也称点阵图像。

图像的成像原理和汉字字形类似，只不过点阵中的每个点表示的颜色种类更多。图像分辨率表示图像在长和宽方向上拥有的像素点数，用来定义图像成像的大小。常见的图像分辨率有 800×600、1024×768、1600×900、4000×3000 等。位图图像的清晰度取决于分辨率，同一幅图片上的像素越多，意味着图片越清晰、可以被放大的程度越大。放大位图到一定程度时，可以看到图像边缘会出现锯齿。

图像的数字化要经过采样和量化两个阶段。采样就是计算机按照一定的规律，对图像所呈现出的表象特征，使用数据的方式记录其特征点。其实质就是要用多少像素点来描述一个图像，即图像的分辨率。量化是将通过采样获取的大量特征点转换为二进制数据的过程。

日常使用数码相机或手机拍摄一张照片的过程，就是数字图像采样的过程。自然界的颜色是连续的模拟信息，而拍摄数码照片是用离散的点来近似代替连续颜色的过程。

在数字图像中，每个这样离散的点称为一个像素。自然界中的颜色数量是无限的，但是在计算机中我们只能用有限的字节来对颜色进行编码，这个编码的过程就是量化。

图像文件存储空间的计算公式为，存储空间=水平像素数×垂直像素数×量化位数/8 位。

【例 1.24】一幅分辨率为 800×600 的黑白图像，以位图方式存储时需要多少字节？

分辨率为 800×600 的图像，其水平方向的像素为 800、垂直方向的像素为 600，所以总像素数量为 800×600=480000。

在黑白图像中，每个像素需要一个二进制位来存储，所以总存储量与总像素数量相同，即需要 480000 位来存储。

又因为 1 字节=8 位，换算成字节是 480000/8=60000（字节）。所以一幅分辨率为 800×600 的黑白图像，存储时需要 60000 字节的存储空间。

【例 1.25】假设一幅 800×600 的图像具有 256 级灰度，存储时需要多少字节？

图像为 256 级灰度，每个像素点的色彩深浅是 256 种灰度中的一种，要表达 256 种编码需要 8 位长度的二进制编码，即 $2^8=256$。一个像素存储时需要 8 位，刚好占用 1 字节来存储，存储量为 800×600×8/8=480000（字节），即总存储量等于 480000 字节。

【例 1.26】一幅 1024×768 的彩色图像，每个像素使用 3 字节的存储空间进行存储，则存储时占用多少字节？

彩色图像中每个像素点可以使用 3 字节来表示（24 位真彩色），每字节分别表示红、绿、蓝，那么可以表示 256×256×256=16777216 种颜色的组合。

其存储量为，1024×768×3×8/8=2359296(B)=2304(KB)=2.25(MB)。

（3）图像格式

图像有很多不同类型的格式，以下是一些常见的图像格式。

1）BMP 格式：位图文件，无压缩，数据量比较大，所有图像处理软件都支持 BMP 格式。

2）GIF 格式：图形交换格式，一种压缩的 8 位图像文件，数据量小，多用于网络传输。它只能处理 256 种颜色，不能存储真彩色图像。

3）TIFF 格式：位图文件，由 Aldus 公司和微软公司共同开发设计的图像文件格式，可以处理黑白、灰度、真彩色图像。

4）PNG 格式：一种采用无损压缩算法的位图格式，它的压缩比较高，生成的文件体积较小。

5）JPEG 格式：由联合图像专家组制定的一种适用于彩色和单色的、多灰度连续色调的静态数字图像的压缩标准。

2. 音频

声音是一种机械波，声波通过空气的振动传递到人的耳膜，引起振动，形成听觉效果。因此，声音是具有一定振幅和频率并随时间变化的模拟信号。

（1）声音数字化

与图像数字化步骤类似，声音数字化是指使用计算机对模拟声音信号进行采样、量化，然后转换为二进制数字音频的过程。采样就是每隔一段相同的时间读一次波形的振幅，将读取的时间和波形的振幅记录下来，这样就可以得到一组离散的点，使用这些点可以近似代替连续的声波。量化就是将采样得到的离散的点使用计算机中的若干二进制数来表示。

影响声音质量的因素主要有以下3个。

1）采样频率，指的是每秒从连续信号中提取并组成离散信号的采样个数，用赫兹（Hz）来表示。常用的采样频率为11kHz、22kHz、44.1kHz等。采样频率越高，得到的声音品质越好，同时占用的存储空间也越大。

2）量化分辨率，即量化位数，是采样频率和模拟量转换为数字量之后的数据位数。它是衡量声卡性能的参数。

3）声道：分为单声道、双声道、立体声。

声音的存储量=（采样频率×量化位数×声道数×时间长度）/8（字节）

【例1.27】CD采样频率为44.1kHz，16位量化分辨率，立体双声道，请问每秒的数据量是多少字节？

16位量化分辨率，即每个测试点采用16位二进制数表示，需要占用2字节。

数据量为，44100×16×2/8=176400（字节）。

（2）音频文件格式

音频数据以文件的形式保存在计算机中，常用的音频文件格式有以下几种。

1）WAVE格式：一种通用的音频数据文件格式，即波形文件。因为没有采用压缩算法，修改和剪辑不会失真。

2）MP3格式：按MPEG标准的音频压缩技术制作的数字音频文件格式。因其压缩率大、文件较小，是目前最流行的网络声音文件格式。

3）RA格式：一种具有较高压缩比的音频文件格式，占用存储空间较小，适合采用流媒体的方式实现网上实时播放。

4）WMA格式：微软公司推出的与MP3格式齐名的一种音频文件格式，所需存储空间仅为MP3文件的一半，却能保持相同的音质。

5）MIDI格式：是把电子音乐设备与计算机相连的一种标准，是控制计算机与具有MIDI接口的设备之间进行信息交换的一整套规则。

3．视频

视频是图像的动态形式，可以看成是沿着一条时间线，连续不断变换的多幅位图图像。每一幅画面称为一帧，“帧”是构成视频信息的最小单位。这些帧以一定的速度连续地投射到屏幕上，由于视觉的暂留现象产生动态效果。

（1）逐行扫描和隔行扫描

逐行扫描是成像时一行一行顺序扫描形成一帧视频，显示的时候将一帧视频显示在屏幕上。

隔行扫描是成像时先扫描偶数行，形成偶场图像，然后扫描奇数行形成奇场图像，偶场和奇场共同组成一帧图像。

隔行扫描的优点是图像的刷新频率提高 1 倍，视频闪烁感会降低。但是在扫描行数相同的情况下，隔行扫描的垂直清晰度只有逐行扫描的 70%左右。

（2）视频的分辨率

视频的分辨率指视频宽和高的像素值。

1）标清视频的分辨率一般是指 720×480，每秒视频信息的数据量约为 3.1MB。

2）高清视频指垂直分辨率达到 720 或以上的视频。关于高清的标准，国际上公认的有两条：视频垂直分辨率超过 720 或 1080；视频宽纵比为 16∶9。

3）全高清指分辨率达到 1920×1080，包括 1080p 和 1080i。其中，p 代表逐行扫描，i 代表隔行扫描。两者在画面的精细度上有一定的差别，1080p 的画质优于 1080i。

与声音信息的数字化相似，也要把模拟的视频信息转换为数字信息，把每一帧的视频信息进行采样、量化、编码，最终把模拟的视频信息转换为数字信息。通常数字化后的视频信息的数据量非常大，所以还要对数据进行压缩处理。

（3）视频文件格式

1）AVI 格式：Windows 操作系统的标准格式。采用有损压缩方式，可以达到很高的压缩比，它是目前比较流行的一种视频文件格式。

2）MOV 格式：采用 Intel 公司的有损压缩技术，以及音视频信息混合交错技术，图像质量优于 AVI 格式。

3）MPEG 格式：采用运动图像压缩算法国际标准进行压缩的视频文件格式，该格式质量高、兼容性好。播放时需要 MPEG 解压软件的支持。

4）流媒体视频格式：为实现视频信息的实时传送和实时播放而产生的用于网络传输的视频格式，视频流放在缓冲器中，可以边传输边播放。常用的流媒体视频格式有 RM 格式、QT 格式、ASF 格式等。

计算机中存储表示各种媒体信息的数据量非常大，只有对数据进行有效的压缩才能被广泛应用。数据压缩是指在不丢失有用信息的前提下，缩减数据量以减少存储空间，提高其传输、存储和处理效率，或按照一定的算法对数据进行重新组织，减少数据的冗余和存储的空间的一种技术方法。

数据压缩可以分为两种类型，无损压缩和有损压缩。无损压缩是指使用压缩后的数据进行重构（或称还原、解压缩），重构后的数据与原来的数据完全相同。无损压缩通常用于磁盘文件的压缩。有损压缩是指使用压缩后的数据进行重构，重构后的数据与原来的数据有所不同，即使损失一些信息，也不会对信息的理解造成影响。有损压缩可以大幅减少表示信息所需要的二进制位数。有损压缩主要用于对图片、音频和视频数据进行压缩。

本章小结

本章首先介绍了计算思维的基本概念、特征、本质和应用领域；然后简要介绍了计算工具的发展过程，重点讲述了现代计算机的诞生、发展、分类、特点、应用领域及未来的发展趋势；最后介绍了数值信息、文本信息、多媒体信息在计算机中的表示形式。

第2章　计算机系统概述

通过第 1 章我们了解到培养计算思维就是让我们像计算机科学家一样去思考，信息在计算机中是以二进制形式存储的。但我们仍然不了解计算机系统的内部情况。到底计算机是如何工作的，又是由哪些软硬件的相互配合，才能顺利完成各种复杂的计算任务呢？本章主要针对计算机系统进行剖析和归纳，讲解计算机是如何构成并工作的。

2.1　计算机系统的组成

计算机系统主要由硬件系统和软件系统两大部分组成。硬件是指构成计算机的所有实体部件的集合，这些部件由电子器件、机械装置等物理部件组成。硬件通常是指一切看得见、摸得着的物理设备，它们是计算机进行工作的物质基础，也是计算机软件运行的场所。

软件是指在硬件设备上运行的各种程序及文档的集合，它是计算机的灵魂。程序是用户用于指挥计算机执行各种操作从而完成指定任务的指令集；文档是各种信息的集合。

计算机系统的基本组成如图 2.1 所示。

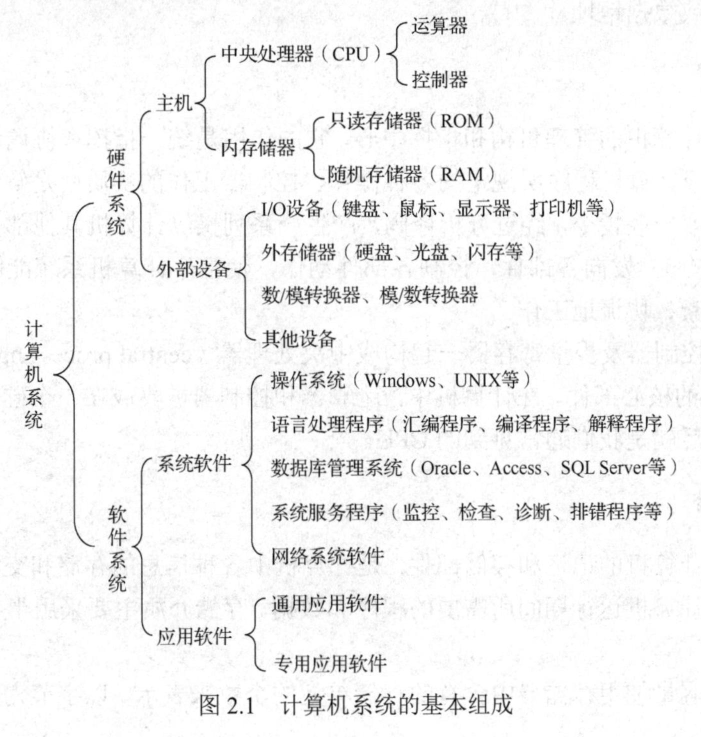

图 2.1　计算机系统的基本组成

硬件和软件相互依存、缺一不可。硬件是软件工作的平台，软件丰富了硬件功能。没有安装任何软件的计算机通常称为“裸机”，裸机是无法满足日常工作的。

2.1.1 计算机的硬件系统

现代计算机虽然从性能指标、运算速度、价格等方面发生了巨大改变，但是它们的基本结构没有变化，都是基于冯·诺依曼体系结构。因此，我们日常所使用的计算机也称冯·诺依曼型计算机，其核心是“存储程序、程序控制”，因此又称存储程序式计算机。

存储程序式计算机由 5 部分组成：运算器、控制器、存储器、输入设备和输出设备。每个功能部件各尽其责、协调工作。

1. 运算器

运算器又称算术逻辑部件（arithmetic and logic unit，ALU），是执行算术运算、逻辑运算和关系运算的部件。其任务是对信息进行加工处理。运算器由算术逻辑单元、累加器、状态寄存器和通用寄存器等组成。

算术逻辑单元的功能是完成加、减、乘、除等算术运算，与、或、非等逻辑运算以及移位、求补等操作。累加器用于暂存操作数和运算结果。状态寄存器也称标志寄存器，用于存放算术逻辑单元在工作中产生的状态信息。通用寄存器是一组寄存器，运算时用于暂存操作数或数据地址。

2. 控制器

控制器是计算机的管理机构和指挥中心，它的作用是统一指挥和协调计算机各部件的工作，以完成计算机程序所规定的各种操作。控制器工作的实质就是解释程序，它每次从存储器读取一条指令，经过分析译码，产生一系列操纵计算机其他部分工作的控制信号（操作命令），发向各部件，控制各部件动作，使整个计算机系统能够在其控制下连续、有条不紊、协调地工作。

运算器、控制器及少量寄存器一起构成中央处理器（central processing unit，CPU），CPU 是计算机的核心部件。在计算机中，运算器和控制器被集成在一个硅片上，采用一定的形式封装后就是我们通常见到的 CPU。

3. 存储器

存储器是计算机的记忆和存储部件，是计算机中各种信息的存储和交流中心，其主要功能是存放计算机运行期间所需要的程序和数据。存储介质主要采用半导体器件和磁性材料。

存储器的容量使用存储器中含有的存储单元的个数来表示，以字节为单位。为了区分不同的存储单元，所有存储单元均按一定的顺序编号，称为地址，一般用十六进制表示。每个存储单元的地址是唯一的。当计算机要把一个信息存入某存储单元中或从某存储单元中取出时，首先要告知该存储单元的地址，然后由存储器“查找”与该地址对应的存储单元，查到后才能进行数据的存取。当 CPU 从存储器中取出数据时，不会破坏其中的信息，这种操作称为读操作；把数据存入存储器中的操作称为写操作。

4．输入设备

输入设备用于接收用户输入的原始数据和程序，并将它们转换为计算机能够识别和处理的二进制形式，存放在内存中。输入设备是计算机与用户或其他设备通信的桥梁。常见的输入设备有键盘、鼠标、扫描仪、摄像头等。

5．输出设备

输出设备用于将计算机处理后的结果或存储器中的信息传送到计算机外部设备上。常用的输出设备有显示器、打印机和音箱等。

2.1.2　计算机的软件系统

计算机软件是指在硬件设备上运行的各种程序、数据及其使用和维护文档的总和。它是计算机的灵魂，是整个计算机系统中的重要组成部分。一个性能优良的计算机系统能否发挥其应有的功能，取决于为之配置的软件是否完善、丰富。

根据软件的作用不同，可将软件分为系统软件和应用软件两大类。

1．系统软件

系统软件处于硬件和应用软件之间，是管理、监控和维护计算机资源（包括硬件和软件）的软件。系统软件为用户开发应用系统提供一个平台，用户可以使用它，一般不能被随意修改。系统软件主要包括操作系统、语言处理程序、数据库管理系统、系统服务程序等。

（1）操作系统

操作系统是最基本、最重要的系统软件，也是计算机硬件和其他软件的接口。它是整个计算机系统管理指挥中心，任何计算机系统都必须装有操作系统，才能构成完整的运行平台。

操作系统统一管理计算机资源，合理地组织计算机的工作流程，协调系统各部分之间、系统与用户之间及用户之间的关系，以利于发挥系统效率及方便使用。简言之，操作系统是控制和管理计算机硬件和软件的资源，是合理地组织计算机的工作流程及方便用户使用的程序的集合。

（2）语言处理程序

计算机只能按预先编制好的程序去执行操作，因此要利用计算机解决问题就必须使用计算机语言来编制程序。编制程序的过程称为程序设计，计算机语言又称程序设计语言。

程序设计语言是软件系统的重要组成部分。为了能执行不同的程序设计语言，计算机配置了一种或多种语言处理程序。程序设计语言的发展经历了 5 代，完成了机器语言、汇编语言、高级语言、非过程化语言到智能化语言的进化。

1）机器语言。机器语言是最底层的面向机器的语言。机器语言使用二进制数 0 和 1 的代码序列描述指令和数据，是计算机唯一能够识别和执行的语言。使用机器语言编写的程序称为机器语言程序。它执行效率高、速度快，但可读性差，不易移植，容易出错且难修改。

2）汇编语言。汇编语言是符号化的机器语言，采用助记符来代替机器语言的二进制编码，如用 ADD 表示加法指令，用 MOV 表示传递数据指令等。因此，汇编语言也称符号语言。

使用汇编语言编写的程序称为汇编语言源程序。汇编语言源程序比机器语言程序易读、易修改，程序的执行效率比较高，但程序的通用性和可移植性仍然比较差。计算机不能够直接识别汇编语言源程序，必须由专门的翻译程序（即汇编程序）将汇编语言源程序翻译为机器语言程序，计算机才能够执行。汇编程序的功能如图 2.2 所示。

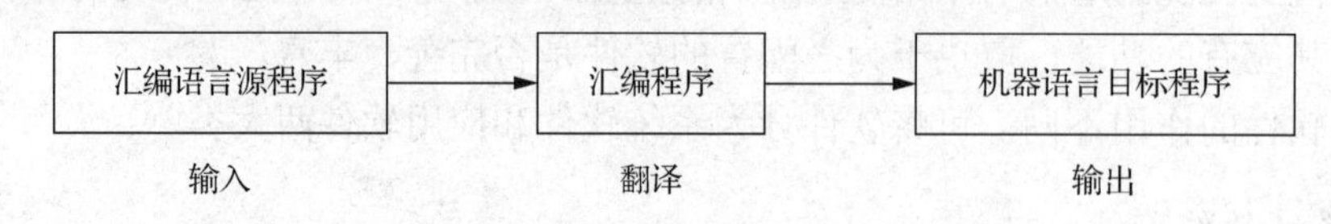

图 2.2　汇编程序的功能

机器语言和汇编语言都是面向机器的语言，一般称为低级语言。

3）高级语言。高级语言与人类自然语言和数学语言十分接近，人们易于学习，便于掌握。其特点是不依赖于某台计算机，通用性好，对非计算机专业人员来说也比较容易理解和接受。高级语言对计算机的发展起到了极大的推动作用。目前广泛使用的高级语言有几百种，如 C 语言、Java、Python 等。

4）非过程化语言。使用这种语言，程序员不必关心问题的解法和处理过程的描述，只需说明要完成的工作目标和工作条件，就能得到期望的结果，而具体工作都由系统来完成，因此它具有更强的优越性。

5）智能化语言。智能化语言除具有非过程化语言的基本特征外，还具有一定的智能性。例如，Prolog 语言是智能化语言的代表，其主要应用于抽象问题求解、自然语言理解、专家系统和人工智能等领域。

计算机不能直接识别和执行任何高级语言编写的程序，因此需要一个“翻译程序”将高级语言编写的源程序翻译为计算机语言程序（称为目标程序），如图 2.3 所示。

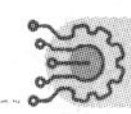

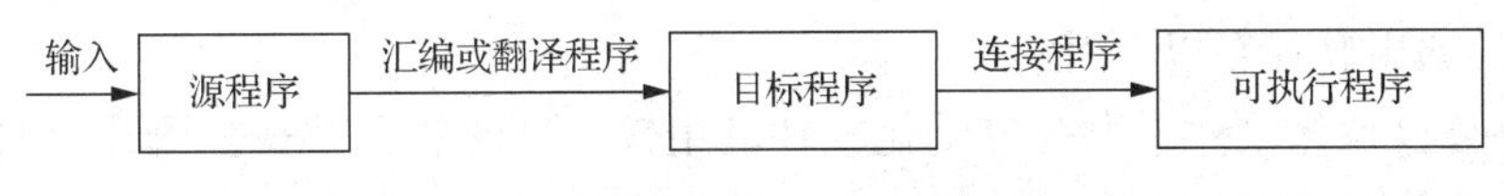

图 2.3　可执行程序的生成过程

语言处理程序是将高级语言编写的程序转换为机器语言程序的翻译程序。通常翻译方式有两种：编译方式和解释方式。它们所采用的翻译程序（即语言处理程序）分别称为编译程序和解释程序。

编译方式是将整个源程序全部翻译成目标程序，然后通过“连接程序”将目标程序和有关的函数库、过程库连接成一个“可执行程序”。PASCAL、FORTRAN、C++等都采用编译方式。

解释方式是将源程序逐句地读入，对每个语句进行分析和解释，有错误随时通知用户，无错误就按照解释结果执行所要求的操作。程序的每次运行都需要源程序与解释程序参加。BASIC 采用的是解释方式。

高级语言包含了许多形式，这些语言的语法、命令格式各不相同。目前，主流的高级语言有 C、Java、C++等。随着近年来人工智能的火热发展，Python 语言也逐渐成为时代的主流编程语言。

（3）数据库管理系统

数据库管理系统是一种操纵和管理数据库的大型软件，用于建立、使用和维护数据库。目前常见的数据库管理系统有 Access、SQL Server 和 Oracle 等。

（4）系统服务程序

系统服务程序又称实用程序，是用来维护计算机系统的正常运行或进行系统开发的程序，主要包括调试程序、连接程序、排错程序、系统诊断程序、编辑程序和查杀病毒程序等。其中，诊断程序是专门用于计算机硬件性能测试和系统故障诊断维护的系统程序，能够针对 CPU、驱动器、接口、内存等设备的性能和故障进行检测。连接程序是把目标程序变为可执行的程序。将几个被编译好的目标程序通过连接程序可以生成一个可执行程序。

2．应用软件

为解决各种计算机应用问题而编制的应用程序称为应用软件，它具有很强的实用性，如办公自动化软件、企业管理软件、自动控制程序和情报检索程序等。

按照应用软件的用途，可将应用软件分为通用软件和专用软件两大类。

（1）通用软件

通用软件由大型专业软件公司开发，功能强大、适用性好、应用广泛，如 Office、辅助设计软件 AutoCAD 等，可应用于许多行业和部门。

常用的通用软件有以下几种。

1）办公自动化软件。办公自动化软件应用较为广泛的有微软公司开发的 Office 软件，它由 Word（文字处理软件）、Excel（电子表格处理软件）、PowerPoint（演示文稿制作软件）等组成。国内优秀的办公自动化软件有 WPS 等。

2）多媒体开发及应用软件。多媒体开发软件能开发出具有交互功能且包含声音、图形、视频、文字等信息的作品，常用于制作课件、动画、MTV 等。常用的多媒体开发软件有 Windows Movie Maker、Auto Studio 等。常用的多媒体应用软件有图像处理软件 Photoshop、音频处理软件 Cool Edit Pro、视频处理软件 Premiere 等。

3）企业应用软件。企业应用软件有用友财务软件等。

4）网页应用软件。网页应用软件有网页浏览器软件 Edge，网络文件下载软件 Flashget，即时通信软件 QQ、WeChat 等。

5）辅助设计软件。辅助设计软件能高效率地绘制、修改、输出工程图纸，如机械与建筑辅助设计软件 AutoCAD、网络拓扑设计软件 Visio、电子电路辅助设计软件 Protel 等。

6）娱乐休闲软件。娱乐休闲软件有各种游戏软件、音视频软件暴风影音、QQ 音乐等。

7）安全防护软件。安全防护软件用于查找和清除病毒，常用的有金山毒霸、360 安全卫士等。

（2）专用软件

专用软件是指针对某个应用领域的具体问题而开发的专用软件，它具有很强的实用性和专业性。这些软件可以由专业的计算机公司开发，也可以由企业人员自行开发，如企业内部的 ERP（enterprise resource planning，企业资源计划）软件、铁路订票系统、高校招生系统等。

在计算机技术的发展过程中，计算机软件随着硬件技术的发展而发展。软件的不断发展与完善，又反过来促进硬件的新发展。计算机的硬件和软件是互相依存、互相支持的，硬件的某些功能可以用软件来完成，而软件的某些功能也可以用硬件来实现。

2.2 计算机的工作原理

计算机工作的过程是执行程序的过程，程序是指令的结合。计算机启动后，会自动地按内存中指令的存放顺序，依次取出指令并执行。目前，被广泛使用的各类计算机的体系结构和工作原理基本相同，使用的是冯・诺依曼计算机体系结构。

2.2.1　指令、指令系统与程序

1．指令

指令是计算机硬件可执行的、完成一个基本操作的命令，如两个数相加的计算机求解过程，可分解为下面的步骤（假定要运算的数据已经保存在存储器中）。

步骤 1：将第一个数从它的存储单元中取出来，送到运算器中。

步骤 2：将第二个数从它的存储单元中取出来，送到运算器中。

步骤 3：将两个数相加。

步骤 4：将计算结果送到存储器指定的单元中。

步骤 5：停机。

以上取数、相加、存数等操作都是计算机中的基本操作，将其使用命令的形式写出来就是计算机的指令。也就是说，指令是人们对计算机发出的工作命令。通常一条指令对应一种基本操作。

指令由一串二进制数 0 和 1 编码构成，也称机器指令。其操作由硬件电路来实现。一条指令由操作码和地址码构成。操作码指明计算机要执行指令的类型和功能，即该指令应该进行什么性质的操作，如取数、做加法或输出数据等；地址码指明指令执行操作过程中所需要的数据和操作结果要存放的地址。

2．指令系统

一台计算机中所有指令的集合称为该计算机的指令系统。不同计算机的指令系统，其指令格式和数目也有所不同。但是，任何计算机的指令系统都应具有以下功能的指令。

1）数据传送类指令：这类指令负责在各部件之间传送数据。

2）算术逻辑运算类指令：这类指令的功能是实现数据信息的加工和处理。

3）程序控制类指令（转移指令）：这类指令的功能是根据指令中的条件改变程序执行的顺序。这些指令使计算机获得了逻辑判断的功能。

4）输入输出类指令：这类指令的任务是使用外部设备将数据送入计算机，或把运算结果和计算机工作状态的信息送到某些外部设备。

5）控制和管理机器的指令：这类指令有停机、启动、复位、清除等。

3．程序

每一条指令一般完成一个或几个基本操作，要解决一个问题，必须执行一批指令。为解决问题而将指令有序排列组合在一起的指令集合，称为程序。程序是人们解决问题步骤的具体体现。为使计算机能够解决问题，必须编制相应的程序。计算机执行程序的过程，就是按一定的顺序执行指令的过程。

指令的数量与类型由 CPU 决定。系统内存用于存放被执行的程序和数据，程序由一系列指令组成，这些指令在内存中是有序存放的。什么时候执行哪一条指令由 CPU 中的控制器决定。数据是用户需要处理的信息，包括用户的具体数据及数据的存取地址。

2.2.2 存储程序的原理

冯·诺依曼在 1946 年提出了关于计算机组成和工作方式的基本设想，主要包括以下 3 点。

1）计算机应包括运算器、存储器、控制器、输入设备和输出设备五大基本部件。

2）计算机内部应采用二进制形式来表示指令和数据。

3）将程序事先存入主存储器中，使计算机工作时能够无须操作人员干预，按顺序自动逐条取出指令和执行指令。

冯·诺依曼设计思想奠定了现代计算机的基本结构，并开创了程序设计的时代，它的核心是“存储程序”原理。通过输入设备，可以将事先编制好的程序输入计算机的内存中，即程序存储。开始工作时，控制器依次从存储器中取出各条指令，并经过分析后加以执行，直到全部指令执行完成。这就是计算机的存储程序工作原理。

计算机的工作原理如图 2.4 所示。

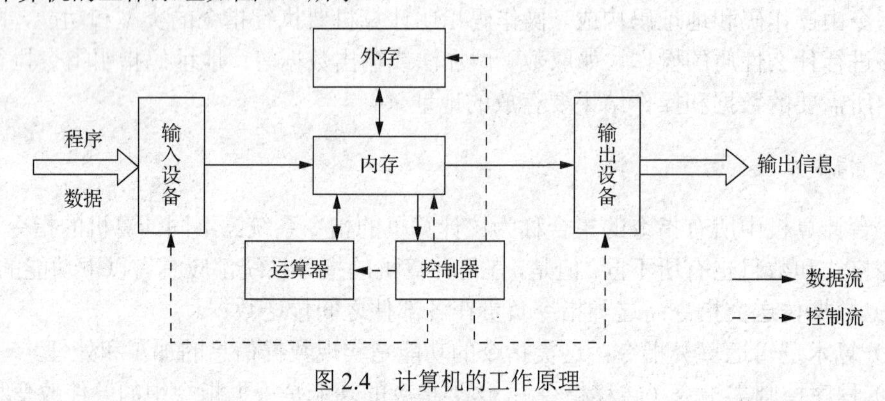

图 2.4　计算机的工作原理

计算机操作系统启动后，输入设备处于等待用户输入数据的状态。用户输入时，输入设备向控制器发出输入请求，控制器向输入设备发出输入命令，用户将编写的源程序、命令及各种数据通过输入设备传送到内存中，依次执行输入的命令或程序指令。然后控制器发出存取命令，数据存入内存或从内存中取出数据，根据程序指令的运算请求，控制器发出数据命令，从内存中取出数据送到运算器的缓冲器中参加运算，将运算的结果保存到内存中。当程序需要输出数据时，控制器通知输出设备，输出设备准备好后向控制器发送输出请求，控制器发送输出命令，数据从内存传送到输出设备，输出运行结果。

在具体执行计算机指令时，每一条指令都需要包含几个基本步骤：获取指令、分析指令和执行指令。获取指令就是把要执行的指令从内存中取出送入处理器；分析指令就是分析所取出的指令所要完成的动作；执行指令就是根据控制器发出的控制信息，使运算器按照指令规定的操作执行相应的动作。程序的执行过程如图 2.5 所示。

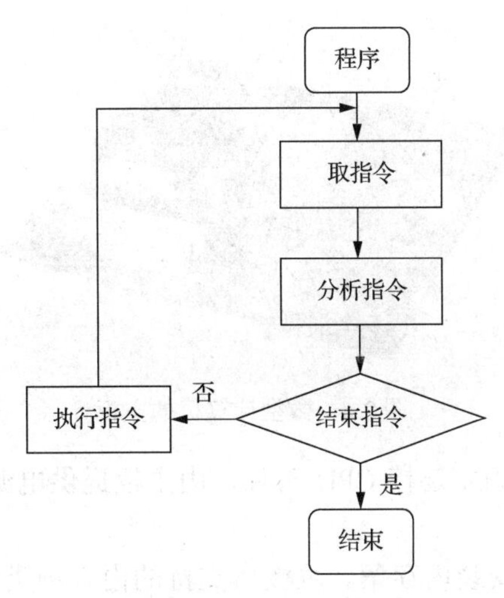

图 2.5　程序的执行过程

2.3　微型计算机系统

计算机发展最快、应用最广泛的是微型计算机。自 1971 年美国 Intel 公司研制出了第一个单片微处理器 Intel 4004 以来，由于微型计算机的功能齐全、可靠性高、体积小、价格低廉、使用方便，其得到了迅速的发展和广泛的应用。

微型计算机的硬件系统在物理上可以看作由主机和外部设备两部分组成。主机包括 CPU、内存、总线、I/O 控制器等部件。外部设备包括输入设备、输出设备和外存。主机和外部设备通过系统总线进行连接才能传输信息。

2.3.1　微型计算机系统的基本配置

在逻辑上，微型计算机的硬件系统由运算器、控制器、存储器、输入设备和输出设备五大部分组成；在物理上，微型计算机的硬件系统主要包括主板、CPU、内存、外存（如硬盘、光盘）、输入设备（如键盘、鼠标）、输出设备（如显示器、打印机）及其他物理部件。微型计算机的核心部件安装在主机箱内，通过主板连接在一起。

1. 主板

主板又称系统主板或母板，是主机箱内用于安插多种硬件的电路板。主板是微型计算机重要的部件之一。主板主要包括 CPU 插槽、内存插槽、扩展插槽、各种接口、BIOS（basic input/output system，基本输入输出系统）芯片、CMOS（complementary metal-oxide-semiconductor，互补金属氧化物半导体）芯片等，如图 2.6 所示。现在很多主板还集成了显卡、声卡、网卡等适配器。

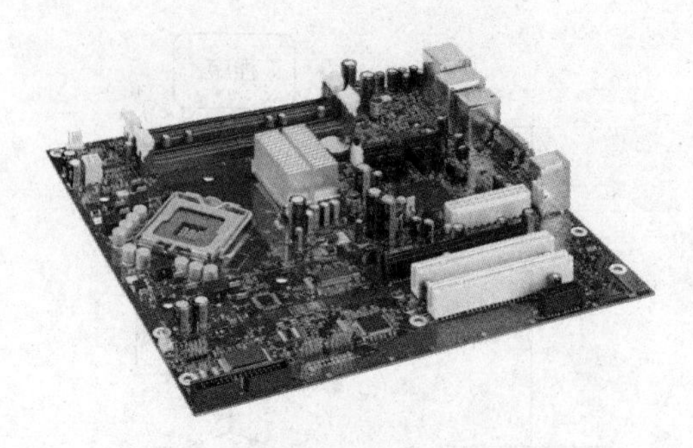

图 2.6　微型计算机的主板

1）CPU 插槽：用于固定连接 CPU 芯片，由主板提供电源工作。不同的 CPU 采用不同的主板与之匹配。

2）内存插槽：用于安装内存条。主板所支持的内存种类和数量由内存插槽决定。只要使用与内存插槽类型匹配的内存条，就可以实现内存的扩充。

3）扩展插槽：可以插入许多标准选件，以扩展微型计算机的各种功能。扩展插槽主要有 PCI（peripheral component interconnection，外设部件互连）和 PCI-E 等，其中 PCI 插槽可插接声卡、网卡、视频采集卡等。目前，PCI-E 已经全面替换了 PCI 插槽，它的主要优势是数据传输速率高，能满足高速设备的需求。

4）BIOS 芯片：保存计算机系统中的基本 I/O 程序、系统信息设置、自检程序和系统启动自举程序。BIOS 负责从计算机开始加电到完成操作系统引导之前的各部件和接口的检测及运行管理。

5）SATA 接口：存储器接口，主要连接硬盘和光驱。目前 SATA（serial advanced technology attachment interface，串行先进技术总线附属接口）接口已经取代传统的 IDE 接口。

6）外部接口：接口是指计算机系统中，在两个硬件设备之间起连接作用的逻辑电路。接口的功能是在各组成部件之间进行数据交换。

7）显示器接口：用于连接显示器。VGA（video graphic array，视频图形阵列）用于传输模拟信号，DVI（digital visual interface，数字视频接口）和 HDMI（high definition multimedia interface，高清多媒体接口）用于传输数字信号。

8）通用串行总线接口：一种即插即用型接口，用于连接各种外部设备。

9）网络接口：用于连接局域网或互联网，典型的网络接口是 RJ-45 以太网接口。网络接口可以自适应网络设备的速度。

10）键盘/鼠标接口：用于连接键盘和鼠标。

11）串行/并行接口：传统串行接口主要用于连接鼠标、调制解调器（Modem）等外部设备，并行接口主要用于连接打印机等设备。目前，这两个接口基本被 USB（universal serial bus，通用串行总线）接口取代。

2．CPU

微型计算机的 CPU 称为微处理器，它是由一片或几片大规模集成电路组成的具有控制器和运算器功能的 CPU。微处理器是现代计算机的核心部件，在很大程度上决定了计算机的性能。

CPU 发展历经 50 余年，微处理器已经从单核处理器发展为多核处理器。多核处理器是指在一个处理器上拥有多个一样功能的处理器核心。因为处理器实际性能是处理器在每个时钟周期内所能处理指令数的总量，因此每增加一个内核，处理器每个时钟周期内可执行的指令数将增加 1 倍。

从外观上看，CPU 是一个正方形的小薄片，如图 2.7 所示。它通常被嵌入在主板的插槽内。由于 CPU 要进行大量、频繁的数据运算，会产生大量热量，为了让 CPU 正常工作，必须在 CPU 上增加散热措施，如增加一个散热片和散热风扇，如图 2.8 所示。

图 2.7　CPU

图 2.8　CPU 散热风扇

3．主存储器

主存储器，简称主存，又称内存，用于存放指令和数据，可直接与 CPU 交换数据。所有数据必须装入内存后才能被处理器操作。内存一般采用大规模或超大规模集成电路工艺制造的半导体存储器，具有体积小、质量轻、存取速度快等特点。

（1）内存的分类

内存按其读写功能划分可分为两大类：随机存储器（random access memory，RAM）和只读存储器（read only memory，ROM）。

1）RAM。RAM 就是通常所说的内存，主要用来存放用户的程序和数据，其内容可按地址随时进行存取（读写）。RAM 的主要特点是存取速度快，但是一旦关机断电，其中的程序和数据就会丢失。RAM 适用于临时存储数据。用户在操作计算机时应养成随时保存的习惯，以防断电后数据丢失。

按 RAM 的工作原理，RAM 可分为动态随机存储器（dynamic RAM，DRAM）和静态随机存储器（static RAM，SRAM）。两者的区别在于 DRAM 需要由存储器控制电路按一定周期对存储器刷新，才能维系数据保存；SRAM 的数据则不需要刷新过程，通电期间数据不会丢失。目前，微型计算机中多采用 DRAM 作为内存，SRAM 多用于 CPU 中的二级高速缓存。

双倍数据率（double data rate，DDR）同步动态随机存储器（synchronous DRAM，SDRAM）是最常见的内存，习惯称为 DDR，如图 2.9 所示。主流存储器从 DDR，到 DDR2、DDR3，再到 DDR4、DDR5，这种发展带来了先进的架构、更高的密度、更快的速度、更低的电源电压、更高的带宽和更低的功耗。现在微型计算机的内存都采用内存条形式，可以直接将其插在主板的内存插槽上。

图 2.9　DDR4 内存条

2）ROM。ROM 中的信息只能被 CPU 随机读取，不能由 CPU 任意写入，也就是说只能进行读出操作而不能进行写入操作。ROM 存储的信息是在制造时由生产厂家或用户使用专门的设备一次写入固化的。ROM 常用来存放固定不变、重复执行的程序，如 BIOS 等。ROM 中存储的内容是永久性的，即使断电也不会丢失。

（2）高速缓冲存储器

高速缓冲存储器即 Cache，是一种高速小容量的临时存储器，集成在 CPU 的内部，存储 CPU 即将访问的指令或数据。在与内存的信息交换过程中，CPU 存取速度很快，而内存的存取速度相对较慢。为了解决它们之间存取速度不匹配的问题，早期的现代计算机在 CPU 和内存之间设置了一种可以高速存取信息的存储装置，即 Cache。现在的计算机则将 Cache 集成在 CPU 内部。

Cache 的容量一般只有内存的几百分之一，但它的存取速度能与 CPU 匹配。CPU 读取程序和数据时先访问 Cache，若 Cache 中已经存在要访问的程序和数据，则直接高速读取；若没有，再去内存读取。CPU、Cache、内存之间的访问关系如图 2.10 所示。

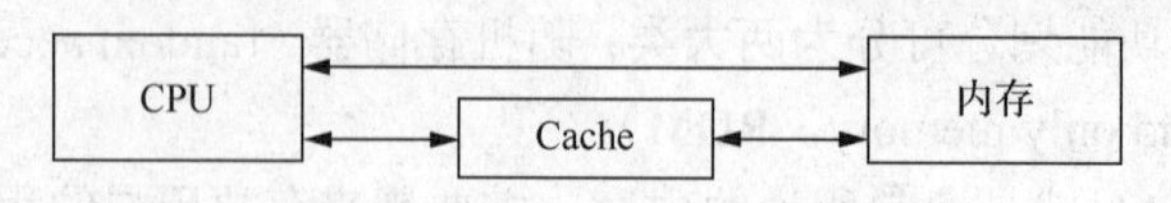

图 2.10　CPU、Cache、内存之间的访问关系

内存中含有大量的存储单元，每个存储单元可存放 8 位二进制信息，内存容量反映了内存存储数据的能力。常见的存储容量单位有 KB、MB、GB 和 TB。

4．辅助存储器

辅助存储器即外存储器，简称外存，可以长期存放计算机工作所需要的系统文件、应用程序、文档和数据等。当需要执行其中的程序或处理数据时，必须通过 CPU 的 I/O 指令，将其调入 RAM 中才能被 CPU 执行处理。

与内存相比，外存容量大，可以长期保存大量程序或数据，且关机后其中的数据不会丢失，但它的存取速度慢。常见的外存有以下几种。

（1）硬盘

硬盘是每台微型计算机必备的外存设备。硬盘在主机箱内，通过数据线和电源线与主板连接。早期的 IDE 硬盘使用 ATA 接口，ATA 接口是并行的。现在更多的是采用 SATA 接口，它采用串行方式传输数据，大大提高了数据传输速率，也提高了数据传输的可靠性。

常见的硬盘主要有硬盘驱动器（hard disk drive，HDD）、固态硬盘（solid state disk，SSD）、混合硬盘。

1）硬盘驱动器：盘片固定安装在硬盘驱动器中，整个硬盘驱动器安装在主机箱内部，通过硬盘控制器与主机相连，如图 2.11 所示。

2）固态硬盘：是指使用固态电子存储芯片阵列而制成的硬盘，由控制单元和存储单元（闪存芯片、DRAM 芯片）组成，如图 2.12 所示。固态硬盘广泛应用于军事、车载、工控、视频监控、网络监控、网络终端、电力、医疗、航空、导航设备等领域。

图 2.11　硬盘驱动器

图 2.12　固态硬盘

（2）光盘

光盘是一种利用激光技术存储信息的装置，具有成本低、体积小、容量大、易于长期保存的特点，但是存取速度和数据传输速率比硬盘低很多。光盘的读写是通过光盘驱动器（光驱）来实现的。

光盘驱动器中的几个重要技术指标如下。

1）数据传输速率是光盘驱动器最基本的性能指标，它是指光盘驱动器每秒所能读取的最大数据量，一般用倍速表示。DVD-ROM 光驱的 1 倍速表示数据传输速率是 1.3Mb/s。

2）平均访问时间又称平均寻道时间，是指光盘驱动器的激光头从原来的位置移动到一个新指定的目标（光盘的数据扇区）位置，并开始读取该扇区上的数据的过程中所花费的时间。

（3）移动存储器

为了满足人们的使用需要，出现了便于人们随身携带的大容量存储设备。常用的移动存储器有移动硬盘、闪存盘（U 盘）、MP3 等。这些移动设备体积小、容量大、安全可靠。它们通常通过 USB 接口与计算机连接传输数据。使用 USB 接口技术的移动存储设备支持即插即用功能，非常方便实用。

移动硬盘以硬盘为存储介质，数据的读写模式与标准 IDE 硬盘相同。移动硬盘多采用 USB 接口，以较高的速度与系统进行数据传输。移动硬盘具有容量大、传输速度快、使用方便和可靠性高等特点。

闪存盘（U 盘）是一种半导体移动存储设备，用于存储数据文件，以及在计算机之间方便地交换数据。U 盘可以直接插在 USB 端口上使用，其存储容量大、体积小、质量轻、读写速度快，并且能够长期保存信息。

（4）云存储

云存储是一种网上在线存储模式，它将数据存放在由第三方托管的多台虚拟服务器上，而非专属的服务器上。托管公司运营大型的数据中心，需要数据存储托管的用户，通过向其购买或租赁存储空间的方式，来满足数据存储的需求。随着数据量增加，考虑云存储存取数据的方便性，其应用越来越广泛。

5. 基本输入设备

输入设备是计算机与用户或其他设备通信的桥梁，它将原始数据和处理这些数据的程序输入计算机中，将待输入信息转换为能被计算机处理的数据形式。常见的输入设备有键盘、鼠标、扫描仪、触摸屏、条形码或二维码扫描器、指纹识别器等。

（1）键盘

键盘是最常用也是标准的输入设备，它由一组按阵列方式装配在一起的按键开关组成，每按下一个键就相当于接通了相应的开关电路，将该键的代码通过接口电路送入计算机，同时将按键字符显示在屏幕上。

目前微型计算机配置的主要是 104 个键的标准键盘，如图 2.13 所示。

除标准键盘外，还有各类专用键盘，它们是专门为某种特殊应用而设计的。例如，银行系统中为储户提供的键盘，按键数不多，只为了输入储户标识码、口令和选择操作使用。

图 2.13　键盘

（2）鼠标

鼠标是计算机显示系统纵横坐标定位的指示器。鼠标按照连接方式可以分为有线鼠标和无线鼠标，传统的有线鼠标采用 PS/2 接口，目前多采用 USB 接口。无线鼠标是指没有线缆而直接连接到主机的鼠标，常采用 27 MHz RF（radio frequency，射频）无线技术、2.4GB 无线网络技术、蓝牙技术与主机进行无线通信。

鼠标还可以按照其工作原理及内部结构的不同分为光电鼠标、激光鼠标和蓝影鼠标等。近年来又出现了 3D 振动鼠标，如图 2.14 所示。

图 2.14　3D 振动鼠标

（3）扫描仪

扫描仪是一种高精度的光电一体化产品，可以将各种形式的内容转换为图像信息输入计算机。从最直接的图片、照片、胶片到各类图纸和文稿资料都可以通过扫描仪输入计算机中，进而实现对这些图像信息的处理、管理、使用、输出等。

配合字符识别软件 OCR（optical character recognition，光学字符识别），扫描仪还能将扫描后的文稿转换为文本信息。OCR 技术是在扫描技术的基础上实现字符的自动识别。在获得纸面上反射光信号后，由 OCR 内部电路识别出字符，并将字符代码输入计算机中。

分辨率是扫描仪最主要的技术指标，它表示扫描仪对图像细节上的表现能力，即决定了扫描仪所记录图像的细致度，其单位为 ppi。ppi 数值越大，扫描的分辨率越高，扫描图像的品质越高。

（4）触摸屏

触摸屏是目前最简单、方便的一种人机交互方式，广泛应用于便携式数字设备，如智能手机、平板设备等。触摸屏由触摸检测部件和触摸屏控制器组成。触摸检测部件安装在显示器屏幕前面，用于检测用户的触摸位置，并将其送到触摸屏控制器；而触摸屏控制器的主要作用是接收触摸信息，并将它转换为触点坐标发送出去。

6．基本输出设备

输出设备是人与计算机交互的一种部件，用于数据的输出。输出设备把各种计算结果以数字、字符、图像、声音等形式表示出来。常见的输出设备有显示器、打印机等。

（1）显示器

显示器又称监视器，是微型计算机中标准的输出设备之一。随着计算机技术的发展，显示器种类也不断推陈出新。目前，最常见的显示器为液晶显示器（liquid crystal display，LCD），如图 2.15 所示。液晶显示器为平面薄型的显示设备，由一定数量的彩色或黑白像素组成，放置于光源或反射面前方。它具有体积小、质量轻、无辐射、功耗低等许多优点。

图 2.15　液晶显示器

液晶显示器的屏幕尺寸是指液晶面板的对角线，它是衡量显示器显示屏幕大小的技术指标，单位一般为英寸（1 英寸≈2.54cm），常见的显示器有 19 英寸、21.5 英寸、23 英寸等。

除尺寸外，衡量显示器优劣的还有以下其他技术指标。

1）点距：点距是相邻两个像素之间的距离，点距越小显示的图像就越清晰。目前，常用的液晶显示器的点距为 0.2～0.28mm。

2）分辨率：分辨率是指水平分辨率（一个扫描行中像素的数目）和垂直分辨率（扫描行的数目）的乘积，如 1024×768。分辨率越高，屏幕上能显示的像素个数也就越多，图像也就越清晰。分辨率是显示器的一项重要指标。

3）灰度：表示光点亮度的深浅变化层次，可以用颜色表示。灰度和分辨率决定了显示图像的质量。

4）刷新频率：刷新频率是显示器每秒刷新屏幕的次数，单位为 Hz（赫兹）。刷新频率越高，显示器上图像的闪烁感就越小，图像越平稳。一般情况下，显示器使用的刷新频率为 60～100Hz。

微型计算机的显示系统由显示器和显卡组成，显卡是连接主机与显示器的接口卡，如图 2.16 所示。显示器通过显卡与主机相连接。显卡的作用是将计算机的数字信号转换为模拟信号并通过显示器显示出来。同时，显卡还有图像处理能力，可协助 CPU 工作，提高计算机系统的整体运行速度。

图 2.16　显卡

显卡分为集成显卡、独立显卡和核芯显卡。

1）集成显卡是将显示芯片、显存及其相关电路都集成在主板上，其成本较低，但显示效果与性能相对较弱，且固化在主板上，不能单

独更换。

2）独立显卡是指将显示芯片、显存及其相关电路单独制作在一块电路板上，自成一体而作为一块独立的板卡存在，它需占用主板的扩展插槽。独立显卡不占用系统内存，在性能上优于集成显卡，也更容易进行显卡的硬件升级，但其功耗大、成本较高。

3）核芯显卡是 Intel 产品新一代图形处理核心，将图形核心与处理器核心整合在同一块基板上，构成一个完整的处理器。

显示芯片，又称图形处理器，主要任务是处理系统输入的视频信息并将其进行构建、渲染等工作。显示芯片的性能直接决定显卡性能的高低。显存是显卡上用来存储图形图像的内存，显存越大，存储的图像数据就越多，支持的分辨率与颜色数就越高。

显示器接口类型决定了图像传输的质量，常见的接口有 VGA、DVI、HDMI 等。

1）VGA 是显卡上应用最广泛的接口类型，绝大多数显卡带有此种接口。它传输红、绿、蓝模拟信号及同步信号（水平和垂直信号）。

2）DVI 可以传输数字信号，不用再进行数模转换，所以画面质量非常高。目前，很多高清电视上也提供了 DVI 接口。

3）HDMI 接口不仅能传输高清数字视频信号，还可以同时传输高质量的音频信号。对于没有 HDMI 接口的用户，可以使用适配器将 HDMI 接口转换为 DVI 接口，但缺点是将失去音频信号。因此，要组建数字高清，最好选用带有 HDMI 接口的显卡和显示器。

（2）打印机

打印机是用于将计算机系统处理的结果打印在特定介质上的设备。常用的打印机设备有 3 种：针式打印机、喷墨打印机、激光打印机。此外还有票据打印机、微型打印机等专用打印机。针式打印机、喷墨打印机和激光打印机的外形如图 2.17～图 2.19 所示。

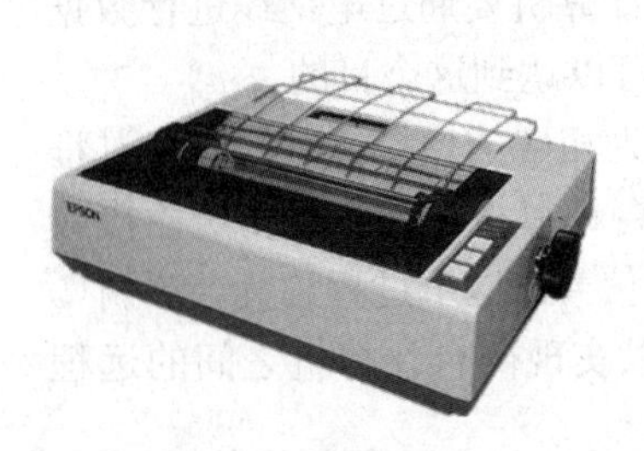

图 2.17　针式打印机

图 2.18　喷墨打印机

图 2.19　激光打印机

1）针式打印机。针式打印机又称点阵式打印机，利用机械击打动作将色带上的油墨印到打印纸上。由于其结构简单、打印幅面宽、耗材便宜、价格适中、技术成熟、具有中等程度的分辨率、形式多样、适用面广，尤其是在打印汉字方面更有着其他字模类型的打印机不可比拟的优点，因而得到众多用户的重视。因此，目前，尽管各种类型的打印机竞争激烈，但点阵式打印机在我国市场上仍占有重要的比例。点阵式打印机的缺点是打印速度慢，打印噪声大，容易出现断针等故障。

2）喷墨打印机。喷墨打印机是用各种色彩的墨水混合印制，可以把数量众多的微小墨滴精确地喷射在要打印的媒介上。它可以打印高质量的文本和图形，还能用于彩色打印，而且噪声很低。现在已有六色甚至七色墨盒的喷墨打印机，打印出来的照片已经可以媲美传统冲洗的照片，甚至有防水特性的墨水上市。

3）激光打印机。激光打印机是利用激光原理将墨粉转印到打印纸上。它是将激光扫描技术和电子照相技术相结合的打印输出设备。激光打印机的打印速度快、精度高、噪声小、打印质量最好，因此常用来打印正式公文和图表。早期的激光打印机非常昂贵，近年来其价格已大幅度下降，激光打印机已经逐步普及，并成为办公自动化设备的主流产品。目前还出现集打印、扫描、复印和传真功能于一体的多功能激光打印机。

图 2.20　迷你 3D 打印机

3D 打印技术是新型打印技术，它是一种先通过计算机建模软件建模，再将建成的三维模型分区成逐层的截面，运用特殊蜡材、粉末状金属或塑料等可黏合材料，通过逐层打印的方法来制造三维物体的技术。迷你 3D 打印机如图 2.20 所示。

7. 调制解调器

调制解调器，即 Modem，是一种计算机硬件，它能把计算机的数字信号翻译成可沿普通电话线传送的脉冲信号，而这些脉冲信号又可被线路另一端的另一个调制解调器接收，并译成计算机可懂的语言。计算机内的信息是由“0”和“1”组成的数字信号，而在电话线上传递的却只能是模拟电信号。因此，当两台计算机要通过电话线进行数据传输时，需要一个设备负责数模的转换，而使用 Modem 可以达到这个目的。

计算机在发送数据时，先由 Modem 把数字信号转换为相应的模拟信号，这个过程称为“调制”。经过调制的信号通过电话载波传送到另一台计算机之前，也要经由接收方的 Modem 负责把模拟信号还原为计算机能识别的数字信号，这个过程称为“解调”。通过这样一个“调制”与“解调”的数模转换过程就可以实现两台计算机之间的远程通信。

8. 计算机总线

计算机硬件系统各部件并不是孤立存在的，它们在处理信息的过程中需要相互连接和传输。现代计算机普遍采用总线结构。总线是一组物理导线，是计算机硬件系统各部件之间进行信息交换的一组公共连接线。任一时刻总线上只能出现一个部件发往另一个部件的信息，也就是说总线只能分时使用。总线是构成计算机系统的骨架，是多个系统部件之间进行数据传送的公共通路。

根据总线上传送的信息不同，总线可分为数据总线、地址总线和控制总线。

1）数据总线（data bus）是CPU与内存或其他器件之间的数据传送的通道。但这里所说的数据，既可以是真正的数据，也可以是指令代码或状态信息，甚至是一个控制信息，因此数据总线上传送的并不一定是真正意义上的数据。数据总线是双向总线，既可以输入，又可以输出，它的宽度（总线的根数）决定了CPU与内存并行传输二进制的位数。

2）地址总线（address bus）是CPU向内存和I/O接口传递地址的通道。地址是识别信息存放位置的编号，主存的每个存储单元及I/O接口中不同的设备都有各自不同的地址。它是从CPU向外传输的单向总线，决定数据或命令传送的对象。

3）控制总线（control bus）是CPU向内存和I/O接口发出控制信号、时序信号及接收来自外部设备向CPU传送状态信号的通道。

总线在发展过程中已逐步标准化，常见的总线标准有ISA（industrial standard architecture，工业标准结构）总线、PCI总线、AGP（accelerated graphics port，加速图像接口）总线和EISA（extended industrial standard architecture，扩展工业标准结构）总线等。

① ISA总线是16位的总线结构，适用范围广，但对CPU资源占用太高，数据传输带宽较小。

② EISA总线是对ISA总线的扩展。

③ PCI（peripheral component interconnect，外设部件互联标准）总线是32位的高性能总线，它是目前微型计算机中使用最广泛的总线，与ISA总线兼容。该总线具有性能先进、成本低、可扩充性好的特点。

④ AGP总线在显卡与内存之间提供了一条直接访问的途径。

⑤ SCSI（small computer system interface，小型计算机系统接口）是一种用于计算机和智能设备之间系统级接口的独立处理器标准，具有支持多个设备、CPU占用极低、智能化等特点。

⑥ USB是一个外部总线标准，它基于通用连接技术，实现外部设备的简单快速连接，达到方便用户、降低成本、扩展PC连接外部设备范围的目的。

通常用总线宽度和总线频率来表示总线的特征。总线宽度为一次能并行传输的二进制位数，即32位总线一次能传送32位数据，64位总线一次能传送64位数据。总线频率则用来反映总线的速度。常见的总线频率为1066MHz、1333MHz或更高。

总线结构简单、清晰、易于扩展，尤其是在I/O接口的扩展能力上，由于采用了总线结构和I/O接口标准，用户几乎可以随心所欲地在计算机中加入新的I/O接口卡。

2.3.2　微型计算机的性能指标

微型计算机的性能涉及体系结构、软硬件配置、指令系统等多种因素，主要包括以下技术指标。

1．CPU 主频

主频也称时钟频率，单位是兆赫兹（MHz）或吉赫兹（GHz），用来表示 CPU 的运算速度。通常所说的计算机运算速度是指计算机在每秒内所能执行的指令条数，即 CPU 在单位时间内平均运行的次数。

主频是衡量 CPU 运算速度的一个重要指标，一般来说，主频越高，计算机运算速度就越快，整机的性能就越高。例如，Intel 酷睿 2 2.83GHz 或 Intel 酷睿 2 2.5GHz 指的就是 CPU 的主频，Intel 酷睿 2 四核系列主频 2.83GHz 的 CPU 比 2.5GHz 的 CPU 速度快。

2．字长

字长是指 CPU 能够直接处理的二进制数据位数，字长总是 8 的整数倍。一般情况下，字长越长，计算机的计算精度越高，处理能力就越强。例如，字长为 32 位的计算机，运算一次可处理 32 位的二进制信息；传输过程中，最大可并行传送 32 位二进制数据。常见的微型计算机字长有 32 位和 64 位，如酷睿 i5-6600K 是 64 位 CPU。字长受软件系统的制约，如在 32 位软件系统中 64 位字长的 CPU 只能当 32 位使用。

3．存储容量

存储容量包括内存容量和外存容量。内存容量反映了内存存储数据的能力，存储容量越大，其可处理数据的数量就越多，并且运算速度也就越快。外存容量反映计算机外存所能容纳信息的能力。微型计算机的外存容量一般指其硬盘所能容纳的信息总量。

4．外部设备配置

微型计算机作为一个系统，外部设备的性能也对其有直接影响，如磁盘驱动器的配置、硬盘的接口类型与容量、显示器的分辨率、打印机的打印速度等。

5．软件配置

软件是微型计算机系统不可缺少的重要组成部分，其配置是否齐全直接关系到计算机性能的强弱和工作效率的高低。

6．系统的兼容性

系统的兼容性一般包括硬件的兼容性、数据和文件的兼容性、系统程序和应用程序的兼容性、硬件和软件的兼容性等。对用户而言，兼容性越好，越便于硬件和软件的维护与使用。对计算机而言，兼容性越好，越有利于普及和推广。

7．系统的可靠性和可维护性

系统的可靠性是指软、硬件系统在正常条件下不发生故障或失效的概率，一般使用

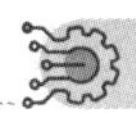

平均无故障时间来衡量。系统的可维护性是指系统出现故障能否尽快恢复，一般使用平均修复时间来衡量。

2.4　多媒体计算机系统

多媒体计算机系统是指利用计算机技术和数字通信技术来处理和控制多媒体信息的系统。从狭义上分，多媒体计算机系统就是拥有多媒体功能的计算机系统；从广义上分，多媒体计算机系统就是集电话、电视、媒体、计算机网络等于一体的信息综合化系统。

2.4.1　多媒体计算机系统的组成

多媒体计算机是指能对多种媒体进行综合处理的计算机，它除有传统的计算机配置外，还必须增加大容量存储器、声音、图像等媒体的 I/O 接口和设备，以及相应的多媒体处理软件。多媒体计算机系统是典型的多媒体系统。

一个完整的多媒体计算机系统是由多媒体硬件系统和多媒体软件系统两部分构成的。

多媒体硬件系统主要包括计算机主要配置和各种外部设备，以及与各种外部设备连接的控制接口卡（其中包括多媒体实时压缩和解压缩电路）。

多媒体软件系统包括多媒体驱动软件、多媒体操作系统、多媒体数据处理软件、多媒体创作软件和多媒体应用软件。

多媒体计算机系统的层次结构如表 2.1 所示。

表 2.1　多媒体计算机系统的层次结构

多媒体计算机系统	系统结构内容	层次
多媒体软件系统	多媒体应用软件	第八层
	多媒体创作软件	第七层
	多媒体数据处理软件	第六层
	多媒体操作系统	第五层
	多媒体驱动软件	第四层
多媒体硬件系统	多媒体 I/O 控制卡及接口	第三层
	多媒体计算机硬件	第二层
	多媒体外部设备	第一层

1. 多媒体硬件系统的组成

多媒体硬件系统是由计算机存储系统、音频 I/O 和处理设备、视频 I/O 和处理设备等选择性组合而成的。与普通计算机不同，多媒体计算机强调图、文、声、像等多种媒体信息的处理能力，其对输入、输出设备的要求比普通计算机更高。

2．多媒体驱动软件

多媒体驱动软件是多媒体计算机软件中直接和硬件打交道的软件。它完成设备的初始化、基于硬件的压缩/解压缩、图像快速变换及功能调用等。多媒体驱动软件一般常驻内存，每种多媒体硬件需要一个相应的驱动软件。

3．多媒体操作系统

多媒体操作系统或称多媒体核心系统，就是具有多媒体功能的操作系统。多媒体操作系统必须具备对多媒体数据和多媒体设备的管理和控制功能，具有综合使用各种媒体的能力，能灵活地调度多种媒体数据并能进行相应的传输和处理，且使各种媒体硬件和谐地工作。

4．多媒体数据处理软件

多媒体数据处理软件是专业人员在多媒体操作系统之上开发的。在多媒体应用软件制作过程中，对多媒体信息进行采集、编辑和处理，多媒体素材制作的好坏，直接影响整个多媒体应用系统的质量。常见的音频编辑软件有 Sound Edit、Cool Edit 等，图形图像编辑软件有 Illustrator、CorelDraw、Photoshop 等，非线性视频编辑软件有 Adobe Premiere，动画编辑软件有 Animator Studio 和 3D Studio MAX 等。

5．多媒体创作软件

多媒体创作软件是帮助开发者制作多媒体应用程序的应用工具软件，能够对文本、声音、图像、视频等多种媒体信息进行控制和管理，并按要求连接成完整的多媒体应用软件，如 Photoshop、3D Studio MAX、Adobe Premiere、Flash 等。

6．多媒体应用系统

多媒体应用系统又称多媒体应用软件。它由各种应用领域的专家或开发人员利用多媒体开发工具软件或计算机语言，组织编排大量的多媒体数据而成为最终多媒体产品，是直接面向用户或信息发送和接收的软件。多媒体应用系统所涉及的应用领域主要有文化教育教学软件、信息系统、电子出版、音像影视特技、动画等。

2.4.2 多媒体个人计算机

目前，大部分多媒体应用是在 PC 上进行的，平时常见的多媒体计算机都是多媒体个人计算机（multimedia personal computer，MPC）。MPC 是指具有多媒体处理功能的 PC。一般来说，MPC 的基本硬件结构可以归纳为以下 7 部分。

1）至少有一个功能强大、速度快的 CPU。

2）可管理、控制各种接口与设备的配置。

3）具有一定容量（尽可能大）的存储空间。

4）高分辨率显示的接口与设备。

5）可处理音频的接口与设备。

6）可处理图形图像的接口与设备。

7）可存放大量数据的存储设备等。

以上构成了最基本的 MPC 硬件基础，它们构成 MPC 的主机。除此之外，MPC 能扩充的配置还可能包括以下几个方面。

1．声卡

声卡也称音频卡，是 MPC 的必要部件，它是计算机进行声音处理的适配器，用于处理音频信息。在声卡上连接的音频 I/O 设备包括传声器、音频播放设备、MIDI 合成器、耳机、扬声器等。数字音频处理的支持是多媒体计算机的重要方面，声卡具有模/数（analog/digital，A/D）音频信号的转换功能，可以合成音乐、混合多种声源，还可以外接 MIDI 电子音乐设备。PC 进入多媒体时代，其标志是英国的 ADLIB AUDIO 公司研发的并于 1984 年推出的 ADLIB 声卡。

2．视频采集卡

视频采集卡也称视频卡，是将模拟摄像机、录像机、LD（laser disc）视盘机、电视机输出的视频信号等输出的视频数据或视频音频的混合数据输入计算机，并转换为计算机可辨别的数字格式数据，存储在计算机中，成为可编辑处理的视频数据文件。

视频采集卡按照其性能作用，可以分为电视卡、图像采集卡、DV 采集卡、计算机视频卡、监控采集卡、多屏卡、流媒体采集卡、分量采集卡、高清采集卡、笔记本采集卡、DVR（digital video recorder，数字录像设备）卡、VCD（video compact disc，数字激光视盘）卡、非线性编辑卡（简称非编卡）。

视频采集卡可分为广播级视频采集卡、专业级视频采集卡、民用级视频采集卡，它们档次的高低主要是采集图像的质量不同。它们的区别主要是采集的图像指标不同。

3．交互控制接口

交互控制接口是用来连接触摸屏、鼠标、光笔等人机交互设备的，这些设备将大大方便用户对 MPC 的使用。

4．网络接口卡

网络接口卡（network interface card）简称网卡，是实现多媒体通信的重要 MPC 扩充部件。计算机和通信技术相结合的时代已经来临，这就需要专门的多媒体外部设备将数据量庞大的多媒体信息传送出去或接收进来，通过网络接口连接的设备包括视频电话机、传真机、LAN（local area network，局域网）和 ISDN（integrated service digital network，综合业务数字网）等。

本章小结

本章首先重点讲述了计算机的体系结构，从硬件系统和软件系统两方面详细介绍了计算机各部件的功能，然后介绍了计算机的工作原理，随后介绍了微型计算机系统的基本配置及其主要的性能指标，最后简要介绍了多媒体计算机系统。

第3章 操作系统基础

操作系统随着计算机技术本身及其计算机应用的日益发展而逐渐发展和完善。它的功能由弱到强，现已成为计算机操作系统的核心组成部分。计算机操作系统的发展过程，既是不断适应计算机处理器、不断提高处理速度、不断提高处理器时间利用率的过程，也是不断解决人机之间的速度矛盾、处理器高速度与外部设备的慢速度之间的矛盾和计算机使用效率与系统交互性之间的矛盾的过程。操作系统的种类很多，各种设备安装的操作系统可从简单到复杂，可从手机的嵌入式操作系统到超级计算机的大型操作系统。

3.1 操作系统概述

3.1.1 操作系统的概念

操作系统是计算机必不可少的系统软件，是整个计算机系统的灵魂。操作系统位于各种软件的最底层，是与计算机硬件关系最为密切的系统软件，是直接运行在裸机上的最基本的系统软件，其他软件都必须在操作系统的支持下才能运行。

操作系统作为计算机操作系统中的核心软件，还没有被一致认同的定义。下面介绍几种有关操作系统的典型定义。

1）操作系统是介于计算机硬件与用户之间的接口，同时也是计算机硬件和其他软件的接口。用户是指操作计算机的人。这种把操作系统作为接口的概念集中表现了操作系统的外部使用特性。

2）操作系统是一组使其他程序能够更加方便、有效使用计算机的程序。这是从程序的角度给出的定义。

3）操作系统作为通用管理程序，管理着计算机操作系统中每个部件的活动，并确保计算机操作系统中的硬件和软件资源都能够得到更加有效的利用。当资源出现冲突时，操作系统能够及时处理、排除冲突。这是从系统管理的角度给出的定义。

上述操作系统的定义包含以下两个方面。

1）操作系统是计算机硬件与用户之间的桥梁，它使用户能够方便地操作计算机。

2）操作系统能够有效地对计算机软件和硬件资源进行管理和使用。

这个观点兼顾了用户和系统两个方面。以操作系统设计的目的而言，它的主要任务就是有效地管理和使用计算机资源，合理地组织计算机工作流程，并方便用户有效地使用计算机的各种程序的集合。

3.1.2 操作系统的基本功能

操作系统作为计算机操作系统资源的管理者，它的主要功能是对计算机的软、硬件资源进行合理而有效的管理和调度，提高计算机操作系统的整体性能，为用户提供一个良好的工作环境和友好的接口，让计算机操作系统中的所有资源最大限度地发挥作用。具体来说，操作系统有以下几个主要功能。

1．处理器管理

处理器又称进程管理，负责对处理器的时间进行合理分配、对处理器的运行实施有效的管理，为用户合理分配处理器的时间，尽量使处理器处于忙碌状态，以提高处理器的使用效率。处理器的主要任务是解决 CPU 的分配调度策略、分配实施和资源回收等问题，并对其运行进行有效的控制和管理。在多道程序环境下，处理器的分配和运行都是以进程为基本单位的，其主要功能包括以下几个。

（1）进程控制

为作业创建进程、撤销（终止）已结束的进程，以及控制进程在运行过程中的状态转换。

（2）进程同步

为多个进程（含线程）的运行进行协调。进程互斥方式是指进程在对临界资源进行访问时，应采用互斥方式；进程同步方式是指在相互合作去完成共同任务的诸进程间，由同步机构对它们的执行次序加以协调。

（3）进程通信

进程通信用来实现在相互合作的进程之间的信息交换。

（4）进程调度

从进程的就绪队列中，按照一定的算法选出一个新进程，把处理器分配给它，并为它设置运行现场，使进程投入运行。

2．存储管理

存储管理负责管理主存，它为程序提供运行环境，方便用户使用存储器，提高存储器的利用率。其主要功能包括以下几个。

（1）内存分配

1）静态分配方式：每个作业的内存空间在作业装入时确定，运行时不可再申请新的内存空间，也不允许作业在内存中“移动”。

2）动态分配方式：每个作业的内存空间在作业装入时确定，但允许作业在运行过程中继续申请新的附加内存空间，以适应程序和数据的动态增长，也允许作业在内存中“移动”。

内存分配使每道程序分配的内存空间“各得其所”，并提高存储器的利用率，尽量

减少不可用的内存空间（碎片），同时允许正在运行的程序申请附加的内存空间，以适应程序和数据动态增长的需要。

（2）内存保护

内存保护是指确保每道用户程序都只在自己的内存空间内运行，彼此互不干扰。既不允许用户程序访问操作系统的程序和数据，也不允许用户程序转移到非共享的其他用户程序中去执行。

（3）内存扩充

内存扩充是指借助虚拟存储技术，从逻辑上去扩充内存容量。若内存中已没有足够的空间来装入调入程序，则系统能将内存中的一部分暂时不用的程序和数据调到磁盘上，腾出更多的内存空间。

（4）地址映射

在多道程序环境下，地址空间中的逻辑地址和内存空间中的物理地址是不可能一致的。地址映射目的是实现它们之间的转换。

也就是说，操作系统的存储管理主要负责把内存单元分配给需要内存的程序以便让它执行，在程序执行结束后将它占用的内存单元收回以便再使用。另外，对于提供虚拟存储的计算机操作系统，操作系统还要与硬件配合做好页面调度工作，根据执行程序的要求分配页面，在执行中将页面调入和调出内存，以及回收页面等。

3．设备管理

设备管理的主要任务是完成用户提出的 I/O 请求，为用户分配 I/O 设备，提高 CPU 和 I/O 设备的利用率。

设备管理主要负责对计算机操作系统中的 I/O 等各种外部设备按照用户的要求和一定的算法，进行分配、回收、调度和控制及 I/O 等操作。此外，设备管理应为用户提供一个良好的界面，使用户不必深入了解具体设备的物理特性即可方便、灵活地使用这些设备。

4．作业管理

作业管理是为处理器管理做准备的，包括对作业的组织、调度和运行控制。一次计算过程中或一个事务处理过程中要求计算机操作系统所完成的工作的集合，包括要执行的全部程序模块和要处理的全部数据，称为一个作业，它包括程序、数据集和作业说明书。作业管理负责实现作业调度并控制作业的执行。当有多个用户同时要求使用计算机资源时，允许哪些作业进入、不允许哪些作业进入，对于已经进入的作业应当怎样安排它的执行顺序，这些都是作业管理的任务。

作业有 3 个状态：当作业被输入系统的后备存储器，并建立了作业控制模块时，称其处于后备态；当作业被作业调度程序选中并为它分配必要的资源，建立了一组相应的进程时，称其处于运行态；当作业正常完成或因程序出错等而被终止运行时，称其进入完成态。

CPU是整个计算机操作系统中较昂贵的资源，它的工作速度比其他硬件快得多，所以操作系统要采用各种方式充分利用它的处理能力，组织多个作业同时运行。作业管理主要是解决处理器的分配调度策略、处理冲突和资源回收等问题。

5．文件管理

计算机中的信息是以文件的形式存放的，操作系统一般要提供功能强大的文件系统。文件管理也称信息管理，它的主要任务是对用户文件和系统文件进行管理，实现用户信息的存储、共享和保护，为文件“按名存储”提供技术支持，合理地分配和使用外存空间，并保证文件的安全性。文件管理支持文件的存储、检索、修改和删除等操作。其主要进行的管理包括以下几个。

（1）文件存储空间的管理

系统为每个文件分配必要的外存空间，提高外存的利用率。其一般以盘块为基本分配单位，通常为512B～4KB。

（2）目录管理

系统为每个文件建立一个目录项，目录项包含文件名、文件属性、文件在磁盘上的物理位置。用户只需要提供文件名，即可对文件进行存取。

（3）文件的读、写管理

进行读写文件操作时，系统根据用户给出的文件名去检索文件目录，从中获得文件在外存中的位置，然后利用文件读写指针，对文件进行读写，一旦读写完成便修改读写指针，为下一次读写做准备。

（4）文件的存取控制

文件的存取控制可实现对文件的具体访问，防止未经核准的用户存取文件、防止冒名顶替存取文件、防止以不正确的方式使用文件等。

3.1.3 操作系统的分类

经过几十年的迅速发展，操作系统的种类繁多，功能各异，能适应各种不同的应用和不同的硬件配置。不同的操作系统在结构和内容上存在很大的差别，很难用单一标准统一分类。根据不同的分类标准，操作系统有不同的分类。

1．按照应用领域分类

（1）桌面操作系统

桌面操作系统主要用于PC。PC市场从硬件架构上来说主要分为两大阵营，PC与Mac，从软件上可主要分为两大类，分别为类UNIX操作系统和Windows操作系统。

（2）服务器操作系统

服务器操作系统一般指的是安装在大型计算机上的操作系统，如Web服务器、应用

服务器和数据库服务器等。

（3）嵌入式操作系统

嵌入式操作系统（embedded operating system，EOS）负责嵌入系统的全部软、硬件资源的分配、任务调度，控制、协调并发活动。嵌入式操作系统广泛应用在生活的各个方面，涵盖范围从便携设备到大型固定设施，如数码照相机、手机、平板计算机、家用电器、医疗设备、交通灯、航空电子设备和工厂控制设备等。嵌入式设备一般专用嵌入式操作系统。在许多最简单的嵌入式操作系统中，所谓的操作系统就是指其上唯一的应用程序。嵌入式操作系统在系统实时高效性、硬件的相关依赖性、软件固化及应用的专用性等方面具有较为突出的特点。

2．按照所支持的用户数分类

（1）单用户操作系统

单用户操作系统是指系统所有的硬件、软件资源只能为一个用户提供服务，也就是说，单用户操作系统只能完成一个用户提交的任务，如 MS-DOS、OS/2、Windows 等。

（2）多用户操作系统

多用户操作系统允许多个不同的用户同时使用计算机的资源，如 UNIX、Linux、MVS 等。操作系统必须确保均衡地满足各用户的要求，他们使用的各程序都具有足够且独立的资源，从而使一个用户的问题不会影响整个用户群。

3．按照源码开放程度分类

（1）开源操作系统

开源操作系统是公开源代码的操作系统软件，可以遵循开源协议进行使用、编译和再发布，如 Linux、FreeBSD。在遵守开源协议的前提下，任何人都可以免费使用操作系统，随意控制软件的运行方式。

（2）闭源操作系统

闭源操作系统是源代码不（完全）开放的操作系统，如 mac OS、Windows。

4．按照硬件结构分类

（1）网络操作系统

网络操作系统（network operating system，NOS）是指基于计算机网络，在各种计算机操作系统上按网络体系结构协议标准开发的软件，包括网络管理、通信、安全、资源共享和各种网络应用，为网络用户提供网络通信和网络资源共享的操作系统。其主要功能是将网络中的多台计算机有机地连接起来，以实现网络上各计算机之间的数据通信和资源共享；同时，网络操作系统还可以提供网络安全和多种网络应用服务，协调各主机上任务的运行。常用的网络操作系统有 Linux、UNIX、BSD、Windows Server、mac OS Ⅹ Server、Novell NetWare 等。

（2）分布式操作系统

分布式操作系统（distributed operating system）是为分布计算系统配置的操作系统。将地理上分散的独立的计算机操作系统通过通信设备和线路互相连接起来，但各台计算机均分负荷，或每台计算机各提供一种特定功能，互相协作完成一个共同的任务，以充分利用网络计算机的资源优势。

分布式操作系统中任意两台计算机通过通信方式交换信息；系统中的每台计算机都具有同等的地位，既没有主机也没有从机；每台计算机上的资源为所有用户所共享；系统中的任意若干台计算机都可以构成一个子系统，并且还能重构；任何工作都可以分布在几台计算机上，由它们并行工作、协同完成。

分布式操作系统是网络操作系统的更高形式，它保持了网络操作系统的全部功能，而且还具有透明性、可靠性和高性能等。网络操作系统和分布式操作系统虽然都用于管理分布在不同地理位置的计算机，但最大的差别是网络操作系统知道确切的网址，而分布式操作系统则不知道计算机的确切地址；分布式操作系统负责整个的资源分配，能很好地隐藏系统内部的实现细节，如对象的物理位置等。这些都是对用户透明的。常用的分布式操作系统有 Amoeba 操作系统等。

（3）多媒体操作系统

多媒体计算机是集文字、图形、声音、图像于一身的计算机。多媒体操作系统除具有一般操作系统的功能外，还具有多媒体底层扩充模块，支持高层多媒体信息的采集、编辑、播放和传输等处理功能。

5．按照运行的环境分类

（1）批处理操作系统

批处理操作系统（batch processing operating system）的工作方式是用户不直接操纵计算机，而是把程序、数据和作业说明一次提交给系统操作员，由系统操作员组织好作业并按规定的格式输入计算机，在系统中形成一个自动转接的、连续的作业流，然后启动操作系统，系统自动、依次执行每个作业，最后由操作员将作业结果交给用户。作业一旦进入系统处理，则与外部不再发生交互。批处理操作系统追求的目标是最大限度地发挥计算机资源的效率、大作业吞吐量和作业流程的自动化。

批处理操作系统又可分为单道批处理操作系统和多道批处理操作系统。

单道批处理操作系统采用脱机 I/O 技术，将一批作业按序输入外存中，主机在监督程序控制下，逐个读入内存，对作业自动地一个接一个地进行处理。

单道批处理操作系统面临的问题是每次主机内存中仅存放一道作业，每当它运行期间发出 I/O 请求后，高速的 CPU 便处于等待低速的 I/O 完成状态。为了进一步提高资源的利用率和系统的吞吐量，引入了多道程序技术。

多道批处理操作系统是在计算机内存中同时存放几道相互独立的程序，它们分时共用一台计算机，即多道程序轮流地作用部件，交替执行。当一道程序由于 I/O 请求而暂停运行时，CPU 便立即转去运行另一道程序。它没有用某些机制提高某一技术方面的瓶颈问题，而是让系统的各组成部分都尽量去“忙”，花费很少的时间去切换任务，达到了系统各部件之间的并行工作，使其整体在单位时间内的效率翻倍，如 MVX、DOS/VSE 等。

（2）分时操作系统

分时操作系统（time sharing operating system，TSOS）的工作方式是将 CPU 的运行时间划分成若干个时间片，一台主机上连接多个终端，每一个时间片分给一个终端用户，每个终端用户每次可以使用一个时间片。CPU 采用时间片轮转的方式为终端用户服务，若在一个时间片内没有完成任务，则等到下一个时间片，从而实现了多个用户分时使用一台计算机。由于计算机的高速运算和并行工作的特点，每个用户感觉不到是在与其他用户同时使用同一台计算机，就好像自己独占了整台计算机操作系统一样。分时操作系统具有多路性、交互性、独占性和及时性的特征。典型的分时操作系统有 Linux、UNIX、XENIX、mac OS Ⅹ等。

（3）实时操作系统

实时操作系统（real time operating system，RTOS）主要用于实时控制，它能够对随机发生的外部事件做出及时的响应和处理，如工业部门的生产自动控制、铁路和飞机的自动售票系统等。

实时操作系统的一个主要特点是响应及时，每一个信息接收、分析处理和发送的过程必须在规定的时间限制内完成；另一个主要特点是高可靠性，实时操作系统往往用于现场控制处理，任何差错都可能带来巨大损失。实时操作系统包括 iEMX、VRTX、RTOS、Windows RT。

3.1.4　常见操作系统简介

不同的应用需要不同的操作系统，每种操作系统都有各自的特点，下面介绍几种常见的操作系统。

1．Windows

Windows 又称视窗操作系统，是微软公司研发的一个基于图形用户界面（graphics user interface，GUI）的、单用户、多任务的操作系统。其界面风格直观、形象、生动，操作方法灵活方便、易学易用。Windows 是目前微型计算机上应用最为广泛的操作系统。

2．UNIX

UNIX 操作系统是一种多用户、多任务的操作系统，支持多种处理器架构，按照操作系统的分类，属于分时操作系统。其结构紧凑，使用方便，便于修改、维护和扩充，易于移植，被广泛地运行在大型机、中型机、小型机、工作站和微型计算机上。UNIX 操作系统具有可靠性高、伸缩性强、开放性好、网络功能强及强大的数据库支持功能等特点。

3．Linux

Linux 是一种可以运行在 PC 上的免费 UNIX 操作系统。它以高效性和灵活性著称，并能在微型计算机上实现全部的 UNIX 特性，具有多任务、多用户的能力。

Linux 源代码开放，用户可以免费获取 Linux 及其生成工具的源代码，因而任何人都可以参与 Linux 的开发。我国自主开发的 Linux 操作系统有红旗 Linux、蓝点 Linux 版本等。

4．mac OS

mac OS 是一套运行于苹果公司 Macintosh 系列计算机上的操作系统。它是首个在商用领域成功的图形用户界面操作系统，具有很强的图形处理能力，其性能和功能被公认为是微型计算机或图形工作站等机器上最好的操作系统。由于 mac OS 与 Windows 操作系统缺乏兼容性，所以很大程度上限制了它的使用。

5．iOS

iOS 操作系统是由苹果公司开发的手持设备操作系统。iOS 与苹果的 mac OS 操作系统一样，也是以 Darwin 为基础的，因此同样属于类 UNIX 的商业操作系统。

6．Android

Android 是一种以 Linux 为基础的开放源代码操作系统，主要应用于便携设备。其最初由 Andy Rubin 开发，主要支持手机，2005 年由 Google 收购注资，并组建开放手机联盟进行开发改良，逐渐扩展到平板计算机及其他领域。

7．国产操作系统

目前国产操作系统多为以 Linux 为基础进行二次开发的操作系统。

（1）红旗 Linux 操作系统

由北京中科红旗软件技术有限公司开发的一系列 Linux 发行版，包括桌面版、工作站版、数据中心服务器版、HA 集群版和红旗嵌入式 Linux 等产品。红旗 Linux 是中国较大、较成熟的 Linux 发行版之一。

（2）深度 Linux 操作系统

深度 Linux 操作系统是武汉深之度科技有限公司开发的 Linux 发行版。它专注于使用者对日常办公、学习、生活和娱乐的操作体验的极致，适用于笔记本计算机、桌面计算机和一体机。

（3）SPG思普操作系统

SPG思普操作系统是一款由中国软件公司开发的计算机操作系统，有桌面版和服务器版两种。它将办公、娱乐、通信等开源软件一同封装到办公系统中，拟实现通过桌面办公系统的一次安装满足用户办公、娱乐、网络通信的各类应用需求。

（4）银河麒麟操作系统

银河麒麟操作系统是由我国国防科技大学研制的具有自主知识产权的开源服务器操作系统。银河麒麟操作系统完全版共包括实时版、安全版、服务器版3个版本，简化版是基于服务器版简化而成的。

（5）中标麒麟操作系统

中标麒麟操作系统采用强化的Linux内核，分为桌面版、通用版、高级版和安全版等，满足不同用户的要求，已广泛应用在能源、金融、交通、政府、央企等行业领域。

其他比较著名的操作系统有IBM公司的OS/2、Oracle公司的Solaris、谷歌公司的Chrome OS、微软公司发布的一款手机操作系统Windows Phone等。

3.2　Windows 10操作系统

Windows 10操作系统是由微软公司开发的操作系统，它在易用性和安全性方面有了极大的提升，除针对云服务、智能移动设备、自然人机交互等新技术进行融合外，还对固态硬盘、生物识别、高分辨率屏幕等硬件进行了优化完善与支持，同时加入了Cortana小娜语音助手、Microsoft Edge浏览器、虚拟桌面和3D应用等功能。

3.2.1　操作基础

1．桌面

启动Windows 10操作系统后看到的界面称为桌面，即屏幕工作区，包括桌面图标、桌面背景、任务栏等组成元素，如图3.1所示。

所有的操作都是从桌面开始的，桌面图标由一个可以反映对象类型的图片和相关的文字说明组成，桌面图标包括以下3种类型。

1）系统图标：刚安装好Windows 10操作系统时，桌面上只有“回收站”和“Microsoft Edge”两个桌面图标，用户可以通过在桌面空白处右击，在弹出的快捷菜单中选择“个性化”选项，如图3.2所示，打开设置个性化窗口。选择“主题”选项，打开如图3.3所示的界面，单击“桌面图标设置”链接，打开“桌面图标设置”对话框，如图3.4所示，选中“控制面板”和“网络”等系统图标。

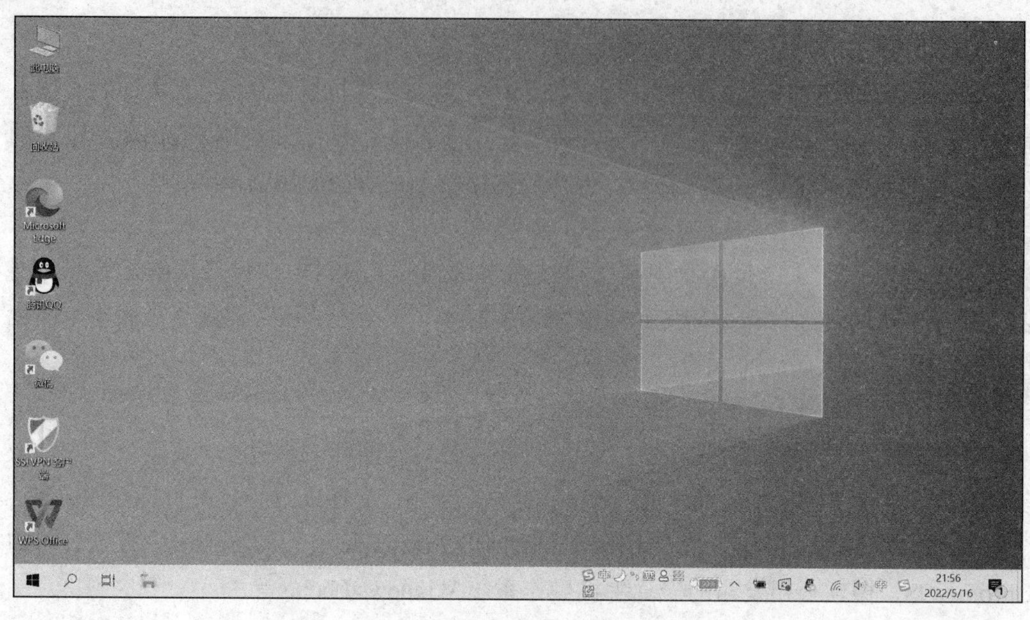

图 3.1　Windows 10 操作系统的桌面

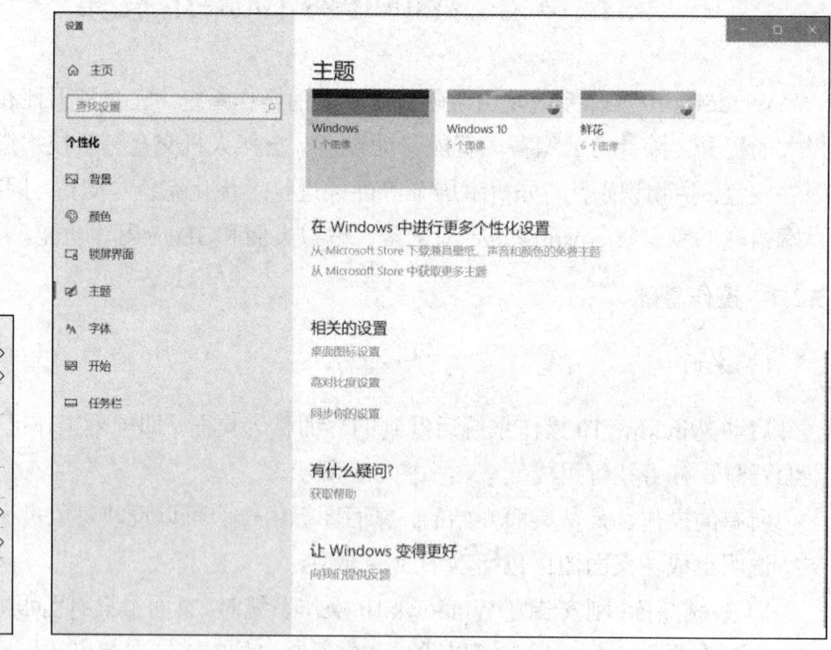

图 3.2　桌面快捷菜单

图 3.3　主题设置

图 3.4　“桌面图标设置”对话框

2）普通图标：指保存在桌面上的文件或文件夹的图标。

3）快捷图标：应用程序、文件或文件夹的快捷启动方式，图标左下角有箭头标志。删除了快捷方式后仍然可以在计算机中找到目标程序，再去运行它。当应用程序或文件被删除后，只有一个快捷方式图标是毫无用处的。

在桌面上右击，在弹出的快捷菜单中选择“新建”→“快捷方式”选项（图 3.5），打开如图 3.6 所示的“创建快捷方式”对话框。在对话框中输入文件的路径，或者单击“浏览”按钮，在打开的“浏览文件或文件夹”对话框中选择所需文件，然后单击“确定”按钮，返回“创建快捷方式”对话框。单击“下一步”按钮，进入如图 3.7 所示的界面，输入快捷方式的名称，最后单击“完成”按钮即可。

图 3.5　创建快捷方式

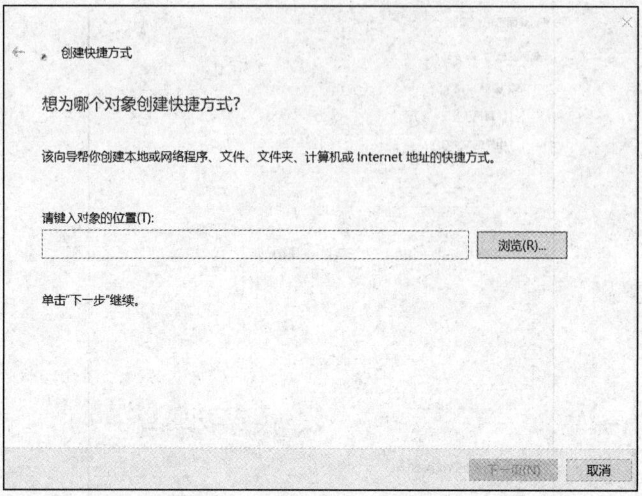

图 3.6 “创建快捷方式”对话框

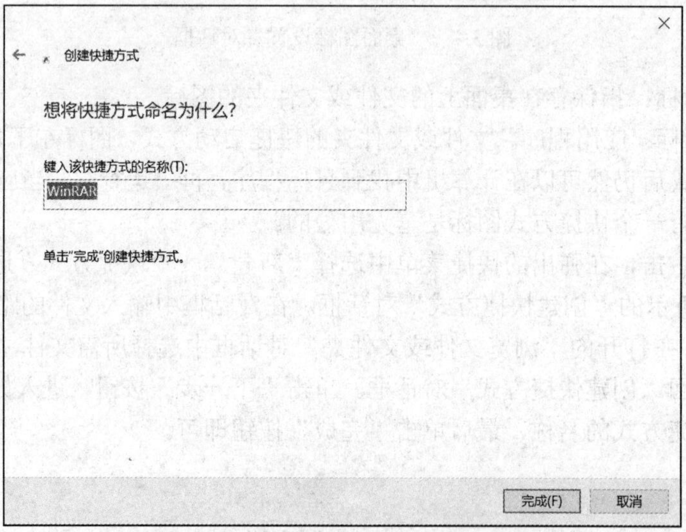

图 3.7 输入快捷方式的名称

2．“开始”菜单

单击桌面左下角的“开始”按钮，打开“开始”菜单，如图 3.8 所示。计算机中的大多数应用可以在“开始”菜单中启动，“开始”菜单是操作计算机的重要门户。

在 Windows 10 操作系统中，用户可以根据使用习惯选择使用“开始”菜单还是“开始”屏幕。

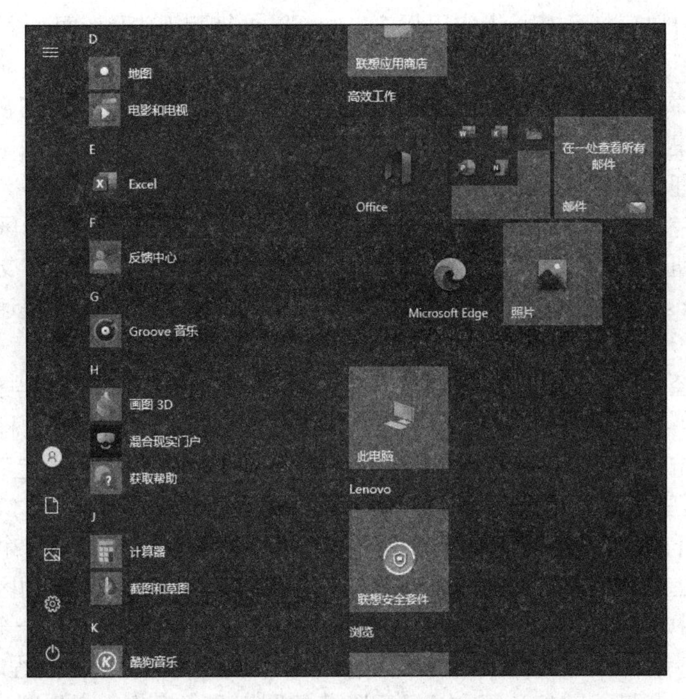

图 3.8　“开始”菜单

在“开始”菜单中，可显示系统中安装的所有程序，不仅会在左侧看到“用户名”、“文档”、“图片”、“设置”和“电源”按钮及应用程序列表，还会在右侧看到标志性的动态磁贴，可以方便地打开一些常见的应用程序。如果要增加磁贴，只需在“开始”菜单相应的项目上右击，然后在弹出的快捷菜单中选择“固定到‘开始’屏幕”选项，就会为这一项目生成磁贴。如果要删除磁贴，只需在磁贴上右击，在弹出的快捷菜单中选择“从‘开始’屏幕取消固定”选项即可。

“开始”菜单列表中的应用是按数字（0～9）、字母（A～Z）、拼音（拼音 A～Z）的顺序升序排列的。如果要快速跳转到某应用程序，则单击任意一个字母即可。

3．任务栏

任务栏一般位于桌面的底部，任务栏的最左边是“开始”按钮，然后从左到右依次是搜索框、任务视图、快速启动区、应用程序区和通知区域，如图 3.9 所示。

图 3.9　任务栏

1）“开始”按钮：用于打开“开始”菜单。

2）搜索框：为用户提供多种类型的查找。在打开的界面中可以通过打字或语音输入的方式帮助用户快速打开某一个应用程序，也可以进行聊天、看新闻、设置提醒等操作。

3）任务视图：是多任务和多桌面的入口，单击该按钮可以预览当前算机所有正在运行的任务程序，可以快速在打开的多个软件、应用、文件之间进行切换。还可以在任务视图中新建桌面，将不同的任务程序“分配”到不同的“虚拟”桌面中，从而实现多个桌面下的多任务并行处理。

4）快速启动区：将常用的应用程序的快捷方式固定在任务栏中的区域。单击快速启动区中的按钮，即可启动相应的应用程序。一般默认放置了 Windows 文件资源管理器和浏览器 Microsoft Edge，用户也可以根据需要添加其他图标，实现快速启动相应程序的目的。

如果要将经常使用的程序固定到任务栏，只需在任务栏上右击该程序，在弹出的快捷菜单中选择“固定到任务栏”选项即可。如果要把固定到任务栏中的程序从任务栏中去掉，可以右击该图标，在弹出的快捷菜单中选择“从任务栏取消固定”选项。

5）应用程序区：显示正在运行的应用程序、所有打开的文件夹窗口和文件的按钮图标。每当打开或运行一个窗口时，在任务栏应用程序区中就会显示一个对应的任务按钮图标。需要注意的是，如果应用程序所对应的图标已包括在快速启动区中，则其不会在应用程序区中出现。此外，相同的应用程序打开的所有文件只对应一个图标。

6）通知区域：位于任务栏的最右侧，用于显示在后台运行的应用程序或其他通知，如日期和时间、音量、键盘和语言、显示隐藏的图标和“操作中心”图标。

4．窗口的组成

窗口就是 Windows 的工作区域，Windows 的大部分操作是在窗口中进行的。在 Windows 操作系统中运行的应用程序也都有一个属于自己的窗口。用户可以通过窗口来观察应用程序的运行情况、浏览文档的内容，也可以对其进行移动、关闭、改变大小等操作。窗口可以分为应用程序窗口、文件夹窗口和对话框。

（1）应用程序窗口

应用程序窗口是应用程序运行时的工作界面，由标题栏、功能区、地址栏、“最大化”按钮、“最小化”按钮、“关闭”按钮、导航窗格、状态栏、工作区等组成。例如，在 Windows 10 桌面上双击“此电脑”图标，打开“此电脑”窗口，如图 3.10 所示。

1）标题栏：位于窗口顶部，通过该栏可以快速设置所选项目属性和新建文件夹等操作，最右侧是窗口最小化、窗口最大化和关闭窗口的按钮。

2）功能区：功能区是以选项卡的方式显示的，其中存放了各种操作命令，要执行功能区中的操作命令，只需单击相应的按钮即可。

3）地址栏：显示当前窗口文件在系统中的位置。

4）搜索栏：用于快速搜索计算机中的文件。

5）导航窗格：单击相应图标可快速切换或打开其他窗口。

6）工作区：用于显示当前窗口中存放的文件和文件夹内容。

7）状态栏：用于显示当前窗口所包含项目的个数和项目的排列方式。

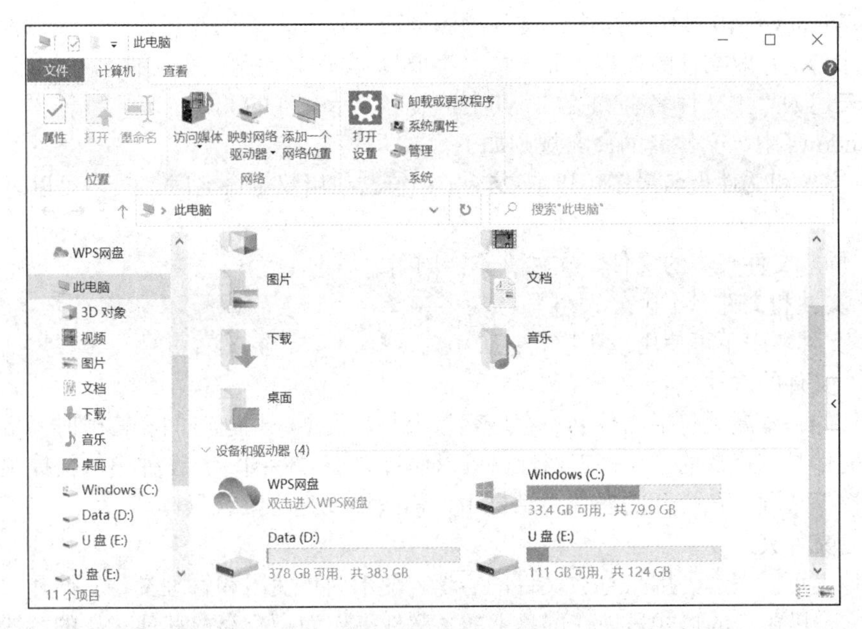

图 3.10 “此电脑”窗口

（2）文件夹窗口

文件夹窗口显示该文件夹中的文档组成内容和组织方式。

（3）对话框

当操作系统需要与用户进一步沟通时，会打开一个对话框，如图 3.11 所示。

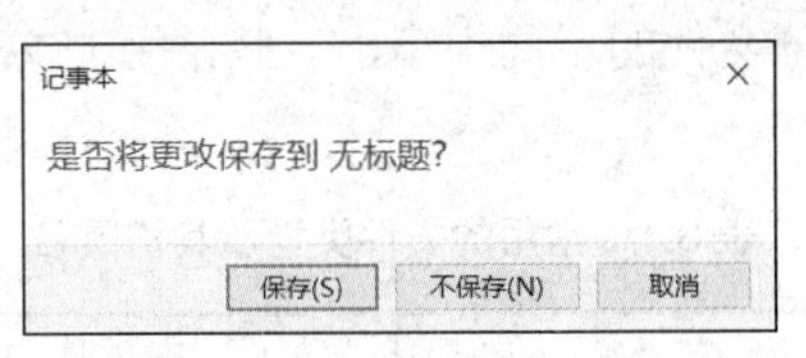

图 3.11 对话框

3.2.2 文件管理

计算机中的数据和程序都是以文件的形式存放的。在 Windows 10 操作系统中，为了便于管理文件，把文件组织到目录和子目录中，这些目录称为文件夹，而子目录则称为子文件夹。

1. 文件和文件夹

（1）文件

文件是操作系统存储和管理信息的基本单位，是指被赋予名称并存储在磁盘上的信息的集合。一个程序、一篇文章、一幅图片等，都是一个文件。

在 Windows 10 操作系统中，文件以图标和文件名来标识。任何一个文件都有文件名，文件名是存取文件的依据，即“按名存取”。文件名通常由主文件名和扩展名组成，书写时表述为“主文件名.扩展名”，其中扩展名表示文件的类型。

Windows 中，文件名的命名规则如下。

1）文件和文件夹名最多可以取 255 个字符。使用汉字命名时，最多可以有 127 个汉字。

2）同一文件夹中的文件、文件夹不能同名。

3）文件和文件名不区分大小写。

4）文件名中不可使用以下字符：\、/、:、*、?、”（英文右引号）、<、>、|。

（2）文件的属性

文件的基本属性包括文件名、存储容量大小、类型、创建时间和修改时间等。用户建立的文件具有默认的“存档”属性。可以通过右击文件图标，在弹出的快捷菜单中选择“属性”选项，在打开的属性对话框中，修改属性为隐藏或只读。

（3）文件夹

文件夹可以理解为用来存放文件的容器，便于用户使用和管理文件。打开一个文件夹时，它是以窗口的形式呈现在屏幕上的。文件夹作为一个存放其他对象的容器，它以图标的形式显示其中的内容。

一个文件夹中可以存放文件，也可以存放文件夹。某个文件夹下的文件夹称为此文件夹的子文件夹，而此文件夹称为子文件夹的父文件夹。因此，Windows 的文件组织结构是分层次的，即树形结构。文件夹与文件的命名规则相同。

（4）文件的类型

通常使用扩展名来区分文件的不同类型，一些常用的文件类型及其扩展名如表 3.1 所示。

表 3.1　常用的文件类型及其扩展名

文件类型	扩展名	文件类型	扩展名
应用程序文件	.com、.exe	WPS 文字	.wps
系统文件	.sys	Word 文档	.docx
帮助文件	.hlp	Excel 工作簿	.xls
位图文件	.bmp	PowerPoint 演示文稿	.pptx
备份文件	.bak	便携式文档格式	.pdf
压缩格式文件	.zip、.rar	文本文件	.txt
Web 网页文件	.htm、.html	声音文件	.wav

（5）库

库可以收集不同位置的文件和文件夹，并将其显示为一个集合或容器，而无须从其存储位置移动这些文件。库类似于文件夹，如打开库时将看到一个或多个文件。但与文件夹不同的是，库可以收集存储在多个不同位置中的文件。

实际上库不存储项目，它只是将需要的文件和文件夹集中到一起，允许用户以不同的方式访问和排列这些项目。如同网页收藏夹一样，只要单击库中的链接，就能快速打开添加到库中的文件夹，而不管它们原来深藏在本地计算机或局域网当中的哪个位置。另外，它们都会随着原始文件夹的变化而自动更新，并且可以以同名的形式存在于文件库中。

Windows 10 中有 6 个默认库：“本机照片”、“文档”、“音乐”、“图片”、“保存的图片”和“视频”。打开“此电脑”窗口，若在“导航窗格”中没有显示库，则选择“查看”选项卡，单击“导航窗格”下拉按钮，在弹出的下拉列表中选择“显示库”选项即可。

2．“此电脑”和文件资源管理器

“此电脑”和文件资源管理器是 Windows 10 中两个重要的文件管理工具，它们的使用方法十分相似，功能也基本相同。用户可以使用这两个工具对计算机中的文件和文件夹进行管理。

（1）“此电脑”

“此电脑”是 Windows 10 的一个系统文件夹，用户通过“此电脑”来访问硬盘及连接到计算机的其他设备，可查看文件或文件夹资源及了解存储介质上的剩余空间。右击“此电脑”图标，在弹出的快捷菜单中选择“属性”选项，在打开的“系统”窗口中可以查看这台计算机安装的操作系统版本、处理器、内存等基本配置信息。

1）打开“此电脑”窗口。在桌面上双击“此电脑”图标，即可打开“此电脑”窗口，如图 3.12 所示，窗口中列出了计算机上的所有文件夹、设备和驱动器等图标。

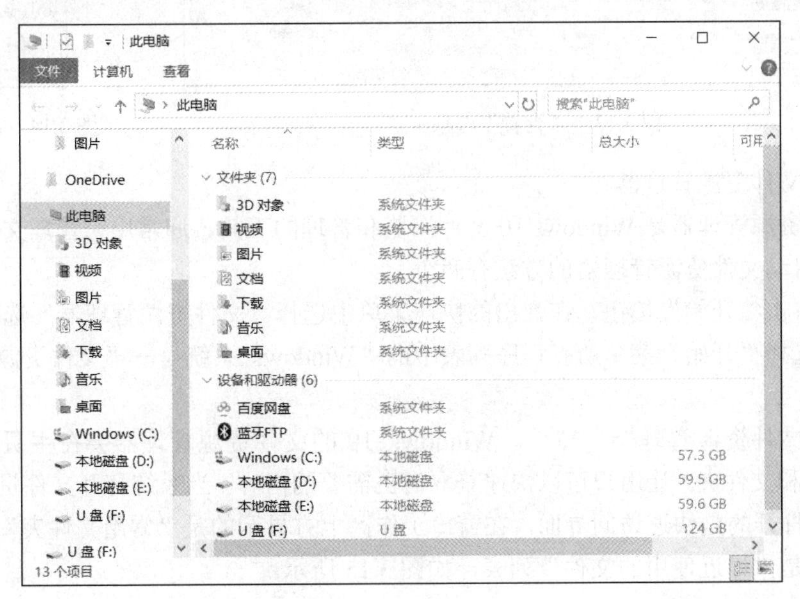

图 3.12　“此电脑”窗口

2）查看文件。在“此电脑”窗口中浏览文件时，需要从“此电脑”开始，按照层次关系，逐层打开各文件夹。查看某个驱动器或文件夹内容时，只要双击该对象图标，此时系统会打开相应的文件夹窗口，并在窗口中显示该文件夹中包括的文件和子文件夹。通常情况下，文件夹和文件按字母顺序排列，文件夹在前，文件在后。

3）布局方式。选择“查看”选项卡，在“布局”选项组中可以选择文件的显示方式，如图 3.13 所示。

Windows 10 操作系统提供 5 种查看文件和文件夹的方法，分别是“图标”（包括“超大图标”“大图标”“中图标”“小图标”）、“内容”、“平铺”、“列表”和“详细信息”。

4）排序方式。要使窗口中显示的内容按一定的次序进行排列，单击“查看”选项卡“当前视图”选项组的“排序方式”下拉按钮，在弹出的下拉列表中列出了多种选项，如“名称”、“总大小”、“类型”和“可用空间”等，用户可以从中选择相应的选项，如图 3.14 所示。

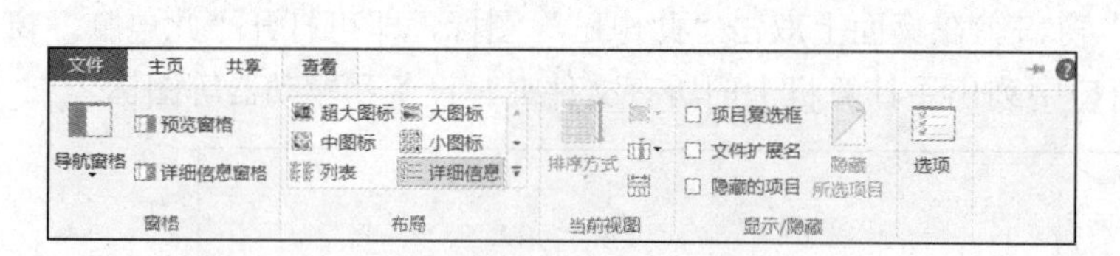

图 3.13 “查看”选项卡

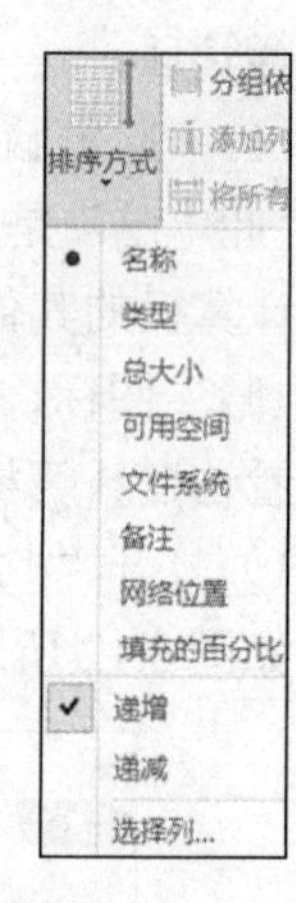

图 3.14 排序方式

（2）文件资源管理器

文件资源管理器是 Windows 10 文件浏览和管理的工具，通常用来管理文件系统。

1）启动文件资源管理器的方法有两个。

① 右击“开始”按钮，在弹出的快捷菜单中选择“文件资源管理器”选项。

② 选择“开始”菜单所有程序列表中的“Windows 系统”→“文件资源管理器”选项。

2）“文件资源管理器”窗口。Windows 10 的文件资源管理器会在主页上显示常用的文件和文件夹，让用户可以快速获取自己需要的内容。当系统打开文件资源管理器时，默认打开的是快速访问界面，在窗口工作区上方显示的是“常用文件夹”列表，下方显示的是“最近使用的文件”列表，如图 3.15 所示。

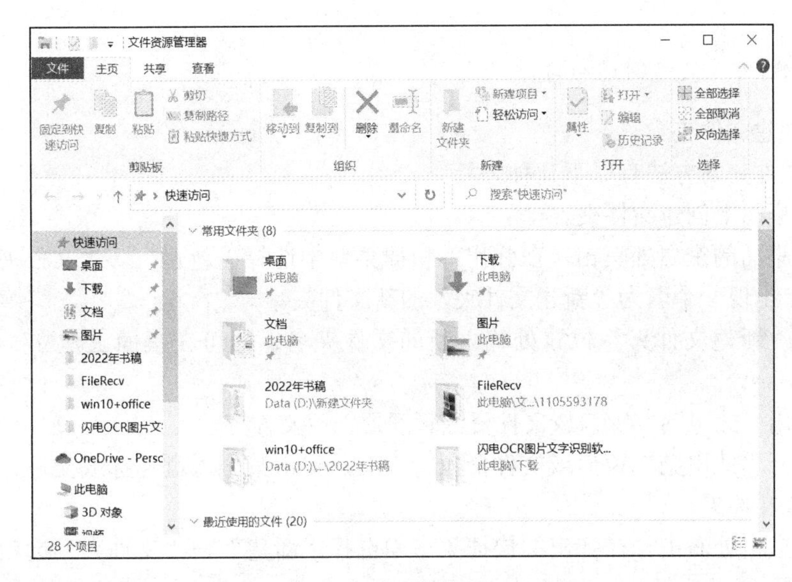

图 3.15　“文件资源管理器”窗口

同样，在文件资源管理器中也可以设置文件或文件夹的显示方式和排列顺序，操作方法与在“此电脑”窗口中的操作方法一样，这里不再赘述。

若用户想在打开文件资源管理器时默认显示的是“此电脑”界面，则单击“查看”→“选项”按钮，打开“文件夹选项”对话框，在“打开文件资源管理器时打开”下拉列表中选择“此电脑”选项即可，如图 3.16 所示。

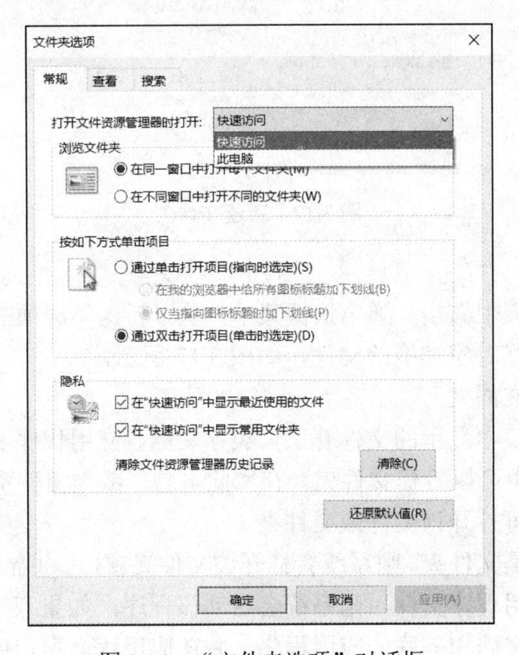

图 3.16　“文件夹选项”对话框

3．文件/文件夹的创建与打开

（1）创建文件夹

创建文件夹的方法有以下几种。

1）在桌面上创建文件夹。

① 在桌面的空白处右击，在弹出的快捷菜单中选择“新建”→“文件夹”选项，此时桌面上出现一个名为“新建文件夹”的新文件夹。

② 在“新建文件夹”位置处输入新的文件夹名，即可在桌面上建立一个新的文件夹。

2）使用“此电脑”窗口或文件资源管理器创建文件夹。

① 打开“此电脑”窗口或文件资源管理器，双击某个磁盘图标或文件夹图标，进入该磁盘或文件夹。

② 在空白处右击，在弹出的快捷菜单中选择“新建”→“文件夹”选项即可，如图 3.17 所示。

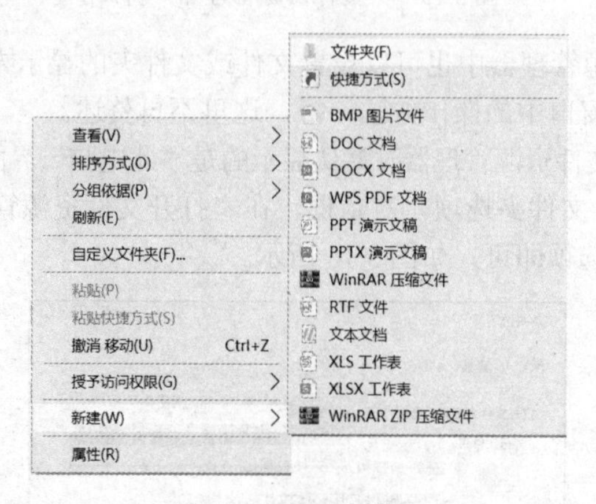

图 3.17　新建文件夹

（2）创建文件

在桌面上或文件夹中右击，弹出快捷菜单，从“新建”选项的级联菜单中选择所需的文件类型，即可建立对应类型的文件，如图 3.17 所示。

（3）打开文件（文件夹）

通常在文件夹窗口中显示的文件有三大类：文档、应用程序和文件夹。驱动器、打印机及“此电脑”等也可以看作文件夹。在“此电脑”或“文件资源管理器”窗口中双击文件或文件夹，即可打开该文件或文件夹。

如果双击的对象是文件夹，则系统会打开该文件夹窗口，并显示该文件夹中的内容；如果双击的对象是应用程序文件，则系统会启动该程序；如果双击的对象是文档文件，则系统会先启动与该文档相关联的应用程序，并在应用程序窗口中打开该文档。

打开文件或文件夹的其他方法如下。

1）右击文件（文件夹），在弹出的快捷菜单中选择“打开”选项。

2）先选择文件（文件夹），再按Enter键。

4．文件（文件夹）的选择与撤销

选择文件（文件夹）是对文件（文件夹）进行操作的前提。

（1）选择单个文件（文件夹）

1）鼠标选择。打开“此电脑”窗口或文件资源管理器，单击要选择的文件或文件夹，则其被选中且以高亮方式显示。

2）键盘选择。键盘上的方向键可以定位文件和文件夹，按要选择的文件名或文件夹名的首字母对应的按键，则选中第一个名称以该字母开始的文件或文件夹。然后通过方向键选择文件或文件夹。

（2）选择不相邻的多个文件（文件夹）

打开“此电脑”窗口或文件资源管理器，按住Ctrl键的同时，依次单击需要选择的文件（文件夹），则它们被选中且以高亮方式显示。

（3）选择相邻的多个文件（文件夹）

打开“此电脑”窗口或文件资源管理器，单击第一个文件（文件夹），按住Shift键的同时，单击最后一个文件（文件夹），则它们之间的所有对象都被选中且以高亮方式显示。

（4）撤销选择的文件（文件夹）

在空白处单击，即可撤销已经选中文件（文件夹）的被选状态。

5．文件（文件夹）的移动与复制

复制是把甲位置的某一文件（文件夹）复制一份存放到乙位置，此时甲位置的文件（文件夹）仍然存在。移动则是把甲位置的文件（文件夹）移动到乙位置，此时甲位置的文件（文件夹）已不存在。

（1）移动文件（文件夹）

1）功能区方式。选中要移动的文件（文件夹），单击“主页”→“剪贴板”→“剪切”按钮，则被选中的文件（文件夹）被剪切到剪贴板中；然后在目标窗口中，单击“主页”→“组织”→“粘贴”按钮，将剪贴板中的内容复制到目标文件夹中，完成移动文件（文件夹）的操作。

2）快捷键方式。选中要移动的文件（文件夹），按Ctrl+X组合键，则被选中的文件（文件夹）被剪切到剪贴板中；然后在目标窗口中，按Ctrl+V组合键，将剪贴板中的内容复制到目标文件夹，完成移动文件（文件夹）的操作。

3）快捷菜单方式。选中要移动的文件（文件夹），右击，在弹出的快捷菜单中选择“剪切”选项；然后在目标窗口中右击，在弹出的快捷菜单中选择“粘贴”选项，将剪贴板中的内容复制到目标文件夹，完成移动文件（文件夹）的操作。

（2）复制文件（文件夹）

1）功能区方式。选中要复制的文件（文件夹），单击“主页”→“剪贴板”→“复制”按钮，则被选中的文件（文件夹）被复制到剪贴板中；然后在目标窗口中单击“主页”→“组织”→“粘贴”按钮，将剪贴板中的内容复制到目标文件夹，完成文件（文件夹）的复制操作。

2）快捷键方式。选中要复制的文件或文件夹，按 Ctrl+C 组合键，则被选中的文件（文件夹）被复制到剪贴板中；然后在目标窗口中，按 Ctrl+V 组合键，将剪贴板中的内容复制到目标文件夹，完成文件（文件夹）的复制操作。

3）快捷菜单方式。选中要复制的文件（文件夹），右击，在弹出的快捷菜单中选择“复制”选项；然后在目标窗口中右击，在弹出的快捷菜单中选择“粘贴”选项，将剪贴板中的内容复制到目标文件夹，完成文件（文件夹）的复制操作。

此外，还可以使用鼠标拖动来复制文件（文件夹）。选中要复制的文件（文件夹），按下鼠标左键并拖动到目标文件夹即可。

值得注意的是，直接使用鼠标拖动文件（文件夹）的复制方式，只限于在不同驱动器之间拖动文件；如果在同一个驱动器中进行该操作，则是移动文件（文件夹）操作。如果在同一个驱动器上按住 Ctrl 键的同时拖动鼠标，则完成的是文件（文件夹）的复制操作。

6．文件（文件夹）的重命名和搜索

（1）重命名文件（文件夹）

1）选中要重命名的文件（文件夹），右击，在弹出的快捷菜单中选择“重命名”选项，然后输入新的文件名，按 Enter 键即可。

2）选中要重命名的文件（文件夹），单击“主页”选项卡“组织”选项组中的“重命名”按钮，输入新的文件名，按 Enter 键即可。

（2）搜索文件（文件夹）

当用户忘记文件（文件夹）的名称或位置时，可借助 Windows 10 操作系统提供的搜索框来准确、快速地对文件或文件夹定位。

打开“此电脑”窗口或文件资源管理器，在导航窗格中选定要搜索的范围，在搜索框中输入要搜索的关键字，系统会自动搜索；或者在桌面左下角任务栏的搜索框中，直接输入要搜索的内容，如图 3.18 所示。

7．文件（文件夹）的删除和恢复

（1）删除文件（文件夹）

删除文件的方法有以下几种。

1）右击要删除的文件（文件夹），在弹出的快捷菜单中选择“删除”选项。

2）选择要删除的文件（文件夹），然后按键盘上的 Delete 键。

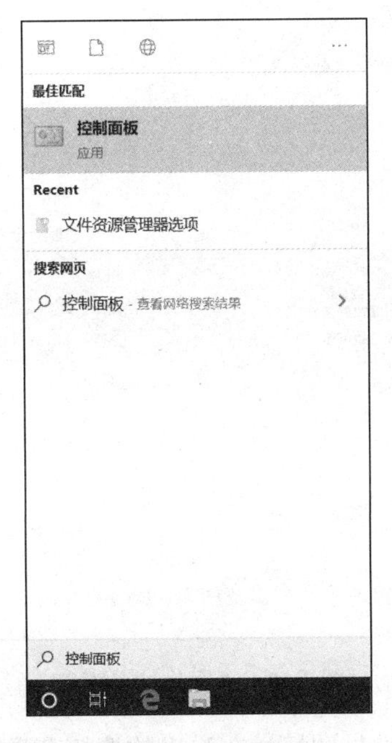

图 3.18　搜索框

3）单击“主页”→“组织”→“删除”按钮进行“回收”或“永久删除”。

如果在删除文件的同时，按住键盘上的 Shift 键，则为永久性删除文件（文件夹）。或者打开“回收站”窗口，单击“清空回收站”按钮也可以将回收站中的文件永久性删除。

（2）恢复被删除的文件（文件夹）

恢复被删除文件的方法有以下几种。

1）双击“回收站”图标，打开“回收站”窗口，选择需要恢复的文件，在“回收站工具-管理”选项卡中单击“还原选定的项目”按钮，即可将选中的文件恢复到原来的位置。

2）如果删除文件后未做其他操作，可以在快速访问工具栏中选择“撤销”选项，即可恢复刚刚被删除的文件（文件夹）。

8．使用回收站

回收站是硬盘上的一块区域，它是操作系统专门设计用以存放用户删除的文件（文件夹）的地方。回收站中的内容必要时还可以恢复。双击桌面上的“回收站”图标，即可打开“回收站”窗口，如图 3.19 所示。

清空回收站的方法如下。

1）在“回收站”窗口中，单击“回收站工具-管理”→“管理”→“清空回收站”

按钮。

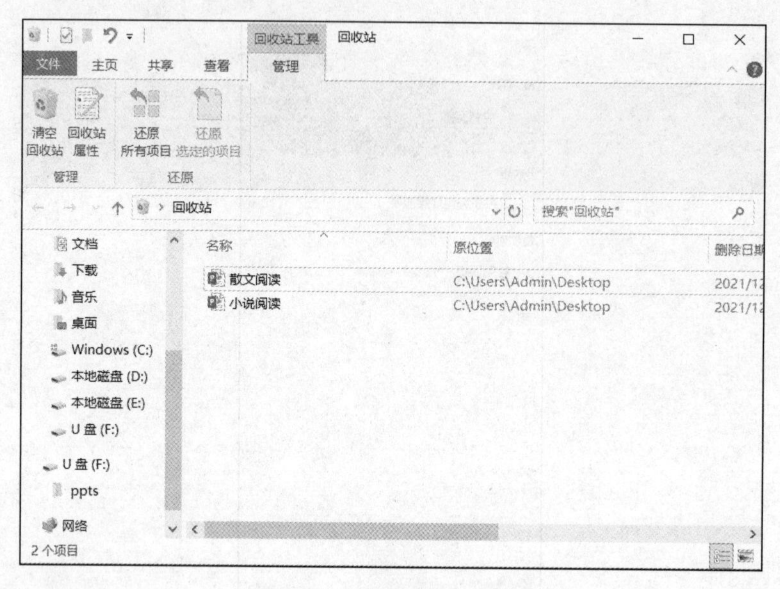

图 3.19 “回收站”窗口

2）右击桌面上的“回收站”图标，在弹出的快捷菜单中选择“清空回收站”选项。

在桌面上右击“回收站”图标，在弹出的快捷菜单中选择“属性”选项，打开“回收站 属性”对话框，如图 3.20 所示。在该窗口中可以设置回收站的最大存储容量；选择在删除文件时不将文件移入回收站，而是彻底删除，即物理删除；设置删除文件时是否弹出删除确认提示框。

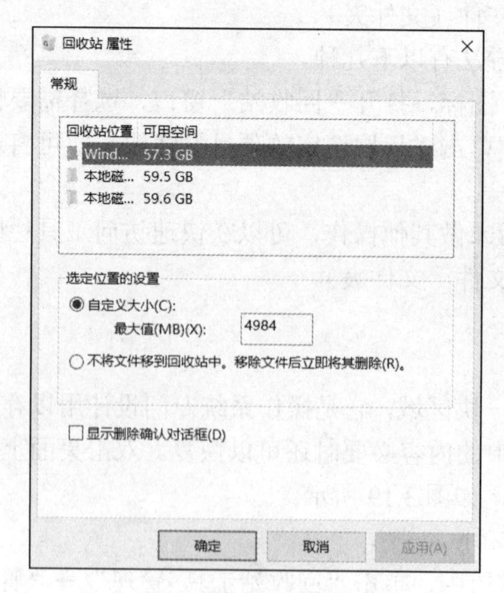

图 3.20 “回收站 属性”对话框

9．文件（文件夹）属性的查看与设置

属性是文件系统用以识别文件的某种性质的记号。在 Windows 10 操作系统中文件（文件夹）有 3 种属性，即存档、隐藏和只读。

（1）存档属性

存档属性是默认属性，表示该文件是最后一次被备份以后改动过的文件。每当用户创建一个新的文件时，系统为其分配存档属性，一般用于普通文件。

（2）隐藏属性

文件（文件夹）被设置为隐藏属性时，系统不显示它们的相关信息，常用于标记非常重要的文件。如果要显示隐藏属性的文件（文件夹）的信息，单击“查看”选项卡中的“选项”按钮，打开“文件夹选项”对话框，在“查看”选项卡的“高级设置”列表框中选中“显示隐藏的文件、文件夹和驱动器”单选按钮，然后单击“确定”按钮即可。

（3）只读属性

为了防止文件被破坏，可将文件设置为只读属性，即只允许读但不允许修改文件。

要查看和设置文件（文件夹）的属性，操作步骤如下。

选中要查看属性的文件（文件夹），单击“主页”→“打开”→“属性”按钮，或者在选中的文件（文件夹）上右击，在弹出的快捷菜单中选择“属性”选项，打开相应的属性对话框，如图 3.21 所示。在“常规”选项卡中查看所选文件（文件夹）的大小、占用空间、创建时间等信息，还可以设置对象的属性。

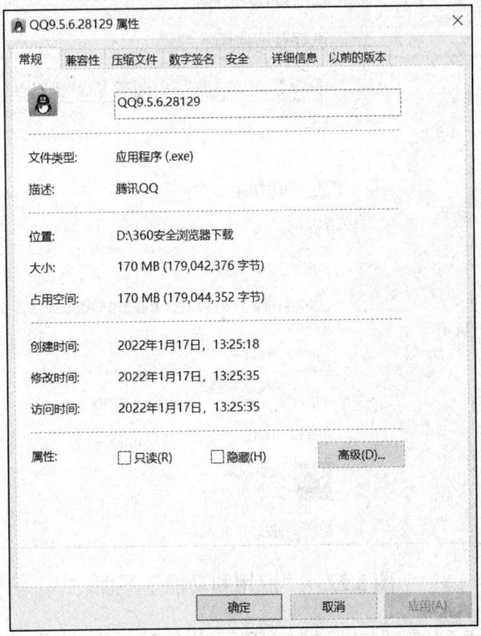

图 3.21　文件的属性对话框

3.2.3 程序管理

Windows 10 是一个多任务的操作系统，可以同时启动多个应用程序。应用程序是用来完成特定任务的计算机程序，包括系统自带的或用户（程序员）编写的各种各样的程序，如 WPS Office 是实现文字处理、表格制作、演示文稿制作等多种功能的办公软件。

1．启动应用程序

1）打开“开始”菜单，在左侧的高频使用区查看是否有需要打开的应用程序选项，如果有则选择该应用程序选项并启动。如果高频使用区中没有要启动的应用程序，则在“所有程序”列表中选择需要执行的应用程序选项并启动程序。

2）在“此电脑”窗口中找到需要执行的应用程序文件，双击，或右击，在弹出的快捷菜单中选择“打开”选项。

3）双击应用程序对应的快捷方式图标。

2．卸载应用程序

1）单击“开始”菜单左下角固定程序区域中的“设置”按钮，在打开的“设置”窗口中选择“应用”选项，打开“应用和功能”界面，如图 3.22 所示。

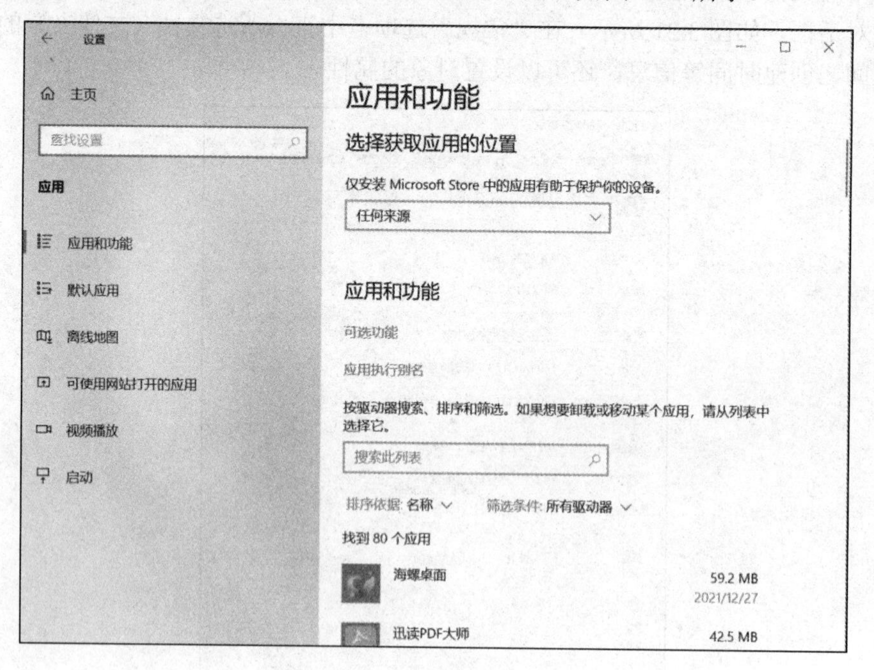

图 3.22　“应用和功能”界面

在所列出的应用中找到需要卸载的应用程序名称，在名称上单击，即可出现“修改”

和“卸载”按钮，单击“卸载”按钮，在打开的卸载程序确认对话框中单击“卸载”按钮即可卸载应用程序。

2）在“开始”菜单中选择“Windows 系统”→“控制面板”选项，在打开的“控制面板”窗口中选择“程序”→“程序和功能”选项，打开“程序和功能”窗口，如图 3.23 所示。

图 3.23　“程序和功能”窗口

在“卸载或更改程序”中找到需要卸载的应用程序名称，右击，在弹出的快捷菜单中选择“卸载/更改”选项，即可卸载应用程序，同时也可以修复应用程序。

3．任务管理器

任务管理器在计算机维护中起管理控制的作用，当遇到程序未响应时，便可打开任务管理器，结束未响应程序的进程，另外还可以在任务管理器中查看系统相关信息。

打开任务管理器的方法如下。

1）按 Ctrl+Shift+Esc 组合键，直接打开“任务管理器”窗口，如图 3.24 所示。

2）按 Ctrl+Alt+Delete 组合键，在打开的操作界面中选择“任务管理器”选项。

3）在任务栏空白区域右击，在弹出的快捷菜单中选择“任务管理器”选项。

4）在“开始”菜单上右击，在弹出的快捷菜单中选择“任务管理器”选项。

“任务管理器”窗口中的各选项卡的说明如下。

1）在“进程”选项卡中可以查看所有正在运行的软件和系统功能的进程。右击某一进程，在弹出的快捷菜单中选择“结束任务”选项，即可直接关闭该进程。

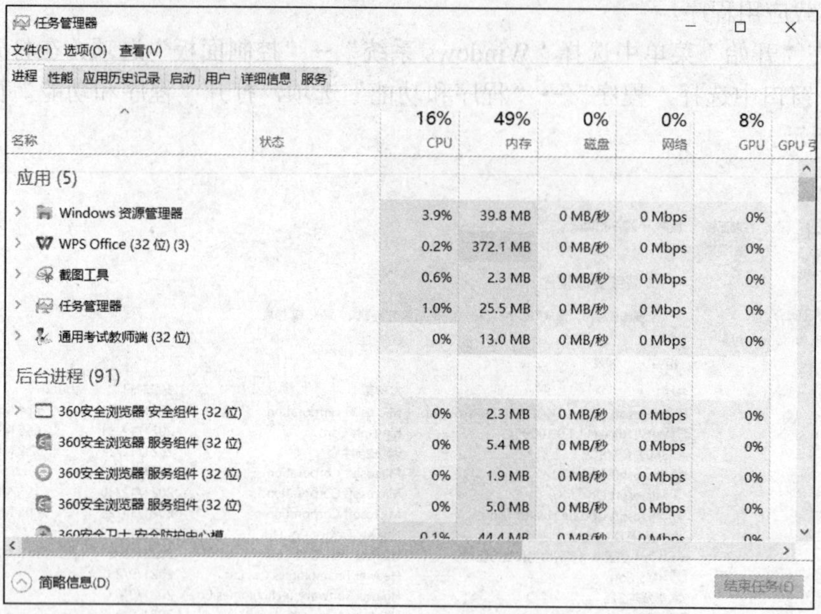

任务管理器

文件(F) 选项(O) 查看(V)

进程 性能 应用历史记录 启动 用户 详细信息 服务

名称	状态	16% CPU	49% 内存	0% 磁盘	0% 网络	8% GPU	GPU 引
应用 (5)							
Windows 资源管理器		3.9%	39.8 MB	0 MB/秒	0 Mbps	0%	
WPS Office (32 位) (3)		0.2%	372.1 MB	0 MB/秒	0 Mbps	0%	
截图工具		0.6%	2.3 MB	0 MB/秒	0 Mbps	0%	
任务管理器		1.0%	25.5 MB	0 MB/秒	0 Mbps	0%	
通用考试教师端 (32 位)		0%	13.0 MB	0 MB/秒	0 Mbps	0%	
后台进程 (91)							
360安全浏览器 安全组件 (32 位)		0%	2.3 MB	0 MB/秒	0 Mbps	0%	
360安全浏览器 服务组件 (32 位)		0%	5.4 MB	0 MB/秒	0 Mbps	0%	
360安全浏览器 服务组件 (32 位)		0%	1.9 MB	0 MB/秒	0 Mbps	0%	
360安全浏览器 服务组件 (32 位)		0%	5.0 MB	0 MB/秒	0 Mbps	0%	
360安全卫士 安全防护中心模		0.1%	44.4 MB	0 MB/秒	0 Mbps	0%	

简略信息(D)　　结束任务(E)

图 3.24 “任务管理器”窗口

2）在“性能”选项卡中可以查看详细的硬件使用情况，以便判断系统硬件是否使用正常等。

3）在“应用历史记录”选项卡中可以查看所有软件在启动中对 CPU 和网卡流量的使用情况。

4）在“启动”选项卡中可以对开机启动项直接进行管理。

5）在“详细信息”选项卡中列出了所有进程及该程序下的子进程。

6）在“服务”选项卡中可以查看系统服务状态和处理基本管理任务的描述。

3.2.4 磁盘管理

在计算机的日常使用过程中，用户经常会频繁地安装或卸载应用程序，移动、复制或删除文件，这样势必会在计算机硬盘上产生大量磁盘碎片或临时文件，可能导致运行空间不足、程序运行和文件打开操作变慢、计算机系统性能下降等。因此，用户需要定期对磁盘进行管理，使计算机始终处于较好的工作状态。

1. 查看磁盘空间

单击“此电脑”窗口或文件资源管理器中的任意一个磁盘的图标，再单击“计算机”→“位置”→“属性”按钮，打开相应的属性对话框，如图 3.25 所示。或者选中磁盘后右击，在弹出的快捷菜单中选择“属性”选项，也可以打开相应的属性对话框。

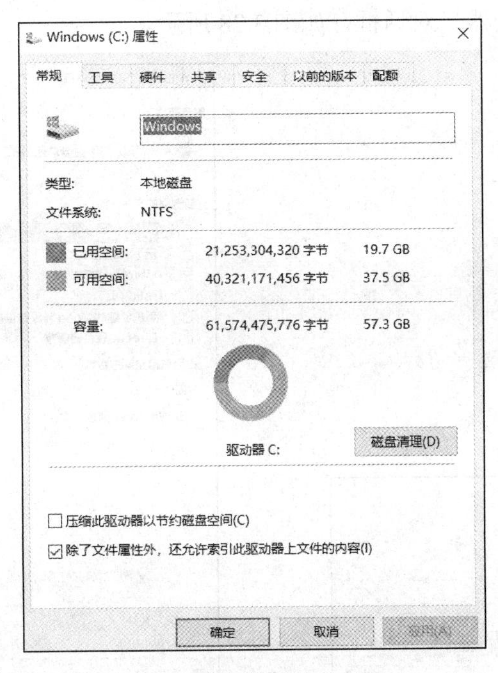

图 3.25　磁盘属性对话框

在属性对话框中可以查看磁盘的容量和可用空间等信息，还可以进行必要的磁盘清理等操作。

2．清理磁盘

使用磁盘清理程序可以帮助用户释放硬盘存储空间，删除系统临时文件、Internet临时文件和用户不需要的程序文件，腾出占用的系统资源，以提高系统性能。

清理磁盘的具体步骤如下。

步骤 1：在“开始”菜单中选择所有应用中的“Windows 管理工具”→“磁盘清理”选项，打开“磁盘清理：驱动器选择”对话框，如图 3.26 所示。

步骤 2：在“驱动器”下拉列表中选择要清理的驱动器，单击“确定”按钮，打开磁盘清理对话框，如图 3.27 所示。

步骤 3：在“磁盘清理”选项卡中选择要删除的列表项，然后单击“确定”按钮，在弹出的确认提示框中单击“是”按钮即可完成磁盘清理操作。

3．整理磁盘碎片

磁盘经过长时间使用后，会出现许多零散的空间和磁盘碎片，磁盘碎片和优化程序可以将这些碎片整理成一块大的可用区域，以加快文件读取速度、提高系统性能。打开“开始”菜单，选择所有应用中的“Windows 管理工具”→“碎片整理和优化驱动器”

选项，打开“优化驱动器”对话框，如图 3.28 所示。

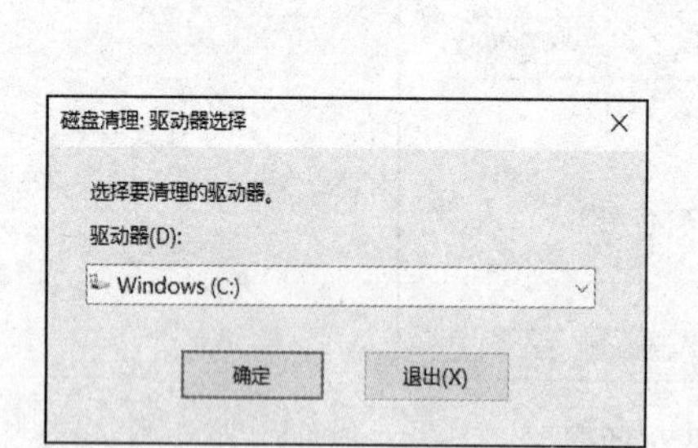

图 3.26　“磁盘清理：驱动器选择”对话框

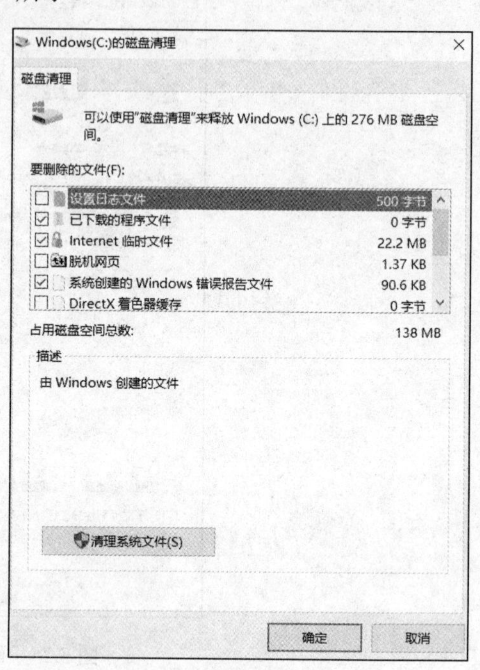

图 3.27　磁盘清理对话框

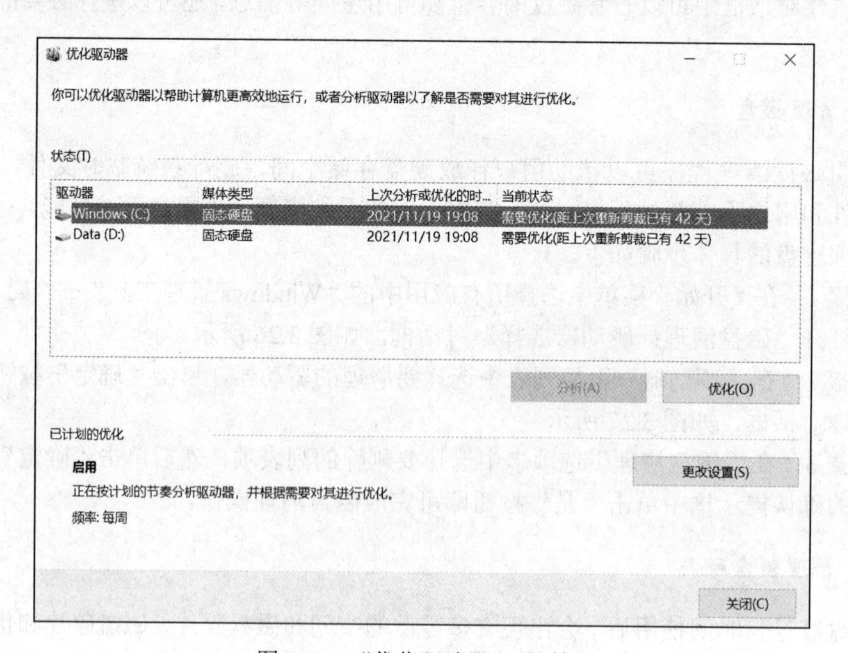

图 3.28　“优化驱动器”对话框

选择要整理的 C 盘，单击“分析”按钮对所选的磁盘进行分析。分析结束后，单击

“优化”按钮，对所选的磁盘进行碎片整理，在“优化驱动器”对话框中，还可以同时选择多个磁盘进行分析和优化。

单击窗口右下角的“更改设置”按钮，打开“优化设置”窗口，可以选择优化的频率和要自动优化的驱动器，设置磁盘碎片整理程序将在指定的时间中自动优化所选驱动器。

4. *磁盘管理组件*

磁盘管理是计算机管理中的一个重要组件。利用磁盘管理工具可以一目了然地列出所有磁盘的情况，对各磁盘分区进行管理操作。

打开“磁盘管理”窗口的方法有以下3种。

1）在“开始”按钮上右击，在弹出的快捷菜单中选择“磁盘管理”选项，打开“磁盘管理”窗口，如图3.29所示。

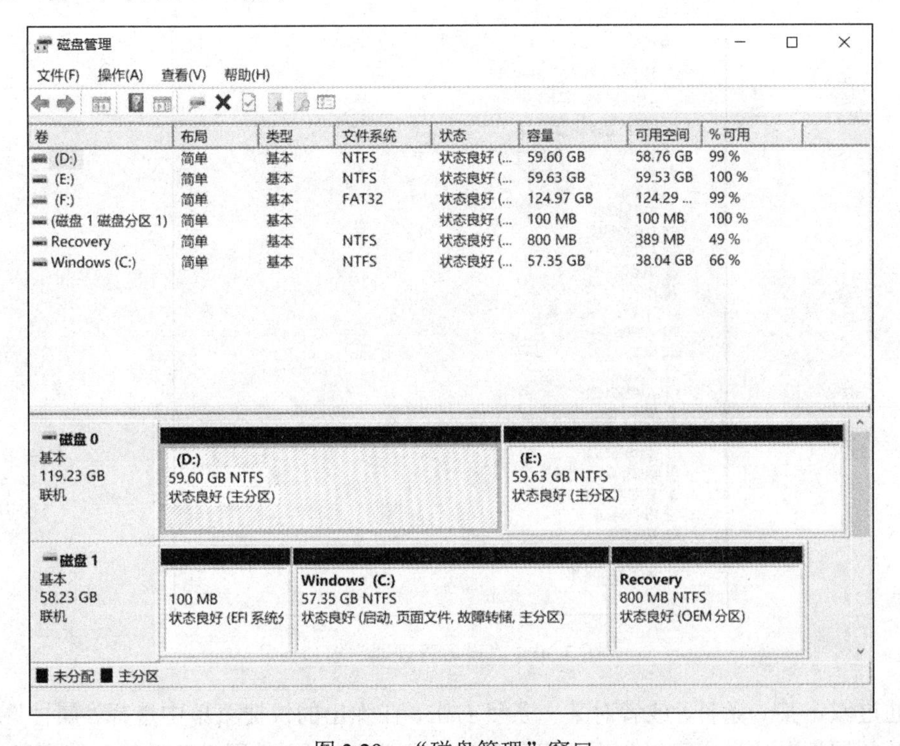

图3.29　“磁盘管理”窗口

2）在“此电脑”图标上右击，在弹出的快捷菜单中选择“管理”选项，在打开的“计算机管理”窗口中，选择左侧窗格中的“磁盘管理”选项。

3）双击桌面上的“此电脑”图标，打开“此电脑”窗口。单击“计算机”→“系统”→“管理”按钮，在打开的“计算机管理”窗口中，选择左侧窗格的“磁盘管理”选项。

右击要扩展的分区，在弹出的快捷菜单中选择“扩展卷”选项，即可扩展分区，但若扩展的分区后面没有连续的未分配空间，则“扩展卷”选项显示为灰色。

5. 设备管理器

设备管理器是管理计算机设备的工具程序，使用设备管理器可以查看和更改设备属性、安装和更新设备驱动程序、修改设备的配置及卸载设备。

在 Windows 10 中，设备管理器是一个内置于操作系统的控制台组件。它允许用户查看及设置连接到计算机的硬件设备（包括键盘、鼠标、显卡、显示器等），并将它们排列成一个列表，该列表可以依照各种方式进行排列（如名称、类别等）。当任何一个设备无法使用时，设备管理器中就会显示相应的提示给用户查看。

右击“开始”按钮，在弹出的快捷菜单中选择“设备管理器”选项，打开“设备管理器”窗口，如图 3.30 所示。

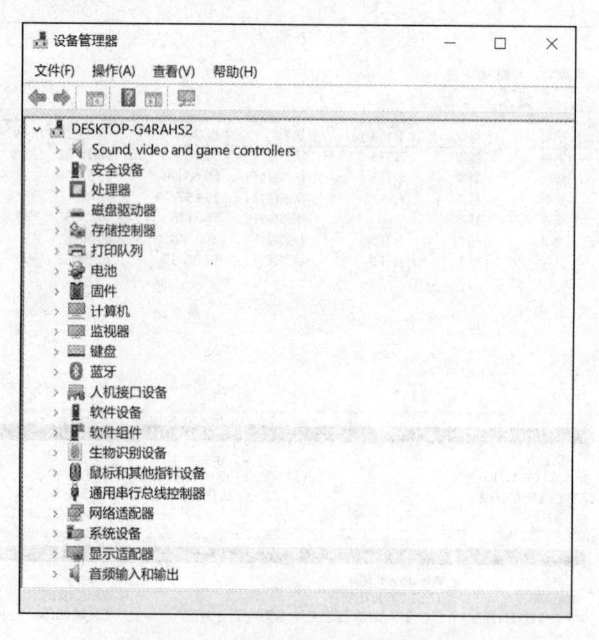

图 3.30 “设备管理器”窗口

通过双击某一条目，或者对某一条目右击，在弹出的快捷菜单中选择“属性”选项，在打开的属性对话框中可以查看设备的属性，还可以启用/禁用设备及显示隐藏的设备。

3.2.5 控制面板和“设置”窗口

控制面板是 Windows 图形用户界面的一部分，用来提供各种对计算机系统进行设置和设备管理的工具，如添加新的应用程序和软硬件。控制面板是 Windows 7 之前版本中一直使用的，Windows 10 将其中的大部分功能移植到了“设置”窗口中，但有一部分没有移动，所以仍保留了控制面板。

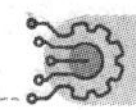

1．打开“设置”窗口或“控制面板”窗口

（1）打开“设置”窗口

单击“开始”菜单左下角固定程序区域中的“设置”按钮，打开“设置”窗口，如图 3.31 所示。

图 3.31　“设置”窗口

（2）打开“控制面板”窗口

打开“控制面板”窗口的方法有以下几种。

1）打开“开始”菜单，选择所有应用中的“Windows 系统”→“控制面板”选项，打开“控制面板”窗口，如图 3.32 所示。

2）按 Windows+R 组合键，在打开的“运行”对话框的“打开”文本框中输入“control”（控制面板）命令，最后单击“确定”按钮。

3）打开任意一个文件夹，在地址栏中输入“控制面板”，然后按 Enter 键即可。

“设置”窗口相比于“控制面板”窗口，增加了“隐私”选项，将“控制面板”窗口中的“系统和安全”拆分为“系统”和“更新和安全”选项；将“控制面板”窗口中的“程序”选项放进了“系统”选项中；并将“控制面板”窗口中的“用户账户”选项从本地用户升级为网络用户。

图 3.32 “控制面板”窗口

2．个性化设置

1）在桌面空白区域右击，在弹出的快捷菜单中选择“个性化”选项，打开个性化设置窗口，如图 3.33 所示，选择相应的选项即可进行相应的个性化设置。

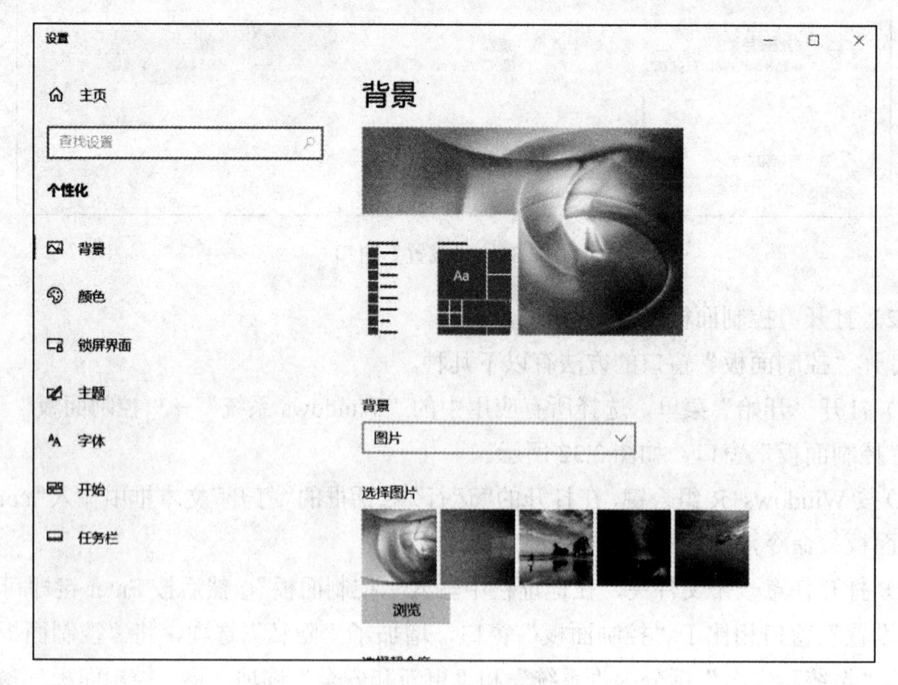

图 3.33 个性化设置窗口

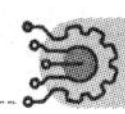

① “背景”选项：可以更改背景图片，选择图片契合度，设置纯色或幻灯片放映等参数。

② “颜色”选项：可以为 Windows 操作系统选择不同的颜色，也可以单击“自定义颜色”按钮，在打开的对话框中自定义主题颜色。

③ “锁屏界面”选项：可以选择系统默认的图片，也可以单击“浏览”按钮，在打开的“打开”对话框中将本地图片设置为锁屏界面。

④ “主题”选项：自定义主题的背景、颜色、声音及鼠标指针样式等选项，还可以保存主题。

⑤ “字体”选项：进行各种字体的设置。

⑥ “开始”选项：设置“开始”菜单中显示的应用。

⑦ “任务栏”选项：设置任务栏在屏幕上的显示位置和显示内容等。

2）在“控制面板”窗口中单击“外观和个性化”选项，打开“外观和个性化”窗口，如图 3.34 所示，可以设置 Windows 界面显示效果。

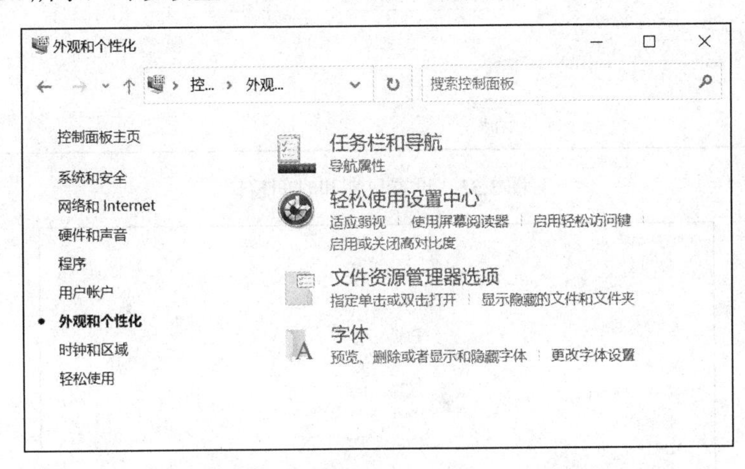

图 3.34 “外观和个性化”窗口

3．设置日期和时间

右击任务栏通知区域的“时间和日期”选项，在弹出的快捷菜单中选择“调整日期/时间”选项，打开设置日期和时间窗口，如图 3.35 所示。可将系统时间和日期设置为与北京时间和日期自动同步，也可以手动调整日期和时间。

在“控制面板”窗口中选择“时钟和区域”选项，打开“时钟和区域”窗口，如图 3.36 所示。选择“设置日期和时间”选项，打开“日期和时间”对话框，在该对话框中可以选择“更改日期和时间”和“更改时区”。

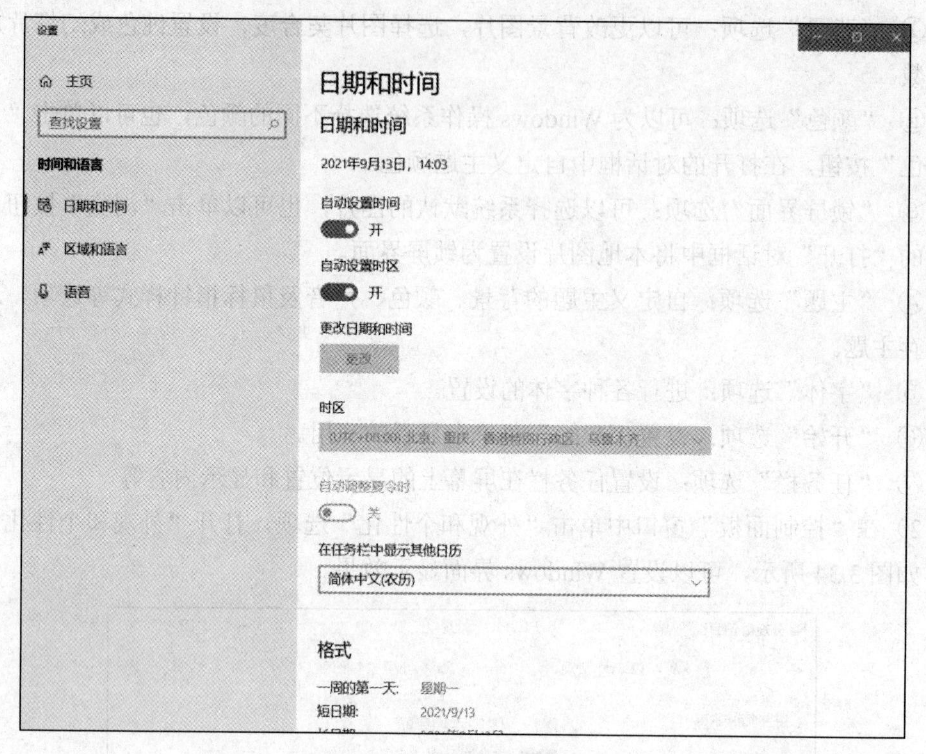

图 3.35　设置日期和时间窗口

图 3.36　“时钟和区域”窗口

4．输入法设置

右击任务栏通知区域的输入指示选项，在弹出的快捷菜单中选择“设置”选项，打开设置语言窗口，如图 3.37 所示。

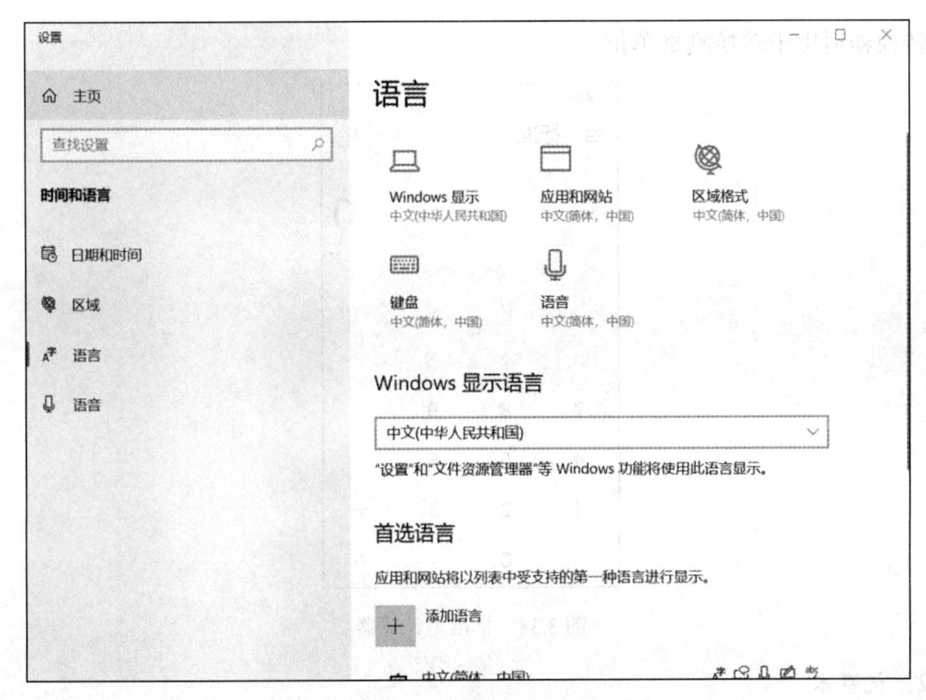

图 3.37　设置语言窗口

在该窗口中可以添加语言，还可以设置默认输入法等。

3.2.6　常用工具软件

Windows 10 为用户提供了许多使用方便而且功能强大的工具。使用画图工具可以创建和编辑图画，显示和编辑扫描获得的图片；使用计算器工具可以进行各种运算；使用记事本工具可以进行文本文档的创建和编辑。

1. 计算器

计算器是 Windows 10 提供的可以进行简单计算，又可以执行高级的科学计算和统计计算的工具。打开“开始”菜单，在所有应用中找到字母 J 开头的应用分类，选择“计算器”选项，打开标准型计算器程序窗口，如图 3.38 所示。

单击左上角的“打开模式”按钮，可以进行多种模式的切换。

计算器有以下几种基本操作模式。

1）标准型：按输入顺序进入单步计算，适用于基本的数学计算。

2）科学型：按运算顺序进入复合计算，有多种算数计算函数可以使用，适用于高级计算。

3）程序员：对不同进制数据进行计算等，适用于二进制代码。

4）日期计算：适用于日期处理。

转换器适用于转换测量单位。

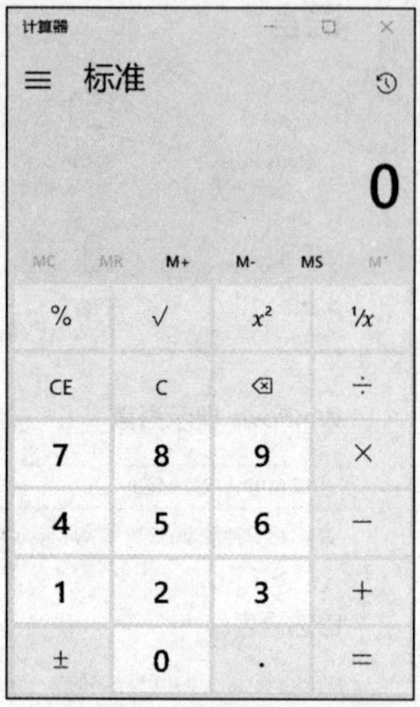

图 3.38　标准型计算器

2．记事本

记事本是 Windows 10 提供的一个文本编辑工具，其特点是程序小巧、功能简单、只能完成纯文本文件的编辑，一般用于写便条和简单的备忘录等，但无法完成特殊格式的编辑。记事本编辑文件存盘后的扩展名默认为.txt，即只有文字及标点符号，没有格式。

打开“开始”菜单，选择所有应用中的“Windows 附件”→“记事本”选项，打开记事本程序窗口，如图 3.39 所示。

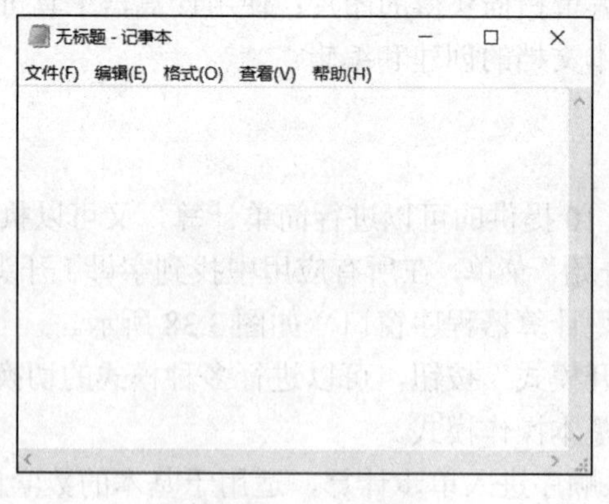

图 3.39　记事本

3．截图工具

截图是由计算机截取的能显示在屏幕或其他显示设备上的可视图像。Windows 10

自带的截图工具可以方便地对屏幕进行截图。

打开“开始”菜单，选择所有应用中的“Windows 附件”→“截图工具”选项，打开“截图工具”窗口，如图 3.40 所示。

图 3.40　“截图工具”窗口

4．画图软件

Windows 10 中的画图软件是一个简单的图形绘制与处理软件，具有绘制和编辑图形、进行文字处理，以及打印图形文档等功能。

利用画图软件可以绘制各种各样的图形，如绘制直线、曲线、矩形、圆，在图形上添加文字，给图形上色等。它还可以将绘制对象直接插入写字板的文档中和 Office 文档中，其文件扩展名为.bmp。

打开“开始”菜单，选择所有应用中的“Windows 附件”→“画图”选项，打开画图软件窗口，如图 3.41 所示。

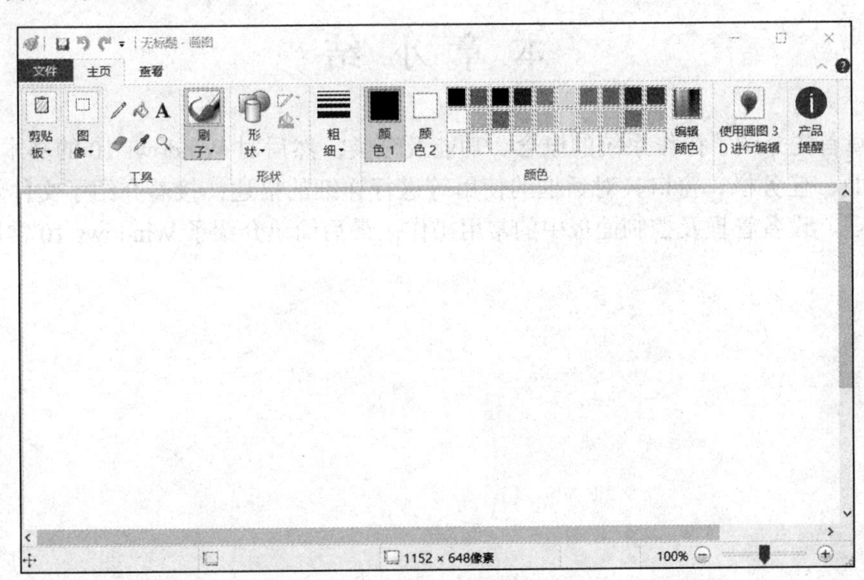

图 3.41　画图软件窗口

5．媒体播放器

Windows 10 自带 Windows Media Player（Windows 媒体播放器），其功能强大，可以播放多种格式的音、视频文件。

打开“开始”菜单，选择所有应用中的“Windows 附件”→“Windows Media Player”选项，打开“Windows Media Player”窗口，如图 3.42 所示。

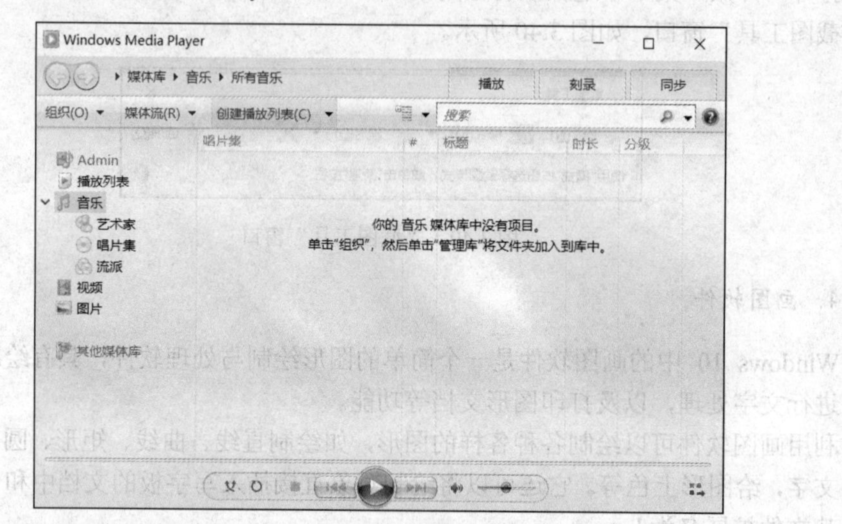

图 3.42 “Windows Media Player”窗口

本章小结

本章首先介绍了操作系统的概念、功能及分类；然后对 Windows 10 的基本操作，包括桌面、任务栏、窗口、对话框的使用等进行详细的描述；接着介绍了文件管理、程序管理、设备管理及控制面板中的常用操作；最后简单介绍了 Windows 10 常用的工具软件。

第 4 章　WPS Office 办公软件

WPS Office 是由金山软件股份有限公司出品的一款办公软件套装，可以实现文档处理、表格制作、演示文稿制作等多种功能，受到许多办公人员的青睐，在企事业单位的应用较为广泛。在日常办公中，制作各种规章制度、活动计划、招投标方案等已成为工作中不可或缺的一部分，这些都可以使用 WPS 文字来实现。与此同时，也会有各种数据表格，如工资表、考勤表、数据分析表的制作，这些操作可以借助 WPS 表格来实现。对于演讲、报告、总结及培训的演示工作，可以应用 WPS 演示文稿来制作各种类型的演示文稿。总之，WPS Office 已成为国产日常办公软件之一。

4.1　WPS 文字

WPS 文字是一款开放、高效的办公软件，它采用全新的界面风格，帮助用户轻松、便捷地完成日常的文档处理工作。例如，使用 WPS 文字可以进行各种编辑操作、制作各种表格、在文档中插入图片，具有所见即所得的特点。WPS 文字中提供了各种文档的向导和模板，可为用户制作文档节省大量的工作时间。

4.1.1　WPS 文字的窗口

WPS 文字的窗口由标题栏、快速访问工具栏、“文件”菜单、功能区、文本编辑区、文档视图和状态栏等部分组成，如图 4.1 所示。

1．标题栏

标题栏位于 WPS 窗口的顶端，它显示了当前编辑的文档名称。

2．快速访问工具栏

使用快速访问工具栏可以快速访问频繁使用的命令。默认时快速访问工具栏位于功能区上方，只包含较少的按钮。用户可以灵活地增加或删除快速访问工具栏中的选项。单击快速访问工具栏右侧的“自定义快速访问工具栏”下拉按钮☰，在弹出的下拉列表中选择选项或取消被选择的选项。

如果选择“自定义快速访问工具栏”下拉列表中的“放置在功能区之下”选项，那么快速访问工具栏就会出现在功能区下方。

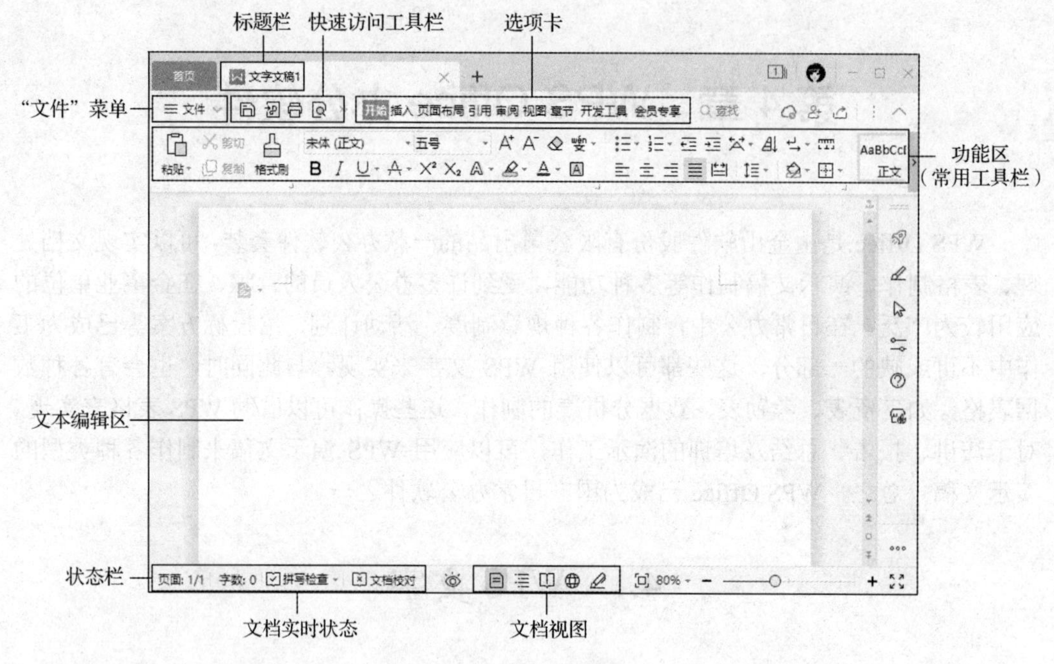

图 4.1　WPS 文字窗口

3．“文件”菜单

“文件”菜单位于 WPS 文字窗口的左上角。它提供了一组文件操作命令，如“新建”“打开”“保存”“另存为”“打印”等。

“文件”菜单的另一个功能是提供关于文档、最近使用的文档等相关信息。“文件”菜单中还提供了 WPS 文字的“帮助”信息、“选项”设置。

4．功能区

WPS 文字功能区包括“开始”“插入”等文档编辑和排版操作命令。在 WPS 文字窗口上方显示的是选项卡的名称，单击这些名称时会切换到与之相对应的功能区面板。WPS 文字选项卡包括“开始”“插入”“页面布局”“引用”“审阅”“视图”等。另外，每个选项卡根据操作对象的不同又分为若干个选项组，每个选项组中集中了功能相近的命令。

（1）“开始”选项卡

“开始”选项卡是用户最常使用的选项卡，其中包括剪贴板、字体、段落和样式等选项组，用于帮助用户对文档进行文字编辑和格式设置。

（2）“插入”选项卡

“插入”选项卡用于在文档中插入各种元素，其中包括页、表格、插图、页眉页脚、链接、文本、符号等选项组。

（3）“页面布局”选项卡

“页面布局”选项卡用于帮助用户设置文档的页面样式，其中包括主题、页面设置、分栏、稿纸设置、背景等选项组。

（4）“引用”选项卡

“引用”选项卡用于实现在文档中插入目录等高级应用，其中包括目录、脚注和尾注、题注等选项组。

（5）“审阅”选项卡

“审阅”选项卡用于对文档进行校对和修订等操作，适用于多人协作处理长文档，其中包括拼写检查、中文简繁转换、批注、修订等选项组。

（6）“视图”选项卡

“视图”选项卡用于帮助用户设置窗口的查看方式、操作对象的显示比例，以便用户获得更好的视觉效果，其中包括文档视图、显示比例、窗口和宏等选项组。

有的选项卡在某种特定条件下才能被激活显示，并提供相应的命令按钮。这种选项卡称为上下文选项卡，如在文档中插入图片，当选定图片时会显示“图片工具”选项卡。

5．文本编辑区

文本编辑区是输入、编辑文档的区域，可以在此区域中输入文档内容并进行编辑。

6．文档视图

视图是指文档的查看方式。同一个文档可在不同视图下查看，虽然文档的显示方式不同，但文档的内容是不变的。文档视图中带方框的图标表示当前的视图状态。

（1）页面视图

在页面视图中，屏幕上看到的文档与实际的打印效果是一样的。页面视图对于编辑页眉页脚、调整页边距，以及处理分栏、图形对象和边框等都是很方便的。

（2）阅读版式视图

阅读版式视图适于阅读长篇文档。阅读版式将原来的编辑区缩小，同时保持文字大小不变，长篇文档会自动分成多屏。在该视图下也可以编辑文字，但视觉效果较好。

要停止阅读文档时，可以单击工具栏中的⇥按钮，或按 Esc 键，即可退出阅读版式视图。

（3）Web 版式视图

使用 Web 版式视图，无须离开 WPS 文字即可查看当前文档在浏览器中的效果。

（4）大纲视图

大纲视图可以方便地查看、编辑文档的结构，对于报告文体和书籍章节的排版很方便。在这种视图下，可以通过对标题的操作来移动、复制或重新组织文档，还可以折叠文档，只查看主标题等。

在大纲视图下，主菜单将增加一个“大纲”选项卡。

（5）写作模式视图

写作模式视图的功能区中包括素材推荐、文档校对及统计等按钮，还可以设置护眼模式，为用户提供友好的写作环境。

7．状态栏

状态栏位于窗口的底部，用于显示文档的各种信息，默认显示的信息包括：文档的页码、文档的字数、拼写检查、视图快捷方式图标等。要定义状态栏上显示的信息，右击状态栏的空白处，在弹出的快捷菜单中选择相应的选项即可。

4.1.2　文档的基本操作

在对文档进行处理时，需要打开文档或新建一个文档。在文档的编辑过程中，切记要随时保存文档。

1．新建文档

使用 WPS 文字制作文档的第一步是新建一个文档。新建文档的常用方法有以下两种。

1）选择“开始”菜单的所有程序中的“WPS Office”选项，启动 WPS 主窗口，自动创建一个新文档。

2）打开任意一个 WPS 文档，选择“文件”→“新建”→“新建文字”→“新建空白文字”选项，即可新建一个空白文档。用户也可以选择需要的模板，新建一个模板文档。

2．打开文档

找到要打开的文档，双击即可打开该文档。或者启动 WPS 后，使用“打开文件”对话框打开文档，操作步骤如下。

步骤 1：选择“文件”→“打开”选项，或按 Ctrl+O 组合键，打开“打开文件”对话框。

步骤 2：找到要打开文件的位置，在“文件类型”下拉列表中选择要打开文件的类型，在“文件名”下拉列表中选择要打开的文件名或在“文件名”文本框中输入文件名。

步骤 3：单击“打开”按钮，指定的文件就会显示在 WPS 文字窗口中。

3．保存文档

文本输入完毕，需要保存文档到指定的磁盘中。

选择“文件”→“保存”选项或按 Ctrl+S 组合键，可以使用当前的文件名保存文档。对于新建的文档，选择“保存”选项，会打开“另存为”对话框，要求选择文件的保存位置。操作方法与打开文档的操作方法类似。WPS 文档默认的文件扩展名为.wps。

WPS 提供了“定时备份”功能来防止因断电或死机等意外发生而未保存文档。“定时备份”是指按指定时间间隔自动保存文档。选择“文件”→“备份与恢复”→“备份中心”选项，打开“备份中心”对话框。单击“本地备份设置”链接，在打开的“本地备份设置”对话框中选中“定时备份”单选按钮，再设置时间间隔即可。

4．保护文档

WPS 通过设置文档的安全性来实现文档加密保护功能。WPS 提供两种文档加密方法，分别是文档权限和密码加密。选择“文件”→“选项”选项，打开“选项”对话框，在“安全性”选项卡中进行设置即可。或者选择“文件”→“文件加密”→“文档权限”或“密码加密”选项进行设置。

5．输出为 PDF 文件

WPS 可以将文档输出为便携式的文件格式，如 PDF 格式。PDF 文件不易破解，可以在一定程度上防止他人修改、复制和抄袭。

选择“文件”→“输出为 PDF 文件”选项，打开“输出为 PDF 文件”对话框，选择需要输出为 PDF 文件的文档，并设置保存目录，然后单击“开始输出”按钮即可。

6．关闭文档

选择“文件”→“关闭”选项，或单击文件 WPS 文字窗口右上角的“关闭”按钮，即可关闭文档。

4.1.3 文档的编辑

输入文字与编辑文档是文档编辑的基本操作，WPS 的文字处理功能可以使用户轻松、方便地完成这些操作。

1．文本的输入

打开或新建文档后，就可以向文档中输入文本了。WPS 的文本输入功能非常方便，它提供了很多自动功能供用户使用。

（1）文本输入

在文档中输入普通文本只需要将光标定位到需要输入文本的位置，切换到需要的输入法，通过键盘直接输入即可。

（2）改写/插入状态

状态栏中有一个“改写”按钮，单击该按钮可以在“插入”和“改写”两种状态之间进行切换，也可以通过按 Insert 键来实现。“插入”表示输入的文本将插入当前光标指示的位置，其后的文本自动后移；“改写”表示当前的输入状态为改写状态，输入的文本将取代其后的文本内容。

在状态栏空白处右击，在弹出的快捷菜单中选择“改写”选项，状态栏上即可显示“改写”按钮。

（3）插入符号

在制作文档的过程中，经常需要输入一些特殊符号，如希腊字符α、β或图形化符号★、■等，可以使用 WPS 文字提供的插入符号功能来插入特殊符号。

插入符号的方法：选择“插入”→“符号”→“其他符号”选项，打开“符号”对话框。在“字体”下拉列表中选择需要的字体，在“子集”下拉列表中选择需要符号的子集，当其下的列表框中出现所需要的符号时，双击它或选定后单击“插入”按钮，即可将该符号插入文档中光标所在的插入点处。

（4）即点即输

可以在页面的任意位置双击，然后在当前位置输入对象。

“即点即输”功能的启用/关闭操作为，选择“文件”→“选项”选项，打开“选项”对话框，选择“编辑”选项卡，在“即点即输”选项组选中/不选中“启用‘即点即输’”复选框，然后单击“确定”按钮即可。

（5）插入日期与时间

将光标移动到要插入的位置，单击“插入”→“日期”按钮，在打开的“日期和时间”对话框中选择插入的格式。若选中“自动更新”复选框，则在每次打开该文档时，自动更新日期和时间。

2．文本的选择

在对文本进行编辑操作之前，首先要选择预编辑的文本内容，选择文本后，即高亮显示要处理的文本（反白显示）。

使用鼠标和键盘选择文本的操作如表 4.1 所示。

表 4.1　使用鼠标和键盘选择文本的操作

选择内容	鼠标操作	键盘操作
单词	双击	Shift+→或 Shift+←
一句	按住 Ctrl 键单击	
一行	在选定栏单击	将光标移至行首，按 Shift+End 组合键；或将光标移至行末，按 Shift+Home 组合键
连续多行	在选定栏拖动	将光标移至第一行行首连续按 Shift+↓组合键；或将光标移至第一行行末连续按 Shift+↑组合键
一段	在该段选定栏双击，或在该段任意位置单击 3 次	将光标移至段首按 Ctrl+Shift+↓组合键；或将光标移至段末按 Ctrl+Shift+↑组合键
连续多段	在选定栏双击并拖动	将光标移至首段段首连续按 Ctrl+Shift+↓组合键；或将光标移至最后一段段末连续按 Ctrl+Shift+↑
任意两定点间	单击第一指定点，按住 Shift 键然后单击第二指定点；或从第一指定点拖动到第二指定点	将光标移至第一指定点，按 Shift+↓组合键或 Shift+↑组合键或 Shift+→组合键或 Shift+←组合键到第二指定点
整个文件	在选定栏单击 3 次	按 Ctrl+A 组合键或 Ctrl+5 组合键（小键盘）

续表

选择内容	鼠标操作	键盘操作
一个图形	单击该图形	
页眉或页脚	在页面视图下，双击页眉或页脚	
列文本块	按住 Alt 键，拖动鼠标	

3．文本的删除、移动和复制

（1）删除文本

选择要删除的文本，按 Backspace 键、Delete 键或单击“开始”→“剪切”按钮均可以删除选择的文本。

（2）撤销与恢复文本

如果在编辑过程中出现错误操作，可以单击快速访问工具栏中的“撤销”按钮，或按 Ctrl+Z 组合键，撤销上一次的操作。

也可以使用“恢复”功能将撤销的命令重新执行，单击快速访问工具栏中的“恢复”按钮，或按 Ctrl+Y 组合键即可。

（3）剪贴板

剪贴板是指用来临时存放信息（对象）的一块内存区域，不仅可以存放文字，还可以存放表格、图形等对象。Windows 剪贴板允许用户在任何两个实际的应用程序之间交换数据，条件是两个应用程序使用的文件格式相互兼容。剪贴板中的对象会一直存在，直到复制或剪切了新的对象，或关闭计算机为止。

（4）移动文本

移动文本是指将被选定的文本内容移动到指定位置，移动后原文本被删除。可以使用鼠标拖动的方法或使用剪贴板来实现文本的移动。

1）使用鼠标拖动的方法移动文本。操作步骤如下。

步骤 1：选择需要移动的文本。

步骤 2：将鼠标指针指向选择的文本。

步骤 3：按住鼠标左键，将其拖动到目标位置，然后释放鼠标左键即可。

2）使用剪贴板移动文本。操作步骤如下。

步骤 1：选择需要移动的文本。

步骤 2：单击“开始”→“剪贴板”→“剪切”按钮，或按 Ctrl+X 组合键，或右击，在弹出的快捷菜单中选择“剪切”选项，将选择的内容剪切到剪贴板中。

步骤 3：将光标移动到目标位置，单击“开始”→“剪贴板”→“粘贴”按钮，或按 Ctrl+V 组合键，或右击，在弹出的快捷菜单中选择“粘贴”选项。

（5）复制文本

复制文本是指将被选择的文本内容复制到指定位置，原文本保持不变。文本的复制操作与移动操作类似。

1）使用鼠标拖动的方法复制文本。操作步骤如下。

步骤 1：选择需要复制的文本。

步骤 2：将鼠标指针指向选择的文本。

步骤 3：按住 Ctrl 键的同时按住鼠标左键并拖动到目标位置，然后释放鼠标左键即可。

2）使用剪贴板复制文本。操作步骤如下。

步骤 1：选择需要复制的文本。

步骤 2：单击“开始”→“剪贴板”→“复制”按钮，或按 Ctrl+C 组合键，或右击，在弹出的快捷菜单中选择“复制”选项，将选择的内容复制到剪贴板中。

步骤 3：将光标移动到目标位置，单击“开始”→“剪贴板”→“粘贴”按钮，或按 Ctrl+V 组合键，或右击，在弹出的快捷菜单中选择“粘贴”选项。

4．查找与替换

文本的查找与替换是 WPS 中常用的操作，两者的操作类似。

（1）查找文本

查找文本功能可以帮助用户查找文档中是否有指定的文本存在，其操作步骤如下。

步骤 1：将光标移至需要查找的起始位置，选择“开始”→“查找替换”→“查找”选项，打开“查找和替换”对话框，如图 4.2 所示。

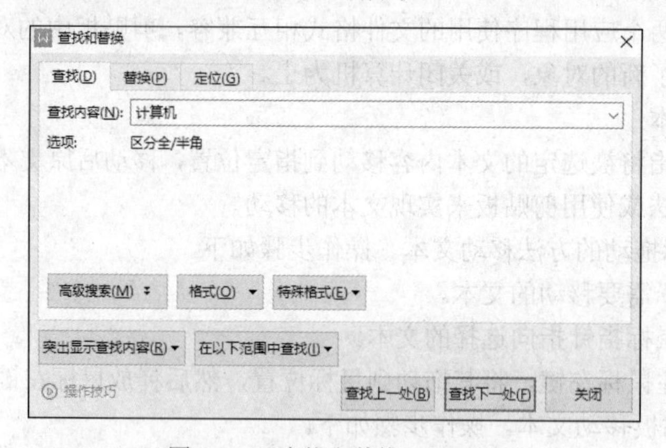

图 4.2 “查找和替换”对话框

步骤 2：在“查找内容”文本框中输入要查找的文本。

步骤 3：单击“查找下一处”按钮依次查找，并将找到的文本高亮显示。若不是用户所需要的位置，则可以再次单击“查找下一处”按钮，继续进行查找工作。

（2）高级查找

使用高级查找，指定一些查找条件，可以缩小查找范围，快速找到所需的文本。单击“查找和替换”对话框中的“高级搜索”按钮，打开如图 4.3 所示的对话框。

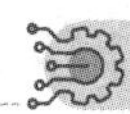

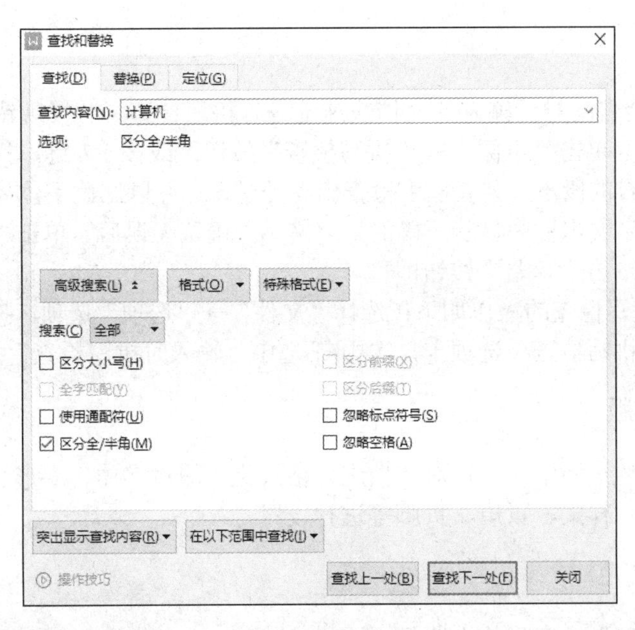

图 4.3 高级搜索

“搜索”下拉列表用来确定查找的范围；“格式”按钮用来设置“查找内容”下拉列表中文本的格式；“特殊格式”按钮用来选择查找内容中的一些特殊符号。

在确定了查找范围之后，单击“查找下一处”按钮，WPS 就从光标所在位置按指定的搜索条件进行查找。

（3）替换文本

替换文本是指用一段文本替换文档中所指定的文本，如将文档中的“计算机”一词替换为红色文字“电脑”。

替换文本的操作步骤如下。

步骤 1：选择“开始”→“查找替换”→“替换”选项，或按 Ctrl+H 组合键，打开“查找和替换”对话框。

步骤 2：在“查找内容”文本框中输入要查找的文本，如“计算机”。

步骤 3：在“替换为”文本框中输入替换的文本，如“电脑”。

步骤 4：单击“格式”下拉按钮，在弹出的下拉列表中选择“字体”选项，打开“字体”对话框。

步骤 5：在“字体”对话框中将“字体颜色”设置为红色，关闭该对话框，返回“查找和替换”对话框。

步骤 6：单击“查找下一处”按钮。

步骤 7：当查找到需要的文本后，单击“替换”按钮即可替换查找到的文本；单击“全部替换”按钮，可以将文档中所有出现的“计算机”文本都进行替换。

5．拼写检查

WPS 文字会自动对已输入的文档快速地进行拼写检查。若发现错误，则在该词下方标记红波浪线。单击“审阅”→“拼写检查”按钮，或按 F7 键，打开“拼写检查”对话框，在“检查的段落”列表框中检查出一处错误，并以红色字体显示拼写错误的文本；在“更改为”文本框中显示正确的拼写文本，确认无误后，单击“更改”按钮。若不需要更改，则单击“忽略”按钮即可。

启动/关闭拼写检查的操作如下：选择“文件”→“选项”选项，打开“选项”对话框，选择换到“拼写检查”选项卡，选中/不选中“输入时拼写检查”复选框。

4.1.4 文档的排版

在制作文档的过程中，可以对文档进行格式化，即对字体、字形、字号、行间距、段落格式、分页、样式、页眉、页脚等进行设置。

1．字符格式化

（1）字体、字形、字号的设置

WPS 文字启动后，默认的字体为宋体、字形为常规、字号为五号字。要设置新的字体、字形和字号，有以下两种方法。

1）使用按钮设置。

在“开始”→“字体”选项组中的“字体”下拉列表和“字号”下拉列表中可以分别设置字体和字号。“加粗”按钮 B 、“倾斜”按钮 I 和“下划线”按钮 U 用来设置字形。

选择文本后，WPS 会弹出浮动工具栏，如图 4.4 所示。浮动工具栏中的按钮与“开始”→“字体”选项组中的按钮是相同的。

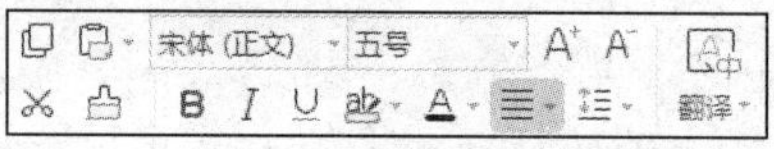

图 4.4　浮动工具栏

常用中文字号与磅值之间的对应关系如表 4.2 所示。

表 4.2　常用中文字号与磅值之间的对应关系

字号	磅值	毫米	字号	磅值	毫米	字号	磅值	毫米	字号	磅值	毫米
初号	42	14.82	二号	22	7.76	四号	14	4.94	六号	7.5	2.56
小初	36	12.7	小二	18	6.35	小四	12	4.23	小六	6.5	2.29
一号	26	9.17	三号	16	5.64	五号	10.5	3.7	七号	5.5	1.94
小一	24	8.47	小三	15	5.29	小五	9	3.18	八号	5	1.76

2）使用“字体”对话框设置。

① 选择需要设置字体、字形和字号的文本。

② 单击“开始”→“字体”选项组右下角的对话框启动器，或右击，在弹出的快捷菜单中选择“字体”选项，打开“字体”对话框，如图 4.5 所示。

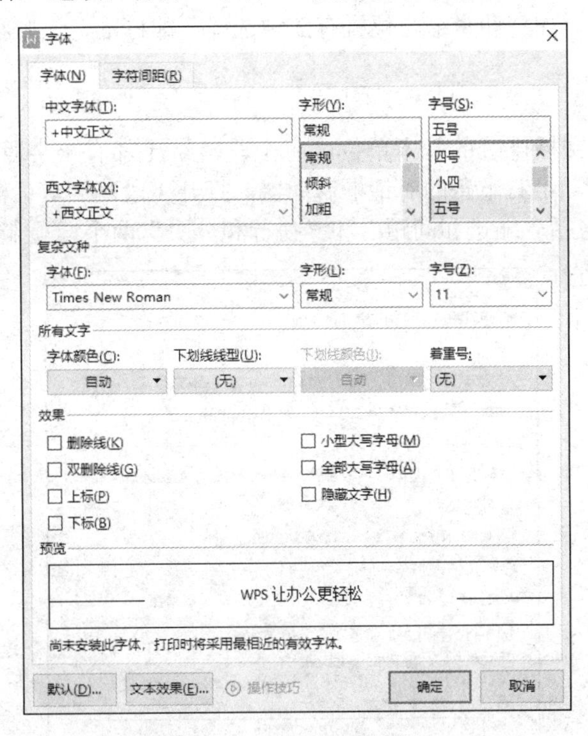

图 4.5　“字体”对话框

③ 在该对话框中设置需要的字体、字形和字号即可。

（2）字体颜色、下划线和着重号的设置

使用“字体”对话框中的“所有文字”选项组，可以设置字体的颜色、下划线和着重号。

（3）字体效果的设置

使用“字体”对话框中的“效果”选项组可以设置字体的效果，如~~删除线~~、~~双删除线~~、上标（x^2）、下标（H_2O）等。

使用组合键可以很方便地格式化文本，常用的格式化文本的组合键如表 4.3 所示。

表 4.3　常用的格式化文本的组合键

组合键	操作	组合键	操作
Ctrl+D	改变字符格式	Ctrl+=	应用下标格式
Shift+F3	切换字母大小写	Ctrl+Shift++	应用上标格式
Ctrl+]	增大字号	Ctrl+B	应用加粗格式
Ctrl+[	减小字号	Ctrl+I	应用斜体格式

(4)字符间距的设置

在“字体”对话框中切换到“字符间距”选项卡，在其中可以调整字符间距。字符间距的选项有标准、加宽和紧缩，位置有 3 种选择，即标准、上升和下降。

2. 段落格式化

段落是 WPS 文档排版的基本单位，每个段落结尾都有一个段落标记。单击“开始”→“段落”选项组右下角的对话框启动器，打开“段落”对话框，如图 4.6 所示。“段落”对话框中包括“缩进和间距”和“换行和分页”两个选项卡。

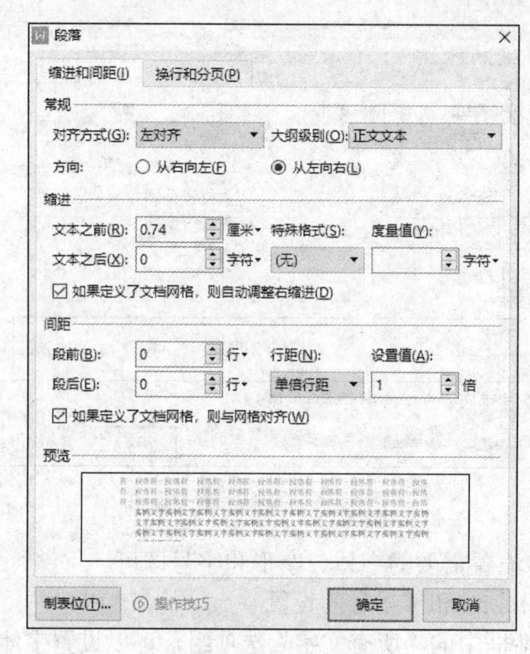

图 4.6 “段落”对话框

(1)段落的对齐方式

对齐方式是指文档段落中文字的对齐方式。WPS 文字提供了左对齐、右对齐、居中对齐、两端对齐和分散对齐 5 种对齐方式。

设置段落对齐方式的操作如下：单击“开始”→“段落”选项组中的段落对齐按钮，或打开“段落”对话框，在“对齐方式”下拉列表中选择相应的选项。段落对齐方式的含义及其快捷方式如表 4.4 所示。

表 4.4 段落对齐方式的含义及其快捷方式

对齐方式	快捷方式	对齐方式说明
左对齐	Ctrl+L	选择的文本靠左边界对齐
居中对齐	Ctrl+E	选择的文本的左、右边距距离相等

续表

对齐方式	快捷方式	对齐方式说明
右对齐	Ctrl+R	选择的文本靠右边界对齐
两端对齐	Ctrl+J	文本的左端和右端的文字沿段落的左右边界对齐，段落的最后一行左对齐
分散对齐	Ctrl+Shift+J	选择的文本平均分散在本行

（2）段落的缩进

段落的缩进用来设置段落两侧与页边的距离。段落缩进包括首行缩进、悬挂缩进、整段缩进和左缩进、右缩进。首行缩进是指设置段落中第一行第一个字符的位置；悬挂缩进是指设置段落中除首行外的其他行的起始位置；左、右缩进是分别设置段落的左、右边界的位置。

段落缩进除可以使用“段落”对话框进行设置外，还可以通过移动水平标尺上的 4 种缩进标记进行设置，如图 4.7 所示。

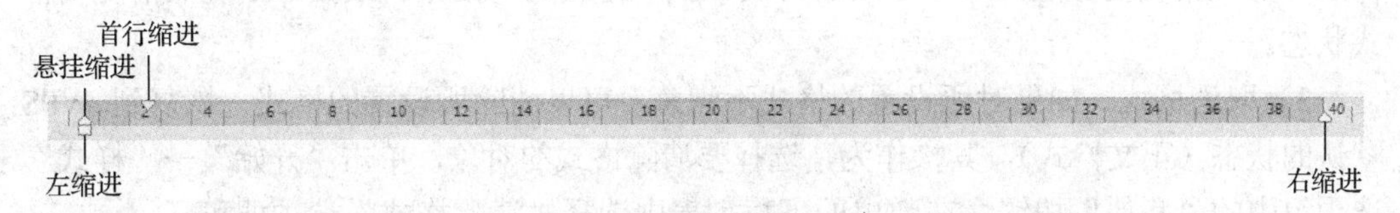

图 4.7　标尺中的缩进标志

（3）段落间距

段落间距包括段落中行与行之间的距离（行间距）和段落与段落之间的距离（段落间距）。在一个段落之前或之后，不要使用 Enter 键增加空白行来调整间距，应该通过设置段前间距和段后间距来调整间距。

段落间距和行间距可以在“段落”对话框中进行设置。行间距默认为单倍行距，其含义如表 4.5 所示。

表 4.5　行间距及其含义

行距	含义
单倍行距	行距为该行最大字体的高度加上一点额外的间距
1.5 倍行距	行距为单倍行距的 1.5 倍
2 倍行距	行距为单倍行距的 2 倍
最小值	能容纳一行中最大字体或图形的最小行距，其值由 WPS 自动设置
固定值	行距固定，不必对 WPS 进行调整，它使所有行的间距相等
多倍行距	允许行距以指定的百分比增大或缩小

（4）段落格式的复制和取消

1）复制格式。在段落格式化后，若另外一个段落与已格式化的段落具有相同的格式，则可以直接进行格式的复制，而不必进行重新设置。

在一段文字输入完成后（该段落中设置了必要的段落格式），按 Enter 键，则在新的段落中可以继续使用前一段的段落格式。这是最简单的段落格式复制方法。

使用快捷方式复制格式的操作方法：在被复制的段落中按 Ctrl+Shift+C 组合键复制格式，再将光标移动到要改变格式的段落，然后按 Ctrl+Shift+V 组合键。这与复制文本的操作类似。

还可以使用“格式刷”按钮复制格式，操作步骤如下。

步骤 1：选择已设置好格式的一段文本或段落，或将光标置于选择的段落中。

步骤 2：单击“开始”→“剪贴板”选项组中的“格式刷”按钮，这时鼠标指针变为形状。

步骤 3：拖动鼠标选择要进行格式复制的段落，即可将格式复制到该段落。

上述方法的格式刷只能使用一次。若要多次使用，双击“格式刷”按钮。再拖动鼠标进行多次格式的复制，操作完成后再次单击“格式刷”按钮，或按 Esc 键取消复制格式状态。

2）取消格式。如果对所设置的格式不满意，可以清除所设置的格式，恢复到 WPS 默认的状态（正文格式），其操作为，选择要清除格式的对象，单击“开始”→“样式”选项组中的“其他”按钮，在弹出的下拉列表中选择“清除格式”选项即可。

（5）项目符号和编号

在 WPS 中，对于一些需要分类阐述或按顺序阐述的条目，可以添加项目符号和编号，使文档层次更加清晰。项目符号和编号以“段”为单位在每个段落前进行添加。

1）添加项目符号或编号。添加项目符号或编号的操作步骤如下。

步骤 1：选择需要添加项目符号和编号的段落。

步骤 2：单击“开始”→“段落”选项组中的“插入项目符号”按钮或“编号”下拉按钮，完成设置。

WPS 还可以定义新的项目符号和编号。

单击“项目符号”下拉按钮，在弹出的下拉列表中选择“自定义项目符号”选项，或单击“编号”下拉按钮，在弹出的下拉列表中选择“自定义编号”选项，打开“项目符号和编号”对话框，单击“自定义”按钮，打开“自定义项目符号列表”对话框（图 4.8）或“自定义编号列表”对话框（图 4.9），在其中设置新的项目符号或编号即可。

2）添加多级列表。多级列表可以用于创建多级标题。打开“项目符号和编号”对话框，选择“多级编号”或“自定义列表”选项卡，在其中可以进行多级编号或列表的设置。

3）取消自动编号。当用户在文本第一行输入编号，按 Enter 键到第二行时，系统会自动编号。如果此时用户不需要系统为其自动编号，则可以直接按 Ctrl+Z 组合键，取消系统自动编号，这样用户就可以自行输入其他文本了。

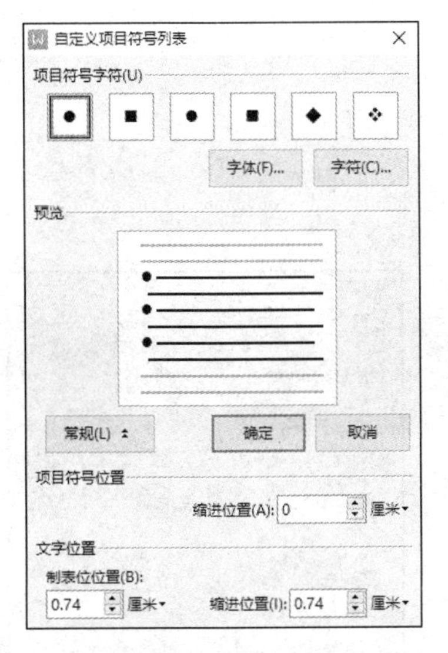

图 4.8　“自定义项目符号列表”对话框

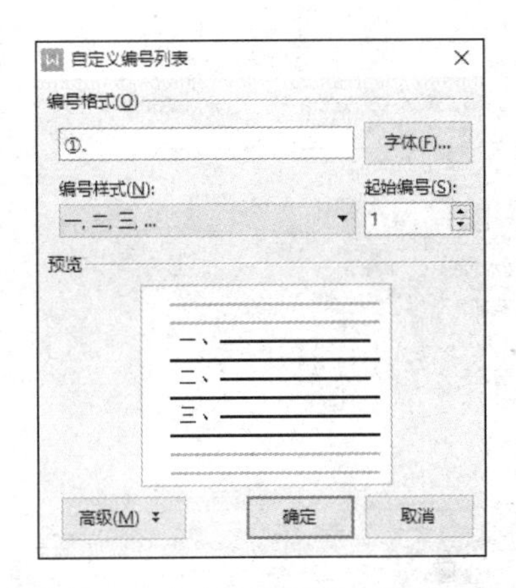

图 4.9　“自定义编号列表”对话框

3. 页面格式

在 WPS 中建立新文档时，WPS 文字对页面格式采用默认的设置，这些设置包括纸型、方向、页码等，用户可以根据实际需要修改这些设置。

对文档进行页面排版前必须进行页面布局，然后根据页面布局进行页面排版操作。页面布局应考虑页边距、页码、页眉和页脚、分节、分页、边框和底纹等几个方面。

（1）页面设置

页面设置包括文档的编排方式及纸张大小等。单击“页面布局”→“页面设置”选项组右下角的对话框启动器，打开“页面设置”对话框，如图 4.10 所示。

1）在“页边距”选项卡中可以设置上、下、左、右边距。

2）在“纸张”选项卡中可以设置纸张大小及纸张来源。

3）在“版式”选项卡中可以设置一些页面的高级选项，包括节的起始位置、页眉和页脚等。“页眉和页脚”选项组中的“奇偶页不同”复选框可以使奇数页和偶数页的页眉或页脚不同，“首页不同”复选框可以使首页使用不同的页眉和页脚。

4）在“文档网格”选项卡中可以定义每页的行数和每行的字符数、正文的排列方式等。

5）在“分栏”选项卡中可以设置正文的分栏数、栏宽、分隔线等。

（2）插入页码

为文档中的每页加上页码会使文本更容易阅读。单击“插入”→“页码”按钮即可插入页码。如果要更改页码的格式，则在“页码”对话框中完成设置即可，如图 4.11 所示。

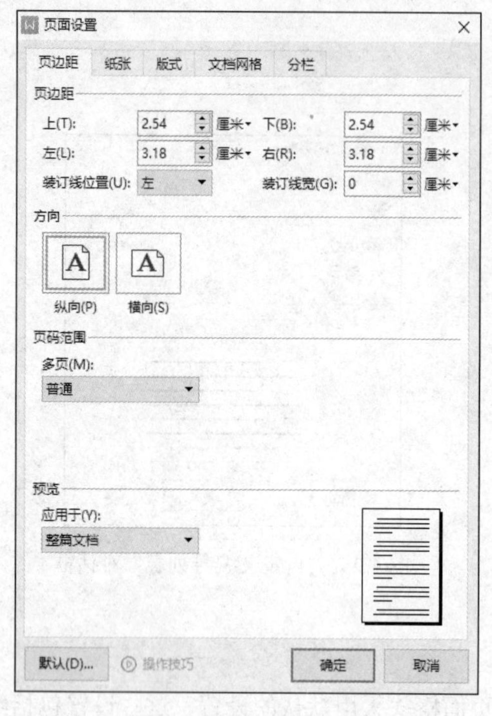

图 4.10 “页面设置”对话框

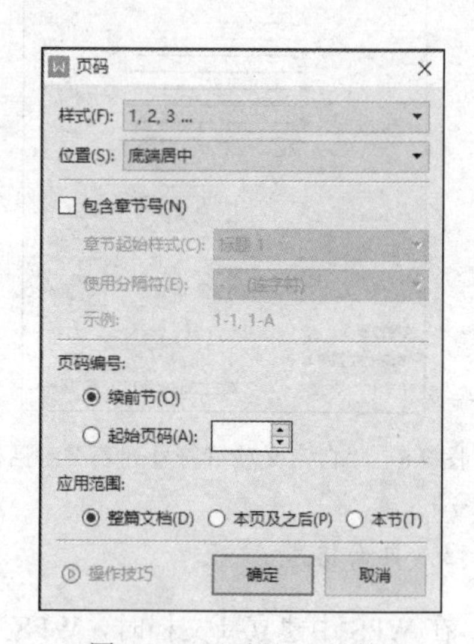

图 4.11 “页码”对话框

（3）分隔符

WPS 文字提供的分隔符包括分页符、分栏符和分节符。分页符用于分隔页面，分栏符用于分栏排版，分节符则用于分隔章节。

1）分页符。通常情况下，页面设置结束后就确定了文本区域的大小，每行的文本字数和每页的行数也随之确定。文档输满一页后，会自动分页，无须用户干预。这种分页符称为默认自动分页符或软分页符。

分页符是一种用户强制分页的手段，可在需要的地方强制分页。所插入的分页符称为人工分页符或硬分页符。分页符标志着一页的结束，同时也表示新一页开始的位置。

插入分页符的操作如下：将光标放在需要插入分页符的位置，按 Ctrl+Enter 组合键，或选择“插入”→“分页”→“分页符”选项，或选择“页面布局”→“分隔符”→“分页符”选项。在页面视图下可以看到人工分页的标志。

2）分栏符。插入分栏符可以强制开始一个新栏，常用在分栏排版中。

3）分节符。通常，一本书或一篇文档的页面格式是相同的，若要有区别，就要使用分节排版。分节后可重新进行页面设置。

根据分节的先后次序不同，有两种分节排版方法。第一种是先分节再设置排版格式，然后对每一节进行排版；第二种是先对全文进行页面设置，然后在分节后对与总体排版格式要求不一致的章节进行排版。

插入分节符的操作如下：单击“页面布局”→“分隔符”下拉按钮，在弹出的下拉列表中根据需要选择“下一页分节符”或“连续分节符”或“偶数页分节符”或“奇数页分节符”选项。

（4）页眉和页脚

页眉和页脚出现在页面的顶边或底边上，在文档中可以全篇使用同一种格式的页眉或页脚，也可以在不同的部分使用不同格式的页眉或页脚。

1）插入页眉和页脚。页眉和页脚的插入操作：单击“插入”→“页眉页脚”按钮，文档会自动添加“页眉页脚”选项卡，并使页眉或页脚编辑区处于激活状态，此时只能对页眉或页脚内容进行编辑操作，不能对正文进行操作。单击“页眉页脚”→“关闭”按钮可以退出页眉页脚的编辑状态。

2）建立奇偶页不同的页眉或页脚。单击“页眉页脚”→“页眉页脚选项”按钮，打开“页眉/页脚设置”对话框，选中“奇偶页不同”“显示奇数页页眉横线”“显示偶数页页眉横线”复选框。在不同的页眉上添加需要的文字内容即可。

3）删除页眉或页脚。进入页眉或页脚编辑区，选择“页眉页脚”→“页眉”（或“页脚”）→“删除页眉”（或“删除页脚”）选项，或直接删除页眉或页脚的文本内容即可删除页眉或页脚。

（5）边框和底纹

给文字添加边框和底纹是对文档内容进行修饰，可以使文档的内容更加醒目。边框是指将重要的段落或文字使用边框框起来，底纹是指用背景色填充段落或文字。

1）添加边框。添加边框的操作：选择要添加边框的文本，单击“页面布局”→“页面边框”按钮，打开“边框和底纹”对话框，如图 4.12 所示，设置边框的类型、线型、颜色、宽度。在“应用于”下拉列表中选择“段落”选项，给选择的段落加上边框；选择“文字”选项，给选择的文本加上边框。

2）添加底纹。添加底纹的操作如下：选择要添加底纹的文本或段落，在“边框和底纹”对话框中，选择“底纹”选项卡，如图 4.13 所示，选择所需的填充色、图案样式和颜色。在“应用于”下拉列表中选择“段落”选项，给选择的段落加上底纹；选择“文字”选项，给选择的文本加上底纹。

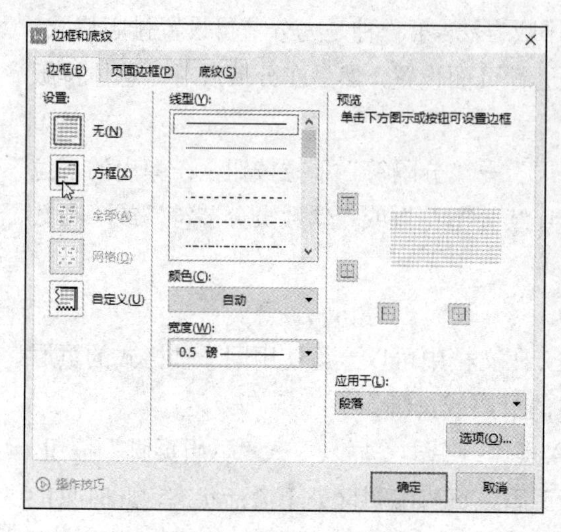

图 4.12 “边框”选项卡

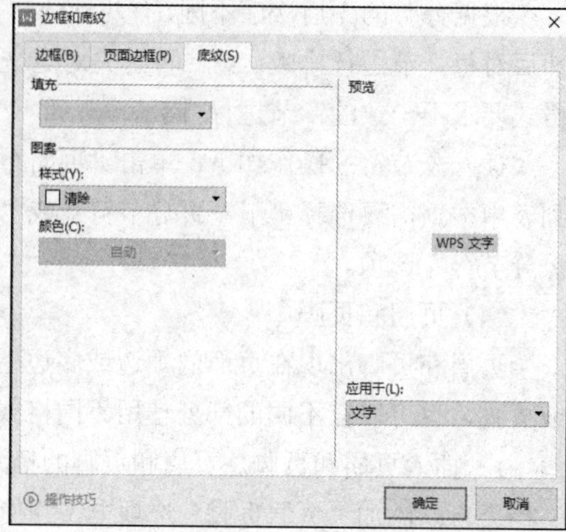

图 4.13 “底纹”选项卡

4.1.5 高级排版

本节介绍一些高级的排版方法，如首字下沉、分栏、水印、样式、目录、模板、批注和修订等。

1. 首字下沉

首字下沉就是将段落的第一个字放大数倍，以吸引读者的注意力。在报刊、杂志上经常会用到这种排版方式。

设置首字下沉的操作如下：将光标移动到需要首字下沉的段落中，单击“插入”→“首字下沉”按钮，打开“首字下沉”对话框，如图 4.14 所示，在其中设置首字下沉的位置及选项即可。

2. 分栏

分栏就是将版面分为多个垂直的窄条，然后在窄条之间插入空隙，这样的垂直窄条称为栏。分栏的操作步骤如下。

步骤 1：将文档切换到页面视图。

步骤 2：选择需要分栏的文档。

步骤 3：单击“页面布局”→“分栏”下拉按钮，在弹出的下拉列表中选择“更多分栏”选项，打开“分栏”对话框，如图 4.15 所示。

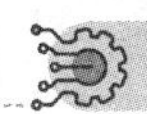

图 4.14　“首字下沉”对话框

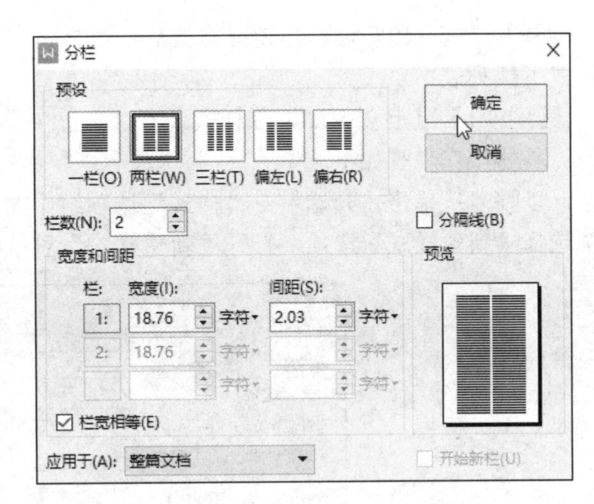

图 4.15　“分栏”对话框

步骤 4：在对话框中设置分栏的版式即可。“分栏”对话框中的“分隔线”复选框用于确定是否在栏间添加分隔线；“应用于”下拉列表用于确定分栏版式的使用范围为“整篇文档”或“插入点之后”。

3．水印

水印是页面背景的形式之一，水印可以是文字，也可以是图片。

设置水印的操作如下：选择“插入”→“水印”→“插入水印”选项，在打开的“水印”对话框中设置图片水印或文字水印即可。

4．样式

样式是由系统或用户定义并保存的一系列排版格式，包括字体、段落、制表符和边距等。在 WPS 文字中，创建和应用样式可以轻松地对文档进行排版，保持全文格式的一致，提高文档排版效率。

一篇完整的文档至少要有标题和正文两种不同的格式。正文包含许多不同的段落，这些段落通常使用统一的格式，如段落对齐方式、段间距等。若对每个段落重复地设置段落格式，不仅烦琐，而且很难保证所有段落格式的一致性。若要修改格式，则也必须以段落为单位逐个修改，而使用样式功能就可以避免这些麻烦，方便修改。

WPS 文字中的样式可以分为内置样式和自定义样式，内置样式显示在“开始”选项卡的“样式”选项组中，如标题 1、标题 2、正文等，这些样式是自动生成目录的前提。

（1）新建样式

除 WPS 文字中提供的内置样式外，在对文档进行排版的过程中，还可以自定义样式。创建新样式时，可以在一个样式的基础上进行设置，这种作为其他样式基础的样式称为基准样式。用户创建自定义样式后，也显示在“开始”选项卡“样式”选项组中的样式下拉列表中。

【例 4.1】自定义 heading3 样式。

具体操作步骤如下。

步骤 1：单击“开始”→“样式”选项组中的“其他”按钮，在弹出的下拉列表中选择“新建样式”选项，打开“新建样式”对话框，如图 4.16 所示。

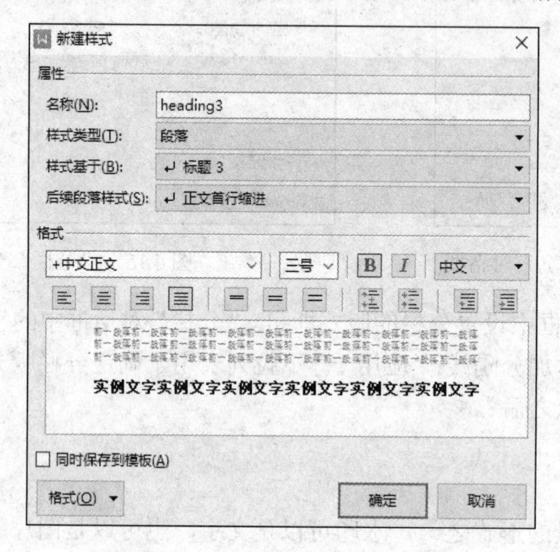

图 4.16 “新建样式”对话框

步骤 2：在“名称”文本框输入自定义样式名称 heading3，并设置“样式基于”为“标题 3”，则 heading3 继承了默认的内置样式“标题 3”的格式。

步骤 3：单击“格式”下拉按钮，在弹出的下拉列表中设置 heading3 样式的字体、段落或边框等格式。

步骤 4：设置完成后，单击“确定”按钮返回文档窗口。创建的样式出现在“样式”选项组中。

（2）使用样式

使用样式是指对一个段落或字符使用指定的样式进行排版。选择文本或段落后，在“开始”→“样式”→“样式”列表框中选择需要的样式即可。

（3）修改样式

单击“开始”→“样式”选项组中的“其他”按钮，在弹出的下拉列表中选择“显示更多样式”选项，打开“样式和格式”窗格。在列表框中选择需要修改的样式，右击，在弹出的快捷菜单中选择“修改”选项，在打开的如图 4.17 所示的“修改样式”对话框中修改样式即可。

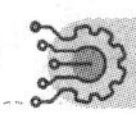

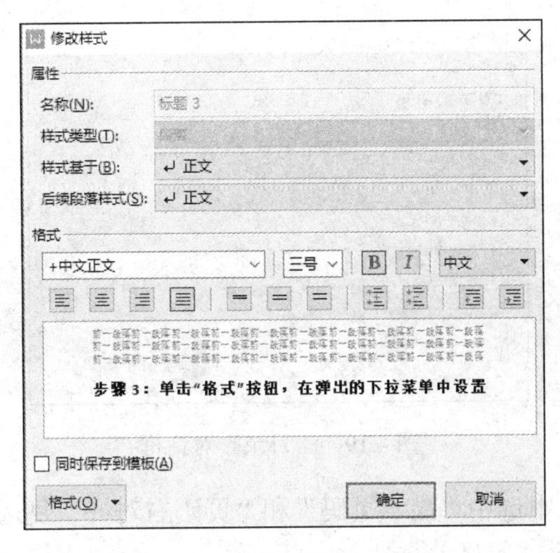

图 4.17　“修改样式”对话框

（4）删除样式

对不需要的样式可以删除，删除样式时并不删除文档中的文字，只是取消了样式应用在这些文字、段落中的格式。在“样式和格式”窗格中选择需要删除的样式，右击，在弹出的快捷菜单中选择“删除”选项即可。

5．目录

对于长文档的编辑，建立目录是很重要的。在 WPS 文字中，如果合理地使用了内置标题样式或创建了基于内置标题的样式，可以方便地自动生成目录。使用标题样式后，单击“视图”→“导航窗格”按钮，在打开的导航窗格中可以查看目录结构。

建立目录的操作步骤如下。

步骤 1：创建基于内置标题的样式。如果使用内置的样式，则可忽略此步。

步骤 2：在文档的各标题处，按标题级别应用不同级别的标题样式，如图 4.18 所示。

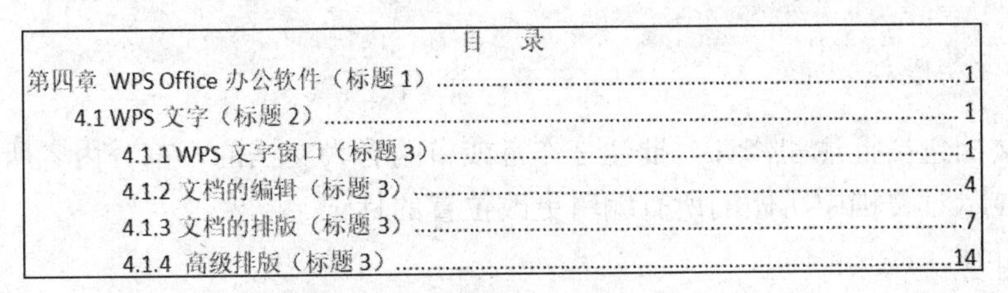

图 4.18　标题级别与目录示例

步骤 3：选择要插入目录的位置，选择“引用”→“目录”→“自定义目录”选项，打开“目录”对话框，如图 4.19 所示。

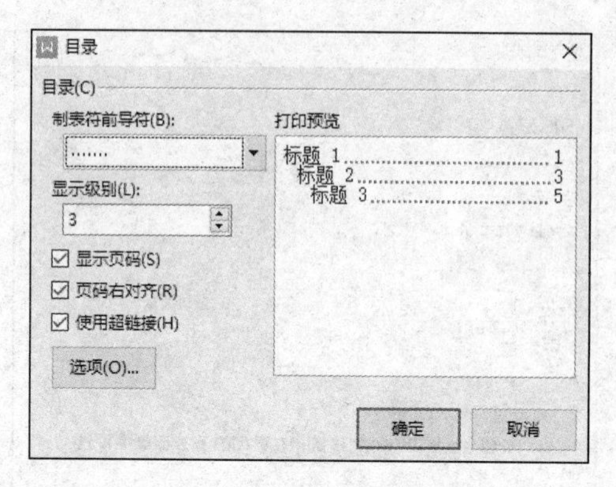

图 4.19 “目录”对话框

步骤 4：在对话框中选中“显示页码”和“页码右对齐”复选框，然后单击“确定”按钮，即可在指定位置插入目录。

目录生成后，若文档内容发生变化，要对目录进行更新，首先将光标定位到目录区，按 F9 键即可。

若不再需要目录，可将光标定位到目录区，然后选择“引用”→“目录”→“删除目录”选项，即可删除该目录。

6. 模板

模板是一种特殊类型的 WPS 文档，其扩展名为.wpt。它用来作为生成其他文档的基础，WPS 新建的每一个文档都是基于一个模板的。

WPS 文字中有许多预定义的模板（可选择“文件”→“新建”选项，在打开的面板中选择模板），同时允许用户自定义模板。

自定义模板的方法有两种：①从已有的文档创建模板，只要在保存文件时，选择文件类型为“WPS 文字模板文件”即可；②新建模板，创建的模板将出现在“新建”文档面板中。

7. 批注和修订

审阅文档包括批注和修订。批注是作者或审阅者为文档的一部分内容所做的注释；修订用来显示对文档中所做的所有编辑更改位置的标记。

（1）批注

批注适用于多人协作完成一项文档。批注是附加到文档上的注释，它不在正文中显示，而是在文档的页边距上显示，不会影响文档格式，也不会被打印出来。

插入批注的操作步骤如下。

步骤 1：选择需要添加批注的文本。

步骤 2：单击“审阅”→“插入批注”按钮，在打开的批注文本框中输入批注信息。

如果删除批注，可以右击批注文本框，在弹出的快捷菜单中选择“删除批注”选项即可。

（2）修订

修订是审阅者对文档进行插入、删除、替换及移动等编辑操作时，使用一种特殊的标记来记录所做的修改，以方便他人或作者根据实际情况决定是否接受这些修订。

使用修订标记来记录对文档的修改，需要设置文档使其进入修订状态。单击“审阅”→“修订”按钮，使文档进入修订状态。

审阅者修订文档后，作者可以决定是否接受这些修改。单击“审阅”→“接受”或“拒绝”按钮接受或拒绝修改。

8．打印文档

WPS 文字具有强大的打印功能，在打印前可在屏幕上预览打印的实际效果。打印时，除打印文档外，还可以打印文档的一些属性信息。

（1）打印预览

打印预览可以在正式打印之前看到文档的打印效果。与页面视图相比，打印预览可以更真实地表现文档外观。

选择“文件”→“打印”→“打印预览”选项，在打开的预览区域可以查看文档的打印预览效果，用户所做的纸张方向、页面边距等设置都可以通过预览区域查看效果，还可以通过调整显示比例改变预览视图的大小。

（2）打印输出

打印文档之前，必须将打印机准备就绪。打印文档的操作步骤如下。

步骤 1：在文档编辑状态下，选择“文件”→“打印”→“打印”选项，打开“打印”对话框。

步骤 2：在“名称”下拉列表中选择要使用的打印机名称。

步骤 3：在“页码范围”选项组中设置打印范围。还可以设置打印方向、纸型、边距等。

步骤 4：单击“打印”按钮，即可开始打印文档。

4.1.6　制作表格

WPS 文字除拥有强大的文字处理功能外，还提供了表格制作功能。在对大量数据进行记录或统计时，使用表格更容易进行管理。

表格是由行和列组成的，一行和一列的交叉处就是表格的单元格，表格的信息包含在单元格中。信息可以是文本，也可以是图形等其他对象。

1. 创建表格

（1）使用“插入表格”按钮创建表格

将光标移动到要插入表格的位置，单击“插入”→“表格”下拉按钮，在弹出的下拉列表中的表格框内拖动鼠标指针，选择需要的行数和列数，则表格自动插入当前光标处。

（2）使用“插入表格”对话框创建表格

将光标移动到要插入表格的位置，选择“插入”→“表格”→“插入表格”选项，打开“插入表格”对话框，如图 4.20 所示。在该对话框中可以设置表格的行数、列数和列宽。

（3）将文本转换为表格

在已有文本的情况下，可以使用将文本转换为表格的方法创建表格。其操作步骤如下。

步骤 1：将需要转换为表格的文本使用相同的分隔符分成行和列。

步骤 2：选择需要转换为表格的文本。

步骤 3：选择“插入”→“表格”→“文本转换成表格”选项，打开“将文字转换成表格”对话框，如图 4.21 所示。

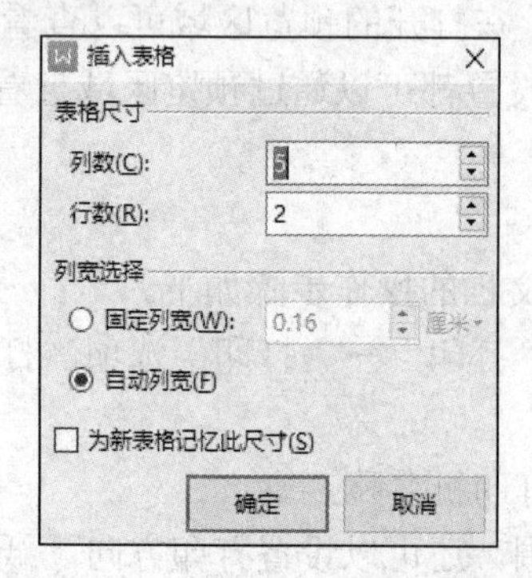

图 4.20 “插入表格”对话框

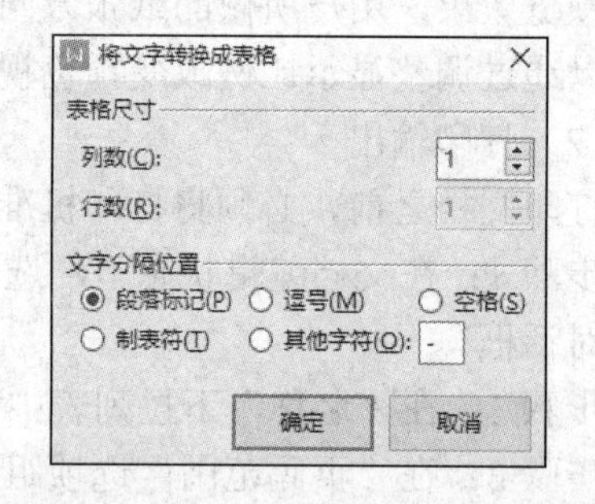

图 4.21 “将文字转换成表格”对话框

步骤 4：在“文字分隔位置”选项组中选择用于分隔表格列的分隔符，然后单击“确定”按钮。

（4）绘制不规则表格

有些表格除横线和竖线外，还有斜线，对于这种不规则的表格，可以先创建简单表格，然后使用手工绘制的方法绘制斜线，或者直接使用手工绘制的方法绘制表格。

绘制表格的操作如下：选择“插入”→“表格”→“绘制表格”选项，鼠标指针变成笔状，拖动鼠标可以绘制任何形式的表格。

表格绘制完成后，在功能区出现“表格工具”和“表格样式”选项卡，提供了制作、编辑和格式化表格常用的命令。

（5）绘制斜线表头

单击要添加斜线的单元格，单击“表格样式”→“绘制斜线表头”按钮，在打开的“斜线单元格类型”对话框中选择所需样式，然后单击“确定”按钮即可在选择的单元格中添加斜线。

2．编辑表格

在对表格操作前要先选择表格中的行、列或单元格。单击“表格工具”→“选择”下拉按钮，在弹出的下拉列表中选择整个表格、行、列或单元格，也可以使用鼠标拖动的方式选择单元格。

（1）调整表格的大小和移动表格

将鼠标指针移动到表格内，在表格左上角会出现表格移动控制点，可拖动控制点到文档中的任意处。若将表格拖动到文字中，文字就会环绕表格周围。

将鼠标指针移动到表格中，在表格右下角会出现尺寸控制点。当鼠标指针移动到控制点上变为双向箭头时，可按住鼠标左键拖动控制点改变表格大小。

（2）行、列、单元格的插入和删除

插入整行或整列的操作如下：单击“表格工具”→“在上方插入行”或“在下方插入行”或“在左侧插入列”或“在右侧插入列”按钮，即可在表格中插入整行或整列。如果选中若干行或列，那么选中的行或列的数目就是将要插入的行数或列数。

若要在表尾快速地增加行，移动鼠标指针到表尾最后一个单元格中，按 Tab 键；或移动鼠标指针到表尾最后一个单元格外，按 Enter 键。

插入单元格的操作如下：选择单元格，单击“表格工具”→“插入单元格”选项组右下角的对话框启动器，打开“插入单元格”对话框，如图 4.22 所示。选择插入方式，然后单击“确定”按钮即可。

删除表格/行/列/单元格的操作如下：选择要删除的表格/行/列/单元格，单击“表格工具”→“删除”下拉按钮，在弹出的下拉列表中选择相应的选项，即可删除指定的表格/行/列。若要删除单元格，则还要确定删除单元格的方式。

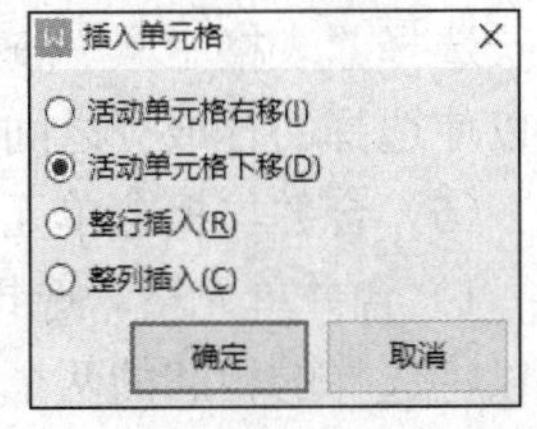

图 4.22　“插入单元格”对话框

注意：按 Delete 键删除的是表格中的内容，表格中的行线、列线仍然存在。

（3）文字方向及对齐方式

设置表格中文字方向的操作如下：选择需要修改文字方向的单元格，单击“表格工具”→“文字方向”下拉按钮，在弹出的下拉列表中选择需要的文字方向。

设置对齐方式的操作如下：先修改文字方向，然后单击“表格工具”→“对齐方式”下拉按钮，在弹出的下拉列表中选择需要的对齐方式。

（4）行、列的调整

WPS 可以根据单元格中输入内容的多少自动调整行高和列宽，用户也可以根据需要来调整。

选择需要调整的行或列，单击“表格工具”→“表格属性”按钮，在打开的如图 4.23 所示的“表格属性”对话框中选择“行”选项卡，在其中可以调整行高；选择“列”选项卡，在其中可以调整列宽。也可以使用“表格工具”→“高度”或“宽度”选项来调整单元格的高度和宽度。

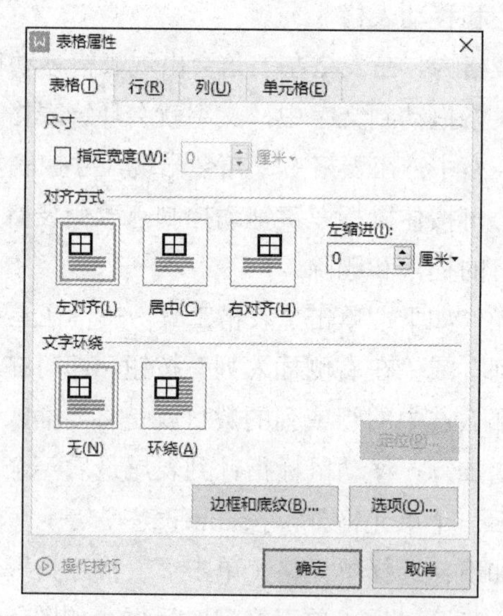

图 4.23 “表格属性”对话框

选择“表格工具”→“自动调整”→“平均分布各行”或“平均分布各列”选项，可以使选择的行或列之间平均分布高度或宽度。

（5）合并与拆分单元格

1）合并单元格。选择要合并的单元格，单击“表格工具”→“合并单元格”按钮，可以将选择的相邻的两个或多个单元格合并为一个单元格。

2）拆分单元格。选择要拆分的单元格，单击“表格工具”→“拆分单元格”按钮，打开“拆分单元格”对话框，输入要拆分的行数和列数，然后单击“确定”按钮，即可将选择的单元格拆分成多个单元格。

（6）单元格边距

单元格边距是指单元格中的内容距单元格边线之间的距离。选择单元格，单击“表格工具”→“表格属性”按钮，打开“表格属性”对话框。在“单元格”选项卡中单击“选项”按钮，在打开的“单元格选项”对话框中进行单元格边距的设置，如图 4.24 所示。

（7）表格标题的重复

若文档中一个表格需要在多页中跨页显示，则要设置标题行重复显示。在表格中选择标题行，单击“表格工具”→“标题行重复”按钮；或者打开“表格属性”对话框，选择“行”选项卡，在该选项卡中选中“在各页顶端以标题行形式重复出现”复选框，然后单击“确定”按钮。

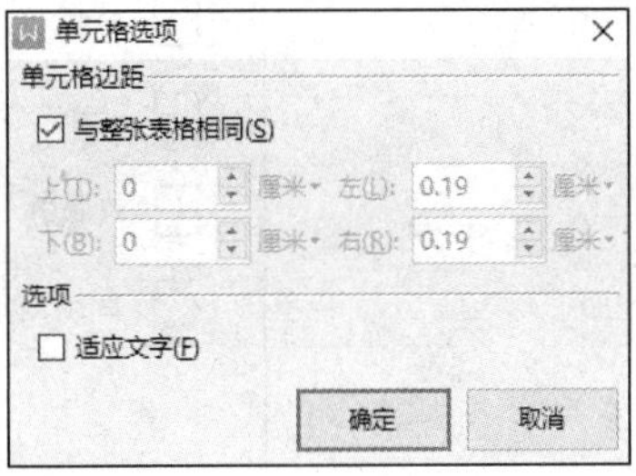

图 4.24　“单元格选项”对话框

（8）拆分表格

拆分表格是将表格拆分为两个独立的表格，操作方法如下：将光标移动到要拆分为第 2 个表格的首行或首列处，选择“表格工具”→“拆分表格”→“按行拆分”或“按列拆分”选项，即可将表格一分为二。

WPS 文字将在拆分表格的两部分之间插入一个使用正文样式设置的段落标记，若要取消拆分表格，删除该段落标记即可。

3．格式化表格

表格的格式化是指对表格中的字体、字号、对齐方式及边框和底纹的设置，以达到美化表格并使内容更加清晰的目的。

（1）表格文本的格式化

表格中文字的字体、字号可以通过“开始”选项卡中的命令来设置，文字的对齐方式可以通过选择“表格工具”→“对齐方式”下拉列表中的选项来设置。

（2）设置边框和底纹

设置边框包括对线型、线宽、颜色的设置，底纹指单元格填充的颜色。

设置表格边框的操作如下：选择要设置边框的表格，选择“表格样式”→“边框”→“边框和底纹”选项，打开“边框和底纹”对话框，如图 4.25 所示，在“边框”选项卡中进行设置。

设置单元格底纹的操作如下：选择要设置边框底纹的单元格，单击“表格样式”→“底纹”下拉按钮，在弹出的颜色面板中根据需要设置底纹即可。

（3）自动套用格式

WPS 文字为用户预定义了许多表格样式。表格自动套用格式的操作如下：将光标放在表格中的任意单元格中或选择表格，单击“表格样式”→“其他”按钮，在弹出的下拉列表中选择所需要的表格样式即可。

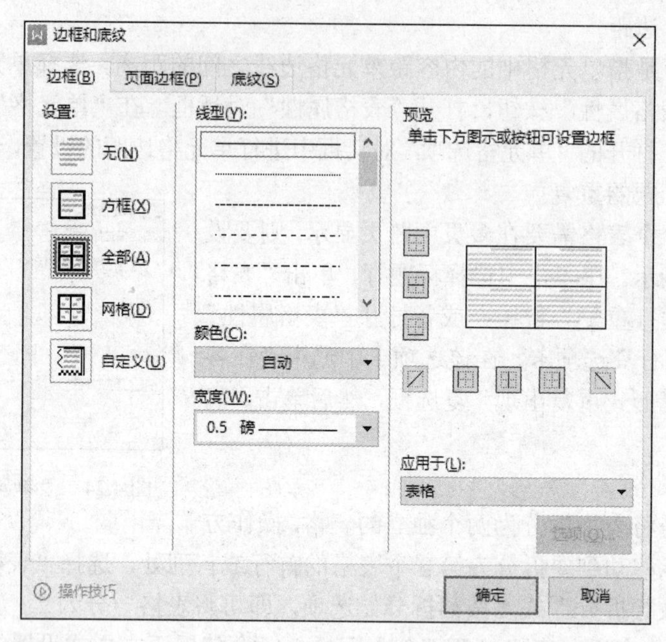

图 4.25 “边框和底纹”对话框

4．排序

在表格中，可以按照升序或降序对表格的内容进行排序，操作步骤如下。

步骤 1：将光标移动到表格的任意单元格中。

步骤 2：单击“表格工具”→“排序”按钮，此时文档选择整个表格，并打开“排序”对话框，如图 4.26 所示。

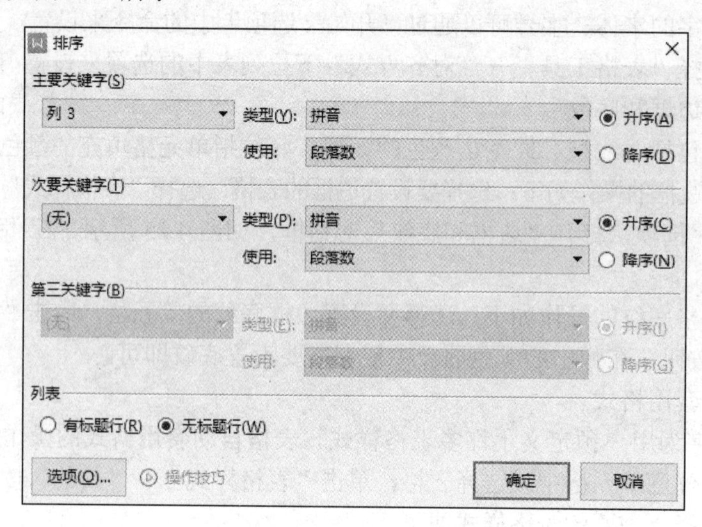

图 4.26 “排序”对话框

步骤 3：选择排序关键字、类型及排序方式。

“主要关键字”、“次要关键字”和“第三关键字”下拉列表中选择的内容是排序的依据，其选项为标题行中各单元格的内容；在“类型”下拉列表中可以选择排序依据的值的类型；排序方法可以选择为“升序”或“降序”。

若表格第一行为标题，在“列表”选项组中选中“有标题行”单选按钮，则排序不对标题行排序；若选中“无标题行”单选按钮，则排序时将包括第一行。

5. 计算

用户可以对表格中的某些数据进行运算，操作步骤如下。

步骤 1：将光标移动到要放置计算结果的单元格中。

步骤 2：单击“表格工具”→“公式”按钮，打开“公式”对话框，如图 4.27 所示。

步骤 3：在“公式”文本框中输入“=”作为开始，后面输入数学公式及参加计算的单元格；或者在“粘贴函数”下拉列表中选择函数，则选择的函数出现在“公式”文本框中，然后在函数括号中输入需要计算的单元格。

步骤 4：在“数字格式”下拉列表中设置计算结果的格式。

步骤 5：单击“确定”按钮。

表格中的单元格可使用 A1、A2、B1、B2 等形式来引用。其中，字母代表列，数字代表行。

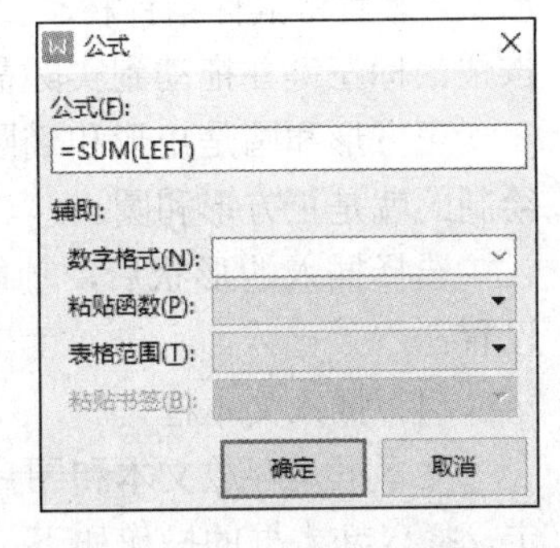

图 4.27　“公式”对话框

在公式中引用单元格时，使用逗号分隔；而选定区域的首尾单元格之间使用冒号分隔。例如，SUM(A1,B2)表示对单元格 A1 和 B2 求和；SUM(A1:B2)表示对单元格 A1、A2、B1 和 B2 求和。

常用的函数有绝对值函数 ABS、平均值函数 AVERAGE、最大值函数 MAX、最小值函数 MIN、取整函数 INT、求余数函数 MOD、求乘积函数 PRODUCT、求和函数 SUM 等。

当引用的单元格数值发生改变时，可以选中计算结果单元格，然后按 F9 键更新该单元格中的计算结果。

4.1.7　图文混排

在文档中插入一些图形，实现图文混排，可以增加文档的可读性。在 WPS 文字中可以插入图片、艺术字、形状、文本框、图标等对象。

1. 插入对象

（1）插入图片

选择“插入”→“图片”→“本地图片”选项，打开“插入图片”对话框。在该对话框中选择图片文件所在的驱动器及文件夹，选择文件名称后，单击“打开”按钮，即可插入图片文件。

选择插入的图片后，功能区出现“图片工具”选项卡，可以对图片格式进行设置。

（2）插入艺术字

单击“插入”→“艺术字”下拉按钮，在弹出的下拉列表中包含各种艺术字样式的列表。选择一种艺术字样式，并在“请在此放置您的文字”文本框中输入文字内容，即可在文档中插入艺术字。

选择插入的艺术字后，功能区出现“绘图工具”和“文本工具”选项卡，可以对艺术字格式进行设置。

（3）插入形状

单击“插入”→“形状”下拉按钮，在弹出的下拉列表中包含各种形状，选择一种形状，然后将鼠标指针移动到文本区，此时鼠标指针变为十字形。选择绘制形状的起点，按住鼠标左键并拖动到实际需要的大小，然后释放鼠标左键即可插入所需的形状。

正方形和圆是矩形和椭圆的两个特例，在绘制前先按住 Shift 键，然后拖动鼠标，绘制的就是正方形和圆。

选择插入的形状后，功能区出现“绘图工具”选项卡，可以对该形状的格式进行设置。

（4）插入文本框

文本框是存放文本和图片的容器，它可以放置在页面的任意位置，大小可由用户指定。插入文本框的操作如下：单击“插入”→“文本框”下拉按钮，在弹出的下拉列表中选择文本框样式，在文本区拖动鼠标绘制一个文本框。

选择插入的文本框后，功能区出现“绘图工具”和“文本工具”选项卡，可以对文本框的格式进行设置。向文本框中输入文字，若文字过多，则可以调整文本框的大小，以显示全部内容。

2．设置图片格式

图片格式包括颜色、线条、大小和样式等。图片、艺术字、形状、文本框等对象的格式设置与下面要讲解的设置方法类似。

（1）调整图片大小和位置

选择图片后，图片周围会出现 8 个控点，拖动这 8 个控点可以改变图片的大小。若将鼠标指针移动到图片上，拖动鼠标可以移动图片的位置。

单击“图片工具”→“大小和位置”选项组右下角的对话框启动器，或者右击图片，在弹出的快捷菜单中选择“其他布局选项”选项，打开“布局”对话框，如图 4.28 所示，可以对图片的大小进行精确设置。

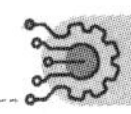

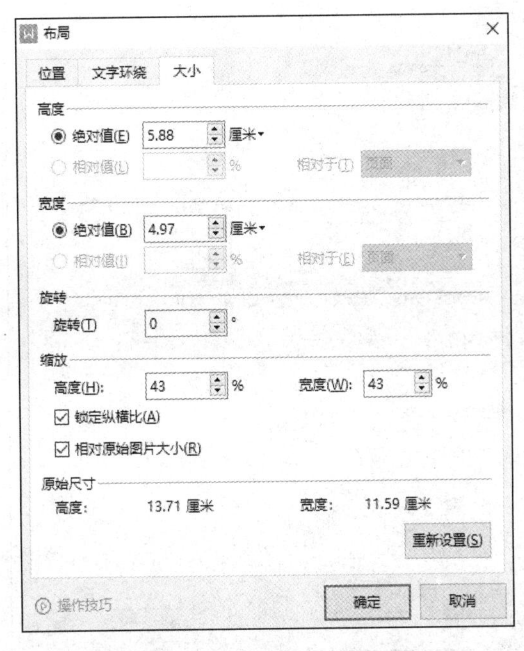

图 4.28　“布局”对话框

（2）图片的环绕方式及叠放次序

插入文档中的图片与文字存在着位置关系和叠放次序的问题。WPS 文档分为 3 个层次，分别为文本层、绘图层和文本层之下层。文本层是用户在编辑文档时使用的层，插入的嵌入型图片都位于文本层。绘图层位于文本层之上，在 WPS 中绘制图形时，先把图形对象放在绘图层，即让图形浮于文字上方。文本层之下层可以根据需要把有些图形对象放在文本层之下，称为图片衬于文字下方，使图形和文本产生层叠效果，图片成为文本的背景。

插入图片后，图片默认是嵌入到文本中的，可以设置图片环绕方式与文字的层次关系。

设置环绕方式的操作如下：选中图片后，单击“图片工具”→“环绕”下拉按钮，在弹出的下拉列表中选择一种图片环绕方式。或者右击图片，在弹出的快捷菜单中选择“其他布局选项”选项，打开“布局”对话框。选择“文字环绕”选项卡，如图 4.29 所示，在该选项卡中进行环绕方式的设置。

图片设置环绕方式后，利用“布局”对话框中的“位置”选项卡，可以定义图片在文档中水平方向和垂直方向的对齐方式。

调整叠放次序的操作如下：选择要调整叠放次序的图形。单击“绘图工具”→“上移一层”或“下移一层”按钮，或右击，在弹出的快捷菜单中选择“置于顶层”或“置于底层”选项。

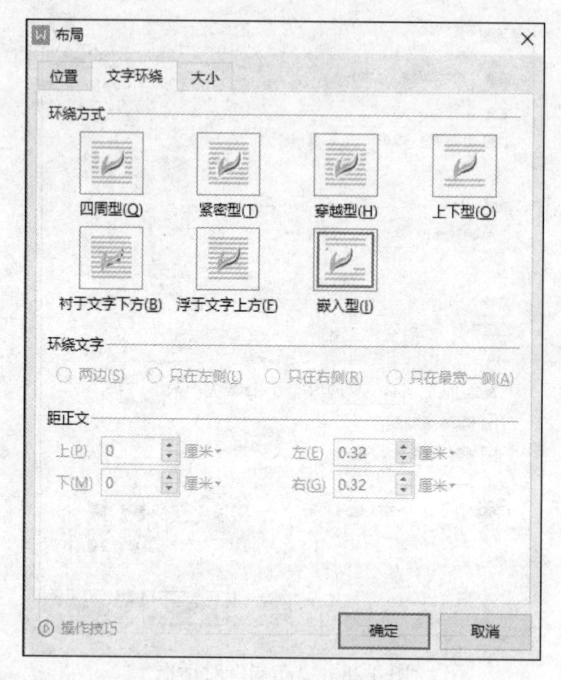

图 4.29 “文字环绕”选项卡

（3）图片的旋转

选择图片后，图片上边框中间的控点上有一个圆圈控点，按住鼠标左键拖动此圆圈控点可以旋转图片。若要精确旋转图片，则单击“图片工具”→“旋转”下拉按钮，在弹出的下拉列表中可以对图片进行“向左旋转 90°”、“向右旋转 90°”、“水平翻转”和“垂直翻转”的操作。

（4）图片的裁剪

改变图片的大小并不改变图片的内容，仅仅是按比例放大或缩小图片。若要裁剪图片中的部分内容，选择图片后，单击“图片工具”→“裁剪”下拉按钮，在弹出的下拉列表中选择“按形状裁剪”或“按比例裁剪”选项。这时图片的 4 个边中部出现 4 条黑色短线、4 个角出现 4 条黑色直角线段，移动鼠标指针到这 8 个黑色线段处，向图片内侧拖动，可以裁去图片中不需要的部分。

（5）设置图片的特殊效果

通过设置图片的特殊效果，可以使图片更加美观，增强图片的感染力。选择要添加特效的图片，单击“图片工具”→“效果”下拉按钮，在弹出的下拉列表中可对“阴影”、“倒影”、“发光”、“柔化边缘”和“三维旋转”等特殊效果进行设置。

3．组合图形

可以将文本框、形状等组合起来构成一个图形。组合图形的操作如下：按住 Shift

键，选择要组合的一组形状，然后单击“绘图工具”→“组合”按钮，或右击，在弹出的快捷菜单中选择“组合”选项即可。

若要取消组合，选择图形后，选择“绘图工具”→“组合”→“取消组合”选项，或右击，在弹出的快捷菜单中选择“取消组合”选项。

4.2　WPS 表格

WPS 表格是一个灵活、高效的电子表格制作工具，具有功能丰富、用户界面良好等特点。WPS 表格的一切操作都是围绕数据进行的，尤其是在数据的应用、处理和分析方面，表现出强大的功能。利用 WPS 表格提供的函数计算功能，还可以方便地完成数据计算、排序、分类汇总及报表等。

4.2.1　工作簿窗口

使用 WPS 表格创建的文档称为工作簿。工作簿窗口的界面风格与文档窗口相似，由标题栏、功能区、公式栏、工作表区、工作表标签等组成，如图 4.30 所示。

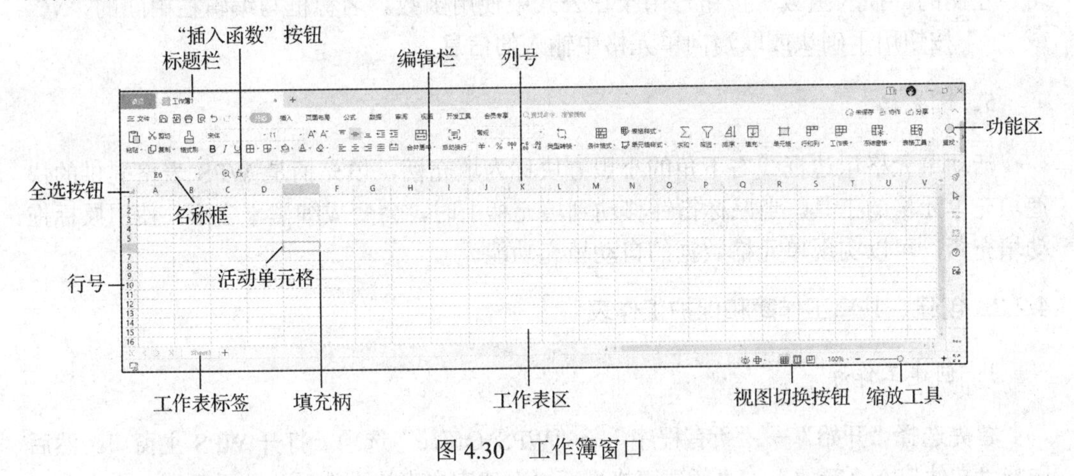

图 4.30　工作簿窗口

1. 工作簿

在 WPS 表格中，用来存储并处理数据的一个或多个工作表的集合称为工作簿，文件扩展名为.et。工作簿的打开、保存、关闭等操作继承了 Windows 文件的操作方法。

工作簿中包含一个或多个工作表，当新建一个工作簿时，默认名称为“工作簿 1”，包含一个默认工作表（Sheet1），单击其右侧的“新建工作表”按钮＋，可以添加工作表。如果包含多个工作表，单击工作表标签，可以在同一工作簿的不同工作表之间进行切换。

2．工作表

工作表是表格的编辑区域，所有操作都是在工作表中进行的。位于工作表左侧区域的编号为各行的行号，位于工作表上方的字母区域为各列的列号。每个工作表由列和行交叉区域所构成的单元格组成。在 WPS 表格中，每个工作表最多有 1048576 行、16384 列，工作表的默认名称为 Sheet1、Sheet2 等。

3．单元格

含有粗边框线的单元格称为活动单元格，表示可以在该单元格中输入或编辑数据。每个单元格都有其固定的地址，如“A2”代表 A 列第 2 行的单元格。活动单元格的地址显示在名称框中，内容显示在编辑栏中。

4．公式栏

功能区下方的公式栏包括名称框和编辑栏。名称框用于显示活动单元地址；编辑栏主要用于输入、编辑单元格或图表的数据，也可以显示活动单元格中的数据或公式。编辑栏左侧的“插入函数”按钮 fx 用于在公式中使用函数。名称框与编辑栏中间的“√”或“×”按钮用于确认或取消向单元格中输入的信息。

5．填充柄

活动单元格粗边框线右下角的小黑方块称为填充柄，填充柄是 WPS 表格提供的快速填充单元格的工具。当鼠标指针移动到填充柄上时，会变成细黑十字形。使用鼠标拖动填充柄，可以实现单元格数据的自动填充功能。

4.2.2 创建、共享工作簿和保护工作表

1．创建工作簿

首先选择“开始”→“所有程序”→“WPS Office”选项，打开 WPS 主窗口。然后选择“文件”→“新建”→“新建表格”→“新建空白表格”选项，即可新建一个空白工作簿。或者打开任意一个工作簿之后，按 Ctrl+N 组合键，也可以快速新建一个空白工作簿。

工作簿的打开与保存操作与 WPS 文档操作类似，这里不再赘述。

2．共享工作簿

在实际应用中，工作簿中的数据经常需要多部门或多人协同工作，此时可以使用工作簿的共享功能来实现。

共享工作簿的操作：打开需要设置共享工作簿的文件，单击“审阅”→“共享工作簿”按钮，打开“共享工作簿”对话框，选中“允许多用户同时编辑”复选框，然后单

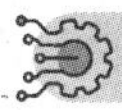

击“确定”按钮，弹出“此操作将导致保存文档。是否继续？”提示框，单击“是”按钮。此时，文件名中出现“共享”字样，表示共享设置已经完成。

3．保护工作表

为了防止他人在未经授权的情况下对工作表中的数据进行编辑或修改，可以为工作表设置密码进行保护。选择要保护的工作表，选择“开始”→“工作表”→“保护工作表”选项，打开“保护工作表”对话框。在“密码”文本框中输入密码，单击“确定”按钮，打开“确认密码”对话框，在“重新输入密码”文本框中再次输入密码，单击“确定”按钮，即可完成工作表的保护设置。

4.2.3 编辑工作表和单元格

1．编辑工作表

（1）选择工作表

单击工作表标签即可选择工作表，也可以使用 Ctrl 键或 Shift 键选择多个工作表。右击工作表标签，在弹出的快捷菜单中选择“选定全部工作表”选项，即可选定全部工作表。

尽管可以同时选择多个工作表，但只有一个工作表是当前工作表，对当前工作表的操作会同步到其他被选择的工作表。例如，在当前工作表 A2 单元格中输入数据 100，则所有选择的工作表的 A2 单元格中的数据均为 100。

（2）插入工作表

用户可以在选择的工作表之前或之后插入一个或数个空工作表。选择一个或多个连续的工作表，右击，在弹出的快捷菜单中选择“插入工作表”选项；或者选择“开始”→“工作表”→“插入工作表”选项，在打开的“插入工作表”对话框中设置在工作表左侧或右侧插入与选定数目相同的空工作表。

（3）删除工作表

选择要删除的工作表，然后选择“开始”→“工作表”→“删除工作表”选项，或右击工作表标签，在弹出的快捷菜单中选择“删除工作表”选项。

（4）重命名工作表

右击工作表标签，在弹出的快捷菜单中选择“重命名”选项，可以对工作表重新命名。

（5）移动与复制工作表

通过鼠标拖动或菜单操作可以实现移动或复制工作表。

1）鼠标操作。单击要移动的工作表标签并拖动鼠标到目标位置，然后释放鼠标左键即可实现工作表的移动操作。如果要复制工作表，则在拖动鼠标的同时按住 Ctrl 键，即可复制工作表。此方法适用于在同一工作簿中移动或复制工作表。

2）菜单操作。右击要复制或移动的工作表标签，在弹出的快捷菜单中选择“移动或复制工作表”选项，打开“移动或复制工作表”对话框，如图 4.31 所示。选择目标工作表和插入的位置，然后单击“确定”按钮即可完成不同工作簿之间工作表的移动操作。若选中“建立副本”复选框，则为复制工作表。此方法适用于在不同工作簿中移动或复制工作表。

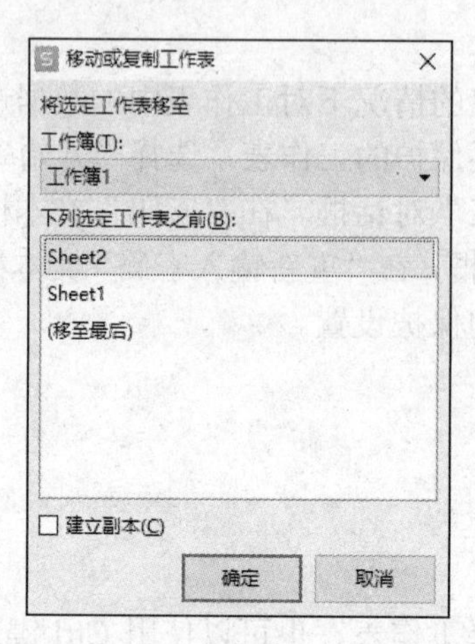

图 4.31 “移动或复制工作表”对话框

（6）设置工作表标签颜色

右击要设置颜色的工作表标签，在弹出的快捷菜单中选择“工作表标签颜色”选项，然后在子菜单中选择一种颜色即可。

（7）隐藏与显示工作表

在工作簿中选择要隐藏的工作表标签，选择“开始”→“工作表”→“隐藏工作表”，或者在要隐藏的工作表标签上右击，在弹出的快捷菜单中选择“隐藏工作表”选项即可。

取消隐藏工作表的操作：选择“开始”→“工作表”→“取消隐藏工作表”选项，或者在任意一个工作表标签上右击，在弹出的快捷菜单中选择“取消隐藏工作表”选项，打开“取消隐藏”对话框，在“取消隐藏工作表”列表框中选择要显示的工作表，然后单击“确定”按钮。

2. 编辑单元格

（1）选择单元格或单元格区域

选择一个单元格后，该单元格会被粗框线包围；选择单元格区域后，这个区域会以高亮方式显示。选择的单元格是活动单元格，即当前正在使用的单元格。选择单元格或单元格区域的方法如表 4.6 所示。

表 4.6 选择单元格或单元格区域的方法

选择对象	执行操作
相邻的单元格区域	选择该区域的第一个单元格，拖动鼠标至最后一个单元格
不相邻的单元格区域	选择第一个单元格区域，按住 Ctrl 键选择其他单元格区域

续表

选择对象	执行操作
整行	在工作表左侧单击行号
整列	在工作表上方单击列号
相邻的行或列	沿行号或列号拖动鼠标
不相邻的行或列	先选择第一行或第一列，然后按住 Ctrl 键选择其他行或列
工作表中所有单元格	单击“全选”按钮

（2）插入行、列或单元格

选择“开始”→“行和列”→“插入单元格”→“插入行”或“插入列”选项，就可以在选定行的上方或选定列的左侧插入指定的行或列。选择“插入单元格”选项，打开“插入”对话框，如图 4.32 所示，根据需要进行设置。该对话框中的选项的含义如下。

1）活动单元格右移：插入与选定单元格数量相同的单元格，并插在选定的单元格左侧。

2）活动单元格下移：插入与选定单元格数量相同的单元格，并插在选定的单元格上方。

3）整行：整行插入，插入的行数与选定单元格的行数相同，且插在选定的单元格上方。

4）整列：整列插入，插入的列数与选定单元格的列数相同，且插在选定的单元格左侧。

（3）删除行、列或单元格

选择要删除的行、列或单元格，选择“开始”→“行和列”→“删除单元格”→“删除行”或“删除列”选项，即可删除整行或整列。选择“删除单元格”选项，打开“删除”对话框，可根据需要进行设置，如图 4.33 所示。

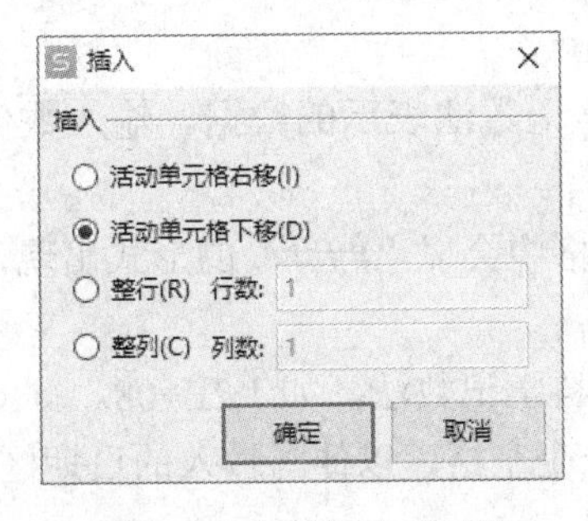

图 4.32　“插入”对话框

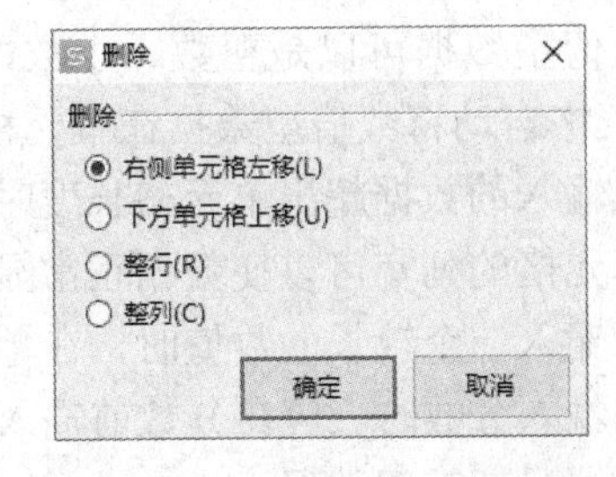

图 4.33　“删除”对话框

（4）清除单元格

选择要清除内容的单元格或区域后，按 Delete 键即可清除单元格或区域中的内容。如果要清除格式等信息，应先选择单元格或区域，然后选择“开始”→“单元格”→“清除”选项，即可清除格式、批注、特殊字符等信息。

（5）调整行高和列宽

选择要调整的行或列，选择“开始”→“行和列”→“行高”或“列宽”选项，在打开的对话框中设置行高或列宽。

选择“开始”→“行和列”→“最适合的行高”或“最适合的列宽”选项，可以根据单元格的内容自动调整到最佳行高或列宽。

（6）合并与拆分单元格

用户可以根据需要将几个单元格合并成一个单元格，也可以将合并后的单元格取消合并，即拆分单元格。

合并单元格的操作：选择要合并的单元格区域，单击“开始”→“合并居中”下拉按钮，在弹出的下拉列表中选择“合并单元格”选项。

取消合并（拆分）的操作：选择要拆分的单元格，单击“开始”→“合并居中”下拉按钮，在弹出的下拉列表中选择“取消合并单元格”选项。

3．输入数据

在 WPS 表格中，普通数据类型包括数字、数值、分数、中文文本及货币等。在默认情况下，输入数字数据后单元格数据将以右对齐方式显示，而输入文本将以左对齐方式显示。输入数据时，首先应选择单元格，然后输入数据。

（1）文本数据

文本数据可以是字母、数字、字符的任意组合。WPS 表格自动识别文本数据，并将文本数据在单元格中左对齐。如果相邻单元格中无数据，则 WPS 表格允许长文本串覆盖右侧相邻单元格。如果相邻单元格中有数据，则当前单元格中过长的文本将被截断显示。

若要将一组数字作为文本，如电话号码、身份证号、产品代码等，输入时应在数字前加上一个英文单引号，否则 WPS 表格将该数字当作字符处理。

（2）数值型数据

数值型数据可以是整数、小数、分数或用科学记数法表示的数据。输入数值时，WPS 表格自动将数值型数据在单元格中右对齐。

当输入的数据超出单元格长度时，数据在单元格中会以“####”的形式出现，此时调整单元格的列宽可以使数据正常显示。

当输入一个较长的数值时，在单元格中显示为科学记数法，如 1.2E+08。

当输入分数时，应在分数前输入一个“0”和一个空格，以便与输入的日期区分开。

（3）日期时间数据

在 WPS 表格中，日期和时间均按数值数据进行处理，如计算年龄、利息等。

输入时间的格式为时:分:秒，如 15:22:13。如果以 12 小时制输入时间，可以在时间后加一个空格并输入“AM”或“PM”。

输入日期的格式为年-月-日或年/月/日，如 2022-05-08。

若要在单元格中同时输入日期和时间，中间需要使用空格分开。

（4）自动填充数据

自动填充数据可用来快速自动填充数据和快速复制数据。WPS 表格提供的内置数据序列包括数值序列、星期序列和月份序列等，也可以是用户自定义序列。

1）填充有规律的数据。

使用鼠标拖动填充，具体操作步骤如下。

步骤 1：选择要填充区域的第一个单元格，并在其中输入序列的起始值。

步骤 2：选择要填充区域的第二个单元格，并在其中输入序列的第二个值。

步骤 3：选择要填充区域的第一个单元格和第二个单元格，然后拖动填充柄经过待填充的区域。

鼠标拖动的方向确定了序列的排列方式：由上向下或由左向右拖动，则按升序排序；由下向上或由右向左拖动，则按降序排序。

若要指定序列的类型，按住鼠标右键并拖动填充柄，释放鼠标右键，在弹出的快捷菜单（图 4.34）中选择“等差序列”或“等比序列”选项即可。

【例 4.2】输入学生学号。

在 A1 单元格中先输入英文单引号'，然后输入第一位学生的学号 2121010501，选择 A1 单元格，将鼠标指针移到填充柄上，鼠标指针变成实心的十字形状时，按住鼠标左键并拖动沿 A 列往下至 A30 单元格中，然后释放鼠标左键即可。

使用序列命令填充，具体操作步骤如下。

步骤 1：在要填充区域的第一个单元格中输入数据。

步骤 2：选择“开始”→“填充”→“序列”选项，打开“序列”对话框，如图 4.35 所示。

步骤 3：在对话框中选择序列产生在行或列、序列类型，设置步长值、终止值，然后单击“确定”按钮。

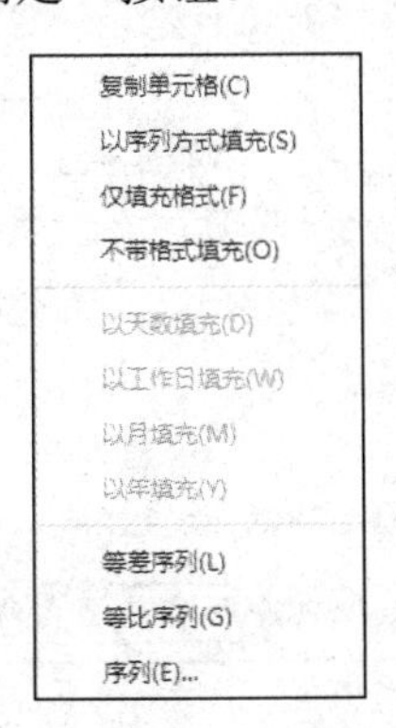

图 4.34　填充序列快捷菜单

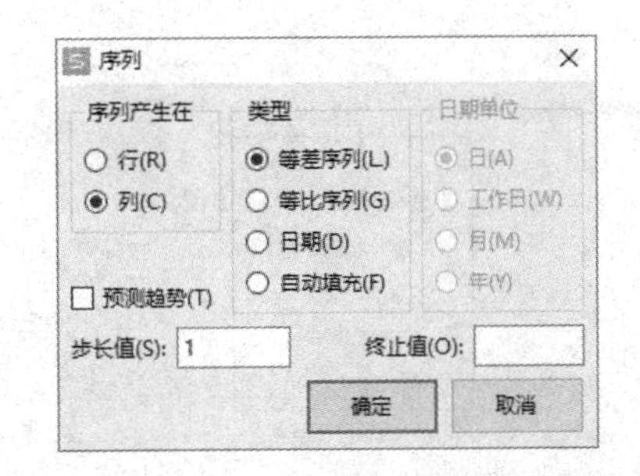

图 4.35　“序列”对话框

【例 4.3】填充长度为 5 的等比数序列，设置初值为 10，步长值为 2。

在 B1 单元格中输入初值 10，选择填充单元格区域 B1:B5，选择“开始”→“填充”→“序列”选项，或者在 B1 单元格按住右键拖动填充柄至 B5 单元格中，在弹出的快捷菜单中选择“序列”选项，打开“序列”对话框。在“类型”选项组中选中“等比序列”单选按钮，设置步长值为 2，然后单击“确定”按钮，则在 B1:B5 单元格区域中自动填充数据 10、20、40、80、160。

【例 4.4】自动填充星期数据。

在 C1 单元格中输入“Monday”，向下拖动填充柄到 C7 单元格，则自动填充 Monday、Tuesday、Wednesday、Thursday、Friday、Saturday 和 Sunday。

2）填充相同的数据。

填充相同的数据，操作方法有以下 3 种。

① 选择要填充区域的第一个单元格并输入数据，按住 Ctrl 键的同时使用鼠标左键拖动填充柄，将以复制单元格的形式进行填充。

② 按住鼠标右键拖动填充柄，在弹出的快捷菜单（图 4.34）中选择“复制单元格”选项。

③ 在拖动填充柄结束时右侧会出现“自动填充选项”下拉按钮，如图 4.36 所示，在其下拉列表中选中“复制单元格”单选按钮。

4. 设置数据有效性

设置数据有效性，就是对单元格或单元格区域输入的数据从内容到范围进行限制。对于符合条件的数据，允许输入；对于不符合条件的数据，禁止输入，这样可以防止输入无效数据。

选择单元格区域，单击“数据”→“有效性”按钮，打开“数据有效性”对话框，如图 4.37 所示，在“设置”选项卡中设置数据的有效范围。

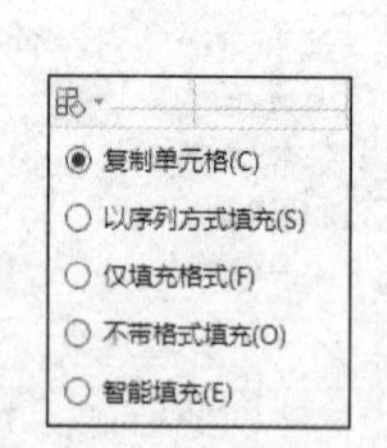

图 4.36　填充序列快捷菜单

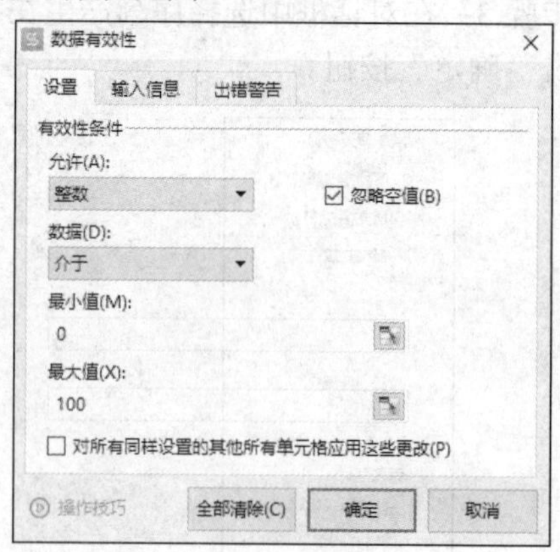

图 4.37　“数据有效性”对话框

4.2.4　美化工作表

WPS 表格提供了丰富的排版命令，可以对工作表的外观进行设计，包括单元格中

数字的类型、文本的对齐方式、字体、单元格的边框、图案、套用表格样式等。

1. 格式化工作表

选择单元格或单元格区域后，单击“开始”→“字体”选项组右下角的对话框启动器，打开“单元格格式”对话框，如图 4.38 所示。在该对话框中可以对单元格的字体、对齐方式、数字格式等进行设置。

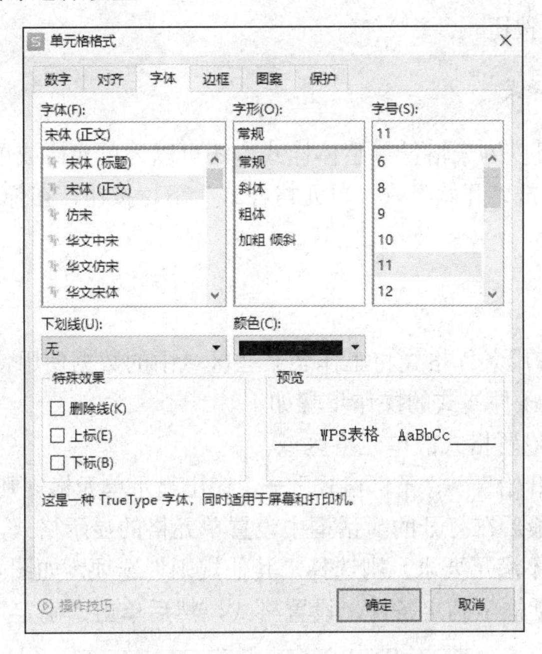

图 4.38　“单元格格式”对话框

1）在“数字”选项卡中的“分类”列表框中，可以设置单元格数据的类型。默认的数字格式是“常规”格式。

2）在“对齐”选项卡中可以设置数据的对齐方式、合并单元格、单元格数据的自动换行等。默认情况下，单元格中的文本左对齐，数值右对齐。

3）在“字体”选项卡中可以设置单元格数据的字体、字形、字号、颜色和特殊效果等。

4）在“边框”选项卡中可以为单元格添加边框。边框的样式包括边框的位置、线条的样式和线条的颜色等。

5）在“图案”选项卡中可以为单元格添加底纹，在“图案样式”下拉列表中还可以选择底纹图案。

6）在“保护”选项卡中可以隐藏或锁定单元格，但该功能需要在工作表被保护时才有效。

2．套用表格样式

使用表格样式可以快速对应用相同样式的单元格进行格式化，从而使工作表格式规范统一。选择要套用表格样式的工作表区域，单击“开始”→“表格样式”下拉按钮，在弹出的下拉列表中选择一种预设样式，预设样式有浅色系、中色系和深色系三大类。打开“套用表格样式”对话框，在“表数据的来源”文本框中显示了选择的表格区域，确认后单击“确定”按钮。

3．应用单元格样式

WPS 表格不仅可以为表格设置整体样式，还可以为单元格或单元格区域应用样式。选择单元格区域，单击“开始”→“单元格样式”下拉按钮，在弹出的下拉列表中选择所需的样式。

4．设置条件格式

WPS 表格可以使用条件格式将工作表某些区域中的数据使用特定的颜色突显出来，方便用户查看。设置条件格式的操作步骤如下。

步骤 1：选择要设置格式的单元格区域。

步骤 2：选择“开始”→“条件格式”→“突出显示单元格规则”选项，在其子菜单中选择预设的规则，最后在打开的对话框中设置单元格的显示格式，即可突出显示数据。

步骤 3：若规则不满足要求，则选择“其他规则”选项，如图 4.39 所示。在打开的“新建格式规则”对话框中确定条件，设置格式，然后单击“确定”按钮。

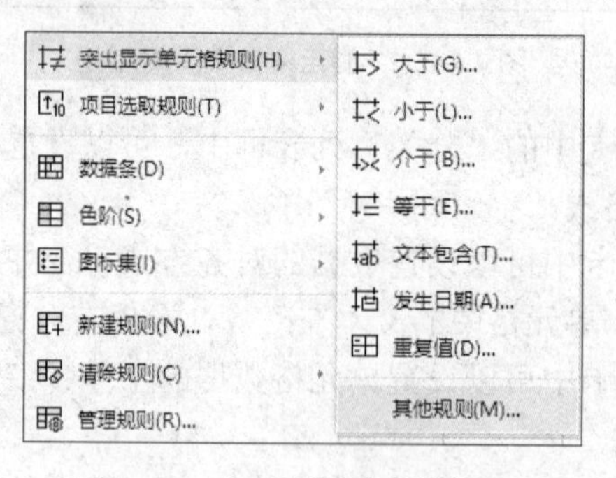

图 4.39　突出显示单元格规则

5．突出显示重复项

当需要查找表格中相同的数据时，可以通过设置显示重复项来进行查找。选择“数据”→“重复项”→“设置高亮重复项”选项，在打开的“高亮显示重复项”对话框中设置搜索的单元格区域，然后单击“确定”按钮。

4.2.5　公式和函数

WPS 表格中的公式是一种对工作表中的数值进行计算的等式。函数常被称作“特殊公式”，它是将许多复杂的计算过程设计成简单的函数，提供给用户使用。使用公式和函数既可以进行一般的算术运算，也可以完成复杂的财务、统计及科学计算。

1．公式

（1）输入公式

在单元格中输入公式时要以“=”开始，公式输入完成后按 Enter 键确认，按 Esc 键取消输入的公式。公式中的字符要使用英文半角状态下的字符。输入的公式显示在编辑栏中，在包含该公式的单元格中显示计算结果。

最常用的公式是求和，WPS 表格提供了“自动求和”按钮Σ。选择“公式”→“自动求和”→“求和”选项，则在当前单元格中自动插入求和函数 sum( )，这时 WPS 表格会从当前单元格上方的单元格开始向上搜索，直到出现一个空白的单元格或非数值内容的单元格，然后对这些单元格中的数值进行求和。若当前单元格的正上方单元格中没有数值，则自动求和将使用类似的方法在当前单元格所在行的左侧搜索并进行求和。另外，也可以在选择求和的单元格区域后，再单击“自动求和”按钮。

运算符是用来对公式中的元素进行运算而规定的特殊字符。WPS 表格中包括引用运算符、算术运算符、字符连接运算符和关系运算符 4 类，如表 4.7 所示。运算符的优先级：引用运算最高，其次是算术运算、字符连接运算，关系运算最低。

表 4.7　公式中常用的运算符

运算符类型	表示形式及含义	实例
引用运算符	:、!、,	Sheet2!A5 表示工作表 Sheet2 中的 A5 单元格；C3:F6 表示从 C3 单元格到 F6 单元格的连续单元格区域
算术运算符	+、-、*、/、^	2^3=8
字符连接运算符	&	"辽宁"&"沈阳"的运算结果为"辽宁沈阳"
关系运算符	=、>、>=、<、<=、<>	5>8 的运算结果为 False

【例 4.5】在工作表 A1:C4 单元格区域中输入数据，如图 4.40 所示，在 D2 单元格中输入公式“=B2*C2”，按 Enter 键确认，即可计算出冰箱的销售额。

D2　fx　=B2*C2

	A	B	C	D
1	商品	单价（元）	数量（台）	销售额（元）
2	冰箱	6999	10	69990
3	电视	7600	15	114000
4	洗衣机	5500	20	110000
5				
6	总计			293990

图 4.40　公式示例

（2）复制公式

在计算数据时，通常情况下公式的组成结构是固定的，只是计算的数据不同，通过复制公式的方法，能够节省输入数据的时间。

选择要复制公式的单元格，单击“开始”→“复制”按钮，再选择目标单元格，单击“粘贴”下拉按钮，在弹出的下拉列表中选择“公式”选项。如果通过 Ctrl+C 组合键和 Ctrl+V 组合键复制粘贴公式，不仅能复制公式，还会将源单元格中的格式复制到目标单元格中。

使用填充柄也可以实现公式的复制。单击公式所在的单元格，拖动单元格右下角的填充柄到要进行同样计算的单元格区域即可。

（3）单元格引用

当某个单元格（如图 4.40 中的 B2 单元格）中的数据改变时，公式的值（D2 单元格的值）也将随之改变。这种在公式中使用其他单元格数据的方法称为单元格引用。

在一个公式中可以使用当前工作表中其他单元格中的数据，也可以使用同一个工作簿中其他工作表中的数据，还可以使用其他工作簿工作表中的数据。

WPS 表格中公式的关键就是灵活地使用单元格引用。单元格引用包括相对引用、绝对引用和混合引用。

1）相对引用。相对引用是指当把一个含有单元格地址的公式复制到一个新的位置时，公式中的单元格地址会随之改变，这是 WPS 表格默认的引用形式。在例 4.5 中，将 D2 单元格中的公式“=B2*C2”复制到 D3 单元格中时，D3 单元格中的公式变为“=B3*C3”。

当公式被复制到其他位置时，公式中的单元格引用也做相应的调整，使这些单元格和公式所在的单元格之间的相对位置不变，这就是相对引用。

2）绝对引用。在单元格引用过程中，如果公式中的单元格地址不随公式位置变化而发生变化，这种引用称为绝对引用。在列号和行号之前加上符号“$”就构成了单元格的绝对引用，如$B$2、$C$2 等。

例如，如果 D2 单元格中的公式为“=$B$2*$C$2”，当把 D2 单元格中的公式复制到 D3 单元格中时，D3 单元格中的公式仍然是“=$B$2*$C$2”，D3 单元格中的计算结果与 D2 单元格中的值相同。

3）混合引用。在某些情况下，复制公式时可能要求只有行或列保持不变，这时就需要使用混合引用，混合引用是指包含相对引用和绝对引用的引用。例如，$B2 表示列的位置是绝对的，行的位置应是相对的；而 B$2 表示列的位置是相对的，行的位置应是绝对的。例如，C1 单元格中的公式为“=$A1+B$1”，将 C1 单元格中的公式复制到 C2 单元格中时，C2 单元格中的公式为“=$A2+B$1”。

在编辑栏中选择要更改的引用，按 F4 键可在相对引用、绝对引用和混合引用之间快速切换。例如，选中 A1 引用，反复按 F4 键，就会在$A$1、A$1、$A1、A1 之间进行切换。

4）不同工作簿单元格的引用。WPS 表格中还可以引用其他工作簿（或工作表）中的内容，引用格式为[工作簿名]工作表名!单元格引用。例如，当前工作表为 Sheet1，若要引用工作表 Sheet3 中的 B2 单元格，则可以在公式中输入 Sheet3!B2；若要引用工作簿 Book2 中工作表 Sheet3 中的 C9 单元格，则可以输入[Book2]Sheet3!C9。

默认情况下，当引用的单元格数据发生变化时，WPS 表格会自动重新计算。

2．函数

函数是预先定义好的公式，用来进行数学、文本、逻辑运算。函数由函数名和参数组成，其一般形式为函数名(参数 1,参数 2,…)。

函数名一般可以体现函数的功能，参数是函数运算的对象，可以是数值、文本、逻辑值、单元格引用，也可以是公式或函数。使用文本作为参数时，必须将其用英文半角状态的双引号包围起来。

与输入公式一样，在工作表中使用函数也可以在单元格或编辑栏中直接输入；除此之外，还可以通过插入函数的方法来输入并设置函数参数。

插入函数的操作步骤如下。

步骤 1：选择要插入函数的单元格。

步骤 2：在“公式”选项卡中按函数类别查找函数，或者单击“插入函数”按钮，打开“插入函数”对话框，如图 4.41 所示。

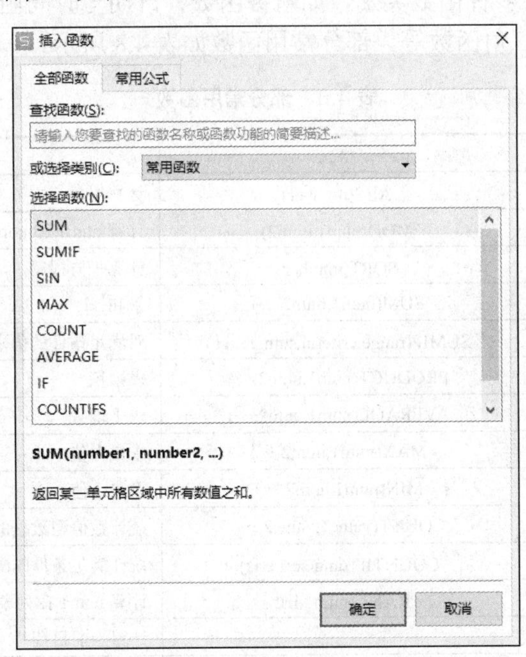

图 4.41　“插入函数”对话框

步骤 3：在“或选择类别”下拉列表中选择要插入的函数分类，在“选择函数”列表框中选择函数名。例如，选择“常用函数”类别中的 SUM 函数。

步骤 4：单击“确定”按钮，打开所选函数的“函数参数”对话框，显示所选函数的名称、参数、函数的功能说明和参数的描述，如图 4.42 所示。

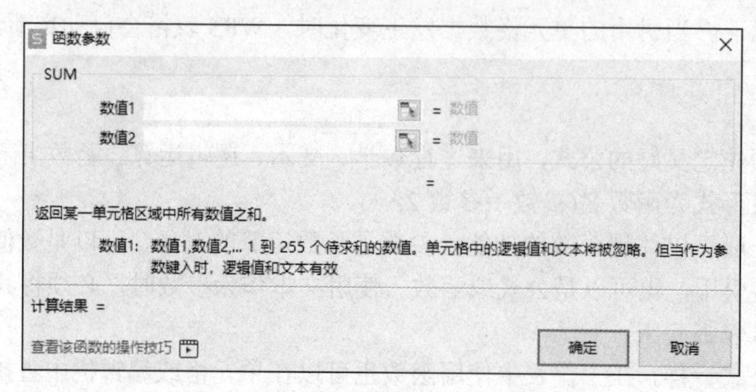

图 4.42 “函数参数”对话框

步骤 5：根据提示在相应文本框中输入函数的各参数，若将单元格引用作为参数，则可单击文本框右侧的暂时隐藏对话框按钮，从工作表中直接选择单元格，然后再次单击该按钮，恢复“函数参数”对话框，单击“确定”按钮完成插入函数的操作。

WPS 表格提供了多种函数类别，如财务函数、日期与时间函数、统计函数、查找与引用函数及数学和三角函数等。部分常用函数如表 4.8 所示。

表 4.8 部分常用函数

类别	函数名	格式	功能
数学函数	ABS	ABS(number)	计算绝对值
	MOD	MOD(num1,num2)	计算 num1 和 num2 相除的余数
	SQRT	SQRT(number)	计算平方根
	SUM	SUM(num1,num2,…)	求和
	SUMIF	SUMIF(range,criteria,sum_range)	对满足条件的值求和
	PRODUCT	PRODUCT(num1,num2,…)	求乘积
统计函数	AVERAGE	AVERAGE(num1,num2,…)	求平均数
	MAX	MAX(num1,num2,…)	求最大值
	MIN	MIN(num1,num2,…)	求最小值
	COUNT	COUNT(value1,value2,…)	统计数值型数据的个数
	COUNTIF	COUNTIF(range,criteria)	统计满足条件的数值型数据的个数
	RANK	RANK(num1,list)	计算 num1 在列表 list 中的排位
日期函数	TODAY		计算当前日期
	NOW		计算当前日期时间
	YEAR	YEAR(d)	计算日期 d 的年份

续表

类别	函数名	格式	功能
日期函数	MONTH	MONTH(d)	计算日期 d 的月份
	DAY	DAY(d)	计算日期 d 的天数
	DATE	DATE(y,m,d)	返回由 y,m,d 表示的日期
逻辑函数	IF	IF(Logical,num1,num2)	判断条件 Logical 为真，返回 num1，否则返回 num2

嵌套函数是指某个函数或公式以函数参数的形式参与计算，即函数的参数可以使用另一个函数，如 ROUND(AVERAGE(A1:A5),2)，表示对 A1:A5 单元格区域中的数据计算求平均值，并保留 2 位小数。

【例 4.6】输入数据如图 4.43 所示。利用函数计算总成绩、平均分（保留 1 位小数）、各科最高分，并统计大于 85 分的人数，将平均分大于 85 分的备注为合格。

	A	B	C	D	E	F	G
1	学号	姓名	高数	英语	计算机	总成绩	平均分
2	210101	白英	80	90	85		
3	210102	丁一	78	56	70		
4	210103	范巍	90	90	84		
5	210104	江晓溪	88	92	80		
6	210105	王冲	95	100	92		
7	210106	赵子宇	76	60	65		
8							
9	各科最高分						
10	大于85分的人数						

图 4.43 函数应用示例

操作步骤如下。

步骤 1：打开一个空白工作表，输入原始数据。

步骤 2：选择 F2 单元格，单击“插入函数”按钮，打开“插入函数”对话框，选择 SUM 函数，单击“确定”按钮，打开“函数参数”对话框。在“数值 1”文本框中输入 C2:E2，单击“确定”按钮，计算“白英”的总成绩。

步骤 3：选择 F2 单元格，向下拖动右下角的填充柄，快速复制公式，依次计算其余总成绩。

步骤 4：选择 G2 单元格，在编辑栏中输入公式“=ROUND(AVERAGE(C2:E2),1)”，计算第一个平均分，并保留 1 位小数。

步骤 5：选择 G2 单元格，向下拖动右下角的填充柄，快速复制公式，依次计算其他平均分。

步骤 6：选择 C9 单元格，单击“插入函数”按钮，打开“插入函数”对话框，选择 MAX 函数，单击“确定”按钮，打开“函数参数”对话框。在“数值 1”文本框中输入 C2:C7，单击“确定”按钮，计算“高数”一列的最高分。

步骤 7：选择 C9 单元格，向右拖动右下角的填充柄，快速复制公式，依次计算其余列的最高分。

步骤 8：选择 C10 单元格，单击“插入函数”按钮，打开“插入函数”对话框，选择 COUNTIF 函数，单击“确定”按钮，打开“函数参数”对话框。在“区域”文本框中输入 C2:C7，在“条件”文本框中输入">85"，统计高数成绩大于 85 分的人数。然后向右拖动 C10 单元格右下角的填充柄，快速复制公式，依次统计其余人数。

步骤 9：选择 H2 单元格，单击“插入函数”按钮，打开“插入函数”对话框，选择 IF 函数，单击“确定”按钮，打开“函数参数”对话框。在“测试条件”文本框中输入 G2>=85，在“真值”文本框中输入“合格”，“假值”文本框中为空，单击“确定”按钮。若平均分大于 85 分，则输出“合格”；若平均分小于 85 分，则无输出。然后拖动 H2 单元格右下角的填充柄向下快速复制公式，依次备注其他单元格，如图 4.44 所示。

	A	B	C	D	E	F	G	H
1	学号	姓名	高数	英语	计算机	总成绩	平均分	备注
2	210101	白英	80	90	85	255	85	合格
3	210102	丁一	78	56	70	204	68	
4	210103	范巍	90	90	84	264	88	合格
5	210104	江晓溪	88	92	80	260	86.7	合格
6	210105	王冲	95	100	92	287	95.7	合格
7	210106	赵子宇	76	60	65	201	67	
8								
9	各科最高分		95	100	92			
10	大于85分的人数		3	4	1			

图 4.44　函数应用示例的结果

在 WPS 表格中不能正确计算输入的公式时，会在单元格中显示错误信息，出错信息以“#”开始，其含义如表 4.9 所示。

表 4.9　出错信息及原因

错误值	错误原因
####	单元格宽度不够，需要加宽
#VALUE!	参数或操作数的类型有误
#NUM!	在公式或函数中使用了无效的数字值
#REF!	引用了无效的单元格
#NAME?	在公式中输入了未定义的名称
#DIV/0?	公式被零除
#N/A	在公式中没有可用数值
#NULL?	指定的两个区域不相交

4.2.6　图表

表格的数据分析主要是指通过图表、数据透视表和数据透视图等方式，对表格中的数据通过直观的方式进行全面了解。其涉及的操作主要包括：图表的创建、图表的编辑，以及创建数据透视表和数据透视图，并通过数据透视图、数据透视表对数据进行分析。

1. 创建图表

WPS 表格提供了十多种类型的图表，如柱形图、折线图、饼图、条形图和面积图

等，如图 4.45 所示。用户可以为不同的表格数据创建合适的图表类型。创建图表的操作包括插入图表、修改图表数据、调整图表大小和位置，以及更改图表布局等。

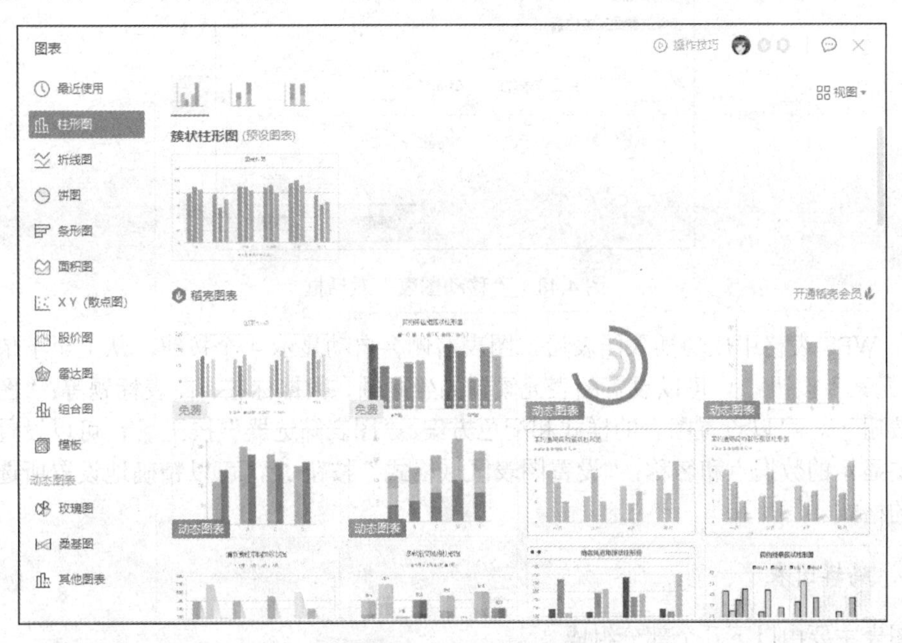

图 4.45　“图表”对话框

在创建图表之前，首先选择创建图表所需的数据区域，如图 4.46 所示。这个区域可以连续也可以不连续，但应当是规则区域。单击“插入”→“全部图表”按钮，打开“图表”对话框，如图 4.45 所示。选择“柱形图”→“簇状柱形图”选项，即可创建完成。插入图表的效果如图 4.47 所示。

	B	C	D	E
1	姓名	高数	英语	计算机
2	白英	80	90	85
3	丁一	78	56	70
4	范巍	90	90	84
5	江晓溪	88	92	80
6	王冲	95	100	92
7	赵子宇	76	60	65

图 4.46　图表数据区域

图表标题

120
100
80
60
40
20
0

白英　丁一　范巍　江晓溪　王冲　赵子宇

■高数 ■英语 ■计算机

图 4.47　图表示例

使用该方法创建的图表称为嵌入式图表，数据和图表在同一个工作表上，可同时显示和打印。也可以单击“图表工具”→“移动图表”按钮，打开“移动图表”对话框，如图 4.48 所示，选择放置图表的位置，将其放置到独立的工作表中。嵌入式图表和图表工作表数据相链接，并随工作表数据修改而变化。

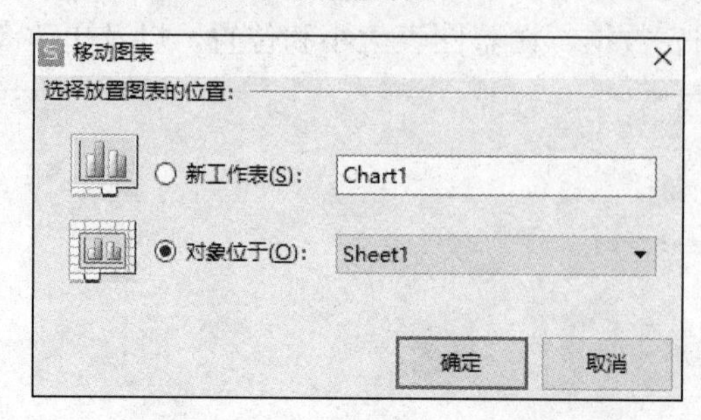

图 4.48 “移动图表”对话框

在 WPS 表格中成功插入图表后，图表右侧会自动显示 4 个按钮，从上至下依次为“图表元素”按钮，可以设置图表元素，如坐标轴、数据标签、图表标题等；“图表样式”按钮，可以设置图表的样式和配色方案；“图表筛选器”按钮，可以设置图表上需要显示的数据点和名称；“设置图表区域格式”按钮，可以精确地设置所选图表元素的格式。

2．编辑图表

图表主要由以下几个部分组成。

1）图表标题：用来描述图表的名称，默认在图表的顶端。

2）坐标轴与轴标题：分为 X 坐标轴和 Y 坐标轴，用于标记 X 轴和 Y 轴数据的含义。

3）图例：又称系列名称，它是集中于图表一角或一侧的符号，用于说明数据系列的含义。

4）绘图区：以坐标轴为界的区域。

5）数据系列：一个数据系列对应工作表中选定区域的一行或一列数据。

6）网格线：从坐标轴刻度线引申出来并贯穿整个绘图区的线条系列。

7）背景墙与基底：三维图表中会出现背景墙与基底，它们是包围在许多三维图表周围的区域，用于显示图表的维度和边界。

图表创建后，可以对图表及图表对象（如图表类型、图表标题、图表源数据、分类轴、图例等）进行修改。单击图表，使图表处于选中状态（四周出现 8 个控点），可以对图表进行移动、复制、调整和删除操作。

（1）调整图表大小

将鼠标指针移至图表右下角的控制点上，按住鼠标左键并拖动即可调整图表的大小。

（2）调整图表位置

将鼠标指针移动到图表区的空白位置，当鼠标指针变为十字箭头形状时，按住鼠标左键并拖动，即可移动图表的位置。

（3）更改图表数据源

选中图表，单击“图表工具”→“选择数据”按钮，打开“编辑数据源”对话框，如图 4.49 所示。在工作表中拖动鼠标重新选择单元格区域，然后单击“确定”按钮。

（4）更改图表类型

选中图表，单击“图表工具”→“更改类型”按钮，打开“更改图表类型”对话框，如图 4.50 所示。重新选择图表类型，然后单击“插入”按钮即可。

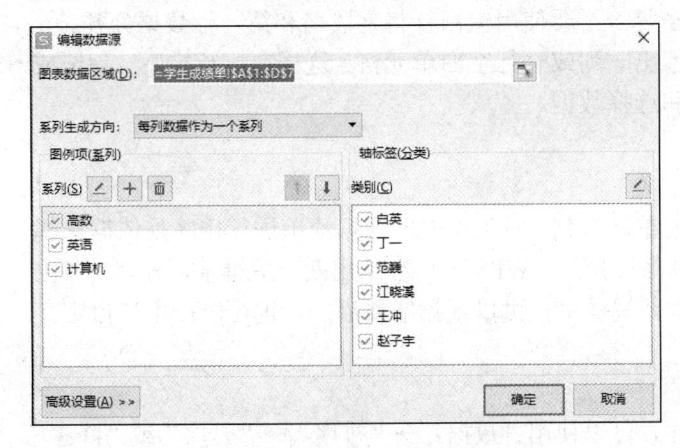

图 4.49　“编辑数据源”对话框

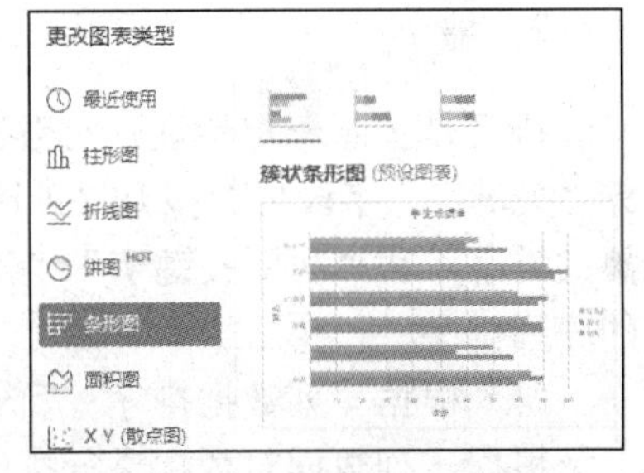

图 4.50　“更改图表类型”对话框

（5）切换图表的行和列

选中图表，单击“图表工具”→“切换行列”按钮，即可更改图表的数据系列。

（6）设置图表元素

图表元素包括坐标轴、轴标题、图表标题、图例及数据标签等。选中图表，单击“图表工具”→“添加元素”下拉按钮，在弹出的下拉列表中选择所需选项进行设置即可。

（7）修饰图表

若要更好地表现工作表，可以对图表进行修饰，主要包括：网格线、数据系列、图表样式、填充、线条、图表区、绘图区和坐标轴等。操作方法：选择对象，利用“图表工具”选项卡中的相应命令进行设置即可。

图表编辑除了使用功能区中的“图表工具”选项卡，还可以使用浮动工具栏或快捷菜单。选中图表，右击，即可打开浮动工具栏。若要取消右键显示浮动工具栏，选择“文件”→“选项”选项，在打开的“选项”对话框的“视图”选项中取消选中“右键时显示浮动工具栏”复选框即可。

4.2.7　数据库管理

WPS 表格提供了强大的数据库管理功能，数据库是由行和列组成的数据记录构成的集合，又称数据清单。WPS 表格可以按照数据库的管理方式对以数据清单形式存放的工作表进行排序、筛选、分类汇总、统计和建立数据透视表等操作。

1．创建数据清单

数据清单由记录、字段和字段名 3 个部分组成。一行是一条记录，一列为一个字段，字段是构成记录的基本数据单元。字段名是数据清单的列标题，它位于数据清单的最上面。字段名标识了字段，WPS 表格根据字段名进行排序、筛选及分类汇总等。

在工作表中输入数据并建立数据清单时，在数据清单的第一行创建字段名，字段名不能是数字、逻辑值、空白单元格等。不要使用空白行将字段名和第一行数据分开。

数据清单与其他数据间至少留出一列或一行空白单元格，这样在执行排序、筛选或插入自动汇总等操作时便于检测和选择数据。

2．排序

排序是按照一定的规则对数据重新排列。对工作表的数据清单进行排序是依据选择的“关键字”字段内容按升序或降序排列的。WPS 表格会给出两个关键字，分别是“主要关键字”和“次要关键字”。“次要关键字”可以根据需要添加，也可以按用户自定义的序列排序。

（1）根据一列数据排序

根据一列数据对数据进行排序，可以使用“数据”→“排序”→“升序”或“降序”命令。这种排序只能进行一个关键字的排序。

（2）根据多列数据排序

选择要排序的数据区域，若是对所有的数据进行排序，需要将插入点放置在数据清单的任意一个单元格中。然后选择“数据”→“排序”→“自定义排序”选项，打开“排序”对话框，如图 4.51 所示。在该对话框中设置排序需要的主要关键字。若要增加排序的条件，则单击“添加条件”按钮，增加一个“次要关键字”。

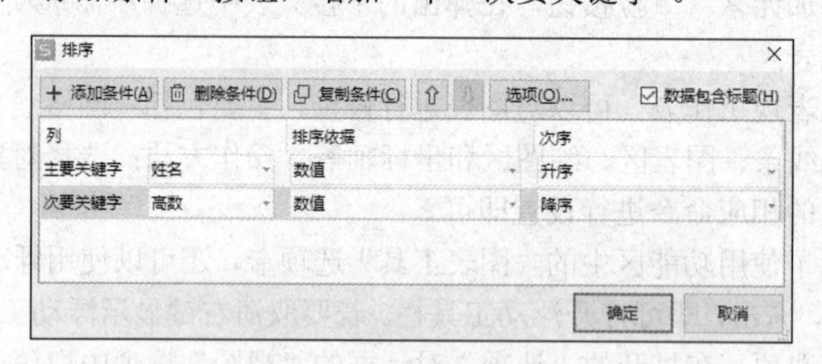

图 4.51 “排序”对话框

为了防止数据清单的标题行也参加排序，可以选中“数据包含标题”复选框。

3．筛选和高级筛选

筛选是指工作表中只显示符合条件的记录供用户使用和查询，隐藏不符合条件的记录。WPS 表格提供了筛选和高级筛选两种方式。

（1）筛选

筛选是一种简单、方便的筛选数据清单的方法，操作步骤如下。

步骤 1：单击数据清单中的任意一个单元格。

步骤 2：单击“数据”→“筛选”按钮，此时每个字段名的右侧均出现一个下拉按钮。

步骤 3：单击需要筛选的字段名旁的下拉按钮，弹出下拉列表，如图 4.52 所示，可以对“内容筛选”、“颜色筛选”、“数字筛选”或“文本筛选”等设置筛选条件。

步骤 4：设置完成后，单击“确定”按钮。

步骤 5：若还要对另一字段进行筛选，重复步骤 3 即可。

筛选之后，再次单击“数据”→“筛选”按钮，将恢复显示原有工作表的所有记录，退出筛选状态。

筛选还可以自定义筛选条件。在图 4.52 中选择“数字筛选”→“自定义筛选”选项，在打开的如图 4.53 所示的“自定义自动筛选方式”对话框中设置筛选条件即可。

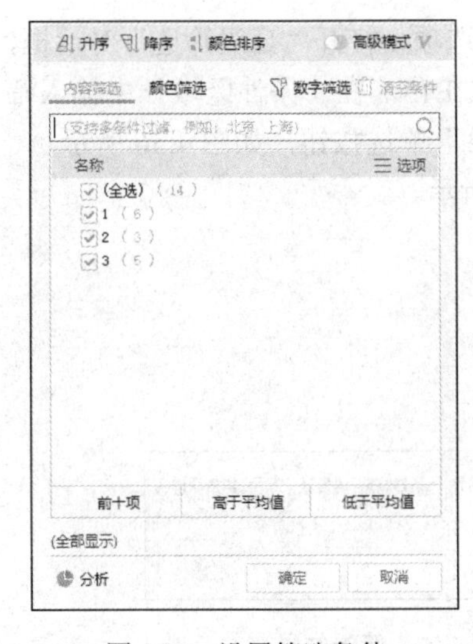

图 4.52 设置筛选条件

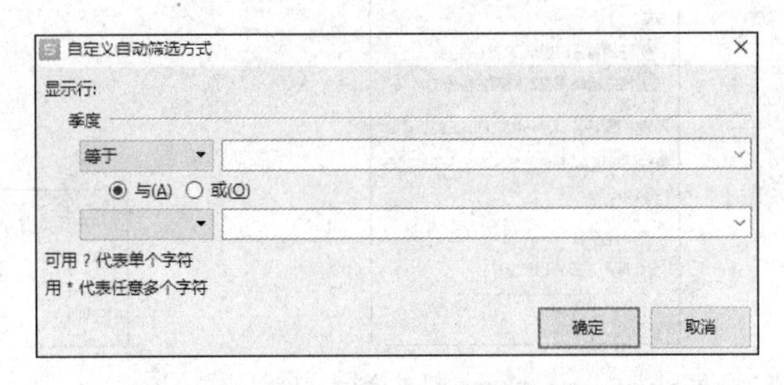

图 4.53 “自定义自动筛选方式”对话框

（2）高级筛选

高级筛选是指按照多种条件的组合进行查询的方式，操作步骤如下。

步骤 1：指定筛选条件区域。

步骤 2：指定筛选的数据区域。

步骤 3：指定存放筛选结果的数据区域。

【例 4.7】在如图 4.54 所示的数据清单中，筛选产品名称为“空调”或“电视”且销售额排名在前 8 名，在原有区域显示筛选结果。

操作步骤如下。

步骤 1：在 A18:E20 单元格区域中给出筛选条件，如图 4.55 所示。

	A	B	C	D	E	F
1	产品类别	产品名称	销售数量	销售额（万元）	销售额排名	
2	K-1	空调	89	12.28	12	
3	D-2	电冰箱	89	20.83	7	
4	K-1	空调	89	12.28	12	
5	D-2	电冰箱	86	20.12	8	
6	D-1	电视	86	38.36	1	
7	K-1	空调	86	30.44	4	
8	K-1	空调	84	11.59	14	数据清单
9	K-1	空调	79	27.97	5	
10	D-1	电视	78	34.79	2	
11	D-2	电冰箱	75	17.55	11	
12	D-1	电视	73	32.56	3	
13	D-2	电冰箱	69	22.15	6	
14	D-1	电视	67	18.43	9	
15	D-1	电视	66	18.15	10	

图 4.54　数据清单区域

18	产品类别	产品名称	销售数量	销售额（万元）	销售额排名	
19		空调			<8	筛选条件
20		电视			<8	

图 4.55　筛选条件区域

步骤 2：选择“数据”→“筛选”→“高级筛选”选项，打开“高级筛选”对话框，在“列表区域”文本框中输入数据清单的数据区域 A1:E15，在“条件区域”中输入筛选条件区域 A18:E20，选中“在原有区域显示筛选结果”单选按钮，如图 4.56 所示。

步骤 3：单击“确定”按钮，筛选结果如图 4.57 所示。

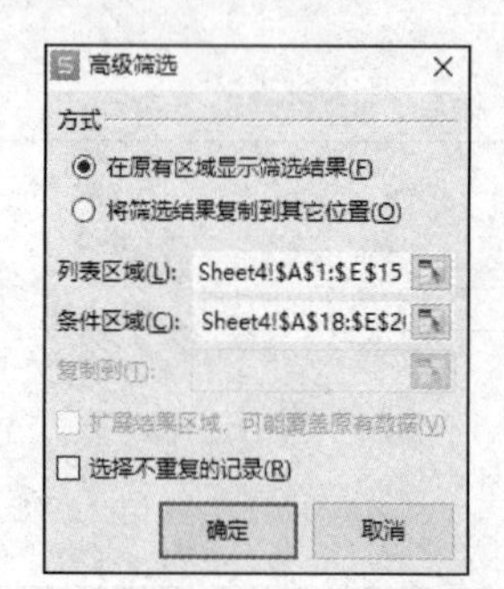

图 4.56　“高级筛选”对话框

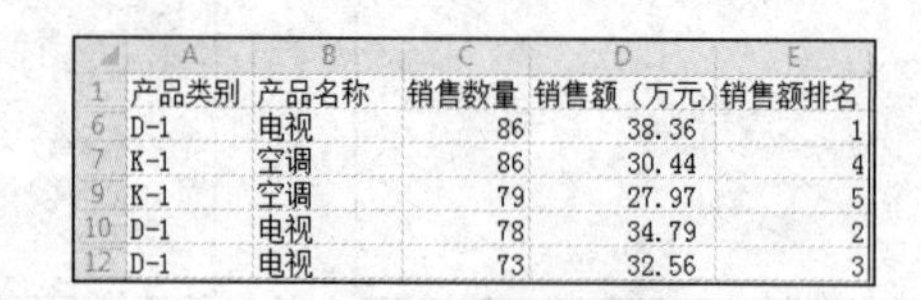

	A	B	C	D	E
1	产品类别	产品名称	销售数量	销售额（万元）	销售额排名
6	D-1	电视	86	38.36	1
7	K-1	空调	86	30.44	4
9	K-1	空调	79	27.97	5
10	D-1	电视	78	34.79	2
12	D-1	电视	73	32.56	3

图 4.57　筛选结果

4．分类汇总

分类汇总是在数据清单中快速汇总数据的方法。在 WPS 表格中使用分类汇总，不需要创建公式，其会自动创建公式、插入分类汇总与总的汇总行，并自动分级显示数据。

分类汇总分为两个步骤：先分类，再汇总。分类就是把数据按一定条件进行排序，将相同的数据集中在一起。进行汇总时才可以把同类数据进行求和、求平均等汇总处理。

【例 4.8】对图 4.54 所示数据清单的内容按主要关键字“产品名称”的降序次序和次要关键字“分公司”的降序次序进行排序。对各产品销售额总和进行分类汇总，汇总结果显示在数据下方。

操作步骤如下。

步骤 1：选择“数据”→“排序”→“自定义排序”选项，打开“排序”对话框。

步骤 2：在“主要关键字”下拉列表中选择“产品名称”选项，在“次序”下拉列表中选择“降序”选项。

步骤 3：单击“添加条件”按钮，在“次要关键字”下拉列表中选择“分公司”选项，在“次序”下拉列表中选择“降序”选项，如图 4.58 所示，单击“确定”按钮。

步骤 4：选择 A1:G15 单元格区域，单击“数据”→“分类汇总”按钮，打开“分类汇总”对话框。

步骤 5：在“分类字段”下拉列表中选择“季度”选项；在“汇总方式”下拉列表中选择“求和”选项；在“选定汇总项”列表框中选中“销售额（万元）”复选框；选中“汇总结果显示在数据下方”复选框，如图 4.59 所示，单击“确定”按钮。数据清单的分类汇总结果如图 4.60 所示。

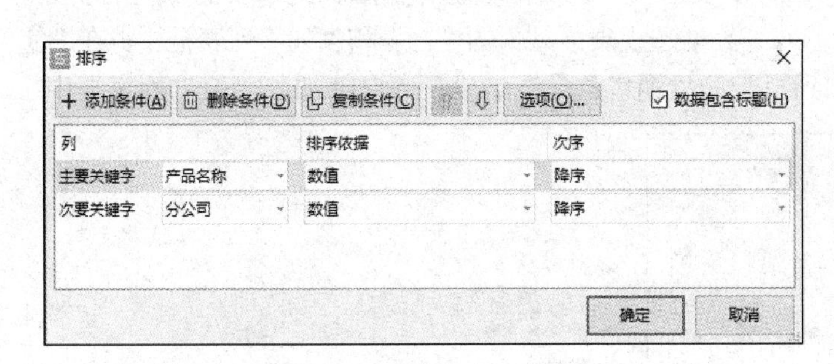

图 4.58　“排序”对话框

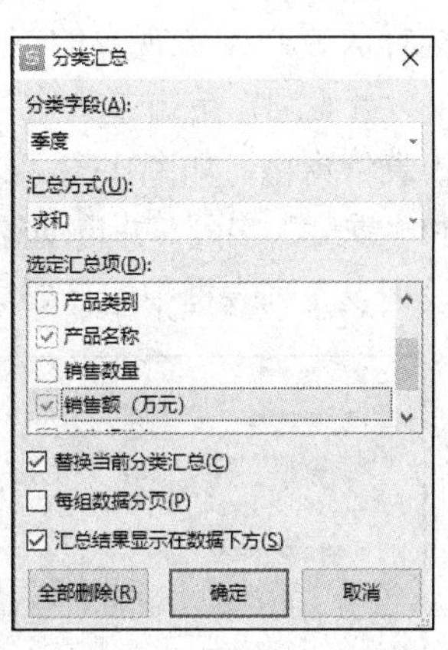

图 4.59　“分类汇总”对话框

	A	B	C	D	E	F	G
1	季度	分公司	产品类别	产品名称	销售数量	销售额（万元）	销售额排名
2	1	西部2	K-1	空调	89	12.28	16
3	3	西部2	K-1	空调	84	11.59	18
4	3	南部2	K-1	空调	86	30.44	8
5	2	东部2	K-1	空调	79	27.97	9
6	1	北部2	K-1	空调	89	12.28	16
7				**空调 汇总**		94.57	
8	3	西部1	D-1	电视	78	34.79	6
9	1	东部1	D-1	电视	67	18.43	13
10	3	东部1	D-1	电视	66	18.15	14
11	1	北部1	D-1	电视	86	38.36	5
12	2	北部1	D-1	电视	73	32.56	7
13				**电视 汇总**		142.28	
14	2	西部3	D-2	电冰箱	69	22.15	10
15	1	南部3	D-2	电冰箱	89	20.83	11
16	3	南部3	D-2	电冰箱	75	17.55	15
17	1	东部3	D-2	电冰箱	86	20.12	12
18				**电冰箱 汇总**		80.65	
19				**总计**		317.49	

图 4.60　分类汇总结果示例

4.2.8 数据透视表和数据透视图

数据透视表是一种交互式报表，可以按照不同的需要及不同的关系来提取、组织和分析数据，从而得到需要的数据分析结果。数据透视表集筛选、排序和分类汇总等功能于一身，是 WPS 表格中重要的分析性报告工具，克服了在表格中输入大量数据时，使用图表分析显得很拥挤的缺点。

1. 数据透视表

在 WPS 表格中可以使用排序、筛选、分类汇总的方法提取数据，并创建数据透视表。以图 4.54 所示的数据清单为例，创建数据透视表的操作步骤如下。

步骤 1：选择要建立数据透视表的数据区域。

步骤 2：单击“插入”→“数据透视表”按钮，打开“创建数据透视表”对话框，选择放置数据透视表的位置（“现有工作表”）和数据区域，如图 4.61 所示。

步骤 3：单击“确定”按钮，创建一个未完成的数据透视表。同时自动打开“数据透视表”窗格，如图 4.62 所示，在“字段列表”列表框中选择要添加到报表的“产品名称”和“季度”字段，并自动加入下方“数据透视表区域”的“行”和“列”列表框中；在“字段列表”列表框中选择要添加到报表的“销售数量”字段，并自动加入“值”列表框中。

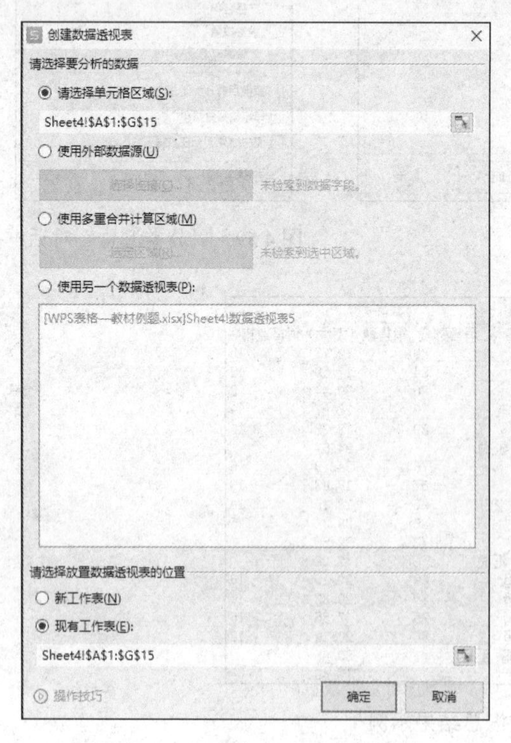

图 4.61 “创建数据透视表”对话框

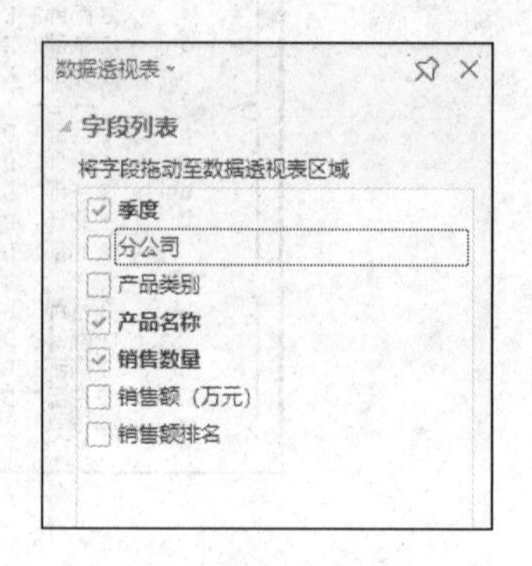

图 4.62 “数据透视表”窗格

步骤 4：创建数据透视表后，拖动数据字段和数据项可以重新组织数据。在“数据透视表区域”中拖动“季度”字段至“列”列表框，如图 4.63 所示。

至此，数据透视表创建完成，如图 4.64 所示。

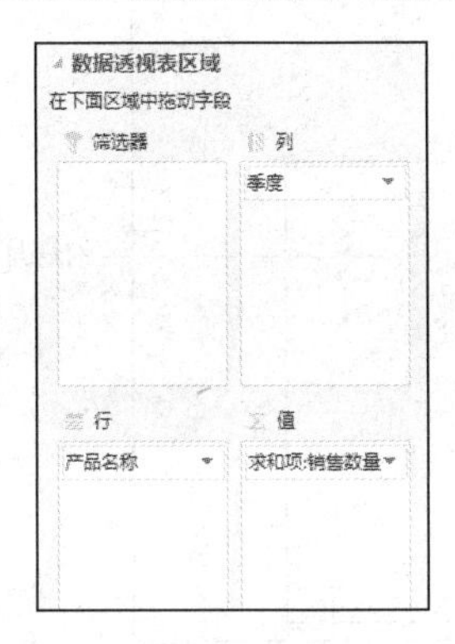

图 4.63　数据透视表区域

18	求和项:销售数量	季度			
19	产品名称	1	2	3	总计
20	电冰箱	175	69	75	319
21	电视	153	73	144	370
22	空调	178	79	170	427
23	总计	506	221	389	1116

图 4.64　创建完成的数据透视表

2．数据透视图

数据透视图既有数据透视表的交互式汇总特性，又有图表的可视化优点。创建数据透视图的方法有两种，一种是使用数据表，另一种是使用数据透视表。

（1）使用数据表创建数据透视图

使用数据表创建数据透视图的操作过程，与创建数据透视表的操作过程类似，这里不再赘述。不同之处是，创建数据透视图时选择“插入”→“数据透视图”选项。

（2）使用数据透视表创建数据透视图

在创建数据透视表后，将插入点放在数据透视表的任意位置，单击“分析”→“数据透视图”按钮，打开“图表”对话框，在该对话框中选择一种图表即可创建数据透视图。

注意：根据数据透视表数据创建的图表不包括散点图、气泡图和股价图。

4.3　WPS 演示文稿

WPS 演示文稿软件可以制作出集文字、图形、图像、声音及视频剪辑等多媒体元素于一体的丰富多彩的演示文稿，是用户制作产品介绍、学术演讲、公司简介、企业计划、教学课件等的常用工具。

4.3.1　演示文稿的窗口

WPS 演示文稿由若干张幻灯片组成，每张幻灯片可以存放各种类型的信息。演示文稿窗口（图 4.65）的组成与 WPS 文字和 WPS 表格类似，主要功能区有：开始、插入、设计、切换、动画、放映、审阅、视图、开发工具等。

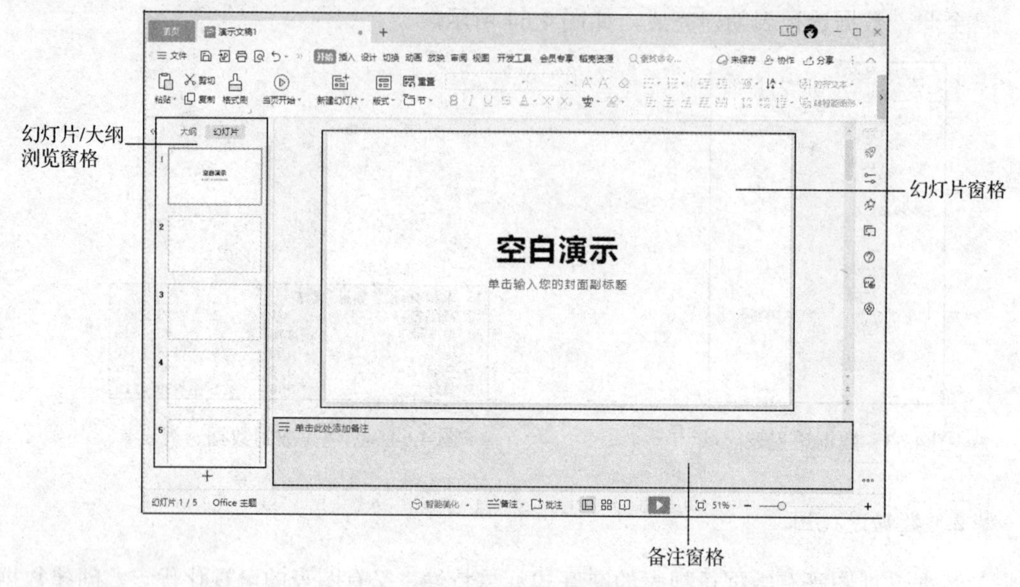

图 4.65　演示文稿的窗口

功能区下方的演示文稿编辑区分为如下 3 个部分。

1．幻灯片窗格

幻灯片窗格显示幻灯片的内容，包括文本、图片、表格等各种对象。可以在该窗格输入和编辑幻灯片内容。

2．备注窗格

对幻灯片的解释、说明等备注信息在备注窗格中输入与编辑，供演讲者参考。

3．幻灯片/大纲浏览窗格

此窗格中有两个选项卡，“幻灯片”选项卡显示各幻灯片的缩略图。单击一张幻灯片缩略图，将立即在幻灯片窗格中显示该幻灯片。在此窗格中还可以轻松地重新排列、添加或删除幻灯片。“大纲”选项卡可以显示各幻灯片的标题与正文信息。在幻灯片窗格编辑标题或正文信息时，大纲窗格也同步变化。

在普通视图下，这 3 个窗格同时显示在演示文稿编辑区，用户可以同时看到 3 个窗格中的内容，有利于从不同角度编排演示文稿。

拖动演示文稿编辑区 3 个窗格之间的分界线，可以调整各窗格的大小，以满足编辑需要。

4.3.2　制作幻灯片

1. 新建演示文稿

新建演示文稿的步骤如下。

步骤 1：启动 WPS，选择“文件”→“新建”→“新建”选项，打开“新建”界面，选择“新建演示”→“新建空白演示”选项。

步骤 2：使用 WPS 创建一个名为“演示文稿 1”的空白文档，选择“文件”→“保存”选项，在打开的“另存文件”对话框中输入文件名，扩展名为.dps，并选择文件保存的路径，然后单击“保存”按钮。

注意：WPS 中有多种演示文稿模板供用户选择，因此在新建演示文稿时，可以根据需求选择现有模板创建演示文稿。

2. 编辑幻灯片

幻灯片的基本操作是制作演示文稿的基础，包括插入和删除幻灯片、复制和移动幻灯片，以及修改幻灯片的版式。

（1）插入幻灯片

打开演示文稿，单击“插入”→“新建幻灯片”按钮，即可快速添加一张幻灯片，如图 4.66 所示。

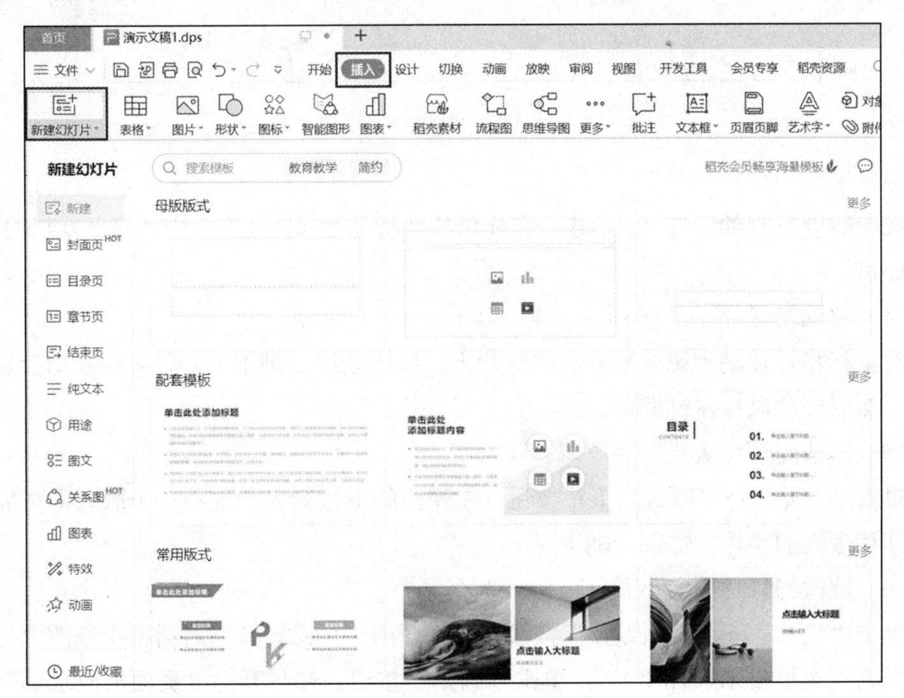

图 4.66　插入幻灯片

注意：可以单击“新建幻灯片”下拉按钮，在弹出的下拉列表中选择幻灯片样式，直接创建指定格式的幻灯片。

（2）删除幻灯片

选中想要删除的幻灯片，右击，在弹出的快捷菜单中选择“删除幻灯片”选项，如图 4.67 所示，即可删除该幻灯片。

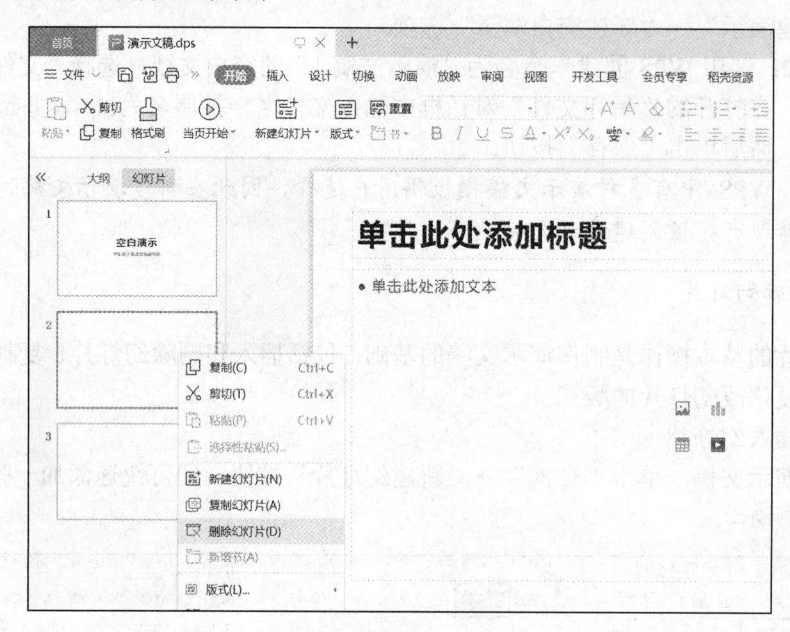

图 4.67　删除幻灯片

（3）复制幻灯片

选中想要复制的幻灯片，右击，在弹出的快捷菜单（图 4.67）中选择“复制幻灯片”选项即可。

（4）移动幻灯片

将鼠标指针移动到想要移动的幻灯片上，按住鼠标左键不放，并将其拖动到目标位置后，然后释放鼠标左键即可。

（5）修改幻灯片版式

单击“开始”→“版式”下拉按钮，在弹出的下拉列表中选择一个版式即可完成修改幻灯片版式的操作，如图 4.68 所示。

（6）修改幻灯片的大小

单击“设计”→“页面设置”按钮，在打开的“页面设置”对话框中修改“幻灯片大小”为“全屏显示（16∶9）”，单击“确定”按钮。在打开的“页面缩放选项”对话框，单击“确保适合”按钮即可。

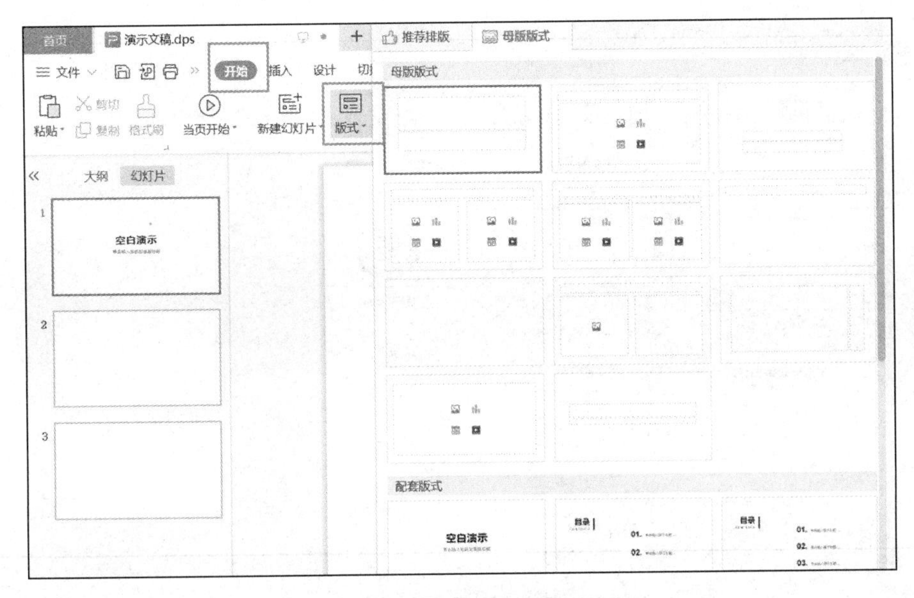

图 4.68　修改幻灯片版式

3．设计幻灯片母板

一个完整且专业的演示文稿，它的内容、背景、配色和文字格式等应有统一的设置，这就需要设计幻灯片母版。下面介绍设计母版幻灯片的方法。

（1）进入幻灯片母版视图

单击“设计”→“编辑母版”按钮，或者单击“视图”→“幻灯片母版”按钮，即可进入幻灯片母版视图。

（2）设计母版

进入幻灯片母版视图后，在左侧窗格中可以看到各版式幻灯片的母版，如“标题幻灯片”版式的母版、“标题和内容”版式的母版、“两栏内容”版式的母版等。

若要为所有幻灯片都添加一个图片，统一背景，并加入幻灯片编号，操作步骤如下。

步骤 1：在幻灯片母版视图下，选中第一个母版，单击“插入”→“图片”下拉按钮，在弹出的下拉列表中找到预先准备好的图片插入该母版中，如图 4.69 所示。

注意：第一个母版所做的设置会使后面的母版保持同步变化。因此可以看到所有版式幻灯片的母版中都插入了该图片，如图 4.70 所示。

步骤 2：同样在第一个母版下，单击“设计”→“背景”下拉按钮，在弹出的下拉列表中选择一种背景后，可以看到所有版式幻灯片的母版都统一为相同的背景，如图 4.71 所示。

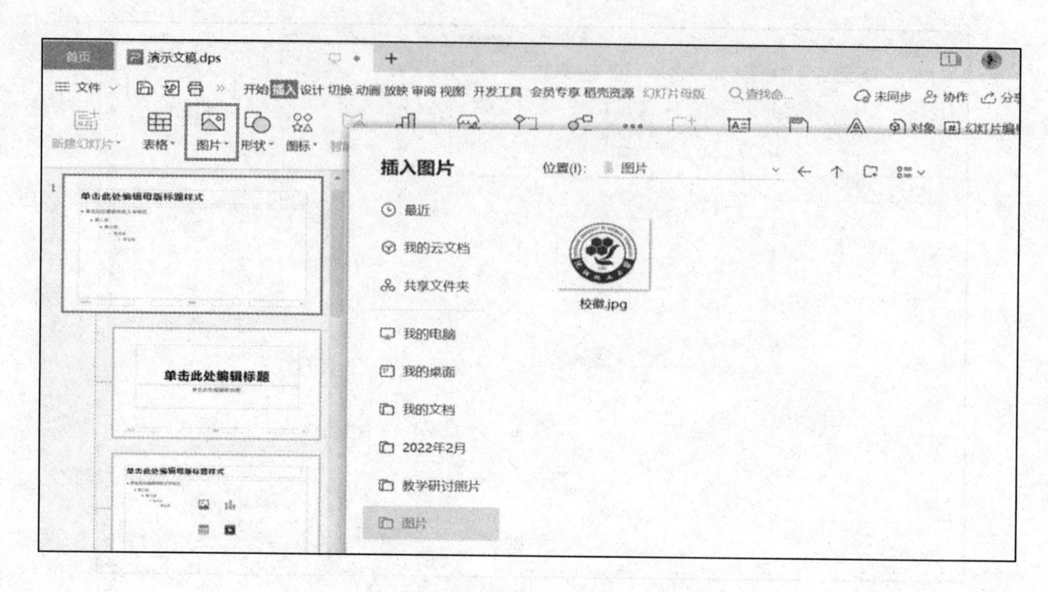

图 4.69　插入图片到幻灯片母版视图

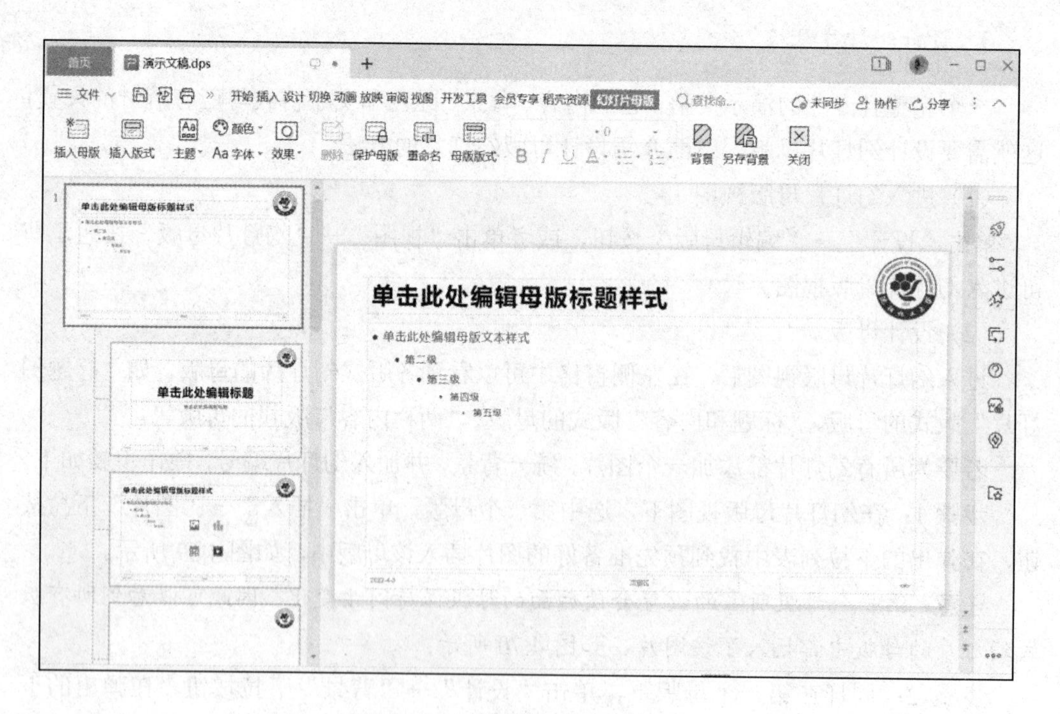

图 4.70　插入图片后的幻灯片母版

图 4.71　设置幻灯片母版的背景

步骤 3：单击“插入”→“幻灯片编号”按钮，在打开的“页眉和页脚”对话框中，选中“幻灯片编号”复选框，如图 4.72 所示，然后单击“全部应用”按钮。

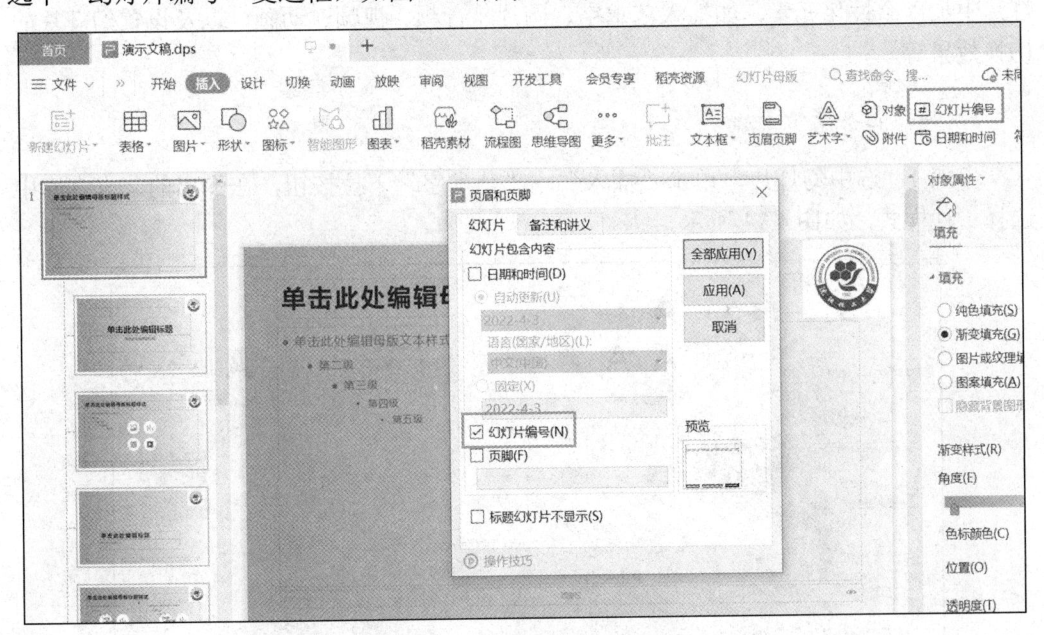

图 4.72　设置母版幻灯片的编号

步骤 4：还可以在幻灯片母版中添加文字、设置文本和段落、设置动画效果等，母版修改完成后，单击“幻灯片母版”→“关闭”按钮，如图 4.73 所示，即可完成幻灯片母版的设计操作，返回普通视图。

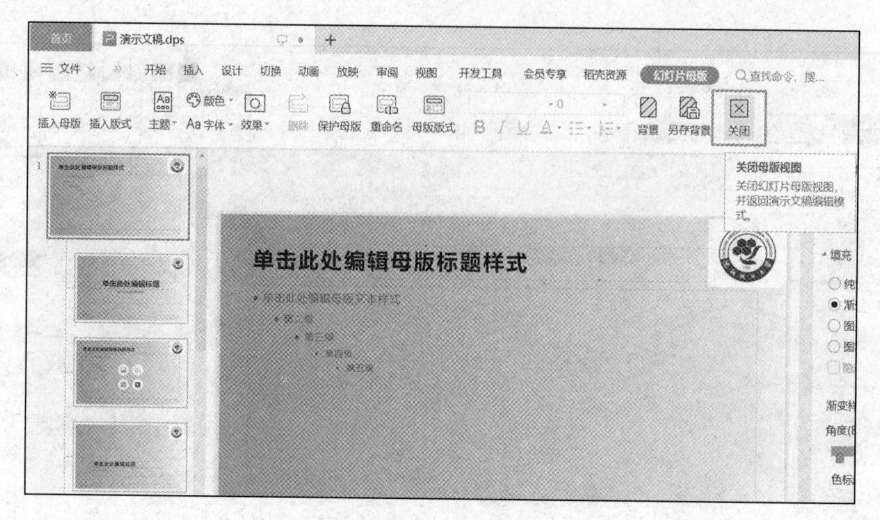

图 4.73　幻灯片母版的设置效果

4.3.3　丰富幻灯片的内容

为了使幻灯片更加绚丽和美观，以良好的视觉体验吸引观众的注意，需要用户在幻灯片中加入个性化元素，如插入艺术字、图片、音频、视频、动画，以及设置幻灯片的切换效果等。

1．插入艺术字

步骤 1：选中幻灯片，单击“插入”→“艺术字”下拉按钮，在弹出的艺术字库中选择一种样式，如图 4.74 所示。

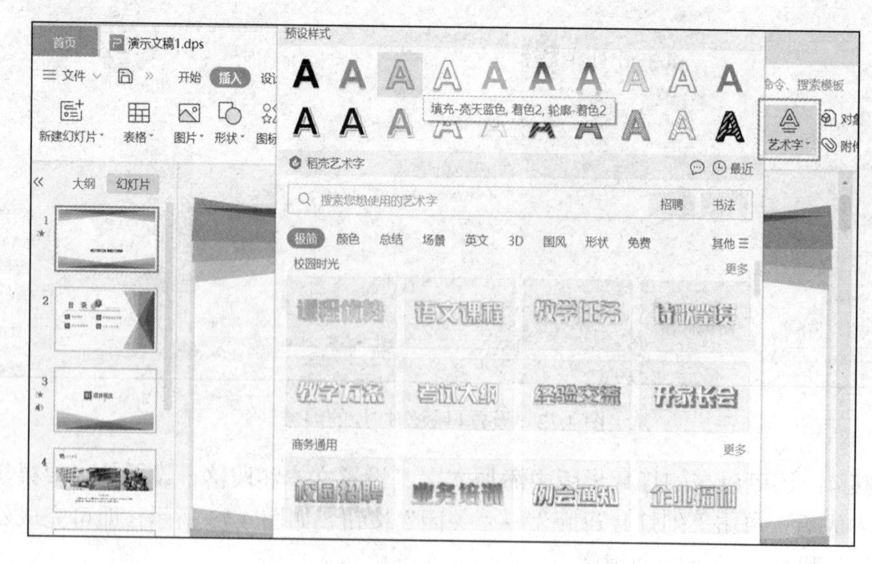

图 4.74　插入艺术字

步骤 2：此时幻灯片中出现一个艺术字文本框，输入文字“项目工作情况汇报”。然后可以调整艺术字文本框的位置；利用“绘图工具”选项卡修改边框的形状、填充效果、轮廓等；利用“文本工具”选项卡修改文字的字体、文本效果等，如图 4.75 所示。

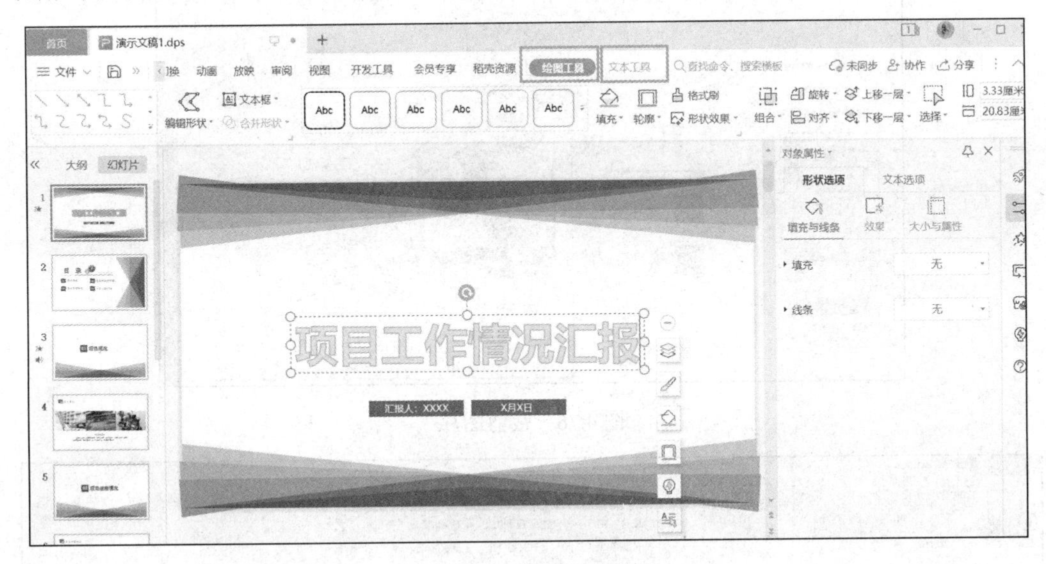

图 4.75　修改艺术字格式

2．插入与裁剪图片

步骤 1：选中第 2 张幻灯片，选择“插入”→“图片”→“本地图片”选项。

步骤 2：在打开的“插入图片”对话框中，找到图片所在的位置并选中图片，然后单击“打开”按钮，即可插入图片。

步骤 3：选中已经插入幻灯片中的图片，在“图片工具”选项卡中对图片进行编辑，如单击“裁剪”下拉按钮，然后在弹出的下拉列表中选择“按形状裁剪”中的矩形形状，调整需要保留图片的大小，如图 4.76 所示。

步骤 4：按 Enter 键或在空白处单击即可完成裁剪，拖动图片周围的控点可以调整图片的大小，使用鼠标拖动图片可以调整图片的位置。

3．插入与裁剪音频

步骤 1：打开演示文稿，选中第 3 张幻灯片，单击“插入”→“音频”下拉按钮，在弹出的下拉列表中选择“嵌入音频”选项。

步骤 2：在打开的“插入音频”对话框中，找到音频所在的位置并选中音频文件，然后单击“打开”按钮，插入音频文件。

通过以上步骤完成插入音频的操作后，在幻灯片中会出现一个小喇叭形状的图标，如图 4.77 所示。

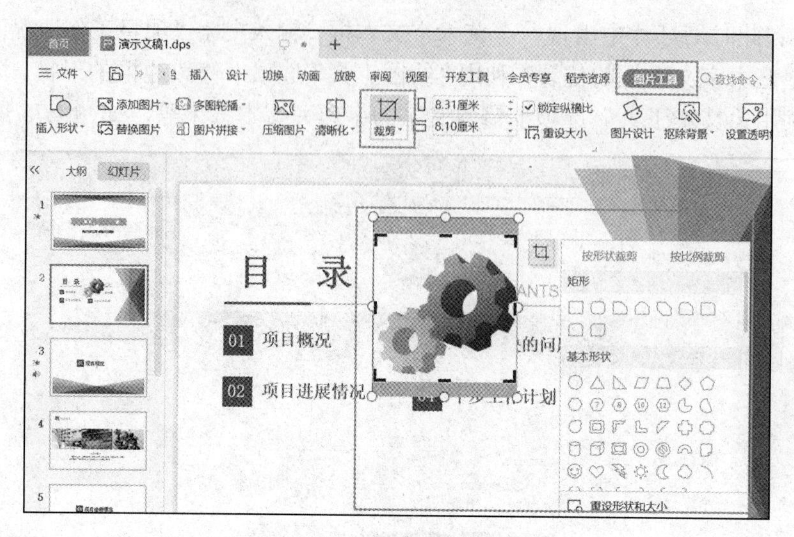

图 4.76 裁剪图片

图 4.77 插入音频后的效果

步骤 3：选中音频图标，单击“音频工具”→“裁剪音频”按钮，打开“裁剪音频”对话框。在“开始时间”和“结束时间”编辑框中输入时间，然后单击“确定”按钮完成裁剪操作。除此之外，还可以直接拖动绿色滑块和红色滑块来设置“开始时间”和“结束时间”。

4．插入与编辑视频

步骤 1：打开演示文稿，选中第 4 张幻灯片，单击“插入”→“视频”下拉按钮，在弹出的下拉列表中选择“嵌入视频”选项。

步骤 2：在打开的“插入视频”对话框中，找到视频所在的位置并选中视频文件，

然后单击“打开”按钮，插入视频文件。

步骤 3：单击“播放”按钮即可播放视频，并显示播放进度。

步骤 4：单击“视频工具”→“裁剪视频”按钮，打开“裁剪视频”对话框，在视频进度条中拖动绿色滑块和红色滑块设置视频的“开始时间”和“结束时间”，然后单击“确定”按钮完成裁剪操作。除此之外，还可以在“开始时间”和“结束时间”编辑框中直接输入时间完成设置。

步骤 5：在“视频工具”选项卡中，可以设置播放方式、是否全屏播放、是否循环播放等，如图 4.78 所示。单击“单击”下拉按钮，在弹出的下拉列表中可以选择播放方式为“自动”或“单击”后播放。

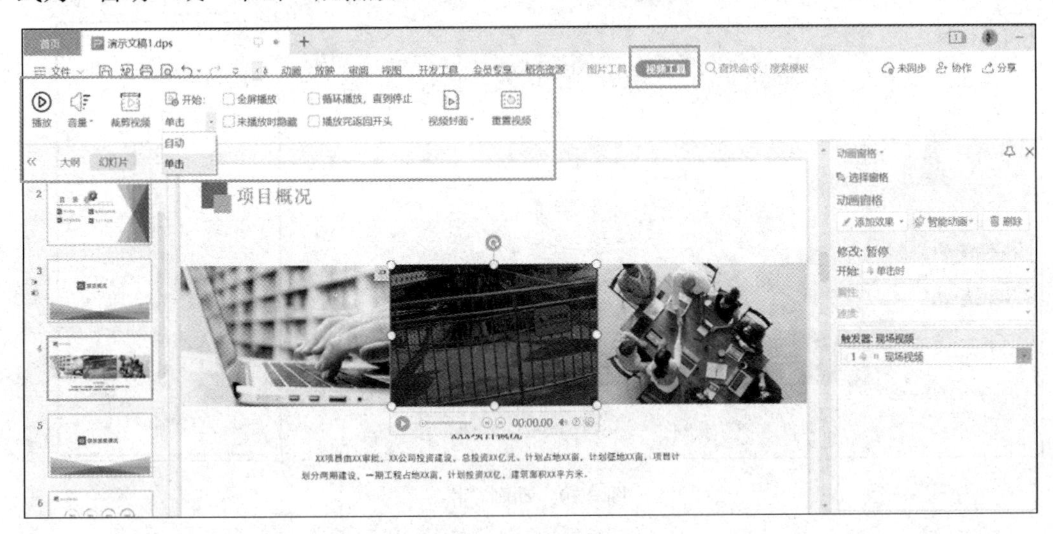

图 4.78　设置视频播放选项

4.3.4　设置幻灯片的动画效果及切换效果

1. 设置幻灯片的动画效果

WPS 演示文稿提供了强大的动画功能，使用带动画效果的幻灯片对象可以使演示文稿更加生动活泼，还可以控制信息演示流程并重点突出最关键的数据，帮助用户制作出更具吸引力和说服力的文稿。

动画效果分为进入、强调、退出、路径四大类。进入动画可以实现多种对象从无到有、陆续展现的动画效果。强调动画是对已显示的对象在外观上进行变化的动画效果。退出动画是使对象从幻灯片中消失所采用的动画效果。路径动画能够实现对象按照一定路径进行移动的动态效果。下面介绍设置幻灯片动画的方法。

步骤 1：打开演示文稿，选择第 1 张幻灯片，选择要添加动画效果的对象，这里选择标题文本框，单击“动画”→“其他”按钮。

步骤 2：在弹出的下拉列表中选择“进入”动画中的“飞入”动画效果。

步骤 3：单击“动画”→“动画属性”下拉按钮，在弹出的下拉列表中将飞入方式设置为“自底部”，在“动画”选项卡中将“持续时间”设置为 0.5 秒。

步骤 4：单击“动画”→“动画窗格”按钮，打开动画窗格，如图 4.79 所示。可以看到动画对象列表。若该列表中有多个动画项目，可以选择它们并通过动画窗格底部的“重新排序”中的上、下箭头调整其播放顺序。

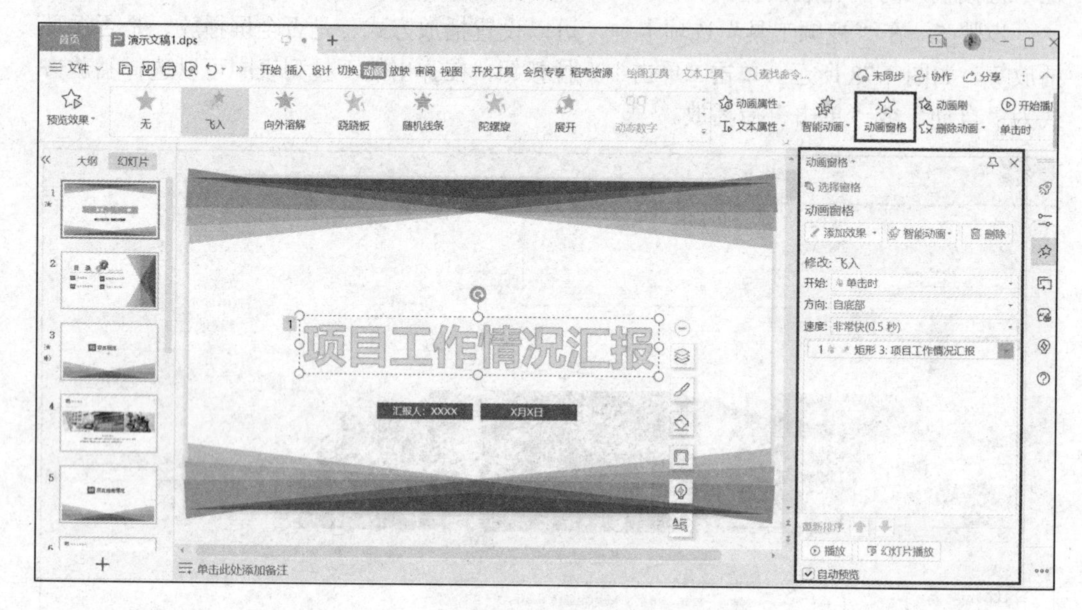

图 4.79 动画窗格

步骤 5：单击“动画”→“预览效果”按钮，可以观看当前幻灯片中已设置的各项动画效果。

2. 设置幻灯片的切换效果

页面切换效果是指在幻灯片放映过程中从一张幻灯片过渡到下一张幻灯片时出现的动画效果。添加页面切换动画效果可以实现画面之间的自然衔接和转换，下面介绍设置幻灯片切换效果的操作方法。

步骤 1：打开演示文稿，选中第 1 张幻灯片，单击“切换”→“其他”按钮，在弹出的下拉列表中选择“百叶窗”选项。

步骤 2：单击“切换”→“预览效果”按钮，预览添加的“百叶窗”效果。

注意：如果要删除已经设置的切换效果，选择应用了切换效果的幻灯片，在切换效果下拉列表中选择“无切换”选项，即可删除当前幻灯片的切换效果。

步骤 3：在“切换”选项卡中可以设置切换的速度、声音和换片方式等，如图 4.80 所示，如设置切换时间为 1.6 秒，单击换片，无播放声音。

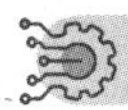

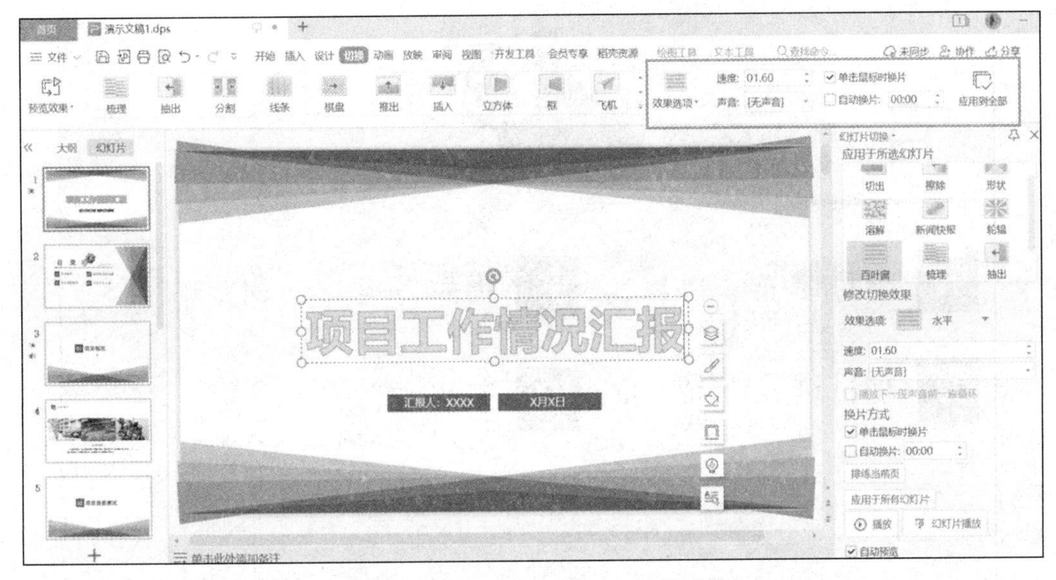

图 4.80　设置幻灯片切换动画的属性

注意：如果想要将当前切换效果应用于当前演示文稿的所有幻灯片，则单击“应用到全部”按钮即可，否则当前切换效果仅应用于当前幻灯片。

4.3.5　放映演示文稿

制作演示文稿的最终目的就是将演示文稿中的幻灯片放映出来。演示文稿制作完成后，需要通过设置放映方式来进行放映控制。下面介绍放映演示文稿的方法。

1．设置幻灯片的放映方式

设置幻灯片的放映方式主要包括设置放映类型、放映幻灯片的数量、换片方式及是否循环放映等。

步骤 1：打开演示文稿，单击“放映”→“放映设置”按钮，打开“设置放映方式”对话框。在“放映类型”选项组中选中“演讲者放映（全屏幕）”单选按钮，在“放映选项”选项组中选中“循环放映，按 ESC 键终止”复选框，然后单击“确定”按钮完成设置。

步骤 2：单击“放映”→“从头开始”按钮（或按 F5 键），即可从头开始放映幻灯片。

“演讲者放映”由演讲者操控演示文稿，如在播放过程中，右击，在弹出的快捷菜单中可以调出“墨迹画笔”或“演讲备注”，如图 4.81 所示。“展台自动循环放映”是展台系统按照幻灯片的切换时间和动画的设置时间自动循环放映。

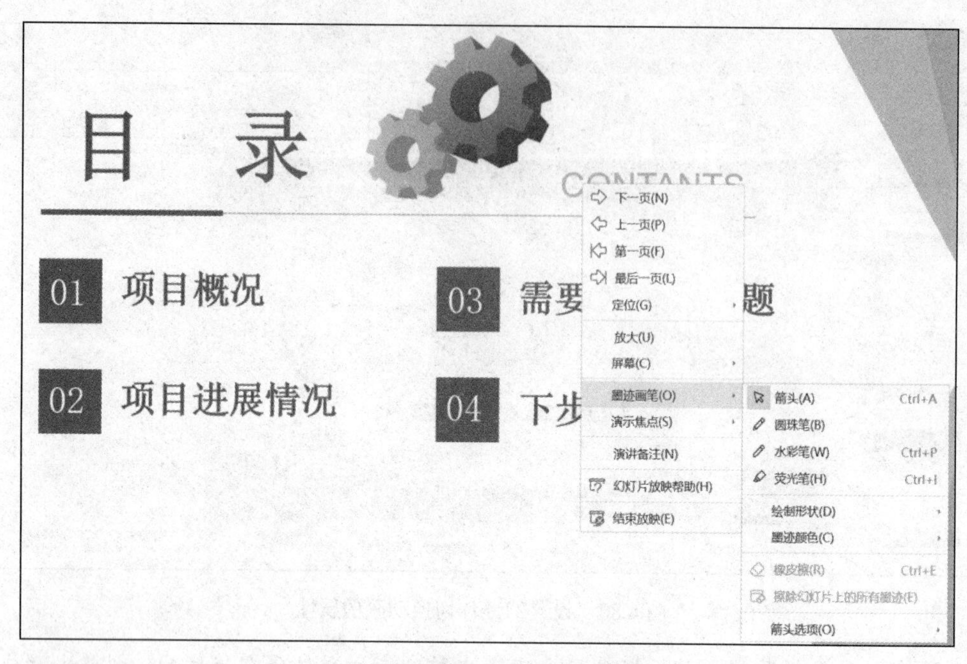

图 4.81 操控演示文稿的放映

2．设置排练计时

如果用户想要控制演示文稿的放映时间，可以为演示文稿设置排练计时。

步骤 1：单击“放映”→“排练计时”按钮。

步骤 2：演示文稿自动进入放映状态，左上角会显示“预演”工具栏，中间的时间代表当前幻灯片页面放映所需的时间，右侧的时间代表放映所有幻灯片累计所需的时间，如图 4.82 所示。

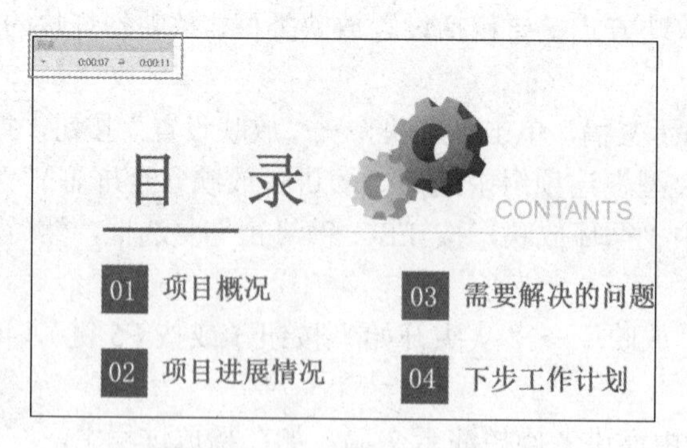

图 4.82 演示文稿的放映状态

步骤 3：放映结束时，会弹出“WPS 演示”提示框，询问用户是否保留新的幻灯片排练时间，单击“是”按钮。

步骤 4：返回至演示文稿，自动进入幻灯片浏览视图，可以看到显示在每张幻灯片下的播放时间，如图 4.83 所示。

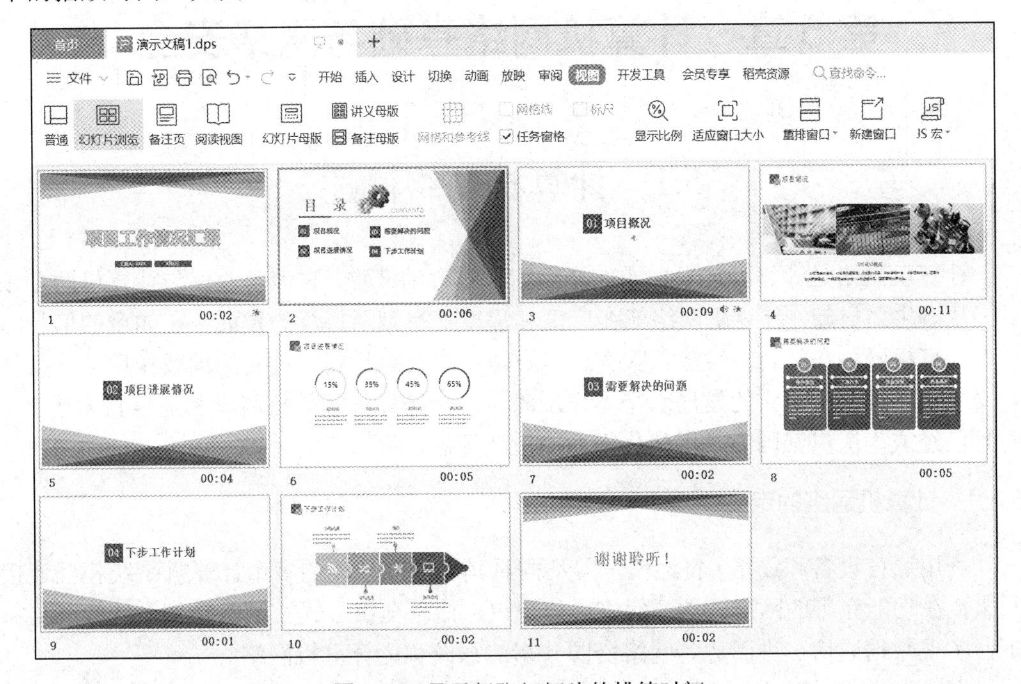

图 4.83　显示每张幻灯片的排练时间

步骤 5：如果设置为“展台自动循环放映（全屏幕）”，将会采用排练计时的时间来播放幻灯片。如果设置为“演讲者放映（全屏幕）”，则可以选择“如果存在排练时间，则使用它”选项。单击“放映”→“从头开始”按钮（或按 F5 键），按照每张幻灯片的排练时间自动开始放映幻灯片。

本 章 小 结

本章首先介绍了 WPS 文字的基本操作，对文档的编辑、基本排版、高级排版、图文混排及制作表格等操作进行了详细的描述。然后介绍了 WPS 表格的创建、编辑、美化操作方法，重点介绍了公式和函数的使用，以及图表、数据库管理和数据透视表的操作。最后介绍了 WPS 演示文稿的窗口、编辑幻灯片、丰富幻灯片内容的操作，重点介绍了幻灯片切换效果及动画效果的设置方法，以及幻灯片的放映方法。

第5章 计算机网络基础与网络安全

5.1 计算机网络概述

计算机网络是计算机技术和通信技术相互结合的产物，它涉及通信与计算机两个领域。从诞生之日起，计算机网络就在广度和深度上得到了持续的发展。在如今的信息时代，计算机网络在社会、经济、服务、国防等各领域都起到了重要的承载作用。从某种意义上讲，计算机网络的发展水平不仅反映了一个国家的计算机科学和通信技术水平，而且已经成为衡量其国力及现代化程度的重要标志。

5.1.1 计算机网络的定义

利用通信设备和线路，将地理位置不同且具有独立功能的多个计算机系统相互连接起来，在功能完善的网络软件（网络通信协议、信息交换方式及网络操作系统等）支持下，实现数据通信，进而达到网络资源共享的系统称为计算机网络。

简单地说，计算机网络就是通过电缆、电话线或无线通信将两台以上的计算机相互连接起来的集合。

实际上，对于“计算机网络”尚未有哪个权威机构给出过确切的定义。不过计算机网络所拥有的以下两个基本特性是公认的。

1）网络中的计算机之间没有明显的主从关系，彼此平等，具有独立操作自己的数据和处理任务的能力。

2）计算机之间的连接是通过数据通信线路实现的。在必要的软件支持下，计算机之间通过数据通信线路进行数据通信，达到共享资源的目的。

以上特性表明，一个计算机不能干预网络中的另一台计算机，如启动、关机及控制运行等。所以，带有大量终端和外部设备的计算机系统不是一个计算机网络。也正因为如此，现在国内外专家学者对面向终端的远程联机系统是否是计算机网络仍持不同观点，国内学者普遍认为，由于部分终端机确实有自主控制的能力，可以认为是第一代计算机网络。

5.1.2 计算机网络的形成与发展

计算机网络经历了从简单到复杂、从低级到高级、从理论到应用的发展过程。从形成与发展的角度来看，计算机网络发展可以分为4个阶段：面向终端的远程联机系统、面向通信的计算机网络、面向开放式标准化的计算机网络、网络互联与高速网络。

1．面向终端的远程联机系统

一种新技术的出现需要具备两个条件：强烈的社会需求与先期技术的成熟。计算机网络技术的形成与发展也符合这条规律。1946 年 ENIAC 诞生时，计算机技术与通信技术并没有直接的联系。早期的计算机系统价格极其昂贵，只有少数单位或公司才能拥有。由于当时的计算机性能比较弱，用户需要在计算机旁输入程序并等待结果。一旦一个用户在使用计算机，其他用户只有排队等待。随着人们在科研、商业、军事等领域使用计算机的时候越来越多，以及计算机应用的不断深入，为了提高工作效率，人们对计算机具有分散处理数据能力的需求越来越迫切。

在当时的条件下，要实现这样的目的，需要将地理位置分散的多个操作终端通过通信线路连到一台中心计算机上。用户可以在自己办公室内的终端输入程序，通过通信线路传送到中心计算机，分时使用中心计算机的软件和硬件资源。处理完毕之后，处理结果再通过通信线路送回到用户终端以显示或打印。人们把这种以单个计算机为中心的联机系统称为面向终端的远程联机系统。它被认为是计算机网络的雏形。比较典型的是 20 世纪 60 年代初美国航空公司建成的由一台计算机与分布在全美国的 2000 多个终端微型计算机组成的航空订票系统 SABRE-1。

这种面向终端的远程联机系统，又称面向终端的计算机网络，如图 5.1（a）所示。其主要特点是中心计算机是网络的控制者，终端机围绕中心计算机分布各处，呈分层星形结构，各终端机通过通信线路共享主机的硬件和软件资源，中心计算机的主要任务是进行交互式批处理。随着技术的进步，为了减轻中心计算机的负载，在通信线路和计算机之间可设置一个前置处理机，用来负责中心计算机与终端机之间的通信任务，这样就将数据处理任务和通信控制任务进行了拆分，使中心计算机可以专心地处理数据任务。在终端机较集中的地区，可采用集中管理器把附近群集的终端机连接起来，通过高速线路与远程中心计算机的前置处理机相连。这样的远程联机系统既提高了线路的利用率，又节约了远程线路的投资。典型示意图如图 5.1（b）所示。

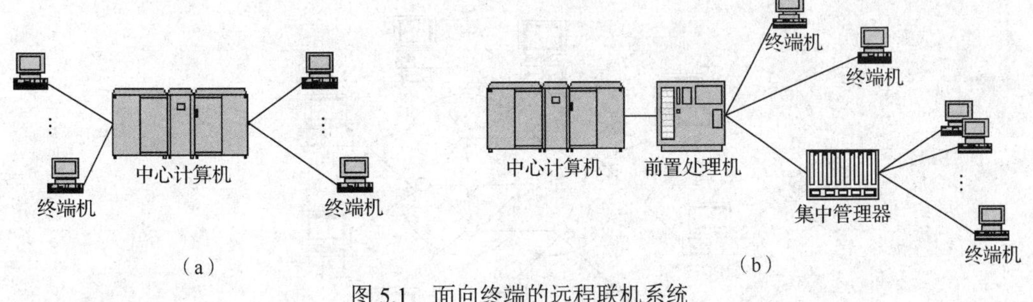

图 5.1　面向终端的远程联机系统

2．面向通信的计算机网络

随着面向终端的远程联机系统不断发展，连入的终端数目不断增加，网络中的通信任务逐渐变得沉重且复杂，并且越来越不可控制。其主要原因是由于中心计算机要处理的任务过多，负载过重所致。同时，随着计算机的逐步普及，更多的单位和部门开始拥有计算机，于是人们开始考虑采用多台计算机互相连接的网络模式，即将分布在不同地点的计算机通过通信线路互相连接成为面向通信的计算机网络。网络用户可以使用本地计算机的软件、硬件与数据资源，也可以使用网络中的其他计算机软件、硬件与数据资源，以达到计算机资源共享的目的。这一阶段研究的典型代表是美国国防部高级研究计划局（Defense Advanced Research Projects Agency，DARPA）的ARPAnet（亦称为ARPA网）。1969年，美国国防部高级研究计划局提出了将多个大学、公司和研究所的多台计算机互相连接的课题。最初的ARPA网只有4个结点，1973年发展到40个结点，1983年已经达到100多个结点。ARPA网通过有线、无线与卫星通信线路，使网络覆盖了从美国本土到欧洲与夏威夷的广阔地域。ARPA网是计算机网络技术发展的一个重要的里程碑，这种模式的计算机网络已体现出现代网络的基本特征。

1）采用了“分组交换”通信机制，即将网络中传送的信息划分成分组，这种计算机网络又称分组交换网。

2）整个网络由资源子网和通信子网组成，并以通信子网为主，更加强调通信资源的共享。

3）采用了具有层次结构的网络体系结构模型与协议体系。

ARPA网的研究成果对推动计算机网络发展的意义是深远的。在它基础之上，20世纪七八十年代计算机网络发展十分迅速，出现了大量的计算机网络，仅美国国防部就资助建立了多个计算机网络，同时还出现了一些研究试验性网络、公共服务网络和校园网等，如美国加利福尼亚大学劳伦斯原子能研究的OCTOPUS网、法国信息与自动化研究所的CYCLADES网、国际气象监测网WWWN、欧洲情报网EIN。

早期的面向终端的远程联机系统在数据通信和数据处理功能的划分尚不十分明显。在面向通信的计算机网络中，网络的数据处理与数据通信已具备清晰的界面划分，如图5.2所示。

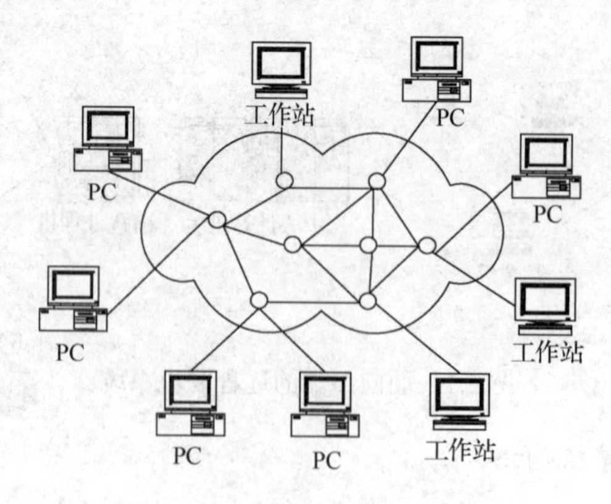

图5.2　面向通信的计算机网络

资源子网一般由计算机、终端、终端控制器、连网外部设备、各种软件资源和数据资源等组成，负责数据处理、提供网络资源及网络服务等。通信子网完成信息分组的传递工作，每个通信结点（注：通信结点可以看作一台计算机）具有存储转发功能，当通信线路繁忙时，每个分组能在结点存储、排队；当线路空闲时，分组被转发送出，从而提高了线路的利用率和整个网络的效率。

计算机网络中的通信子网可以是专用的，也可以是公用的。显然，为每一个计算机网络都建立一个专用通信子网的方法是不可取的，专用通信子网一般造价很高、线路利用率低，重复组建通信子网的投资浪费很大。随着计算机网络与通信技术的发展，20 世纪 70 年代中期世界上便出现了由国家邮电部门统一组建和管理的公用通信子网，即公用数据网 PDN。早期的公用数据网利用现有的采用模拟技术通信的电话通信网，新型的公用数据网采用数字传输技术和报文分组交换方法。公用分组交换网的组建为计算机网络的发展提供了良好的外部通信条件。

3．面向开放式标准化的计算机网络

20 世纪 70 年代，在资源共享需求的驱动下，多个国家和一些国际大公司陆续建立了自己的网络。这些网络体系结构不尽相同，不同的体系结构为网络的互联、互通带来困难。20 世纪 80 年代开始，人们着手寻找统一网络结构和协议的途径，以便实现范围更广、更便捷的网络互联方案。国际标准化组织（International Standards Organization，ISO）的计算机与信息处理标准化技术委员会 TC97 成立了一个分委员会 SC16，研究网络体系结构与网络协议国际标准化问题。经过多年卓有成效的工作，ISO 正式制定、颁布了开放系统互连参考模型（open systems interconnection reference model，OSI RM），简称 ISO/OSI RM，这个标准已被国际社会所公认，成为研究和制定新一代计算机网络标准的基础。20 世纪 80 年代，ISO 与 CCITT（Consultative Committee International Telephone and Telegraph，国际电话电报咨询委员会）等组织为参考模型的各层次制订了一系列的协议标准，组成了一个庞大的 OSI 基本协议集。我国也于 1989 年在《国家经济信息系统设计与应用标准化规范》中明确规定选定 OSI 标准作为网络建设标准。ISO/OSI RM 及标准协议的制定和完善有力地推动了计算机网络朝着健康的方向发展。很多大的计算机厂商相继宣布支持 OSI 标准，并积极研究和开发符合 OSI 标准的产品。时至今日，多种符合 OSI RM 协议标准的远程计算机网络、局部计算机网络与城市地区计算机网络已开始应用。计算机网络进入了面向开放式标准化的发展阶段。

4．网络互联与高速网络

随着计算机技术的发展，计算机的价格越来越低，性能越来越高，一个单位拥有的计算机越来越多，单位内部处理和交流的信息量越来越多。20 世纪 80 年代初期，计算机局域网变得越来越普及，人们开始考虑将各单位或部门的计算机网络实现互联，以满足不断增长的信息交流与资源共享的要求。目前计算机网络的发展正处于第四阶段，这一阶段计算机网络发展的特点是互联、高速、智能与更为广泛的应用。

Internet 被认为是最大的互联网。用户可以利用 Internet 实现全球范围的电子邮件、文件传输、信息查询、语音与图像通信服务功能。Internet 对推动世界社会、经济、文化和科学的发展产生了不可估量的作用。

1989 年，我国第一个公用分组交换网 CNPAC 正式运行。1993 年，我国又开始启动“三金”工程，即“金桥、金卡、金关”工程，使我国网络发展进入了一个新的时期。目前我国有四大互联网络：中国公用计算机互联网（ChinaNET）、中国科技网（CSTNET）、中国教育和科研计算机网（CERNET）、中国国家公用经济信息网（ChinaGBN）。

在互联网发展的同时，高速与智能网的发展也引起人们越来越多的注意。高速网络技术发展表现在宽带综合业务数据网 B-ISDN、帧中继、异步传输模式、高速局域网、交换局域网与虚拟网络上。随着网络规模的增大与网络服务功能的增多，各国都正在开展进一步的研究，我国在第二代 Internet 的研究上取得了显著的成就。如表 5.1 所示为计算机网络的发展历程。

表 5.1　计算机网络发展历程

阶段	起始年代	主要特征	典型例子
第一阶段	20 世纪 50 年代初	以单个计算机为中心的面向终端的远程联机系统	美国半自动地面防空系统 SAGE、美国航空订票系统 SABRE-1
第二阶段	20 世纪 60 年代中	多个自主计算机通过通信线路互相连接的面向通信的计算机网络	DARPAnet、加拿大的 DATAPAC、法国的 TRANSPAC、英国的 PSS、日本的 DDX
第三阶段	20 世纪 70 年代末	具有统一的网络体系结构，遵循国际标准化协议的计算机网络	ISO 与 CCITT 提出的 ISO/OSI RM
第四阶段	20 世纪 90 年代	网络互联与高速网络	Internet

5.1.3　计算机网络的分类

计算机网络按不同的标准进行如下分类。

1．按照网络的规模分类

按照网络的规模分类，计算机网络可分为局域网（local area network，LAN）、广域网（wide area network，WAN）和城域网（metropolitan area network，MAN）。

局域网是一种在小范围内实现的计算机网络，一般在一个单位或一幢大楼内部。局域网内各计算机之间的距离一般最大不超过 10km，传输速率较高，结构简单，布线复杂度低。广域网的范围很广，一般其跨度超过 100km，可以分布在一个省内、一个国家或几个国家，信道传输速率相对较低，网络结构形式比较复杂。城域网是在一个城市内部组建的计算机信息网络，一般在方圆 10～100km 范围内，世界上有许多城市曾建设过城域网。

2. 按照网络拓扑结构分类

按照网络拓扑结构分类，计算机网络可分为星形网络、树形网络、总线型网络、环形网络和网状网络。

3. 按照数据交换方式分类

按照数据交换方式分类，计算机网络可分为线路交换网络、报文交换网络和分组交换网络。

4. 按照网络使用的传输技术分类

按照网络使用的传输技术分类，计算机网络可分为广播式传输网络和点对点传输网络。广播式传输网络是指网络中的计算机或设备使用一个共享的通信介质进行数据传播，网络中的所有结点都能收到任意一个结点发出的数据信息。点对点传输网络是指两个结点之间的通信方式是点对点的。如果两台计算机之间没有直接连接的线路，那么它们之间的分组传输就要通过中间结点进行接收、存储、转发，直至目的结点。

5. 按照网络的频带分类

按照网络的频带分类，计算机网络可分为基带网和宽带网。

6. 按照网络的使用范围分类

按照网络的使用范围分类，计算机网络可分为公用网和专用网。

7. 按照网络中计算机所处的地位的不同分类

按照网络中计算机所处的地位的不同分类，计算机网络可分为对等网和基于客服机、服务器模式的网络。

8. 按照传输介质分类

按照传输介质分类，计算机网络可分为有线网和无线网。

关于计算机网络的分类方法还有很多，分类的目的无非是突出网络的某方面特性，其中，最为大众所熟悉和接受的是按照网络规模的分类。

近年来，无线网络获得了长足的发展。无线网络弥补了有线网络的不足，达到网络延伸的目的。与有线网络相比，无线网络使用了无线技术来进行通信，以方便经常更换工作场所的使用者，或者用于有线局域网络架设受环境限制的场合。

无线局域网（wireless local area networks，WLAN）是基于无线技术组建的局域网，是一种利用射频（radio frequency，RF）技术进行数据传输的系统。WLAN 使用 ISM（industrial scientific medical）无线电广播频段通信。与有线局域网相比，由于无线网络没有使用网线，所以有以下一些额外的技术要求。

（1）可靠性

无线局域网的系统分组丢失率应该低于 10^{-5}，误码率应该低于 10^{-8}。

（2）兼容性

对于室内使用的无线局域网，应尽可能使其与现有的有线局域网在网络操作系统和网络软件上相互兼容。

（3）通信保密

由于数据通过无线介质在空中传播，无线局域网必须在不同层次采取有效的措施以提高通信保密和数据安全性能。

（4）移动性

支持全移动网络或半移动网络。

（5）小型化、低价格

小型化、低价格是无线局域网得以普及的关键。

（6）电磁环境

无线局域网应考虑电磁对人体和周边环境的影响问题。

无线局域网使用的硬件包括：无线网卡、无线局域网的接入点、无线天线。

在无线局域网的标准中，最常见的是美国的国际电子电机学会召开的 802.11 委员会制定的系列标准。例如，业界中常用的无线网络标准有 IEEE 802.11a 和 IEEE 802.11b。

目前人们经常提到的 Wi-Fi 其实是 WLAN 的一个标准，Wi-Fi 概念包含于 WLAN 概念中，属于服从 WLAN 协议中的一项技术，但两者发射信号的功率不同，覆盖范围不同。

无线广域网（wireless wide area network，WWAN）是采用无线网络把物理距离极为分散的局域网连接起来的通信方式。WWAN 连接地理范围较大，常常是一个国家或一个省。其目的是让分布较远的各局域网互联，它的结构分为末端系统（两端的用户集合）和通信系统（中间链路）两部分，采用 IEEE 802.20 标准。

由于无线网络建设可以不受山川、河流、街道等复杂地形限制，并且具有灵活机动、周期短和建设成本低的优势，适合于各类大型企业通过无线网络将分布于两个或多个地区的建筑物或分支机构连接起来，因此，目前应用在电力系统、医疗系统、税务系统、交通系统、银行系统、调度系统等众多领域。

5.1.4 计算机网络的拓扑结构

拓扑是一个数学概念，它把物理实体抽象成与其大小和形状无关的点，把连接实体的线路抽象成线，进而研究点、线、面之间的关系。从拓扑学的观点来看，计算机网络是由一组结点和链路组成的几何图形，这种几何图形就是计算机网络的拓扑结构，它反映了网络中各种实体之间的结构关系。

计算机网络拓扑结构按几何图形的形状可分为 5 种类型，分别是总线型、星形、环形、树形和网状拓扑结构。这些形状也可以组合成混合型拓扑结构。

1．总线型拓扑

用一条称为总线的单根电缆将网上所有微型计算机以线性方式连接起来，这种布局方式称为总线型拓扑结构，如图 5.3（a）所示。

在总线型拓扑结构中，任何一个结点的信息都可以沿着总线向两个方向传输扩散，并且能被总线中的任何一个结点所接收。由于其信息向四周传播，类似于广播电台，故总线型网络也称广播式网络。

总线型布局的优点是，结构简单灵活，非常便于扩充，网络响应速度快，便于广播式工作；缺点是总线的负载能力限制了总线长度和结点数量，另外，一个结点出故障可能会影响整个网络。

2．星形拓扑

以一个中央结点为中心与各结点相连接而组成的布局方式称为星形拓扑结构，如图 5.3（b）所示，各结点与中央结点通过点与点方式连接，中央结点执行集中式通信控制策略。

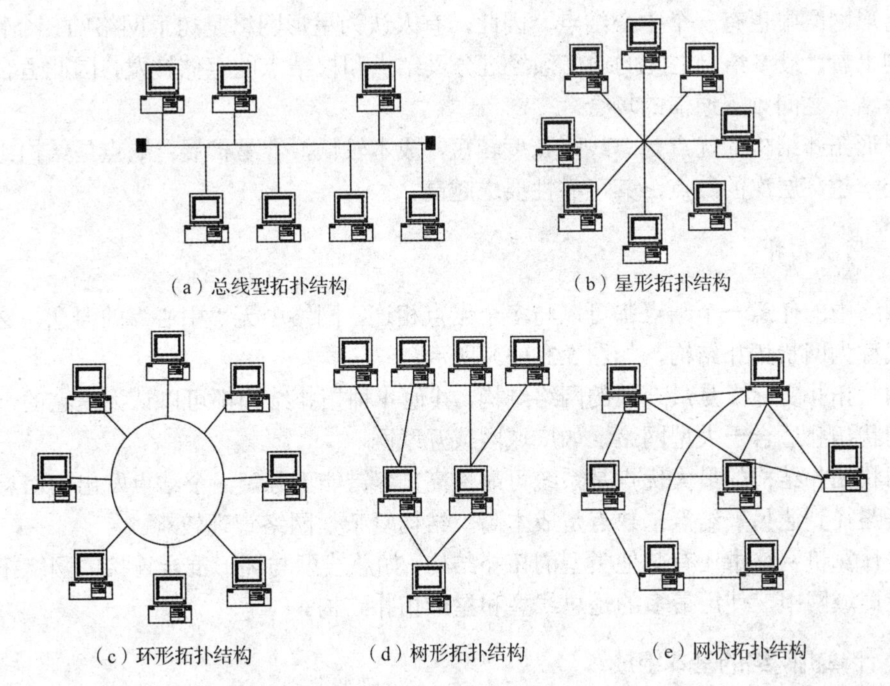

图 5.3　计算机网络的拓扑结构

星形拓扑结构的优点是网络结构简单、集中控制、便于管理、联网方便；缺点是中央结点负担重，若发生故障则全网都不能工作。因此，中央结点必须具有高可靠性。

3．环形拓扑

网中各结点通过环路接口连在一条首尾相连的闭合环形通信线路中，这种布局方式称为环形拓扑结构，如图 5.3（c）所示。

网络环路上的任何结点均可以请求发送信息，请求一旦被批准，便可以向环路发送信息，信息在环路上单向传输。由于环线公用，一个结点发出的信息必须穿越环中所有的环路接口，信息流中的目的地址与环上某结点地址相符时，信息被该结点的环路接口所接收，而后，信息继续流向下一环路接口，一直流回到发送该信息的环路接口结点为止。

环形拓扑结构的优点是结构简单，控制方便，可靠性高；缺点是信息流经每个结点时都要存储转发，延长了信息到达目的地的传输时间。环形网一般适合于工厂自动化控制系统。1985 年，IBM 公司推出的令牌环网是一个典型例子。

4．树形拓扑

网络中各结点按层次进行连接，有根结点、分叉结点和最终结点，这种布局方式称为树形拓扑结构，如图 5.3（d）所示。

树形网络中也有一个中心结点，因此，有人认为星形网络是树形网络的一个特例。从结构上看，最终结点之间的通信须经过分叉结点和根结点的存储转发，因此适合于仅上下级结点之间频繁通信的场合。

树形拓扑结构的优点是总线路长度较短，成本较低，容易扩展；缺点是结构比较复杂，处于越高层次的结点，其可靠性要求越高。

5．网状拓扑

网络中的任意一个结点都可以与多个结点相连，网络中无“中心”的概念，这种布局方式称为网状拓扑结构，如图 5.3（e）所示。

网状拓扑实际上是最一般的网络结构，其他 4 种拓扑结构都可以认为是它的一种特例。网状拓扑适合于大型网络，如广域网或互联网。

网状拓扑结构的最大优点是系统可靠性高，容错能力强，一个结点发出的信息可取若干条路径到达另一结点；缺点是成本高，结构复杂，网络管理较难。

在计算机网络中还有其他类型的拓扑结构，如总线型与环形混合连接的网络拓扑结构。在局域网中，使用最多的是总线型和星形拓扑结构。

5.1.5 计算机网络的基本组成

计算机网络从逻辑功能上可分为通信子网和资源子网两部分，通信子网完成通信功能，资源子网完成用户数据处理任务。

在局域网中，通信子网由网卡、线缆、集线器、中继器、网桥、路由器、交换机等设备和相关软件组成。资源子网由连网的服务器、工作站、共享的打印机和其他设备及相关软件组成。

在广域网中，通信子网由一些专用的通信处理机（如交换机）及其所属软件、集中器等设备和连接这些结点的通信链路组成。资源子网由连接在网络上的所有主机及其外部设备组成。

一个完整的计算机网络系统是由网络硬件和网络软件所组成的。网络硬件是计算机网络系统的物理实现，网络软件是网络系统中的技术支持。两者相互作用，共同完成网络功能。

1．网络硬件

网络硬件是计算机网络系统的物质基础。要构成一个计算机网络系统，首先就要将计算机及其附属硬件设备与网络中的其他计算机系统连接起来。网络中的计算机常分为服务器和工作站，常见硬件设备有网卡、调制解调器、中继器和集线器、网桥、路由器和网关。

（1）服务器

服务器是指用于网络管理或提供某种服务的一台计算机，一般来说，充当服务器的计算机的性能是比较好的。服务器根据其作用的不同分为文件服务器、应用程序服务器和数据库服务器等。广义上的服务器是指提供某种特定服务的计算机或软件包。因此，服务器也可以指某种特定的程序，如 WWW（world wide web，万维网）服务器、FTP（file transfer protocol，文件传输协议）服务器等。

（2）工作站

工作站也称客户机，由服务器进行管理和提供服务的、连入网络的任何计算机都属于工作站，其性能一般不高于服务器。个人计算机接入网络后，在获取网络服务的同时，其本身就成为一台网络上的工作站。

（3）网卡

网卡也称网络适配器、网络接口卡（network interface card，NIC），网络中的任何一台计算机都应该配备一块网卡，连接在计算机适当的 I/O 接口上。网卡的主要功能是打包/拆包、发送/接收数据到计算机或其他网络设备中，如 CPU、内存或 Modem 等。

（4）调制解调器

调制解调器是接入 Internet 的必备的硬件设备。计算机中的信号制式和通信线路中的信号制式是不同的。调制解调器的作用是当计算机发送信息时，将计算机内部使用的信号转换为通信线路传输时使用的信号，通过通信线路发送出去；接收信息时，把通信线路上传来的信号转换为计算机可识别的信号并传送给计算机，供其存储和处理。通信线路中传输的信号可以是模拟电信号、光纤中的光信号等。

（5）中继器和集线器

中继器和集线器用于延伸网络的传输距离和便于网络布线。中继器对传输中的信号进行再生放大，用于连接同类型的两个局域网或延伸一个局域网；集线器是指一种将多台设备连接在一起的专用设备，一般提供检错和网络管理等有关功能。

（6）网桥、路由器和网关

网桥、路由器和网关用于网络互联。网桥用来连接相同类型的两个网络分支，从而减轻网络负荷。路由器用来连接两种不同类型的局域网，它能够识别数据的目的地址所在的网络，并能从多条路径中选择最佳的路径发送数据。如果两个网络不仅网络协议不一样，而且硬件和数据结构都大相径庭，那么就需要使用网关。

2．网络软件

在网络系统中，网络软件用来对网络资源进行全面的管理、调度和分配，并采取一系列的安全保密措施，防止用户对数据和信息不合理的访问而导致对数据和信息的破坏、丢失和窃取。

计算机网络中的软件通常包括以下几种。

1）网络操作系统（network operation system，NOS）：一套用以实现系统资源共享、用户管理和资源访问的应用程序，它是网络的心脏和灵魂。

2）网络协议：指的是网络设备之间进行互相通信的语言和规范。常用的网络协议有 IPX（internetwork packet exchange，网际包交换）、TCP/IP（transmission control protocol/internet protocol，传输控制协议/互联网协议）、NetBEUI（netbios enhanced user interface，增强用户接口）。TCP/IP 是 Internet 使用的协议。

3）网络通信软件：用来实现网络工作站之间的通信。

4）网络应用软件：为网络用户提供管理和获取网络资源的服务，并为网络用户解决实际问题的软件。

5.1.6 网络体系结构

设计出高效而又安全的网络结构是相当不容易的。人们根据设计软件系统的经验，将复杂而庞大的设计问题转化为一些较容易研究和处理的局部问题。在计算机网络体系结构的设计上，亦采用了这种思想，我们称这种技术为分层化设计技术。通过分层，简化了计算机网络通信模型的功能，有利于不同知识结构的人对通信机制的理解和掌握。

网络体系结构是计算机之间相互通信的层次，是各层中的协议和层次之间接口的集合。

前面提到，ISO 于 1982 年正式公布了一个网络体系结构——OSI RM 模型。OSI RM 模型将网络协议分成 7 个层次，如图 5.4 所示。以此为例，从下到上，简要介绍各层次的主要功能。

（1）物理层

物理层是最底层，处于传输介质之上，任务是确保一方发送的二进制信号“1”或“0”能正确到达接收方。例如，用多少伏电压表示二进制代码“1”和“0”，每一位传送需要多少微秒等。

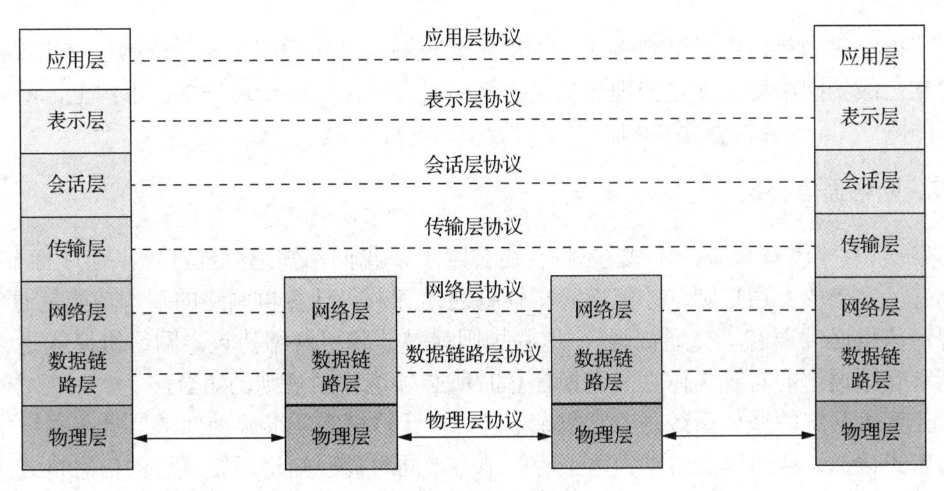

图 5.4　OSI RM 模型

（2）数据链路层

数据链路层的主要功能是为网络层提供一条无差错的可靠的传输线路。因此，在数据链路层需要完成差错控制、流量控制等功能。

（3）网络层

网络层的主要功能是在通信的源结点和目的结点之间选择一条最佳路径。因此，在网络层需要完成路径选择和防止子网阻塞的拥塞控制等功能。

（4）传输层

传输层提供端到端的可靠的数据传输服务。端到端也即主机到主机，传输层使高层不必再关心通信子网的存在。在传输层还需要完成差错控制、顺序控制和流量控制功能。

（5）会话层

会话层为不同机器上的两个互相通信的应用进程之间建立会话连接，还提供会话管理、同步管理等功能。

（6）表示层

表示层提供数据表示形式的层次，主要解决信息的语法表示问题，以使通信双方了解交换数据的意义，此层功能相当于一个翻译家。

（7）应用层

应用层是 OSI RM 模型的最高层次，一般由用户根据应用情况来选择其内容，如电子邮件、目录查询等功能。在另一个常用网络协议集——TCP/IP 集中，应用层包含会话层和表示层。

通过以上阐述，所谓网络体系结构是指计算机网络各层次及其协议的集合。在网络分层体系结构中，每个层次在逻辑上都是独立的，每一层都有具体的功能，层与层之间的功能都有明显的界限。协议总是指某一层协议，准确地说，它是为通信双方对等层之间的通信制定的有关通信规则和约定的集合。

值得一提的是，由于 ISO 提出的 OSI RM 模型在理论研究上落后于具体网络实践，虽然它已成为网络协议建设的理想模型，但却很少有系统完全遵循它。事实上，最有影响力的网络 Internet 的体系结构，并不符合 OSI RM 模型。

5.1.7 网络通信协议

俗话说："没有规矩，不成方圆。"在公路上，我们都知道"红灯停，绿灯行"，正因为有了完善的交通规则，才能保障车辆畅通地行驶。计算机网络的基本功能是通信，要想通信也必须要有"交通规则"，这些规则就是计算机网络协议。网络协议就是计算机网络互相通信的对等实体之间交换信息时所必须遵守的规则的集合。

计算机网络的通信系统是非常复杂的，一台计算机需要准确地知道信息在网络中以什么形式传递，从而确保信息到达正确的地方，同时需要知道网络预设的信息格式（如信息的哪一部分是数据，哪一部分用于指定接收方的地址）等。只有这样，网络才能将数据顺利地传递至目的地。因此，网络中存在着各种各样的协议，它们对不同场景的通信过程起到协调指挥的作用。

现阶段的网络通信协议虽然有很多，但是在结构上看，它们都由 3 个要素组成，即语义、语法和时序。

1）语义：解释控制信息每个部分的意义。它规定了需要发出何种控制信息，以及完成的动作与做出响应之间的含义。

2）语法：用户数据和控制信息的结构与格式，以及数据出现的顺序。

3）时序：对事件发生顺序的详细说明。

可以形象地把这 3 个要素描述为，语义表示要做什么，语法表示要怎么做，时序表示做的顺序。

由于网络在体系结构上看是分层的，在网络结构的不同层中都有各自的协议。体系结构不同的网络，层也不同，因此协议也是全然不同的。

常见的网络通信协议集有 TCP/IP、IPX/SPX 协议、NetBEUI 协议等。

TCP/IP 具有很强的灵活性，支持任意规模的网络，可连接大多数的服务器和工作站。在使用 TCP/IP 时需要进行一些复杂的设置，每个结点至少需要一个 IP 地址、一个子网掩码、一个默认网关、一个主机名，对于一些初学者来说使用不太方便。

IPX/SPX 协议是 Novell 公司的通信协议集。IPX/SPX 协议具有强大的路由功能，适合于大型网络使用。当用户端接入 NetWare 服务器时，IPX/SPX 协议及其兼容协议是最好的选择。但在非 Novell 网络环境中，IPX/SPX 协议一般不使用。

NetBEUI 协议是一种短小精悍、通信效率高的广播型协议，安装后不需要进行设置，特别适合于在"网络邻居"传送数据。

Internet 的网络体系结构分为 4 层：网络接口层（又称链路层）、网络层（又称互联层）、传输层和应用层，每一层都有多种可用的协议。

例如，网络接口层协议有 Ethernet 802.3、Token Ring 802.5 等；网络层协议有 IP（internet protocol，互联网协议）、ICMP（internet control message protocol，互联网控制报文协议）等；传输层协议有 TCP（transmission control protocol，传输控制协议）和 UDP（user datagram protocol，用户数据报协议）；应用层协议有 FTP、Telnet 远程登录、HTTP（hypertext transfer protocol，超文本传输协议）等。

在选用网络协议时，要考虑以下几个因素。

1）如果网络存在多个网段或要通过路由器相连，就要使用具备路由和跨网段操作功能的协议；要尽量减少所使用的协议种类，以免加重运行与维护的负担；要注意协议的版本，选用最适合的版本的协议来使用。

2）如果两台实现互连的计算机之间进行通信，它们由于某种原因，使用了不同的通信协议，那么中间就会需要一个“翻译”进行协议之间的转换，这通常会影响网络通信的速率，也不利于网络的安全和稳定运行。

5.2　Internet 基础

网络的出现，改变了人们使用计算机的方式；而 Internet 的出现，又改变了人们使用网络的方式。Internet 使计算机用户不再被局限于分散的计算机上，同时也使他们脱离了特定网络的约束。任何人只要进入了 Internet，就可以利用网络中各种计算机上的丰富资源。

5.2.1　Internet 概述

Internet 又称互联网、因特网，是国际网络互联的英文简称，是世界上规模最大的计算机网络，更准确的说法是它是最大的互联网络，是地理位置不同的各种网络在物理上连接起来的全球信息网。

1969 年是 Internet 的雏形阶段，在当时，为了提高网络的可靠性，美国国防部高级研究计划局开始建立一个命名为 ARPAnet 的网络。由于 Internet 沿用了 ARPAnet 的核心技术 TCP/IP，人们普遍认为 ARPAnet 是 Internet 的雏形。

美国国家科学基金会在 1985 开始建立 NSFNET。美国国家科学基金会规划建立了 15 个超级计算中心及国家教育科研网，并以此作为基础，实现同其他网络的连接。NSFNET 成为 Internet 中主要用于科研和教育的主干部分，代替了 ARPAnet 的骨干地位。

1989 年，MILNET（由 ARPAnet 分离出来）实现和 NSFNET 连接后，就开始采用 Internet 这个名称。自此以后，其他部门的计算机网络相继并入 Internet，ARPAnet 也同时宣告解散。

20 世纪 90 年代初，商业机构开始进入 Internet，使 Internet 开始了商业化的新进程。随着商业网络和大量商业公司进入 Internet，网上商业应用取得高速的发展，同时也使 Internet 能为用户提供更多的服务，Internet 迅速普及和发展起来。1994 年 5 月，中国正式加入了 Internet，教育部主管的中国教育与科研网（CERNET）、中国科学院主管的中国科技网（CHINAGBN）两大互联网络已接入 Internet。据中国互联网络信息中心（CNNIC）报道，到 2021 年底，我国网民已达到 10.11 亿，互联网普及率达到 71.6%，中国国内网站数约为 422 万个，移动互联网接入流量达到了 1033GB。

Internet 已经发展成为影响最广、增长最快、市场潜力最大的产业之一，而且仍以超出人们所想象的速度在增长。可以说，Internet 已经开创了人类的一个新纪元。

5.2.2 IP 地址和域名系统

所有 Internet 上连接的计算机，从大型计算机到微型计算机都是以独立的身份出现的，其为主机。为了实现各主机之间的通信，每台主机都必须有一个唯一的网络地址，就好像每一个住宅都有唯一的门牌一样，这样才不至于在传输资料时出现混乱。

网络中每台主机所拥有的唯一的网络地址称为 IP 地址。IP 协议提供路由服务功能，因此，在每个 IP 数据报（数据报是 IP 协议传输数据的数据单位）中都不仅仅包含数据，还包含源 IP 地址和目的 IP 地址。

现阶段，广泛使用的 IP 协议称为 IPv4（internet protocol version 4，第 4 版互联网协议）。它使用 32 个二进制位来表示一个 IP 地址。理论上一共有 2^{32}（约 40 亿）个地址可供使用。

IPv6（internet protocol version 6，第 6 版互联网协议）是互联网工程任务组（internet engineering task force，IETF）设计的用于替代 IPv4 的下一代 IP 协议。它使用 128 个二进制位来表示一个 IP 地址。理论上一共有 2^{128} 个地址可供使用。目前，IPv6 仍处于发展和完善阶段。

在 IPv4 标准中，使用的是 32 位的寻址方式。理论上，IPv4 可以支持大约 40 亿个地址。然而，由于低效的地址分配规则，截至 2011 年，可用地址几乎已被分配完毕。另外，由于原先 IPv4 设计上的缺陷，剩余的地址也仅有一小部分可以利用，因此，IPv4 协议所能够提供的地址最终将全部耗尽。

IPv6 标准采用了长度为 128 位的 IP 地址，IPv6 是以扩充地址空间和减轻路由器负担为主要目的而设计的，不仅可以解决 IP 地址资源枯竭问题（可以提供 IP 地址数量将高达 2^{128}），还与采用 IPv4 的现行 TCP/IP 网络具有互换性，同时可以实现高速路由，以及提高网络安全性能，自动从事多种管理任务。这意味着该协议实际上可以支持几乎无限个计算机系统及连入到互联网中的各种设备。IPv6 具有广阔的发展前景并将带来巨大的经济效益。

1. IPv4 地址规则

在 IPv4 中，每个 IP 地址由 32 个二进制位组成，分为 4 字节，每字节 8 个二进制位，为了阅读方便，在每字节之间使用小数点分隔。但是，32 个位的二进制数在读写时不够方便直观。因此，在实践中，将每字节二进制数转换为十进制数来记录，具体格式为×××.×××.×××.×××，如 192.168.1.1 就是一个合法的 IPv4 地址。

根据 IP 地址中所表示的网络规模的不同，IP 地址被划分为 3 个主要类别：A 类、B 类和 C 类。

（1）A 类地址

A 类地址的表示范围为 0.0.0.0～127.255.255.255，用于超大型网络（百万结点）。A 类网络地址的二进制数从左向右第一位必须为 0。

（2）B 类地址

B 类地址的表示范围为 128.0.0.0～191.255.255.255，可分配给一般的中型网络（上千结点）。B 类网络地址的二进制数从左向右第一位必须为 1，第二位必须为 0。

（3）C 类地址

C 类地址的表示范围为 192.0.0.0～223.255.255.255，适用于小型网络（最多 254 个结点），如一般的局域网和校园网。C 类网络地址的二进制数从左向右第一位必须为 1，第二位必须为 1，第三位必须为 0。

除此之外，IPv4 地址规则中还包括一些其他地址分类和例外规则，限于篇幅，这里就不详细讲述了。

2．IPv6

IPv6 的地址长度是 128 位。为了记录方便，将这个 128 位的地址按每 16 位划分为一个段，将每个段转换为十六进制数，并使用冒号分隔。

例如，2000:0000:0000:0000:0001:2345:6789:abcd，这个地址很长，现有两种方法对这个地址进行压缩，以方便记录和传送。

1）前导零压缩法：将每一段的前导零省略，但是每一段都至少应该有一个数字。

例如，2000:0:0:0:1:2345:6789:abcd。

2）双冒号法：在一个以冒号十六进制数表示法表示的 IPv6 地址中，如果几个连续的段值都是 0，那么这些 0 可以简记为::。每个地址中只能有一个::。

例如，2000::1:2345:6789:abcd。

由于 IP 地址全是数字代码，既不直观又难以记忆，所以在 IP 地址的基础上，Internet 为主机又提供了一种面向用户的名称，即域名。最初，域名由几个英文单词组成，如 www. people.com.cn，其中 cn 代表中国，com 代表公司，people 代表人民网的域名，www 代表万维网，整个域名合起来的意义就比较清晰，即代表中国境内的人民网网站。

域名地址和用数字表示的 IP 地址实际上是同一个意义，只是表现形式不同而已。域名解析系统就是提供域名与 IP 地址相互映射的网络服务。当用户访问一个站点必须输入一个域名地址时，域名服务器就会自动搜索其对应的 IP 地址，然后访问该地址所表示的站点。例如，上网时输入的 www.sohu.com 会自动被转换成为 61.135.132.6。

域名系统采用层次结构，其域名类似于下列结构：计算机主机名．机构名．网络名．最高层域名。例如，在 bbs.people.com.cn 中，最高域名为 cn，次高域名为 com，最后一个域为 people，主机名为 bbs。

在我国，数字域名系统和中文域名系统都已经成功研制出来，为只使用汉语访问 Internet 的人提供了一定的便利。

5.2.3 Internet 接入技术

目前，接入 Internet 的常用方法有以下几种。

1．调制解调器接入

调制解调器接入又称拨号上网。通过调制解调器，采用拨号上网接入 Internet 的方式在 20 世纪 90 年代以来非常流行，其优点是价格低廉、安装简单、使用方便，缺点是上网速度受到限制，由于其使用公共电话线路，最高传输速率不超过 56Kb/s，因此比较适合于传输量较小的个人用户和不经常上网的家庭用户。

2．ISDN

ISDN（integrated services digital network，综合业务数据网）又称一线通，可利用一条电话线同时打电话和上网。采用 ISDN 技术接入 Internet，用户可以得到最高 128Kb/s 的接入速率，尽管如此，这种接入方式仍不能满足用户对 Internet 上出现的一些实时应用和多媒体应用的需求。ISDN 根据带宽不同，可以分为窄带 ISDN 和宽带 ISDN 两种。

3．ADSL 接入

ADSL（asymmetric digital subscriber line，非对称数字用户线）接入又称宽带上网，也可以实现打电话和上网两不误。它是运行在原有普通电话线上的一种新的高速宽带技术，使用这种技术可以将一组一般的电话线变成高速的数字线路，它可同时提供即时的电话、传真和高速的 Internet 服务。使用频分复用技术将话音与数据分开，话音和数据分别在不同的通路上运行。使用 ADSL 的用户有 512Kb/s～10Mb/s 的传输速率，采用该方式可以享受到先进的数据服务，如视频会议、视频点播、网上音乐等。ADSL 的优点在于它可以与普通电话共存于一条电话线上，即使边打电话边上网，也不会发生上网速率下降、通话质量下降的情况。伴随着宽带网络上的功能越来越多及宽带接入价位的逐步下降，ADSL 已在我国变得越来越普及。

4．DDN 接入

DDN（digital data network，数字数据网）采用一根专用线路接入 Internet，这种方式一般有 64Kb/s～10Mb/s 的传输速率。其具有传输质量高，时延小，通信速率可以自主变化、全透明传输，可支持数据、图像、话音等多媒体业务和方便地组建虚拟网，建立自己的网管中心等优点。目前，对传送量较大的企事业单位多采用 DDN 接入。不过，

对于普通的个人用户来说，DDN 的费用偏高，采用较少。

5．线缆调制解调器

线缆调制解调器利用有线电视的电缆进行信号传送，不但具有调制解调功能，还集路由器、集线器、桥接器于一身，理论传输速度可达 10Mb/s。通过线缆调制解调器上网，每个用户都有独立的 IP 地址，相当于拥有了一条个人专线。

6．小区宽带

网络服务商采用光纤接入到楼 FTTB（fiber to the building，光纤到大楼）或小区，再通过网线接入用户家，为整幢楼或小区提供共享带宽，速率可达到 100Mb/s。

其他还有更高速的宽带接入、光纤接入和无线接入等方式，目前 ADSL 接入和移动通信网络已经成为家庭用户和个人用户上网的主要接入方式。可以预见，随着国内经济发展与科技进步，国内上网速度一定会越来越快，而价格则会更低。

5.2.4　Internet 应用

进入 Internet 后就可以利用网络中的各种资源，同世界各地的人们自由通信和交换信息，以及去做通过计算机能做的各种各样的事情，使用 Internet 提供的各种服务。自从 Internet 出现以来，它所提供的服务变得越来越丰富。

1．WWW 浏览服务

WWW 也称 Web，是最常使用的 Internet 功能。连入 Internet 后，有一半以上的时间都是在与各种各样的 Web 页面打交道。在 Web 方式下，可以浏览、搜索、查询各种信息，可以发布自己的信息，可以与他人进行实时或非实时的交流。

2．电子邮件 E-mail 服务

在 Internet 上，电子邮件或称为 E-mail 系统，是使用最多的网络通信工具，E-mail 已成为备受欢迎的通信方式。可以通过 E-mail 系统同世界上任何地方的朋友交换电子邮件。不论对方在哪个地方，只要他也可以连入 Internet，那么你发送的信只需要几分钟的时间就可以到达对方的手中了。

3．远程登录服务

远程登录就是通过 Internet 进入和使用远距离的计算机系统，就像使用本地计算机一样。远程计算机可以在同一间屋子中，也可以远在数千米之外。它使用的工具是 Telnet。它在接到远程登录的请求后，就试图把你所在的计算机同远程计算机连接起来。一旦连通，你的计算机就成为远程计算机的终端。可以正式登录系统成为合法用户，执行操作命令，提交作业，使用系统资源。在完成操作任务后，通过注销退出远程计算机系统，同时也退出 Telnet。

4．文件传输 FTP 服务

FTP 是 Internet 上最早使用的文件传输程序。它同 Telnet 一样，是使用户能登录 Internet 的一台远程计算机，把其中的文件传送回自己的计算机系统，或者反过来，把本地计算机上的文件传送并装载到远方的计算机系统。利用这个协议，用户可以下载免费软件，或者上传自己的文件。

5.3 计算机网络安全

计算机网络技术的迅猛发展及网络系统应用的日益普及，给人们的生产方式、生活方式和思维方式带来极大的变化。但是，计算机网络系统是开放的系统，任何单位或个人都可以在网上传播和获取各种信息，互联网这种具有开放性、共享性、国际性的特点就对计算机网络安全提出了挑战。如何保证网络中计算机和信息的安全是一个重要且不可忽视的问题。在全球范围内，针对重要信息资源和网络基础设施的入侵行为和企图入侵行为从未停止，网络攻击与入侵行为对国家安全、经济和社会生活构成了极大的威胁。因此，网络安全已成为世界各国共同关注的焦点。研究网络安全已经不仅仅只是为了信息和数据安全，它已经涉及国家发展的基础领域。

5.3.1 计算机网络安全的定义

网络安全就是保护计算机网络硬件、软件及其系统中的数据不受偶然的或恶意的原因而遭到破坏、篡改、窃听、假冒、泄露、非法访问，使网络系统连续可靠正常地运行，维持网络服务不中断。

计算机网络安全包括两个方面，即物理安全和逻辑安全。物理安全指系统设备及相关设施受到物理保护，以免被破坏、丢失等。逻辑安全包括信息的完整性、保密性和可用性。

广义来说，凡是涉及网络上信息的保密性、完整性、可用性、不可否认性和可控性的相关技术和理论都是网络安全的研究领域。从其本质上来讲，网络安全就是网络上的信息安全。网络安全是一门涉及计算机科学、网络技术、通信技术、密码技术、信息安全技术、应用数学、数论、信息论等多种学科的综合性学科。网络安全的具体含义会随着“角度”的变化而变化。

计算机网络安全不仅包括组网的硬件、管理控制网络的软件，也包括共享的资源，快捷的网络服务，所以定义网络安全应考虑涵盖计算机网络所涉及的全部内容。参照 ISO 给出的计算机安全定义，认为计算机网络安全是指“保护计算机网络系统中的硬件、软件和数据资源，不因偶然或恶意的原因遭到破坏、更改、泄露，使网络系统连续可靠性地正常运行，网络服务正常有序”。

5.3.2　计算机网络存在的安全问题

对计算机信息构成不安全的因素有很多，包括人为的因素、自然的因素和偶发的因素。其中，自然因素主要包括自然灾害的破坏，如地震、雷击、洪水及其他不可抗拒的天灾造成的损害，以及因网络及计算机硬件的老化及自然损坏造成的损失。人为因素是指，无意失误、误操作引起文件被删除、磁盘被格式化，或因为网络管理员对网络的设置不当造成的安全漏洞，用户安全意识不强，用户口令选择不慎，用户将自己的账号随意转借他人或与别人共享等，或一些不法之徒利用计算机网络存在的漏洞，潜入计算机机房，盗用计算机系统资源，非法获取重要数据、篡改系统数据、破坏硬件设备、编制计算机病毒。人为因素是对计算机信息网络安全威胁最大的因素。偶发因素是指设备技能失常、电源故障及软件开发中的漏洞等，虽然出现概率不大，不过也是不可忽视的。计算机网络不安全因素主要表现在以下几个方面。

1．计算机病毒

计算机病毒是长期以来计算机网络技术最大的安全隐患，是指干扰计算机网络的正常运行，具有很强的破坏性、隐蔽性、传染性和潜伏性的，使用较高的编程技巧编写的计算机程序。近年来，计算机病毒随着计算机技术的发展也迅速发展，种类不断增多且破坏性增强。当前，主要的计算机病毒形式有蠕虫病毒、脚本病毒、木马病毒和间谍病毒 4 种形式。蠕虫病毒以计算机系统漏洞作为攻击目标，对计算机终端进行攻击，通过对计算机系统的控制和攻击，控制计算机的主程序，具有很大的变异性和传播性，较为著名的蠕虫病毒代表为熊猫烧香病毒；脚本病毒主要通过互联网网页脚本进行传播；木马病毒的诱骗性极强，以窃取用户数据为目的；间谍病毒主要是劫持用户的主页和连接，以强制增加用户对其网站的访问量。当前计算机网络安全受到计算机病毒危害的情况最为普遍，其危害性大、传播速度快、传播形式多，特别是通过网络传播的病毒，对计算机网络的破坏性更强，清除难度更大，是用户面临的计算机网络安全问题之一。

2．操作系统安全问题

操作系统是计算机运行的基础程序，是其他应用软件程序运行的平台。因此，操作系统成为计算机网络安全的重要方面。当前在计算机中普遍使用的操作系统，大多存在技术缺陷，导致大量的安全漏洞，使操作系统软件成为计算机病毒和黑客攻击的首要目标，为计算机网络带来安全隐患。此外，用户不及时进行操作系统的补丁修复、随意传播和下载局域网软件和盗版软件、人为的操作失误等，都是造成计算机网络安全隐患的原因。

3．网络黑客攻击

网络黑客是指攻击者通过 Internet 对用户网络进行非法访问、破坏和攻击，其危害性由黑客的动机决定，有些黑客出于好奇只是窥探用户的秘密或隐私，并不破坏计算机系统，危害不是很大。有些黑客因为愤怒、报复、抗议，非法侵入篡改用户目标网页和内容，设法羞辱和攻击用户，造成严重的负面影响，迫使网络瘫痪。有些黑客则是恶意攻击和破坏，入侵用户的计算机系统中将重要的数据窃取、篡改、毁坏、删除。例如，窃取国防、军事、政治等机密，损害集体和个人利益，危及国家安全；又如，非法盗用账号提取他人银行存款，或进行网络勒索和诈骗。由此可见，黑客入侵对计算机网络的攻击和破坏后果是不堪设想的。

网络黑客攻击的形式主要包括以下几种：①利用性攻击，主要是指窃取密码和木马病毒等对计算机系统进行控制；②拒绝服务式攻击，拒绝服务式攻击是指 DOS 攻击，最严重的是分布式的服务拒绝，以多台计算机和网络连通性为其攻击目标，如发送巨大流量的数据包导致网络传输流量耗尽，网络无法为正常用户提供数据传输服务，最终导致瘫痪；③虚假信息攻击，主要包括电子邮件和 DNS 攻击，通过将信息来源和邮件发送者的身份进行劫持和植入虚假信息等，导致计算机易受到病毒攻击；④脚本攻击，主要通过网页的脚本漏洞进行传播，常见的形式就是用户主页被劫持和不断弹出网页，直至系统因资源耗尽而崩溃。

4．IP 地址被盗用

在局域网中经常会发生盗用 IP 地址的现象，这时用户计算机上会弹出 IP 地址被占用的提示框，导致用户不能正常使用网络。被盗用的 IP 地址权限一般较高，盗用者常会通过网络以隐藏的身份对用户进行骚扰和破坏，给用户造成较大的损失，严重侵害了使用网络用户的合法权益，导致网络安全受到极大的威胁。

5．垃圾邮件泛滥破坏网络环境

垃圾邮件一般是指未经过用户许可强行发送到用户邮箱中的电子邮件。垃圾邮件的泛滥已经使 Internet 不堪重负。在网络中大量垃圾邮件的传播，侵犯了收件人的隐私权和个人信箱的空间，占用了网络带宽，造成服务器拥塞，严重影响网络中信息的传输能力，降低了网络的运行效率。

6．计算机网络安全管理不到位

计算机网络安全管理机构不健全，岗位职责不明，管理密码和权限混乱等，导致网络安全机制缺乏，安全防护意识不强，使计算机网络风险日益加重，这都会为计算机病毒、黑客攻击和计算机犯罪提供破坏活动的平台，从而导致计算机网络安全受到威胁。

5.3.3 计算机网络安全的防范技术

面对日益严峻的网络安全漏洞问题，应通过严格访问控制、网络安全的审计、防火墙安装及病毒等防范策略来实时地保证信息的完整性和正确性，为网络提供强大的安全服务。

1．防火墙技术

防火墙技术是应用最为广泛的计算机网络安全处理技术，它的核心思想是在不安全的网络环境中构造一个相对安全的子网环境。防火墙的最大优势就在于可以对两个网络之间的访问策略进行控制，限制被保护的网络与互联网络之间，或者与其他网络之间进行的信息存取、传递操作。它具有以下特点：所有的从内部到外部或从外部到内部的通信都必须经过它的允许；只有内部访问策略授权的通信才允许通过；使系统本身具有很高的可靠性。

（1）防火墙的种类

防火墙主要包括应用级防火墙和包过滤防火墙两类。

1）应用级防火墙主要安装在服务器上，从源头对进入服务器的数据进行扫描，当发现不正常或恶意的攻击行为时，即将代理服务器与内网服务器之间的传输中断，阻挡病毒进行传播，保护网络用户的安全。

2）包过滤防火墙是指对经过路由器传输到计算机主机的数据进行安全隐患的过滤，由于数据都需要经路由器传输到计算机，这种安全技术可以很好地拦截危险和未知的数据，并告知用户，提高安全防范意识。

（2）防火墙的体系结构

1）双重宿主主机体系结构。它是由具有双重宿主功能的主机构筑的，是最基本的防火墙结构。主机充当路由器，是内外网络的接口，能够从一个网络向另一个网络发送数据包。这种类型的防火墙完全依赖于主机，因此该主机的负载一般较大，容易成为网络瓶颈。

2）屏蔽主机体系结构，又称主机过滤结构，它使用单独的路由器来提供内部网络主机之间的服务，在这种体系结构中，主要的安全机制由数据包过滤系统来提供。相对于双重宿主主机体系结构，这种结构允许数据包从 Internet 上进入内部网络，因此对路由器的配置要求较高。

3）屏蔽子网体系结构。它是在屏蔽主机体系结构基础上添加额外的安全层，并通过添加周边网络更进一步把内部网络和 Internet 隔离开。为此这种结构需要两个路由器，一个位于周边网络和内部网络之间，另一个在周边网络和外部网络之间。这样黑客即使攻破了堡垒主机，也不能直接入侵内部网络，因为他还需要攻破另外一个路由器。

2．防病毒技术

病毒是计算机网络安全的一大隐患，计算机病毒可以说无孔不入。处于网络中的计算机不使用防病毒软件是非常危险的。因此，应该为个人计算机安装正规的防毒软件，及时更新防毒软件的病毒数据库。对从网络中下载或接收到的文件，应进行扫描和病毒查杀，特别是对于不明文件，需要在病毒查杀确认安全后再使用。对于攻击目标是操作系统的计算机病毒，需要及时更新个人计算机的操作系统，安装系统更新补丁，确保系统处于最新最安全的状态。一些木马等病毒常通过盗版软件和不良网站等进行传播，计算机用户要减少对这些网站的浏览和访问，不要随意下载盗版的软件、不要轻易使用来源不明的软件。常见的商业杀毒软件有360安全卫士、卡巴斯基、瑞星杀毒、金山毒霸等。

3. 数据加密和访问控制技术

数据加密作为最传统的安全技术，是为提高信息系统及数据的安全性和保密性，防止秘密数据被外部解密所采用的主要手段之一。数据加密技术按作用不同可分为数据存储加密、数据传输加密、数据完整鉴别，以及密钥的管理技术。数据存储加密技术以防止在存储环节上的数据丢失为目的。数据传输加密技术的目的是对传输中的数据流加密。数据完整鉴别是对信息进行传送、存取，并处理人的身份，以及对相关数据内容进行验证，达到保密要求，系统通过对比验证输入的特征值是否符合预先设定的参数，实现对数据的安全保护。

数据加密主要用于对动态信息的保护，数据加密技术分为两类，即对称加密和非对称加密。对称加密是常规的以口令为基础的技术，加密密钥与解密密钥是相同的，或者可以由其中一个推知另一个，这种加密方法可简化加密处理过程，信息交换双方都不必彼此研究和交换专用的加密算法。如果在交换阶段私有密钥未曾泄露，那么机密性和报文完整性就可以得以保证。目前，广为采用的一种对称加密方式是数据加密标准，数据加密标准一般应用在资金转账领域中。非对称加密是密钥被分解为一对（即公开密钥和私有密钥）。这对密钥中的任何一把都可以作为公开密钥通过非保密方式向他人公开，而另一把作为私有密钥加以保存。公开密钥用于加密，私有密钥用于解密。私有密钥只能由生成密钥的交换方掌握，公开密钥可广泛公布，但公钥只对应于生成密钥的交换方。非对称加密方式可以使双方无须事先交换密钥就可以建立安全通信，广泛应用于身份认证、数字签名等信息交换领域。

访问控制技术包括入网访问控制、授权方式和遵循原则等，对主体与客体之间的访问过程进行规则约束。

4. 虚拟专用网络

虚拟专用网络（virtual private network，VPN）是将物理分布在不同地点的网络通过公用骨干网连接而成的逻辑上的虚拟子网。它可以帮助异地用户、公司分支机构、商业伙伴及供应商与内部网建立可信的安全连接，并保证数据的传输安全。为了保障信息的安全，VPN技术采用了鉴别、访问控制、保密性和完整性等措施，以防止信息被泄露、篡改和复制。VPN技术可以在不同的传输协议层实现，如在应用层有SSL（secure socket layer，安全套接字层）协议，它广泛应用于Web浏览程序和Web服务器程序，提供对等的身份认证和应用数据的加密。在会话层有Socks协议，在该协议中客户程序通过Socks客户端的1080端口透过防火墙发起连接，建立到Socks服务器的VPN隧道，在网络层有 IPSec 协议，它是一种由 IETF 设计的端到端的确保 IP 层通信安全的机制，对 IP 包进行的 IPSec 处理有 AH（authentication header，鉴别头）和 ESP（encapsulating security payload，封装安全负载）两种方式。

5．杜绝垃圾邮件

垃圾邮件已经成为计算机网络安全的又一个公害。为了阻止垃圾邮件，首先要保护自己的邮件地址，不要在网上随意登记和公开自己的邮件地址，预防垃圾邮件骚扰。其次使用邮件系统中的垃圾过滤功能，对垃圾邮件进行针对性过滤，将收到的垃圾文件自动清理。目前许多邮箱系统具有自动回复邮件的功能，这个功能使用不当就会给垃圾邮件以可乘之机，所以要谨慎使用邮箱的自动回复功能。另外，对邮箱中的不明或可疑邮件最好不要打开，也不要回复，这样也能有效避免垃圾邮件的骚扰和潜在的破坏。

6．网络安全的审计和跟踪技术

审计和跟踪机制一般情况下并不干涉和直接影响主业务流程，而是通过对主业务进行记录、检查、监控等来完成以审计、完整性验证等要求为主的安全功能。

审计和跟踪所包括的典型技术有漏洞扫描系统、入侵检测系统（IDS）、安全审计系统等。入侵检测系统是作为防火墙的合理补充，能够帮助系统对付网络攻击，扩展了系统管理员的安全管理能力（包括安全审计、监视、进攻识别和响应），提高了信息安全基础结构的完整性。入侵检测是一种主动保护网络和系统安全的技术，它从计算机系统或网络中采集、分析数据，查看网络或主机系统中是否有违反安全策略的行为和遭到攻击的迹象，并采取适当的响应措施来阻挡攻击，降低可能的损失。它能提供对内部攻击、外部攻击和误操作的保护。入侵检测系统可分为基于主机的入侵检测系统和基于网络的入侵检测系统两类。

7．加强网络安全管理

加强网络安全管理，为计算机网络的安全运行制定合理有效的规章制度，是保证计算机网络健康、安全发展的关键。加强网络安全管理主要包括：加强计算机网络安全运行维护的规章制度和应急处理方案；对网络恶意攻击者进行适当的处罚，遏制网络犯罪；加强计算机网络安全保护队伍建设，培养高素质人才，以应对不断发展的计算机网络技术；制定计算机操作和使用规范，做好硬件保护；进行计算机安全等级划分等。

计算机网络的安全管理，需要建立相应的安全管理机构，制定岗位职责，实施网络系统的安全标准，提高计算机网络安全的管理能力和业务水平。做好重要数据随时备份和加密，严禁重要数据泄露，定期维护计算机网络系统的安全运行，提高用户健康上网意识，防患于未然。

综上所述，计算机网络安全是一个综合、复杂的系统工程。网络安全随着网络技术的发展将面临更为严重的挑战，为此人们要不断提高计算机网络安全意识，定期对网络系统进行维护；不断学习、积累和掌握计算机网络安全技术，防止未经授权用户的访问和破坏，避免计算机网络系统受到黑客侵害；经常查杀病毒，采取有效的防范措施，确保计算机网络系统的高效运行，使计算机网络发挥出更大、更好的作用。

本 章 小 结

本章首先介绍了计算机网络的概念，给出了计算机网络的定义，详细叙述了计算机网络的形成与发展、计算机网络的分类、计算机网络的拓扑结构、计算机网络的基本组成、网络体系结构与网络通信协议的概念。然后介绍了 Internet 基础知识，包括 Internet 的起源和发展、IP 地址和域名系统的概念、Internet 接入技术及 Internet 的典型应用。最后介绍了计算机网络安全的知识，给出了计算机网络安全的定义，描述了计算机网络中存在的安全问题，概述了常用的计算机网络安全防范技术。

第 6 章　算法与数据结构

6.1　算法概述

算法是指解题方案准确而完整的描述，是一系列解决问题的清晰指令。在我们的日常生活中，处处都在使用算法。算法的主体可以是人，也可以是计算机。算法的计算机实现即为程序，算法是程序的“灵魂”。

6.1.1　算法的基本含义

为了理解什么是算法，我们先来看一个日常生活中的事例。

【例 6.1】“烧水泡茶”有 5 道工序：①烧开水；②洗茶壶；③洗茶杯；④拿茶叶；⑤泡茶。

烧开水、洗茶壶、洗茶杯、拿茶叶是泡茶的前提。假设烧开水需要 15 分钟，洗茶壶需要 2 分钟，洗茶杯需要 1 分钟，拿茶叶需要 1 分钟，泡茶需要 1 分钟。

我们有多种“烧水泡茶”的方法，下面给出两种方法。

方法 1：

步骤 1：烧水。

步骤 2：水开后，洗茶壶、洗茶杯，拿茶叶。

步骤 3：泡茶。

方法 2：

步骤 1：烧水。

步骤 2：烧水过程中，洗茶壶、洗茶杯，拿茶叶。

步骤 3：泡茶。

上述两种方法都可以实现“烧水泡茶”的目的，每种方法中的所有步骤就构成了“算法”。算法就是解决问题的方法和步骤，一个问题可以用多种方法来解决，不同的方法对应的步骤不同。

我们日常生活中的所有活动、做任何事情都需要一定的步骤，也就是要讲究“算法”。在使用计算机解决问题时也需要遵循一定的步骤，使用计算机语言来描述的算法就是计算机程序。著名计算机科学家沃思教授指出：程序=算法+数据结构。数据结构是加工对象，程序的目的是加工数据，而如何加工数据是算法的问题。

编写计算机程序需要选择合适的方法，算法就是解决“做什么”和“怎么做”的方法。算法在计算机中的地位非常重要，它是程序的“灵魂”。在现实项目开发过程中，首先需要思考解决这个问题的算法是什么，只有精心设计的算法才能有效地解决问题。

6.1.2　算法的由来和特征

“算法”即演算法，中文名字出自《周髀算经》；英文原名为 algorism，指阿拉伯数字的运算规则，在 18 世纪演变为 algorithm。出自欧几里得《几何原本》所阐述的求两个数的最大公约数的过程，即辗转相除法被人们公认为是史上的第一个算法，从此 algorithm 的叫法一直沿用至今。简而言之，算法是为了解决一个特定问题而采取的有限步骤。

一个算法应该具备以下 5 个重要特征。

1）有穷性：任何算法都应该在有限步骤内完成。

2）确定性：组成算法的每一步都应该有明确的定义。算法的每个步骤都应清晰明了，没有二义性。

3）可行性：算法中的每一步都可以被执行，即可以分解为计算机可执行的基本操作。

4）输入：一个算法有 0 个或多个输入，用来说明运算对象的初始状态。零个输入是指算法本身已经给定了初始条件。

5）输出：一个算法有 1 个或多个输出，用来反映对输入数据加工后的结果。算法必须有结果，没有结果的算法是没有意义的。

6.1.3　算法的表示

算法的表示（描述）就是要将求解问题的思路和方法使用一种规范的、可读性强的、便于交流和共享的方式描述出来。下面介绍几种表示算法的方法。

1. 自然语言

自然语言就是我们生活中所使用的语言，如汉语、英语等，利用自然语言可以对现实世界中的事物和行为进行抽象和描述。算法采用自然语言来描述，优点是容易理解、书写方便。

【例 6.2】求 1～n 的累加和。

算法描述如下。

步骤 1：输入 n（假设 0≤n≤1000）。

步骤 2：累加和 sum 设置初值为 0。

步骤 3：自然数 i 设置初值为 1。

步骤 4：若 i 小于等于 n，则重复执行以下步骤。

sum=sum+i。

i=i+1。

步骤 5：输出 sum。

步骤 6：结束。

采用自然语言描述算法的缺点是，语法要求不严格，容易产生歧义；在逻辑复杂的情况下，语句烦琐冗长，直观性差且表达清晰度低。

2．计算机语言

计算机语言是一种人工语言，是人为设计出来的语言。使用计算机语言来描述算法，得到的结果就是程序，其优点是可以直接在计算机上运行并输出结果。

下面使用 C 语言来描述一个算法。

【例 6.3】求 3 个数中的最大值。

```
#include "stdio.h"
void main()
{
 int x,y,z,max;
 scanf("%d,%d,%d",&x,&y,&z);
 if(x>y)
  max=x;
 else
  max=y;
 if(z>max)
  max=z;
 printf("最大值为%d\n",max);
}
```

计算机语言具有严格的语法规则，初学者较难掌握。计算机语言有多种，一个算法可以使用多种程序设计语言来实现，这对于熟悉不同程序设计语言的人们来说，在沟通和交流上会产生一些障碍。

3．图形化工具

为了形象地描述算法，人们设计了许多专用的图形化工具，接下来介绍两种算法的图形表示方法。

（1）流程图

以特定的图形符号加上说明来表示算法的图称为流程图，流程图的标识说明如图 6.1 所示。对于例 6.2 求 1～n 的累加和，可以使用流程图来表示，如图 6.2 所示。

流程图形象直观、便于理解，可以直接转化为程序。流程图的应用领域广泛，其中的“流”可以是信息流、观点流或部件流等。流程图用来说明的某一过程可以是生产工艺流程、企业管理流程或事务处理流程等。

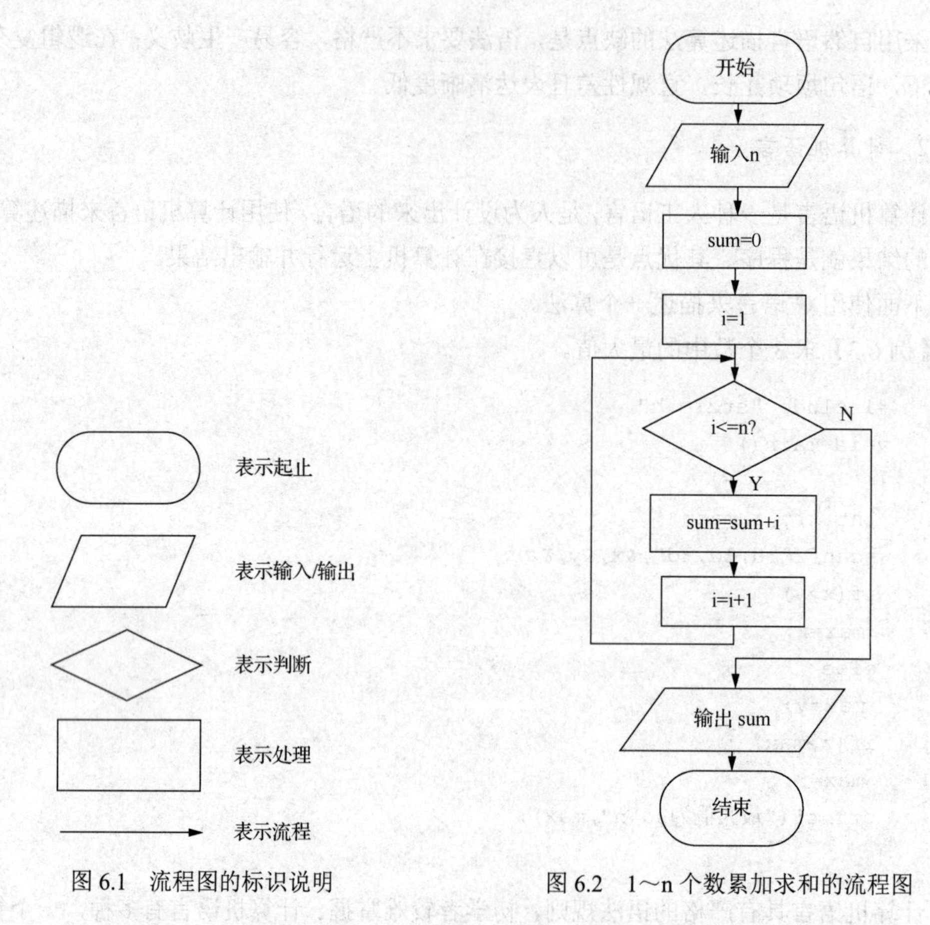

图 6.1　流程图的标识说明

图 6.2　1～n 个数累加求和的流程图

流程图所占篇幅较大，但使用流程线过于灵活，不受约束，可使流程任意转向，所以会造成在程序阅读和修改上的困难，不利于结构化程序的设计。

（2）N-S 图

随着结构化程序设计方法的出现，人们发现流程线不一定是必需的，1973 年美国学者 Nassi 和 Shneiderman 提出了一种新的流程图形式，这种流程图完全去掉了流程线，算法的每一步都用一个矩形框来描述，把一个个矩形框按执行的次序连接起来就是一个完整的算法描述。这种流程图采用两位学者名字的第一个字母来命名，称为 N-S 流程图。

对于例 6.2 求 1～n 的累加和，使用 N-S 流程图来表示，如图 6.3 所示。

N-S 流程图形象直观，容易理解，简单易学。除了几种标准结构的符号，N-S 流程图不再提供其他的描述手段，有效地保证了设计的质量，从而也保证了程序的质量。N-S 流程图的缺点是手工修改比较麻烦。

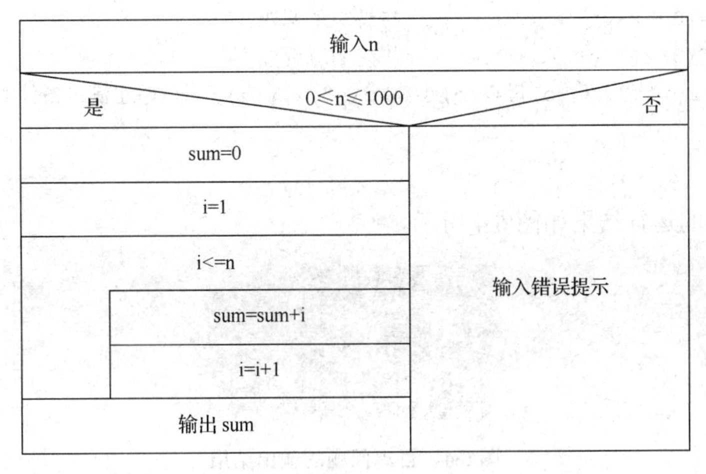

图 6.3　1～n 个数累加求和的 N-S 流程图

6.2　常用算法思想

人们针对各种问题所设计的求解算法可以各不相同，通过大量的实践，如今公认常用的算法思想有 8 种：穷举法、递推法、递归法、分治法、贪心法、回溯法、动态规划法和模拟算法。

6.2.1　穷举法

穷举法也称枚举法，其基本思想是，将问题的所有可能答案一一列举并验证。为了提高解决问题的效率，可以首先根据问题条件将可能解的范围尽可能缩小。

【例 6.4】百钱买百鸡问题。公鸡每只 5 元，母鸡每只 3 元，小鸡 3 只 1 元。用 100 元钱买 100 只鸡，应该如何购买？

设 x、y、z 分别代表公鸡、母鸡、小鸡的数量，根据题意缩小可能解的范围，公鸡 x 的取值应该为 0～20，母鸡 y 的取值应该为 0～33。枚举出所有公鸡 x 和母鸡 y 的取值，小鸡的取值 z=100−x−y。验证所有 x、y、z 的值，找出所有满足条件 5x+3y+z/3=100 的解。根据上述算法，使用 C 语言编写代码如下。

```
#include "stdio.h"
void main()
{
int x,y,z;                    //定义 3 个变量,分别表示公鸡、母鸡、小鸡的数量
for(x=0;x<=20;x++)            //公鸡 x 的取值范围为 0～20
  for(y=0;y<=33;y++)          //母鸡 y 的取值范围为 0～33
  {
```

```
        z=100-x-y;              //共买100只鸡
        if(5*x+3*y+z/3==100)  //共花100元
        printf("公鸡%d,母鸡%d,小鸡%d\n",x,y,z);  //输出满足条件的购买方案
      }
    }
```

上述代码的运行结果如图 6.4 所示。

```
公鸡0, 母鸡25, 小鸡75
公鸡3, 母鸡20, 小鸡77
公鸡4, 母鸡18, 小鸡78
公鸡7, 母鸡13, 小鸡80
公鸡8, 母鸡11, 小鸡81
公鸡11, 母鸡6, 小鸡83
公鸡12, 母鸡4, 小鸡84
Press any key to continue
```

图 6.4　百鸡问题的输出结果

枚举法的优点是思路简单、便于理解，其缺点是运算量较大、解题效率不高。在问题规模不是很大，又没有更好的其他解题方法时，枚举算法是一种便于实现和调试的算法。

【例 6.5】求自然数 m、n 的最大公约数。

我们可以先找出 m、n 之中的较小者，设为 t，则 m、n 的公约数的取值范围可以确定在区间[1, t]中，接下来在此区间中从大（t）到小（1）依次枚举，找到的第一个公约数即为解。使用 C 语言编写代码如下。

```
int gys(int m,int n)
{
    int t;
    if(m>n)                     //找到m和n的最小值,存到t中
        t=n;
    else
        t=m;
    while(m%t!=0||n%t!=0)       //从t到1依次判断是否为m和n的公约数
        t=t-1;
    return t;
}
```

使用枚举法时，关键是要确定正确合理的枚举范围。枚举范围过大会降低运行效率，枚举范围过小，则可能丢失一些正确的结果。

6.2.2　递推法

递推法的思想是，对求解的问题找出某种规律，在规律算式的基础上从已知的值推出未知的值。递推法可以顺推，即从已知条件出发，逐步推算出问题结果；也可以逆推，即从已知结果出发，逐步推算出问题开始的条件。

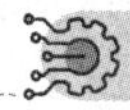

【例 6.6】斐波那契数列问题。因为数学家列昂纳多・斐波那契以兔子繁殖为例而引入，所以又称兔子数列。一般而言，兔子出生两个月就有繁殖能力了，一对兔子每月能生出一对小兔子。如果所有兔子都不死，那么一年后可以繁殖出多少对兔子？

算法分析如下：

第一个月兔子没有繁殖，只有一对兔子，$f_1=1$。

第二个月兔子没有繁殖，仍然只有一对兔子，$f_2=1$。

第三个月一对兔子生下一对小兔子，$f_3=2$。

第四个月老兔子又生下一对小兔子，小兔子没有繁殖，$f_4=3$。

……

第 n 个月兔子的对数是 $f_n=f_{n-2}+f_{n-1}$。

兔子的对数 1、1、2、3、5、8、13……构成了一个数列，这个数列的特点是从第三项开始，前两项之和构成后一项。根据上述算法，使用 C 语言编写代码如下。

```
#include "stdio.h"
#define NUM 13
void main()
{
  int i;                                      //定义变量代表月份
  long int fib[NUM];                          //定义变量保存数列项
  fib[1]=1;fib[2]=1;                          //数列第一项值为1,数列第二项值为1
  for(i=3;i<=12;i++)
    fib[i]=fib[i-2]+fib[i-1];                 //第3~12项,根据规律公式求值
  for(i=1;i<=12;i++)
    printf("第%d月兔子对数:%d\n",i,fib[i]);   //输出第1~12月的兔子对数
}
```

上述代码的运行结果如图 6.5 所示。

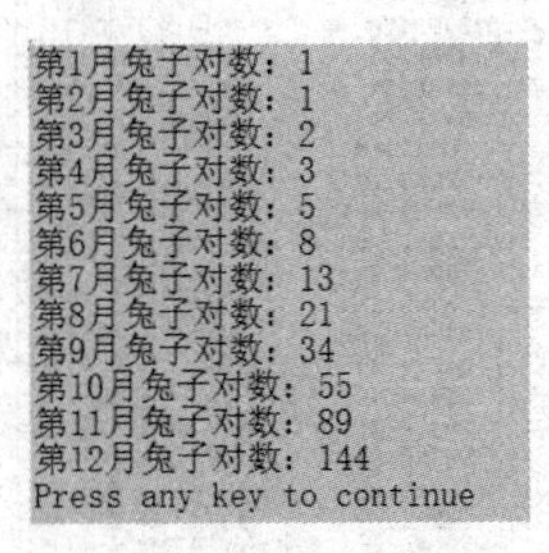

图 6.5　斐波那契数列问题的输出结果

【例 6.7】银行存款问题。假设母亲为儿子的 4 年大学学费准备了一笔存款，方式是整存零取，即一次性将钱存入银行，之后的每月规定儿子取 1000 元当作生活费，直到儿子大学毕业正好将钱取完。假设银行年利息为 1.5%，编写程序求母亲要一次性存入

多少钱？

按照月为周期取钱，4 年共 48 个月。如果第 48 个月连本带息取完所有的钱是 1000 元，则第 47 个月月末的存款为 1000/(1+0.015/12)，第 46 个月月末的存款为(第 47 个月月末的存款+1000)/(1+0.015/12)，……第 1 个月月末的存款为(第 2 个月月末的存款+1000)/(1+0.015/12)。使用 C 语言编写代码如下。

```
#include "stdio.h"
#define money 1000
#define RATE 0.015
void main()
{
    double deposit[49];
    int i;
    deposit[48]=(double)money;
    for(i=47;i>=0;i--)
    {
        deposit[i]=(deposit[i+1]+money)/(1+RATE/12);
    }
    for(i=48;i>0;i--)
    {
        printf("%d 月月末本利共计:%.2f\t",i,deposit[i]);
        if((i+1)%2==0) printf("\n");
    }
    printf("最初一次性存入的钱是%.2f\n",deposit[0]);
}
```

上述代码的运行结果如图 6.6 所示。

```
48月月末本利共计:1000.00        47月月末本利共计:1997.50
46月月末本利共计:2993.76        45月月末本利共计:3988.77
44月月末本利共计:4982.55        43月月末本利共计:5975.08
42月月末本利共计:6966.37        41月月末本利共计:7956.42
40月月末本利共计:8945.24        39月月末本利共计:9932.83
38月月末本利共计:10919.18       37月月末本利共计:11904.30
36月月末本利共计:12888.19       35月月末本利共计:13870.85
34月月末本利共计:14852.28       33月月末本利共计:15832.49
32月月末本利共计:16811.48       31月月末本利共计:17789.24
30月月末本利共计:18765.78       29月月末本利共计:19741.11
28月月末本利共计:20715.21       27月月末本利共计:21688.10
26月月末本利共计:22659.78       25月月末本利共计:23630.24
24月月末本利共计:24599.49       23月月末本利共计:25567.53
22月月末本利共计:26534.36       21月月末本利共计:27499.99
20月月末本利共计:28464.41       19月月末本利共计:29427.62
18月月末本利共计:30389.64       17月月末本利共计:31350.45
16月月末本利共计:32310.06       15月月末本利共计:33268.48
14月月末本利共计:34225.69       13月月末本利共计:35181.72
12月月末本利共计:36136.55       11月月末本利共计:37090.18
10月月末本利共计:38042.63       9月月末本利共计:38993.89
8月月末本利共计:39943.96        7月月末本利共计:40892.84
6月月末本利共计:41840.54        5月月末本利共计:42787.06
4月月末本利共计:43732.39        3月月末本利共计:44676.55
2月月末本利共计:45619.52        1月月末本利共计:46561.32
最初一次性存入的钱是47501.94
Press any key to continue
```

图 6.6　银行存款问题的输出结果

6.2.3　递归法

递归法一般需要使用函数或子过程的形式来实现，需要预先编写功能函数，这个函数具有独立的功能，能够实现解决某个问题的功能，当需要时直接调用这个函数即可。递归法的原则是将问题转化为规模缩小的同类子问题，然后在函数或子过程的内部直接或间接地调用其自身。

【例 6.8】计算自然数 n 的阶乘。阶乘是基斯顿·卡曼于 1808 年发明的一种运算符号，自然数 1～n 的 n 个数连乘积称为 n 的阶乘，记作 n!。

算法分析：如计算 5!。首先将问题简化为规模缩小的同类子问题，即 4!、3!、2!、1!，然后设计一个函数 fac(n)能够实现求阶乘的功能，在此函数内部直接或间接调用自己本身，即 fac(5)调用 fac(4)，fac(4)调用 fac(3)，fac(3)调用 fac(2)，fac(2)调用 fac(1)，直到 fac(1)得解。计算过程如图 6.7 所示。

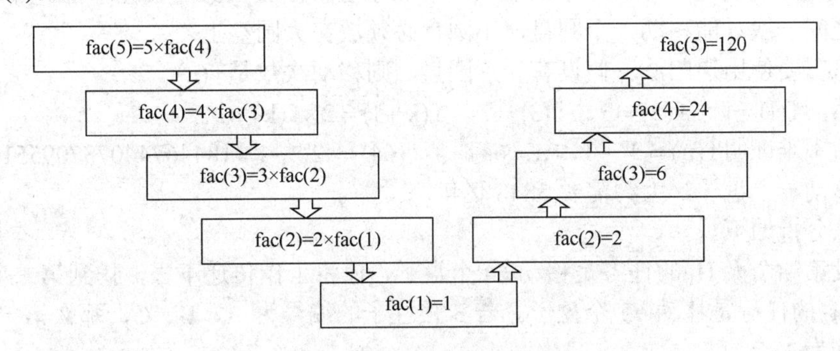

图 6.7　5!的求解过程示意图

根据上述算法，使用 C 语言编写代码如下。

```
#include "stdio.h"
int fac(int n)              //函数 fac(n)的功能是实现求 n 的阶乘
{
  if (n==1)
    return 1;               //当 n==1 时,n!=1
  else
    return n*fac(n-1);      //当 n>1 时,调用自身 fac(n-1)
}
void main()
{ int  i;
  printf("输入要计算阶乘的一个正整数: ");
  scanf("%d",&i);
  printf("%d 的阶乘是: %d\n", i , fac(i));
}
```

上述代码的运行结果如图 6.8 所示。

```
输入要计算阶乘的一个正整数：5
5的阶乘是：120
Press any key to continue
```

图 6.8　计算 5!的输出结果

使用递归过程来描述算法非常自然，而且证明算法的正确性也比非递归算法容易。数学中有很多递归定义的函数，如求阶乘的递归公式如下：

$$fac(n)=\begin{cases}1, & n=0,n=1\\ n\times fac(n-1), & n>1\end{cases}$$

递归法除了用来解决数值计算问题，也常用于求解非数值计算问题。

【例 6.9】汉诺塔问题。有 3 根柱子，在一根柱子上从下往上按照由大到小的顺序放置 64 个圆盘，现在要求把 64 个圆盘按大小顺序重新摆放在另一根柱子上，并规定在 3 根柱子之间一次只能移动一个圆盘，小圆盘必须放在大圆盘上。

这里需要使用递归法。假设有 n 片圆盘，则移动次数是 $f(n)$。

显然，$f(1)=1$、$f(2)=3$。$f(3)=7$，$f(k+1)=2\times f(k)+1$。

此后不难证明 $f(n)=2^n-1$。$n=64$ 时，$f(64)=2^{64}-1=18446744073709551615$。假设每秒移动一个盘子，大约需要 5848 亿年。

算法分析如下。

假设第一个人 H_1 的任务是移动 64 个盘子，他将工作传递下去，找到第二个人，第二个人 H_2 的任务是移动 63 个盘子。若 3 根柱子的编号为 A、B、C，那么第一个人 H_1 的工作仅为 3 步。

1）H_2 将 63 个盘子从 A 柱移动到 B 柱。

2）H_1 将第 64 个盘子从 A 柱移动到 C 柱。

3）H_2 将 63 个盘子从 B 柱移动到 C 柱。

同样第二个人 H_2 将工作传递下去，找到第三个人 H_3，第三个人 H_3 的任务是移动 62 个盘子。那么第二个人 H_2 将 63 个盘子从 A 柱移动到 B 柱的工作就变为如下 3 步。

1）H_3 将 62 个盘子从 A 柱移动到 C 柱。

2）H_2 将第 63 个盘子从 A 柱移动到 B 柱。

3）H_3 将 62 个盘子从 C 柱移动到 B 柱。

这样问题一直传递下去，直到第 64 个人 H_{64} 的任务是移动 1 个盘子，这时问题不需要继续传递，可以直接实现。当 H_{64} 完成任务后问题开始回归，第 63 个人也可以完成任务，之后第 62 个人也可以完成任务，直到第一个人完成任务。

使用 hannuo(n, A, B, C)表示把 n 个盘子，从 A 柱借助 B 柱移动到 C 柱。使用 C 语言编写代码如下。

```
#include "stdio.h"
void hannuo(int n,char A,char B,char C)
```

```
{
  if(n==1)
 {
  printf("%c --->%c \n",n,A,C);
 }
 else
 {
  hannuo(n-1,A,C,B);
  printf("%c--->%c \n",n,A,C);
  hannuo(n-1,B,A,C);
 }
 }
 void main()
 {
  int  n;
  printf("请输入数字 n 以解决 n 阶汉诺塔问题:\n");
  scanf("%d",&n);
  hannuo(n,'A','B','C');
 }
```

上述代码的运行结果如图 6.9 所示。

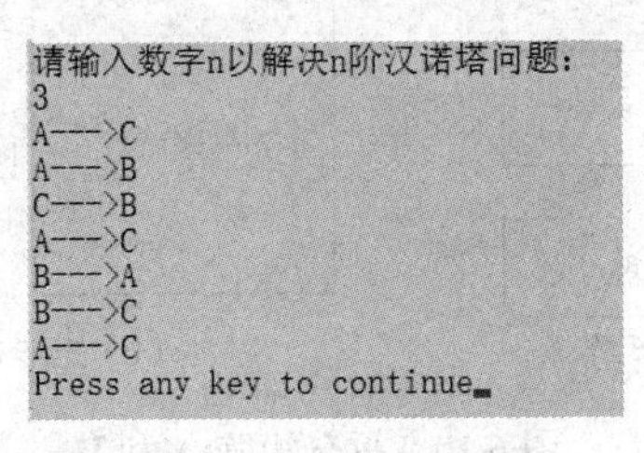
请输入数字n以解决n阶汉诺塔问题：
3
A--->C
A--->B
C--->B
A--->C
B--->A
B--->C
A--->C
Press any key to continue

图 6.9　汉诺塔问题的输出结果

递归和递推仅一字之差，解题思路都是将问题进行分解。递推就像多米诺骨牌，由小到大推导，根据前面的已知条件得到后面的结果；递归由大到小推导，直到问题规模小到不必继续推导就可以直接解决。如果一个问题既可以使用递归法求解，又可以使用递推法求解，则往往选择递推法，因为递推法的效率比递归法的效率高。

6.2.4　分治法

分治法的思想就是分而治之。如果求解的问题比较复杂，则可以将原问题划分为若干较小的子问题来各个击破，以降低问题的复杂性，然后使用一种方法将这些子问题的解合并，合并的结果就是原问题的解。

分治法常用于大数据的处理。在遇到数据过大的计算任务时，分治法可以将大文件转化为小文件，将大数据进行分割处理，从而大而化小，逐个处理。在遇到内存受限等情况时，分治法可以把问题分解成若干子问题分配到若干台计算机上进行计算，最后只需按照某种方法将所有结果合并即可。

【例 6.10】求两个矩阵的乘积，$\mathbf{C}=\mathbf{A}\times\mathbf{B}$。

假设

$$\mathbf{A}=\begin{bmatrix} a_{11} & a_{12} & \cdots & a_{1n} \\ a_{21} & a_{22} & \cdots & a_{2n} \\ \vdots & \vdots & & \vdots \\ a_{n1} & a_{n2} & \cdots & a_{nn} \end{bmatrix} \qquad \mathbf{B}=\begin{bmatrix} b_{11} & b_{12} & \cdots & b_{1n} \\ b_{21} & b_{22} & \cdots & b_{2n} \\ \vdots & \vdots & & \vdots \\ b_{n1} & b_{n2} & \cdots & b_{nn} \end{bmatrix}$$

$$\mathbf{C}=\begin{bmatrix} c_{11} & c_{12} & \cdots & c_{1n} \\ c_{21} & c_{22} & \cdots & c_{2n} \\ \vdots & \vdots & \vdots & \vdots \\ c_{n1} & c_{n2} & \cdots & c_{nn} \end{bmatrix}=\begin{bmatrix} a_{11} & a_{12} & \cdots & a_{1n} \\ a_{21} & a_{22} & \cdots & a_{2n} \\ \vdots & \vdots & \vdots & \vdots \\ a_{n1} & a_{n2} & \cdots & a_{nn} \end{bmatrix}\times\begin{bmatrix} b_{11} & b_{12} & \cdots & b_{1n} \\ b_{21} & b_{22} & \cdots & b_{2n} \\ \vdots & \vdots & \vdots & \vdots \\ b_{n1} & b_{n2} & \cdots & b_{nn} \end{bmatrix}$$

矩阵 **C** 中每个元素 $C_{ij}=\sum_{k=1}^{n} a_{ik} b_{kj} (i,j=1,2,\cdots,n)$。

若 n 是非常大的整数，大到一台计算机存储不下矩阵 **A** 和 **B**，就要用到分治法。假定将 **A** 按行拆成 10 个小矩阵，**B** 按列拆成 10 个小矩阵，如图 6.10 所示。

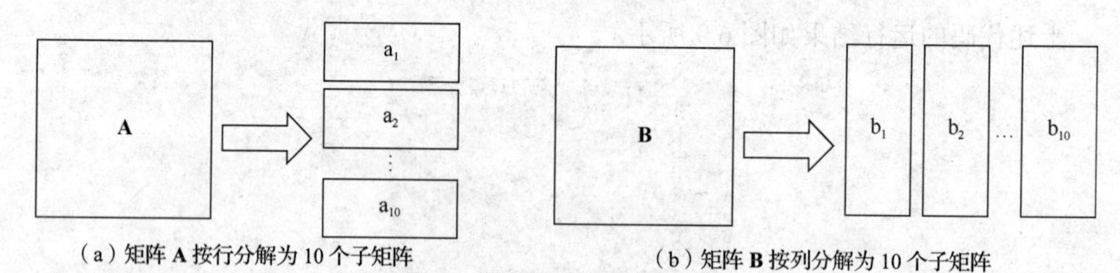

（a）矩阵 **A** 按行分解为 10 个子矩阵　　（b）矩阵 **B** 按列分解为 10 个子矩阵

图 6.10　拆分矩阵 **A** 和 **B**

这样共用 100 台计算机来进行计算，每台计算机完成的工作如图 6.11 所示。

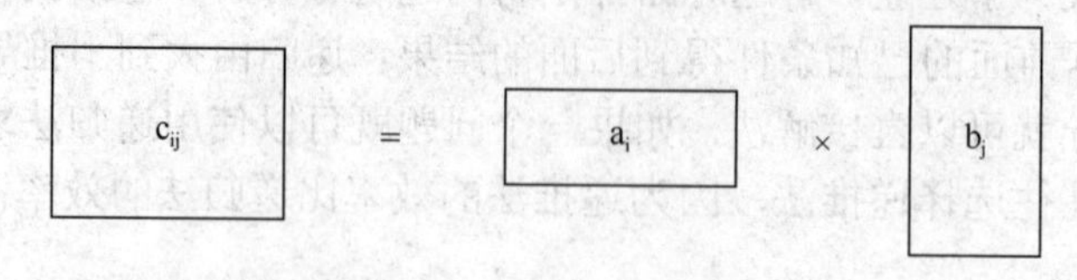

图 6.11　每台计算机完成的工作

分治法能够提高算法的效率，因此也常用来设计快速的算法，如折半查找法、快速排序等。

【例 6.11】折半查找法，也称二分法查找，它要求待查数据有序排列，使用分治策略，充分利用元素之间的有序关系进行查找。折半查找法的优点是比较次数少，查找速度快，是一种效率较高的查找算法。

假设所有待查元素按升序排列存储在数组a中，二分法查找的基本思想是将n个元素分成大致相等的两部分，取数组a的中间位置记录a[n/2]与关键字key进行比较。

如果key=a[n/2]，则找到key，算法中止。

如果key<a[n/2]，则在数组a的左半部分继续搜索key。

如果key>a[n/2]，则在数组a的右半部分继续搜索key。

使用C语言编写代码如下。

```
#include "stdio.h"
binarySearch(int a[], int n, int key)
{
   int low=0;
   int high=n-1;
   while(low<=high)
   {
      int mid=(low+high)/2;
      int midVal=a[mid];
      if(midVal<key)
         low=mid+1;
      else if(midVal>key)
         high=mid-1;
      else
         return mid;
   }
   return(-1);
}
void main()
{
   int i, val, ret;
   int a[10]={-20,-5,3,16,28,35,98,100,105,110};
   for(i=0; i<=9; i++)
      printf("%d\t", a[i]);
   printf("\n请输入要查找的元素:");
   scanf("%d",&val);
   ret = binarySearch(a,10,val);
   if( ret==-1 )
      printf("查找失败\n");
   else
      printf ("查找成功\n %d是数组中第%d个元素。\n",val,ret+1);
}
```

上述代码的运行结果如图 6.12 所示。

```
-20    -5    3    16    28    35    98    100    105    110

请输入要查找的元素：16
查找成功
 16是数组中第4个元素。
```

图 6.12　折半查找法的输出结果

6.2.5　贪心法

贪心法又称贪婪法，它在求解问题时，总是做出在当前看来是最好的选择，这样通过一系列局部最优的选择能够产生整体最优解或整体最优解的近似解。

贪心法从问题的某一个初始解出发，通过某种贪心策略将所求问题简化为一个规模更小的子问题，得到子问题的最优解即局部最优解，这样逐步逼近给定的目标，当进行到某一步不能继续前进时，就停止算法，最终得到整体最优解或整体最优解的近似解。贪心法不能保证对所有问题都能得到整体最优解。算法的关键在于贪心策略的选择。

【例 6.12】装箱问题。假设有编号分别为 0、1、…、n−1 的 n 种物品，体积分别为 V_0、V_1、…、V_{n-1}。将这 n 种物品装到容量都为 V 的若干箱子中。约定这 n 种物品的体积均不超过 V，即对于 0≤i≤n，有 $0 \leqslant V_i \leqslant V$。不同的装箱方案所需的箱子数目不同，问装下这 n 种物品所需的最少箱子数量是多少？

贪心法分析如下。

首先对这 n 种物品按体积从大到小排序，即已有 $V_0 \geqslant V_1 \geqslant \cdots \geqslant V_{n-1}$，贪心策略是尽可能将体积大的物品放入一个箱子，如果箱子中再不能放下任何物品，则启用下一个箱子。设计能够求出需要的箱子数 count，并能求出各箱子所装的物品体积的伪代码如下。

```
输入箱子的体积 V;
输入物品种数 n;
按体积从大到小的顺序,输入各物品的体积;
预置箱子链为空;
预置已用箱子数 count 为 0;
for(i=0;i<n;i++)
{从已用的第一个箱子开始顺序寻找能放入物品 i 的箱子;
 If(已用箱子都不能放入物品 i)
{ 启用一个新箱子,并将物品 i 放入该箱子;
count++;
}
else(找到能够放入物品 i 的箱子)
将物品 i 放入该箱子;
}
```

例如，有 6 种物品，体积分别是为 60、45、35、20、20、20，箱子的容积为 100。按照上述算法，得出结论需要 3 个箱子，第一个箱子装物品{60，35}，容量为 95；第二个箱子装物品{45，20，20}，容量为 85；第三个箱子装物品{20}，容量为 20。本例的最优解为两个箱子，分别装物品{60，20，20}和{45，35，20}。因此得知贪心法不一定能找到最优解，只有贪心策略经过证明成立后，贪心法才是一种高效的算法。

装箱问题是复杂的离散组合最优化问题，可分为一维、二维、三维这 3 种最优化问题。最优化问题广泛存在于工业生产，包括服装行业的面料裁剪、运输行业的集装箱货物装载、加工行业的板材型材下料、印刷行业的排样和现实生活中的包装、整理物件等。在计算机科学中，多处理器任务调度、资源分配、文件分配、内存管理等底层操作也均是最优化问题的实际应用。

贪心策略是最接近人的日常思维的一种解题策略，虽然它不能保证求得的最终解一定是最优的，但是它可以为某些问题确定一个可行性范围。最短路径问题、最小生成树问题及哈夫曼编码问题等这些具有最优子结构和贪心选择性质的问题都可以通过贪心算法获得整体最优解。

6.2.6　回溯法

游乐园中的“迷宫游戏”这类问题很难归纳出简单的数学模型，迷宫中有多条不同的道路，从中先选一个走走看，如果不通，便退回来另寻他路，如此直到找到出路（有解）或证明无路可走（无解）。

回溯法是一种选优搜索法，也称试探法，按选优条件向前搜索，以达到目标。但当试探到某一步时，发现原先选择并不优或达不到目标，就退回一步重新选择，这种当前走不通就退回再走的方法称为回溯法，满足回溯条件的某个状态的点称为“回溯点”。为了提高效率，应该充分利用给出的约束条件，尽量避免不必要的试探。

【例 6.13】八皇后问题。八皇后问题是回溯法的典型案例。该问题是国际象棋棋手马克斯·贝瑟尔于 1848 年提出：在 8×8 格的国际象棋棋盘上摆放 8 个皇后，使其不能互相攻击，即任意两个皇后都不能处于同一行、同一列或同一斜线上，问：有多少种摆法？如何摆放？

分析：将棋盘的行和列分别用 0～7 编号，以 queen[i]表示第 i 行上皇后所在的列数，如 queen[2]=4 表示第 2 行的皇后位于第 4 列上，此题的解是一个由 queen[0]～queen[7]所组成的 8 元组，如{0，4，7，5，2，6，1，3}就是其中一个解，如图 6.13 所示。下面是 8 元组解产生的过程。

1）决定 queen[0]=0，此时{0}是所求解的一个子集或“部分解”。

2）决定 queen[1]。因为 0 和 1 不能满足约束条件，故取 queen[1]=2，部分解变为{0，2}。

3)决定 queen[2]。从0到7逐一试探,因为0～3都不能满足约束条件,故取 queen[2]=4,部分解变为{0,2,4}。

4)决定 queen[3]。从0到7逐一试探,取 queen[3]=1,部分解变为{0,2,4,1}。

5)决定 queen[4]。从0到7逐一试探,取 queen[4]=5,部分解变为{0,2,4,1,5}。

6)决定 queen[5]。从0到7逐一试探,均不能满足约束条件,故回溯重新决定 queen[4]。

7)重新决定 queen[4]。从6开始继续前面的试探,取 queen[4]=7,部分解变为{0,2,4,1,7}。

8)决定 queen[5]。从0到7逐一试探,均不能满足约束条件,故回溯重新决定 queen[4]。

9)重新决定 queen[4]。因为从0到7均不满足约束条件,只能回溯重新决定 queen[3]。

10)重新决定 queen[3]。从2开始继续前面的试探,取 queen[3]=6,部分解变为{0,2,4,6}。

……

这样不断地试探、修正、再试探、再修正,直到得出正确的8元组解,如图6.13所示。

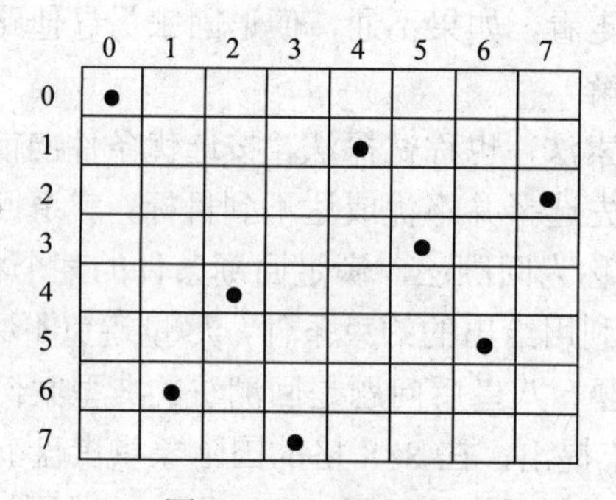

图6.13　8元组解

使用C语言编写代码如下。

```
#include "stdio.h"
#include "math.h"
#define max 8
int queen[max], sum=0;          //对棋盘进行编号为0～7
void show()                     //输出所有解
{
    int i;
    for(i=0; i<max; i++)
    {
```

```
            printf("%d  ",queen[i]);
        }
        printf("\n");
        sum++;
    }
    int checkyes(int n)             //检查当前位置能否放置皇后
    {
        int i;
        for(i=0; i<n; i++)          //检查列排和对角线上是否可以放置皇后
        {
            if(queen[i]==queen[n]||abs(queen[i]-queen[n])==(n-i))
            {
                return 0;           //不能放置
            }
        }
        return 1;                   //可以放置
    }
    void put(int n)                 //决定第 n 行皇后的位置
    {
        int i;
        for(i=0; i<max; i++)        //从 0 到 7 进行试探
        {
         queen[n]=i;                //将第 n 行皇后摆到第 i 列位置
         if(checkyes(n))     //如果可以放置则继续下面的操作,否则回到 i++继续试探
         {
            if(n==max-1)
              show();               //如果全部摆好,则输出 8 元组的解
            else
              put(n+1);             //否则继续决定第 n+1 行皇后的位置
          }
        }
    }
    void main()
    {
        put(0);                     //从第 0 行开始依次决定皇后位置
        printf("共%d 种摆放方法\n", sum);
    }
```

上述代码的运行结果如图 6.14 所示。

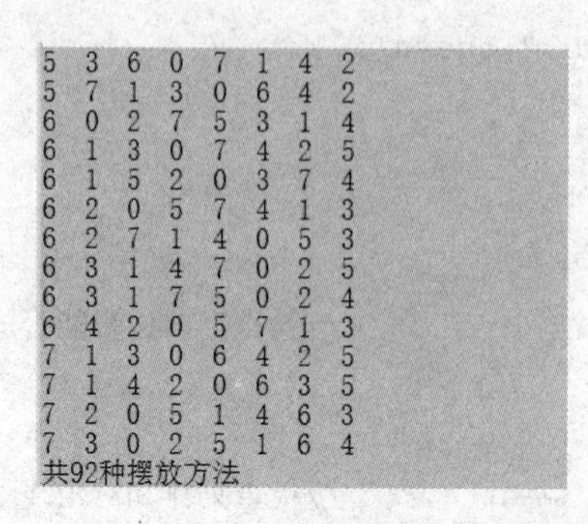

图 6.14　八皇后问题的输出结果（部分截图）

6.2.7　动态规划法

动态规划是运筹学的一个分支，是求解决策过程最优化的数学方法。20 世纪 50 年代初，美国数学家 Bellman 等人在研究多阶段决策过程的优化问题时，提出了著名的最优化原理，把多阶段过程转化为一系列的单阶段问题，利用各阶段之间的关系，逐个求解，创立了解决这类过程优化问题的新方法——动态规划。

动态规划所处理的问题是一个多阶段决策问题，通常基于一个递推公式及一个或多个初始状态开始，每次决策依赖于当前状态，又随即引起状态的转移。通过对中间阶段决策的选择，达到结束状态，这些决策形成了一个决策序列，同时确定了完成整个过程的一条活动路线（通常是求最优的活动路线）。

动态规划的基本思想与分治法类似，也是将待求解的问题分解为若干个子问题（阶段），按顺序求解子阶段，前一子问题的解，为后一子问题的求解提供了有用的信息。在求解任意一个子问题时，列出各种可能的局部解，通过决策保留那些有可能达到最优的局部解，丢弃其他局部解。依次解决各子问题，最后一个子问题就是初始问题的解。

下面通过一个例子来了解动态规划的基本原理。

【例 6.14】硬币找零问题。假设我们有不同面值的硬币若干种，每种硬币个数无限多，问使用这些面值的硬币进行找零，组合为某种面值的钱，怎么使硬币的个数最少？

表面上这道题可以使用贪心法进行求解，但贪心法无法保证可以求出最优解，以有 1、3、4 这 3 种面值的硬币为例，计算出找 6 元零钱最少需要的硬币数。贪心法的策略是 $6=4+1+1$，需要 3 个硬币，但需要最少的硬币数是 2 个，即 $6=3+3$。

利用动态规划的方法，使用 $d(i)=j$ 来表示凑够 i 元最少需要 j 个硬币。需要 0 个硬币来凑够 0 元，记作 $d(0)=0$。

当 $i=1$ 时，只有面值为 1 元的硬币可用，因此拿起一个面值为 1 的硬币，接下来只需要凑够 0 元即可，所以，$d(1)=d(1-1)+1=d(0)+1=0+1=1$。

当 $i=2$ 时，仍然只有面值为 1 的硬币可用，于是拿起一个面值为 1 的硬币，接下来只需要再凑够 $2-1=1$ 元即可，所以，$d(2)=d(2-1)+1=d(1)+1=1+1=2$。

当 $i=3$ 时，有 1 元和 3 元面值的硬币可用，第一种方案是拿一个 1 元的硬币，问题

的目标就变成凑够 $3-1=2$ 元需要的最少硬币数量，即 $d(3-1)+1=d(2)+1=2+1=3$。第二种方案是拿一个 3 元的硬币，问题的目标就变成凑够 $3-3=0$ 元需要的最少硬币数量，即 $d(3-3)+1=d(0)+1=0+1=1$。这两种方案选最小值为最优解，即 $d(3)=\min\{d(3-1)+1,d(3-3)+1\}=1$。

当 $i=4$ 时，有 1 元、3 元、4 元面值可用，即有 3 种方案。第一种方案是拿 1 元硬币所需的最小硬币数量为 $d(4-1)+1=d(3)+1=2$。第二种方案是拿 3 元硬币所需的最小硬币数量为 $d(4-3)+1=d(1)+1=2$。第三种方案是拿 4 元硬币所需的最小硬币数量为 $d(4-4)+1=d(0)+1=1$。取最小值为最优解，即 $d(4)=\min\{d(4-1)+1,d(4-3)+1,d(4-4)+1\}=1$。

当 $i=5$ 时，$d(5)=\min\{d(5-1)+1,d(5-3)+1,d(5-4)+1\}=\min\{d(4)+1,d(2)+1,d(1)+1,\}=\min\{2,3,2\}=2$。

当 $i=6$ 时，$d(6)=\min\{d(6-1)+1,d(6-3)+1,d(6-4)+1\}=\min\{d(5)+1,d(3)+1,d(2)+1,\}=\min\{3,2,3\}=2$。得到最优解，找零 6 元最少需要 2 个 3 元面值的硬币。

动态规划是一种求解多级决策问题的基本工具，在社会经济、工程技术和最优控制等领域具有广泛的应用。

6.2.8　模拟算法

模拟是对真实事物或过程的虚拟，模拟算法是使用程序模拟某个功能。狭义的模拟算法主要指数值模拟算法。在程序设计中，可以使用随机函数来模拟自然界中发生的不可预测情况。

【例 6.15】猜数字游戏。让计算机随机生成一个 1～100 的整数，由用户来猜这个数字，根据用户猜测的结果给出不同的提示。在 C 语言中可以使用 srand( )作为初始化随机数发生器，使用 rand( )函数生成随机数。

使用 C 语言编写代码如下。

```
#include "time.h"
#include "stdio.h"
#include "stdlib.h"
void main()
 {
   int n,m,i=0;
   srand(time(NULL));          //获取当前时间的毫秒值,作为随机数种子
   n=rand() % 100 + 1;
   do{
       printf("输入你猜的数字:");
       scanf("%d",&m);
       i++;
```

```
        if (m>n)
            printf("你猜的数字大了!\n");
        else if (m<n)
            printf("你猜的数字小了!\n");
    }while(m!=n);
    printf("回答正确!\n");
    printf("共猜测了%d次。\n",i);
  }
```

宏观意义的模拟算法，能够模仿自然现象、自然体等，能够模拟一切生命与智能生成、进化的过程。自然界生物体通过自身的演化就能使问题得到完美的解决，这种能力让最好的计算机程序也相形见绌。最新的模拟进化算法包括蚁群算法、粒子群算法、禁忌搜索、模拟退火、遗传算法、人工神经网络等，这些算法在理论和实际应用方面都得到了较大的发展。

6.3 算法复杂度

同一问题可使用不同的算法求解，而一个算法的质量优劣将影响算法乃至程序的效率及可行性。一个算法的评价主要从时间复杂度和空间复杂度来考虑。算法复杂度，指算法编写成可执行程序后，运行时所需要的资源，资源包括时间资源和空间资源。简单来讲，时间复杂度就是执行一个算法所需要的时间；空间复杂度就是执行一个算法所需要的存储空间。

算法的渐进时间复杂度，简称时间复杂度，记作 $T(n)=O(f(n))$，其中 $T(n)$ 表示算法的实际运行时间，$f(n)$ 是问题规模 n 的某个函数。当 n 趋近于无穷大时，$T(n)$ 和 $f(n)$ 的增长速度相同，这种表示方法称为大 O 表示法。

【例 6.16】计算下面矩阵相乘算法的时间复杂度 $T(n)$。

```
for(i=1;i<=n;i++)                          // n+1
for(j=1;j<=n;j++)                          // n*(n+1)
{
 c[i][j]=0;                                // n^2
 for(k=1;k<=n;k++)                         // n^2*(n+1)
   c[i][j]=c[i][j]+a[i][k]*b[k][j];        // n^3
}
```

假定每个语句执行所需要的时间相同，都是一个单位时间，这样可以计算出该算法的执行时间是 $f(n)=n^3+n^2(n+1)+n^2+n(n+1)+n+1=2n^3+3n^2+2n+1$。

当 n 很大时，函数中的后面几项甚至可以忽略不计，第一项的系数 2 也可以不考虑，

函数 $f(n)$ 的变化曲率接近 n^3，记为 $T(n)=O(n^3)$。

算法的渐进空间复杂度，简称空间复杂度，表示一个算法在运行过程中临时占用存储空间大小的量度，记作 $S(n)=O(f(n))$。

算法设计的一个重要原则是空间/时间权衡原则，当追求较好的时间复杂度时，可能会使空间复杂度变差，进而导致占用较多的存储空间；反之，当追求较好的空间复杂度时，可能会使时间复杂度变差，从而导致占用较长的运行时间。

设计算法，特别是大型算法时，要综合考虑算法的各项性能、算法的使用频率、算法处理的数据量的大小、算法描述语言的特性、算法运行的机器系统环境等各方面因素。算法的所有性能之间都存在着或多或少的相互影响，算法分析的目的是选择合适的算法和持续改进算法。

6.4　数 据 结 构

随着计算机应用领域的不断扩大，非数值计算问题占据了计算机应用的绝大部分，简单的数据类型已经远远不能满足需要，软件系统设计将使用到各种复杂的数据结构。

6.4.1　数据结构的概念

1．数据

数据是人们利用文字符号、数字符号及其他规定的符号对现实世界的事物及其活动所做的抽象性描述。从计算机的角度看，数据是所有能被输入计算机中，且能被计算机处理的符号的集合，是计算机程序的处理对象。除了数值数据，计算机能够处理的数据还有字符串等非数值数据，以及图形、图像、音频、视频等多媒体数据。

2．数据元素

数据元素是数据集合中的一个具体的“个体”，是构成数据的基本单位。例如，商店中的每个商品都是一个数据元素。数据元素在计算机程序中通常作为一个整体进行考虑和处理，数据元素可以是一个不可分割的原子项，也可以由多个数据项组成。

3．数据项

数据项是数据的最小单位，数据元素可由若干个数据项组成，数据项是具有独立含义且不可分割的最小单位，也称字段或域。例如，商店的商品信息为一个数据元素，商品信息的每一项（如商品名称、价格、质量等）称为一个数据项。

4．数据结构

数据结构表达的是数据及数据之间的联系，可以把数据看作是具有结构的数据集合。数据结构包含 3 个方面重要的内容：数据的逻辑结构、数据的存储结构以及数据的运算。

数据的逻辑结构是从数据元素之间的逻辑关系描述数据的，与数据的存储无关，独立于计算机，可以看作是从具体问题抽象出来的数学模型。根据数据元素之间逻辑关系的不同，数据结构分为两种：线性结构和非线性结构，其中树结构和图结构是非线性结构。

数据的存储结构是数据元素及其关系在计算机中的存储表示或实现，是逻辑结构在计算机内存中的实现。它是依赖于计算机的。数据存储结构的基本形式有顺序存储结构、链式存储结构、索引存储结构和哈希（或散列）存储结构。

数据的运算定义在数据的逻辑结构上，每种逻辑结构都有一组相应的运算，如数据的插入、删除、查找、排序、遍历等。对数据的操作定义在数据的逻辑结构上，对数据的操作依赖于数据的存储结构。

6.4.2　线性表与线性链表

线性表是指其组成元素之间具有线性关系的一种线性结构，主要用于对客观世界中具有单一前驱和后继的数据关系进行描述。对线性表的基本操作主要有获得元素值、设置元素值、遍历、插入、删除、查找、替换和排序等。在线性表的任意位置都可以进行插入和删除操作。可以采用顺序存储结构和链式存储结构表示线性表。

1．线性表的定义

一个线性表是 n（n≥0）个元素的有限序列，通常表示为（$a_1,a_2,\cdots,a_n$）。非空线性表的特点如下。

1）存在唯一的一个称为“第一个”的元素。

2）存在唯一的一个称为“最后一个”的元素。

3）除第一个元素外，序列中的每个元素均只有一个直接前驱。

4）除最后一个元素外，序列中的每个元素均只有一个直接后继。

2．线性表的顺序存储结构

线性表的顺序存储是指用一组地址连续的存储单元依次存储线性表中的数据元素，从而使逻辑上相邻的两个元素在物理位置上也相邻，如图 6.15 所示。在这种存储方式下，元素之间的逻辑关系无须占用额外的空间来存储。

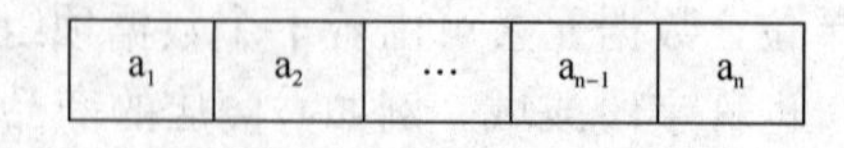

图 6.15　线性表的顺序存储

一般地，以 LOC(a_1) 表示线性表中第一个元素的存储位置，在顺序存储结构中，第 i 个元素 a_i 的存储位置为

$$LOC(a_i) = LOC(a_1) + (i-1) \times L$$

式中，L是表中每个数据元素所占空间的字节数。根据该计算关系，可随机存取表中的任意一个元素。

线性表采用顺序存储结构的优点是可以随机存取表中的元素，缺点是插入和删除操作需要移动元素。在插入前要移动元素以挪出空的存储单元，然后插入元素；删除时同样需要移动元素，以填充被删除的元素空出来的存储单元。

在表长为n的线性表中插入新元素时，共有$n+1$个插入位置，在位置1（元素a_1所在位置）插入新元素，表中原有的n个元素都需要移动，在位置$n+1$（元素a_n所在位置之后）插入新元素时不需要移动任何元素。

3．线性表的链式存储结构

线性表的链式存储使用通过指针连接起来的结点来存储数据元素，结点的基本结构如图6.16所示。

数据域	指针域

图6.16 结点的基本结构

其中，数据域用于存储数据元素的值，指针域用于存储当前元素的直接前驱或直接后继的位置信息，指针域中的信息称为指针（或链）。

存储的各数据元素的结点地址并不要求是连续的，因此存储数据元素的同时必须存储元素之间的逻辑关系。另外，结点空间只有在需要的时候才申请，无须事先分配。

（1）单链表

结点之间通过指针域构成一个链表，若结点中只有一个指针域，则称线性链表（或单链表），如图6.17所示。最后一个结点无后继结点，且指针域为空（记为∧或NULL），设置一个表头指针Head，指向单链表的第一个结点。

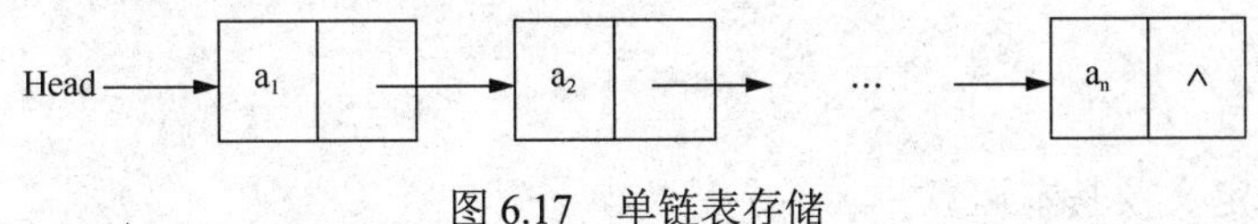

图6.17 单链表存储

当线性表采用链表作为存储结构时，尽管不能对数据元素进行随机访问，但是在插入和删除元素时不需要移动其他元素。

1）单链表的插入。在单链表中的结点a_1后插入一个值为x的新结点p。首先，使新结点p的指针域中存放结点a_1的后继结点的地址，然后修改结点a_1的指针值，令其存放结点p的地址，如图6.18所示，虚线表示变化后的指针。

2）单链表的删除。从单链表中删除指针p所指向的后继结点，将被删除结点指针域的值赋给其前驱结点p的指针域中，如图6.19所示，虚线表示变化后的指针。

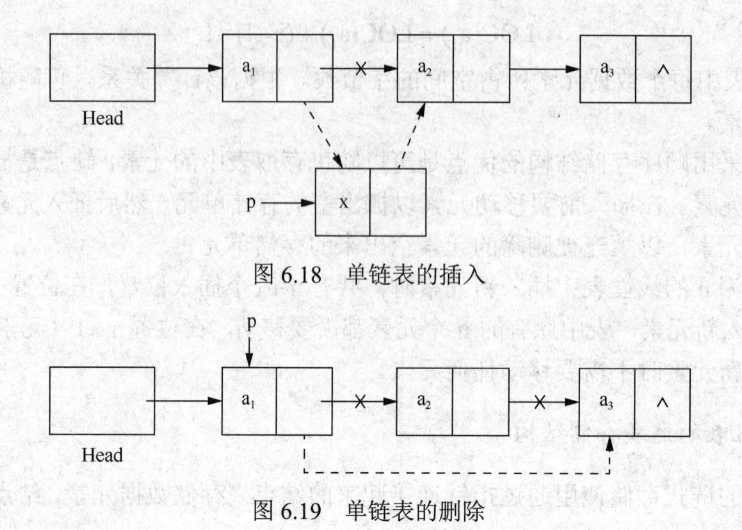

图 6.18　单链表的插入

图 6.19　单链表的删除

根据结点中指针域的设置方式，还有以下两种链表结构。

（2）双向链表

每个结点包含两个指针，分别指出当前元素的直接前驱和直接后继，其特点是可以从表中的任意结点出发，从两个方向上遍历链表。

（3）循环链表

在单向链表（或双向链表）的基础上令表尾结点的指针指向链表的第一个结点，构成循环链表。其特点是可以从表中的任意结点开始遍历整个链表。

6.4.3　栈和队列

栈和队列是两种特殊的线性表，其特殊之处在于插入和删除操作的位置受到限制，若插入和删除操作只允许在线性表的一端进行，则为栈，特点是“后进先出”；若插入和删除操作分别在线性表的两端进行，则为队列，特点是“先进先出”。

1．栈

（1）栈的定义及基本运算

栈是只能通过访问它的一端来实现数据存储和检索的一种线性数据结构。换句话说，栈的修改是按先进后出的原则进行的。因此，栈又称后进先出（last in first out，LIFO）的线性表。在栈中进行插入和删除操作的一端称为栈顶（top），相应地，另一端称为栈底（bottom）。不包含数据元素的栈称为空栈。

栈的基本运算有进栈、出栈、置空栈、取栈顶元素等。

（2）栈的存储结构

1）顺序存储。栈的顺序存储是指用一组地址连续的存储单元依次存储自栈顶到栈底的数据元素，同时附设指针 top 指示栈顶元素的位置，如图 6.20 所示。采用顺序存储

结构的栈也称顺序栈。在这种存储方式下，需要预先定义（或申请）栈的存储空间，也就是说，栈空间的容量是有限的。因此，在顺序栈中，当一个元素入栈时，需要判断是否栈满（栈空间中没有空闲单元），若栈满，则元素不能入栈。

2）链式存储。使用链表作为存储结构的栈也称链栈。由于栈中元素的插入和删除仅在栈顶一端进行，因此不必另外设置头指针，链表的头指针就是栈顶指针。链栈的表示如图 6.21 所示。

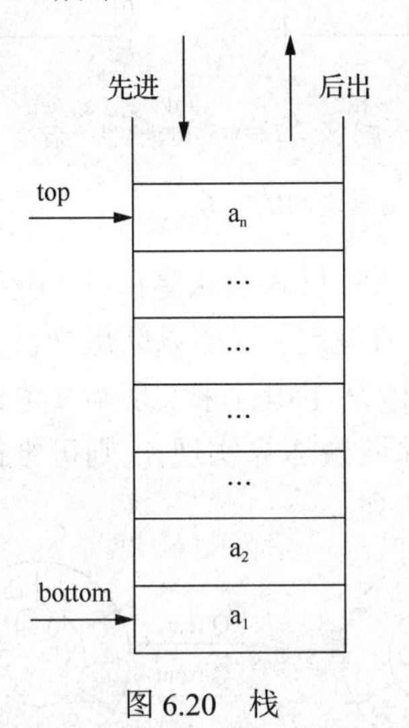

图 6.20　栈

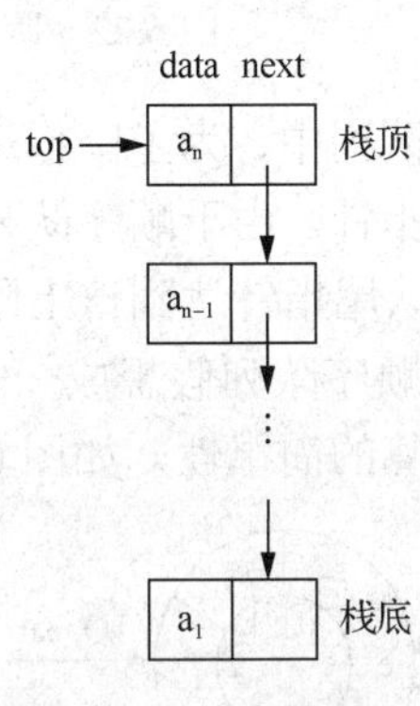

图 6.21　链栈

栈的典型应用包括表达式求值、括号匹配等，在计算机语言的实现及将递归过程转变为非递归过程的处理中，栈有重要的应用。

2．队列

（1）队列的定义及基本运算

队列是一种先进先出（first in first out，FIFO）的线性表，它只允许在表的一端插入元素，而在表的另一端删除元素。在队列中，允许插入元素的一端称为队尾（rear），允许删除元素的一端称为队头（front）。

队列的基本运算有入队、出队、置空队列、取队头元素和判队列空等。

（2）队列的存储结构

队列的顺序存储结构又称顺序队列，它也是利用一组地址连续的存储单元存放队列中的元素。由于队列中元素的插入和删除限定在表的两端进行，设置队头指针和队尾指针，分别指出当前的队头和队尾。

下面设顺序队列 Q 的容量为 6，其队头指针为 front，队尾指针为 rear，头、尾指针和队列中元素之间的关系如图 6.22 所示。

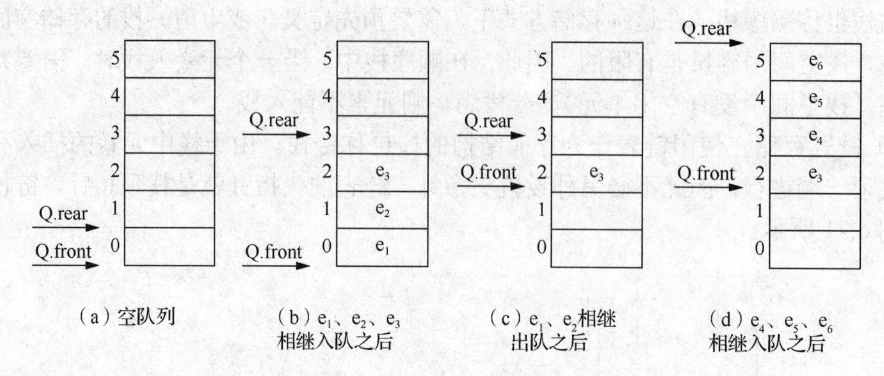

图 6.22　队列的头、尾指针与队列中元素之间的关系

在顺序队列中，为了降低运算的复杂度，元素入队时只修改队尾指针，元素出队时只修改队头指针。由于顺序队列的存储空间容量是提前设定的，所以队尾指针会有一个上限值，当队尾指针达到该上限时，就不能只通过修改队尾指针来实现新元素的入队操作了。若将顺序队列假想成一个环状结构（通过整除取余运算实现），则可维持入队、出队操作运算的简单性，如图 6.23 所示，称为循环队列。

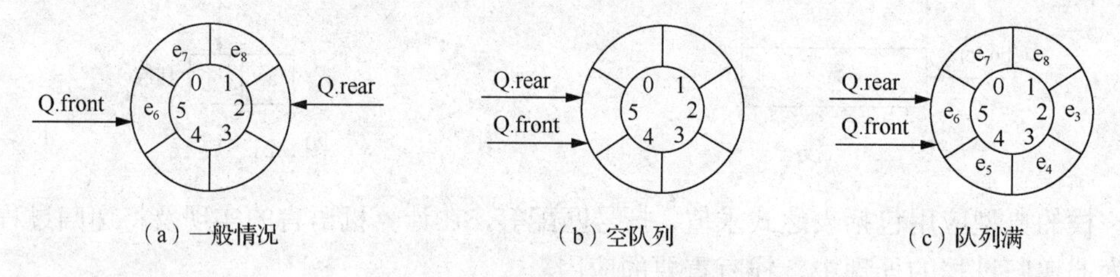

图 6.23　循环队列的头、尾指针 1

设循环队列 Q 的容量为 MAXSIZE，初始时队列为空，且 Q.rear 和 Q.front 都等于 0，如图 6.24（a）所示。

元素入队时，修改队尾指针 Q.rear=(Q.rear+1)% MAXSIZE，如图 6.24（b）所示。元素出队时，修改队头指针 Q.front=(Q.front+1)% MAXSIZE，如图 6.24（c）所示。

根据队列操作的定义，当出队操作导致队列变为空时，则有 Q.rear==Q.front，如图 6.24（d）所示；若入队操作导致队列满，则 Q.rear==Q.front，如图 6.24（e）所示。

在队列空和队列满的情况下，循环队列的队头、队尾指针指向的位置是相同的，此时仅仅根据 Q.rear 和 Q.front 之间的关系无法断定队列的状态。

为了区别队空和队满的情况，可以采用以下两种处理方式。

1）设置一个标志，以区别头、尾指针的值相同时队列是空还是满。

2）牺牲一个存储单元，约定以“队列的尾指针所指位置的下一个位置是队头指针时”表示队列满，如图 6.24（f）所示，而头、尾指针的值相同时表示队列为空。

队列结构常用于处理需要排队的场合，如操作系统中处理打印任务的打印队列、离

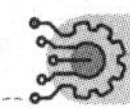

散事件的计算机模拟等。

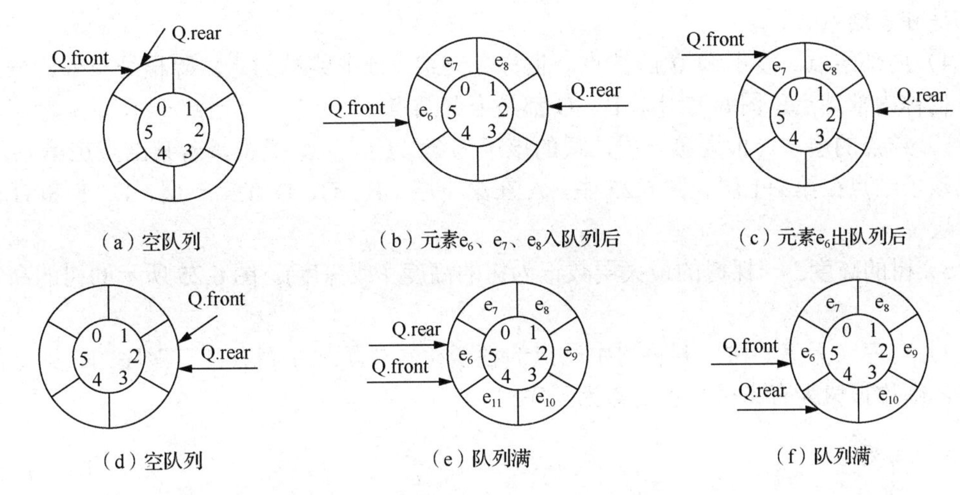

图 6.24 循环队列的头、尾指针 2

6.4.4 树与二叉树

1．树

树结构是一种非常重要的非线性结构，该结构中的一个数据元素可以有两个或两个以上的直接后继元素，树可以用来描述客观世界中广泛存在的层次结构关系。

（1）树的定义

树是 n（n≥0）个结点的有限集合，当 n=0 时称为空树。在任意一个非空树（n>0）中，有且仅有一个称为根的结点；其余结点可分为 m（m≥0）个互不相交的有限子集 T_1、T_2、…、T_m。其中，每个 T_i 又都是一棵树，且称为根结点的子树。

树的定义是递归的，它表明了树本身的固有特性，也就是一棵树由若干棵子树构成，而子树又由更小的子树构成。

该定义只给出了树的组成特点，若从数据结构的逻辑关系角度来看，树中元素之间有严格的层次关系。对于树中的某个结点，它最多只和上一层的一个结点（即其双亲结点）有直接的关系，而与其下一层的多个结点（即其孩子结点）有直接关系，如图 6.25 所示。

（2）树的基本概念

1）双亲、孩子和兄弟。结点的子树的根称为该结点的孩子；相应地，该结点称为其子结点的双亲。具有相同双亲的结点互为兄弟。

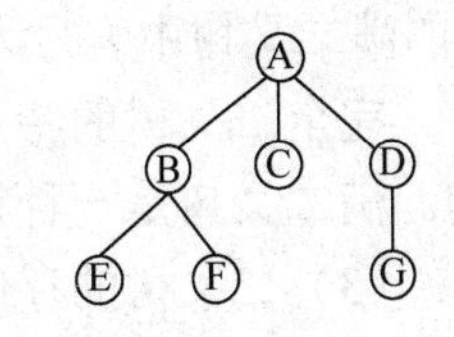

图 6.25 树的结构示意图

2）结点的度。一个结点的子树的个数记为该结点的度。图 6.25 中，A 的度为 3，B 的度为 2，C 的度为 0，D 的度为 1。

3）叶子结点。叶子结点也称终端结点，指度为 0 的结点。图 6.25 中，E、F、C、G 都是叶子结点。

4）内部结点。度不为 0 的结点，也称分支结点或非终端结点。除根结点外，分支结点也称内部结点。图 6.25 中，B、D 都是内部结点。

5）结点的层次。根为第一层，根的孩子为第二层，以此类推，若某结点在第 i 层，则其孩子结点在第 i+1 层。图 6.25 中，A 在第 1 层，B、C、D 在第 2 层，E、F 和 G 在第 3 层。

6）树的高度。一棵树的最大层数记为树的高度（或深度）。图 6.25 所示的树的高度为 3。

7）有序（无序）树。若将树中结点的各子树看成是从左到右具有次序的，即不能交换，则称该树为有序树，否则称为无序树。

2．二叉树

二叉树是 n（n≥0）个结点的有限集合，它或者是空树（n=0），或者由一个根结点及两棵不相交的且分别称为左、右子树的二叉树组成。可见，二叉树同样具有递归性质。

需要特别注意的是，尽管树和二叉树的概念之间有许多联系，但它们是两个不同的概念。树和二叉树之间最主要的区别是，二叉树中结点的子树要区分左子树和右子树，即使在结点只有一棵子树的情况下，也要明确指出该子树是左子树还是右子树。另外，二叉树结点的最大度为 2，而树中不限制结点的度数。

（1）二叉树的性质

1）二叉树的第 i 层上至多有 2^{i-1}（i≥1）个结点。

2）深度为 h 的二叉树中至多有 2^h-1 个结点。

3）若在任意一棵二叉树中，有 n_0 个叶子结点，有 n_2 个度为 2 的结点，则必有 $n_0=n_2+1$。

4）具有 n 个结点的完全二叉树的深度为 $\log_2 x+1$（其中 x 表示不大于 n 的最大整数）。

（2）特殊类型的二叉树

1）满二叉树：如果一棵二叉树只有度为 0 的结点和度为 2 的结点，并且度为 0 的结点在同一层上，则这棵二叉树为满二叉树。

2）完全二叉树：深度为 k，有 n 个结点的二叉树当且仅当其每一个结点都与深度为 k 的满二叉树中编号为 1～n 的结点一一对应时，称为完全二叉树。

完全二叉树的特点是前 n-1 层是满的，最后一层不满，但最后一层从左往右是连续的。满二叉树是一种特殊的完全二叉树。

（3）二叉树的存储结构

二叉树主要有顺序存储结构和链式存储结构两种。

二叉树的顺序存储结构就是用一组地址连续的存储单元来存放二叉树的数据元素，

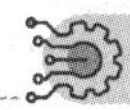

如图 6.26 所示。把二叉树存储到一维数组中，其编号过程是，首先把根结点的编号定为 0，然后按照层次从上到下、每层从左到右的顺序，对每一结点进行编号。当它是编号为 i 的双亲结点的左孩子结点时，则它的编号应为 2i+1；当它是右孩子结点时，则它的编号应为 2i+2。

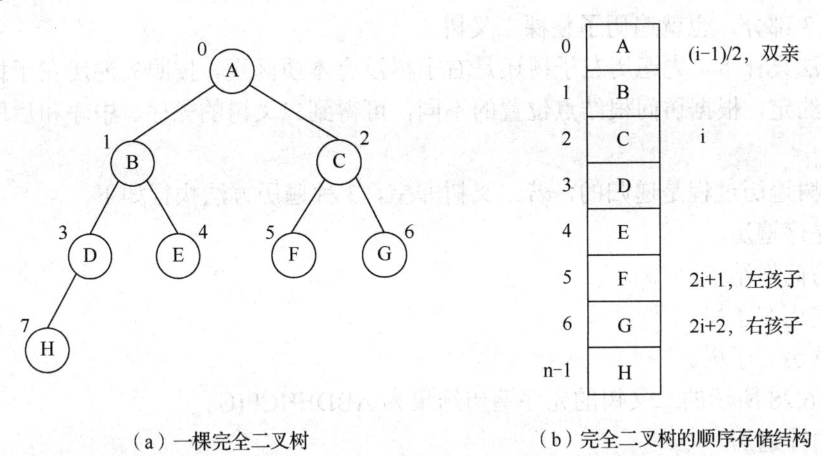

（a）一棵完全二叉树　　（b）完全二叉树的顺序存储结构

图 6.26　二叉树的顺序存储结构

对于完全二叉树来说，其顺序存储是十分合适的，它能够充分利用存储空间。但对于一般的二叉树，特别是对于那些单分支结点较多的二叉树来说是很不合适的，因为可能只有少数存储单元被利用，特别是对于退化的二叉树（即每个分支结点都是单分支的），空间浪费更是惊人。

由于顺序存储结构这种固有的缺陷，二叉树的插入、删除等运算十分不方便。因此，对于一般二叉树通常采用下面介绍的链式存储方式。

二叉树的链式存储结构是指用一个链表来存储一棵二叉树，二叉树中的每一个结点用链表中的一个链结点来存储。

在二叉树的二叉链式存储结构中，二叉链表结点结构除数据域 data 外，采用两个地址域分别指向左、右孩子结点，如图 6.27 所示。

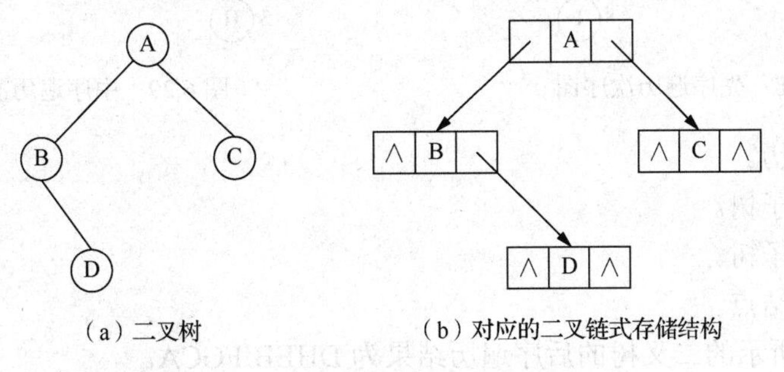

（a）二叉树　　（b）对应的二叉链式存储结构

图 6.27　二叉树及其二叉链式存储结构

（4）二叉树的遍历

遍历是对树的一种最基本的运算，所谓遍历二叉树，就是按一定的规则和顺序走遍二叉树的所有结点，使每一个结点都被访问一次，而且只被访问一次。由于二叉树所具有的递归性质，一棵非空的二叉树是由根结点、左子树和右子树 3 部分构成的，若能依次遍历这 3 部分，也就遍历了整棵二叉树。

在算法设计上，先遍历左子树还是右子树没有本质区别，按照先遍历左子树后遍历右子树的约定，根据访问根结点位置的不同，可得到二叉树的先序、中序和后序 3 种遍历方法。

二叉树遍历过程是递归的，若二叉树非空，3 种遍历方法执行如下。

1）先序遍历。

① 访问根结点。

② 遍历左子树。

③ 遍历右子树。

如图 6.28 所示的二叉树的先序遍历结果为 ABDEHCFIG。

2）中序遍历。

① 遍历左子树。

② 访问根结点。

③ 遍历右子树。

如图 6.29 所示的二叉树的中序遍历结果为 DBHEAFICG。

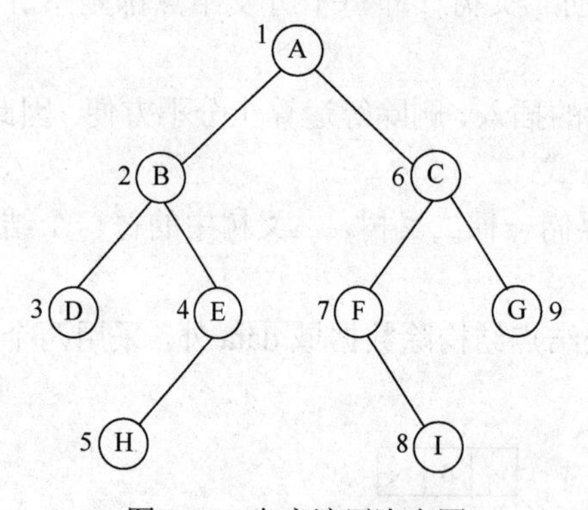

图 6.28　先序遍历次序图

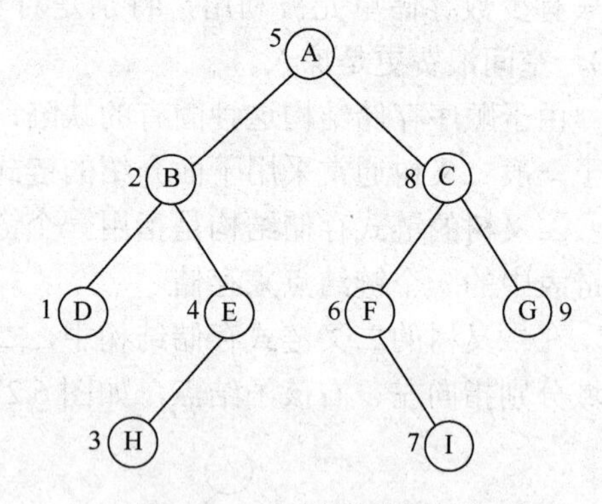

图 6.29　中序遍历次序图

3）后序遍历。

① 遍历左子树。

② 遍历右子树。

③ 访问根结点。

如图 6.30 所示的二叉树的后序遍历结果为 DHEBIFGCA。

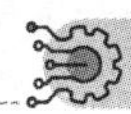

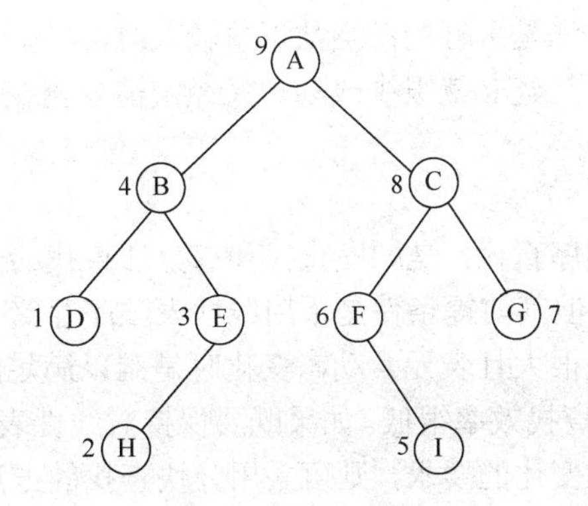

图 6.30　后序遍历次序图

6.4.5　查找

查找是数据结构的一种基本操作，其定义是，给定一个值 k，在含有 n 个记录的表中找出关键字等于 k 的记录。若找到，则查找成功，返回该记录的信息或该记录在表中的位置；否则查找失败，返回相关的指示信息。查找算法依赖于数据结构，不同的数据结构需要采用不同的查找算法。因此，如何有效地组织数据，如何根据数据结构的特点快速、高效地获得查找结果，是数据处理的核心问题。

1. 顺序查找

顺序查找也称线性查找，属于无序查找算法。从线性表的一端开始，顺序扫描，依次将扫描到的结点关键字与给定值进行比较，若相等，则表示查找成功；若扫描结束仍没有找到关键字等于给定值的结点，则表示查找失败。

顺序查找的优点是算法简单，且对表的结构无任何要求，无论是用顺序表还是用链表来存放记录，也不管记录之间是否按关键字有序，它都同样适用。顺序查找的缺点是查找效率低。因此，当线性表长度很大时不宜使用顺序查找法。

2. 二分法查找

二分法查找是一种典型的采用分治策略的算法，它将问题分解为规模更小的子问题，分而治之，逐一解决。二分法查找的两个条件是顺序存储和数据元素排序。

二分法查找的方法是在线性表中取中间元素作为比较对象，这个中间元素把线性表分成左、右两个子表，若给定值与中间元素的关键字相等，则查找成功；若给定值小于中间元素的关键字，则在左表中继续查找；若给定值大于中间元素的关键字，则在右表中继续查找。不断重复上述查找过程，直到查找成功；或确定表中没有该数据元素，即查找失败。

相对于顺序查找，二分法查找虽然减少了比较次数，查找效率较高，但要求数据结构顺序存储并且排序，对数据元素排序也要花费一定的代价。因此，当数据量较小时，顺序查找和二分法查找算法是可行的；当数据量较大时，它们的查找速度慢、效率低。二分法查找特别适用于一旦建立就很少改动、又经常需要查找的线性表。

3．分块查找

分块查找又称索引顺序查找，是顺序查找和二分法查找的一种改进方法。二分法查找虽然具有较好的性能，但其前提条件是采用线性表顺序存储并且按照关键码排序，然而这一前提条件在结点数很大且表元素动态变化时是难以满足的。顺序查找可以解决表元素动态变化的要求，但查找效率很低。如果既要保持对线性表的查找具有较快的速度，又要能够满足表元素动态变化的要求，则可采用分块查找的方法。分块查找是一种性能介于顺序查找和二分法查找之间的查找方法。

分块查找的基本思路是，首先查找索引表，因为索引表是有序表，所以可以采用二分法查找或顺序查找，以确定待查的记录在哪一块；然后在已确定的块中进行顺序查找（因块内无序，只能用顺序查找）。分块查找的效率介于顺序查找和二分法查找之间。

分块查找的优点是，在表中插入或删除一个记录时，只要找到该记录所属的块，就在该块内进行插入和删除运算。因为块内记录的存放是任意的，所以插入或删除比较容易，无须移动大量数据。分块查找的主要代价是增加一个辅助数组的存储空间和将初始表分块排序的运算。

6.4.6 排序

排序是指将数据元素按照指定关键字值的大小递增（或递减）次序重新排列，排序算法指通过特定的算法将一组或多组数据按照既定模式进行重新排序的方法。

1．插入排序

插入排序的基本思想，每次将一个待排序的记录，按其关键字大小插入前面已经排序的子表中的适当位置，直到全部记录插入完成为止。

直接插入排序是最简单直观的排序方法。其方法是，每次将一个待排序数据元素按其关键字的大小插入已经排好序的线性表中的适当位置，直到全部元素插入完成为止。

直接插入排序的过程如下。

步骤 1：从第一个元素开始，该元素可以认为已被排序。

步骤 2：取出下一个元素，在已排序的元素序列中从后向前扫描。

步骤 3：如果该元素（已排序）大于新元素，将该元素移到下一位置。

步骤 4：重复步骤 3，直到找到已排序的元素小于或等于新元素的位置。

步骤 5：将新元素插入该位置后。

步骤 6：重复步骤 2～5。

2．交换排序

交换排序的基本思想：两两比较待排序记录的关键字，发现两个记录的次序相反时即进行交换，直到没有反序的记录为止。下面介绍两种交换排序算法：冒泡排序和快速排序。

（1）冒泡排序

冒泡排序是一种简单的排序算法。其基本思想是，两两比较待排序数据元素的关键字，发现两个数据元素的次序相反时即进行交换，直到没有逆序的数据元素为止。

冒泡排序的过程：第一趟，从第 1 个数据元素开始到第 n 个数据元素，按关键字顺序两两比较，若为逆序，则进行交换。将序列按照此方法从头至尾处理一遍称为一趟冒泡，一趟冒泡的结果是将关键字最大的数据元素交换到最后的位置。若某一趟冒泡过程中没有任何交换发生，则排序过程结束。

（2）快速排序

快速排序由冒泡排序改进而得。快速排序的基本思想是，通过一趟排序将要排序的数据分割成独立的两部分，其中一部分的所有数据都比另外一部分的所有数据都要小，然后按此方法对这两部分数据分别进行快速排序，整个排序过程递归进行，以此使整个数据变成有序序列。

3．选择排序

选择排序的基本思想是，每一趟从待排序的记录中选出关键字最小的记录，顺序放在已排好序的子表的最后，直到全部记录排序完毕。由于选择排序方法每一趟总是从无序区中选出全局最小（或最大）的关键字，所以适合于从大量的记录中选择一部分排序记录。例如，从 10000 个记录中选出关键字前 10 位的记录，就适合采用选择排序方法。

选择排序是一种简单直观的排序算法。它的工作原理是，首先在未排序序列中找到最小（大）元素，存放到排序序列的起始位置，然后从剩余未排序元素中继续寻找最小（大）元素，放到已排序序列的末尾。以此类推，直到所有数据元素均排序完毕。

本 章 小 结

本章首先介绍了算法的概念、特征及表示，详细描述了常用的几种算法思想及算法复杂度的概念；然后介绍了数据结构的基本概念，对线性表、栈、队列、树与二叉树的逻辑结构和存储结构进行介绍；最后介绍了查找和排序操作。

第 7 章 程序设计基础

7.1 软件工程概述

随着计算机技术的发展，软件已经成为科学和技术领域、工业和社会各部门不可缺少的重要部分。软件产业是决定 21 世纪国际竞争地位的战略性产业，它的发达程度体现了国家的综合实力。软件工程已成为软件产业健康发展的关键技术，软件工程技术在经济、科技、国防各领域的广泛应用与实践证明，提高软件质量和生产率的关键是软件系统的分析及建立系统模型。

7.1.1 软件工程的定义

软件工程（software engineering，SE）是一门研究软件开发与维护的普通原理和技术的工程学科。它涉及程序设计语言、数据库、软件开发工具、系统平台、标准和设计模式等方面的内容。

软件工程将系统的、规则的、可计量的方法应用到软件的开发、操作及维护中。软件工程方法学包括 3 个要素：方法、工具和过程。

1）软件工程方法为软件开发提供了“如何做”的技术。它包括了多方面的任务，如项目计划与估算、软件系统需求分析、数据结构、系统总体结构的设计、算法过程的设计、编码、测试及维护等。

2）软件工程工具为软件工程方法提供了自动的或半自动的软件支撑环境。目前，业界已有多种软件工具，这些软件工具被集成起来，建立起称为计算机辅助软件工程（computer aided software/system engineering，CASE）的软件开发支撑系统。CASE 将各种软件工具、开发机器和一个存放开发过程信息的工程数据库组合起来形成一个软件工程环境。

3）软件工程的过程就是将软件工程的方法和工具综合起来以达到合理、及时地进行计算机软件开发的目的。软件工程的过程主要包括开发过程、运作过程、维护过程。

软件工程是一种层次化的技术，任何工程方法（包括软件工程）必须以有组织的质量保证为基础。

7.1.2 软件开发方法

在软件开发的过程中，软件开发方法是关系到软件开发成败的重要因素。软件开发方法就是软件开发所遵循的办法和步骤，以保证所得到的运行系统和支持的文档满足质

量要求。在软件开发实践中，有很多方法可供软件开发人员选择。

1．Parnas 方法

Parnas 方法是最早的软件开发方法，是针对软件在可维护性和可靠性方面存在的严重问题而提出来的。首先，Parnas 提出了信息隐蔽原则：在概要设计时列出将来可能发生变化的因素，并在模块划分时将这些因素放到个别模块的内部。这样，在将来由于这些因素变化而需要修改软件时，只需修改这些个别的模块，其他模块不受影响。其次，Parnas 提出在软件设计时应对可能发生的种种意外故障采取措施。由于软件是很脆弱的，很可能因为一个微小的错误而引发严重的事故，所以必须加强防范，如在分配使用设备前，应该检查设备是否正常。此外，模块之间也要加强检查，防止错误蔓延。但由于 Parnas 方法没有给出明确的工作流程，所以不能独立使用，只能作为其他方法的补充。

2．结构化开发方法

结构化开发方法强调系统结构的合理性及所开发软件结构的合理性，主要是面向数据流的，因此也称面向功能的软件开发方法或面向数据流的软件开发方法。结构化技术包括结构化分析、结构化设计和结构化程序设计 3 方面内容。

结构化分析是一种模型的确立活动，就是使用独有的符号，来确立描绘信息（数据和控制）流和内容的模型，划分系统的功能和行为，以及其他为确立模型不可缺少的描述。

结构化设计是采用最佳的可能方法设计系统的各组成部分，以及各组成部分之间的内部联系的技术，目的在于提出满足系统需求的最佳软件的结构，完成软件层次图或软件结构图。

结构化程序设计是将用数据流图表示的信息转换成程序结构的设计。

3．模块化开发方法

模块化程序设计方法（Jackson 方法）又称面向数据结构的软件开发方法。将一个待开发的软件系统分解成若干可单独命名和编址的较为简单的部分，这些可单独命名和编址的部分称为模块。每个模块分别独立地开发、测试，最后再组装出整个软件系统。

使用模块的名称就可以调用模块。对模块采用耦合和内聚两个准则进行度量。如果模块内部具有高内聚、模块间具有低耦合，则这样的模块就具有独立性，模块设计得比较好。

4．面向对象开发方法

随着面向对象程序设计（object oriented programming，OOP）、面向对象设计（object oriented design，OOD）和面向对象分析（object oriented analysis，OOA）的发展，最终形成面向对象的软件开发方法。这是一种自底向上和自顶向下相结合的方法，它以对象建模为基础，不仅考虑了输入、输出数据结构，也包含了所有对象的数据结构。

面向对象开发方法是以面向对象程序设计语言作为基础的，其核心思想是利用面向对象的概念和方法为软件需求建立模型，进行系统设计。采用面向对象程序设计语言进行系统实现，对建成的系统进行面向对象的测试和维护。

目前广泛使用的面向对象开发方法包括 Booch 方法、Rumbaugh 方法、Coad 和 Yourdon 方法、Jacobson 方法、Wirfs-Brock 方法和统一建模方法等。

5．可视化开发方法

随着图形用户界面的兴起，用户界面在软件系统中所占的比例也越来越大。为此 Windows 提供了应用程序接口（application programming interface，API），它包含了 600 多个函数，极大地方便了图形用户界面的开发。利用子类对父类的继承性，以及实例对类的函数的引用，应用程序的开发可以省却大量类的定义，省却大量成员函数的定义或只需作少量修改以定义子类。这类应用软件的工作方式是事件驱动。对每一事件，由系统产生相应的消息，再传递给相应的消息响应函数。这些消息响应函数是由可视开发工具在生成软件时自动装入的。

可视化开发就是在可视开发工具提供的图形用户界面上，通过操作界面元素，如菜单、按钮、对话框、编辑框、单选按钮、复选框、列表框和滚动条等，由可视开发工具帮助生成应用软件。

7.1.3 软件测试

软件测试描述一种用来鉴定软件的正确性、完整性、安全性和质量的过程。简而言之，软件测试是一种实际输出与预期输出之间的审核或比较过程。软件测试的经典定义是，在规定的条件下对程序进行操作，以发现程序错误，衡量软件质量，并对其是否能满足设计要求进行评估的过程。

1．软件测试的内容

软件测试的内容包括验证和确认。

1）验证是保证软件正确地实现了一些特定功能的一系列活动，即保证软件以正确的方式实现了预定的功能。

2）确认是一系列的活动和过程，目的是证实在一个给定的外部环境中软件的逻辑正确性。

软件测试的对象不仅仅是程序测试，还应包括整个软件开发期间各阶段所产生的文档，如需求规格说明、概要设计文档、详细设计文档。当然，软件测试的主要对象还是源程序。

2．软件测试的方法

软件测试的方法是指测试软件性能的方法。随着软件测试技术的不断发展，测试方法也越来越多样化，针对性更强。选择合适的软件测试方法可以事半功倍。

软件测试的方法根据不同的分类标准，有不同的分类方法。

（1）从是否关心软件内部结构和具体实现的角度划分

1）白盒测试。白盒测试也称结构测试或逻辑驱动测试，是指基于一个应用代码的内部逻辑知识，即基于覆盖全部代码、分支、路径、条件的测试，它了解产品内部工作过程，可通过这种测试来检测产品内部动作是否按照规格说明书的规定正常进行，按照程序内部的结构测试程序，检验程序中的每条通路是否都能按预定要求正确工作。

2）黑盒测试。黑盒测试是指不基于内部设计和代码的任何知识，而只基于需求和功能性的测试，黑盒测试也称功能测试或数据驱动测试。它是在已知产品所应具有的功能的基础上，通过测试来检测每个功能是否都能使用。在测试时，把程序看作一个不能打开的黑盒子，在完全不考虑程序内部结构和内部特性的情况下，测试者在程序接口进行测试，它只检查程序功能是否按照需求规格说明书的规定正常使用，程序是否能适当地接收输入数据而产生正确的输出信息，并保持外部信息的完整性。

3）灰盒测试。灰盒测试介于白盒测试和黑盒测试之间，看不到具体函数的内部，但可以看到它们之间的调用。灰盒测试既利用被测对象的整体特性信息，又利用被测对象的内部具体实现信息。灰盒测试的灰度是按照整体特性信息所占的比例来确定的，如果只能看到整体特性就变成黑盒测试；反之，如果可以看到具体的内部就是白盒测试。趋于前者就深些，趋于后者就浅些。灰盒测试主要用于集成测试。

（2）从是否执行程序的角度划分

1）静态测试：是指不运行被测程序本身，仅通过分析或检查源程序的文法、结构、过程、接口等来检查程序的正确性。

2）动态测试：是指通过运行软件来检验软件的动态行为和运行结果的正确性。

（3）按软件开发过程的阶段划分

1）单元测试：又称模块测试，集中对使用源代码实现的每个程序单元进行测试，检查各程序模块是否正确地实现了规定的功能，如测试模块接口、局部数据结构、路径、错误处理和边界等。

2）集成测试：是将已测试过的模块组装起来，主要对与设计相关的软件体系结构的构造进行测试。

3）确认测试：又称有效性测试，是要检查已实现的软件是否满足了需求规格说明书中确定了的各种需求，以及软件配置是否完全、正确。

4）系统测试：把已经经过确认的软件纳入实际运行环境中，与其他系统成分组合在一起进行测试。

5）验收测试：旨在向软件的购买者展示该软件系统是否满足用户的需求。验收测试是以用户为主的测试。软件开发人员和质量保证人员也应参加验收测试。

6）回归测试：是在软件维护阶段，对软件进行修改之后进行的测试。其目的是检验对软件进行的修改是否正确。这里，修改的正确性有两重含义：①所做的修改达到了预定目的，如错误得到改正、能够适应新的运行环境等；②不影响软件的其他功能的正确性。

7）Alpha 测试：是在系统开发接近完成时对应用系统的测试。测试后，仍然会有少量的设计变更。这种测试一般由最终用户或其他人员完成，不能由程序员或测试员完成。

8）Beta 测试：是指当开发和测试全部完成时所做的测试，而最终的错误和问题需要在最终发行前找到。这种测试一般由最终用户或其他人员完成，不能由程序员或测试员完成。

7.2 程序设计概述

7.2.1 程序设计语言的分类

计算机程序设计语言，通常简称为编程语言，它是一组用来定义计算机程序的语法规则。是一种被标准化的交流技巧，用来向计算机发出指令。程序员能够使用一种计算机语言准确地定义需要使用的数据，能够精确地定义在不同情况下应采取的行动。

众所周知，程序设计语言的发展与电子计算机的发展是紧密相关的。在 20 世纪中期，从人们制造了第一台通用计算机 ENIAC 起，就产生了相应的机器语言。从此以后，程序设计语言大致经历了从机器语言到汇编语言，再到高级语言和面向对象语言的发展阶段。

机器语言是面向机器的语言，它是机器指令的集合。它使用由多个“0”和“1”构成的指令来编程，这些指令可以直接被处理器识别和执行。但是机器语言与自然语言差异过大，这使程序员难以对它进行区别和记忆，给学习和使用计算机带来了极大的障碍。汇编语言使用助记符来代替机器语言指令，在一定程度上解决了机器语言晦涩难懂的问题。高级语言是高度封装了的编程语言，它的出现使人们摆脱了汇编语言与机器语言的烦琐，进而可以使程序员有更多的时间专注于解决问题的逻辑而不是程序的语法等细节。由于大多数高级语言与计算机平台无关，所以高级语言是通用语言。

20 世纪六七十年代，程序设计语言有了重大发展。其中，具有代表性的语言有 Simula、C 语言、Smalltalk、Prolog、ML 等语言。其中，Simula 与 Smalltalk 引入了面向对象的概念；C 语言是经久不衰的一种系统程序设计语言，它作为高级语言，与硬件的接近程度高，执行效率高，至今仍有为数众多的程序员在使用它；Prolog 是史上第一个逻辑编程语言；而 ML 继承自 LISP，是静态类型函数式编程语言的先驱。这些语言都各自发展出不同的分支，现今多数编程语言可以追溯至它们其中的一个或多个。

在 20 世纪 90 年代之后，受互联网高速发展的影响，产生了 Java、PHP、Python 等编程语言。这些语言大多运行于虚拟机上，支持面向对象程序设计，并具有垃圾收集功能。它们还配有多种集成开发环境，大大提高了程序开发的效率。同一时期，专为互联网设计的动态脚本语言，如 JavaScript 等也蓬勃发展，它们使今天的互联网丰富多彩。

现代计算机可使用的编程语言有很多。这是因为随着时间的推移，随着计算机硬件能力的提高和新的软件技术的出现，程序设计语言也要与时俱进地发展。有的程序设计语言有较长的发展历史，有的程序设计语言则已经淡出人们的视野。各时期的程序设计语言反映了不同时期的需求。它们在复杂度、侧重点、易用性上都各有不同。例如，大多数低级语言的程序效率较高，高级语言的通用性较好，而拥有图形编程界面的语言易于新手学习掌握。

7.2.2　程序设计的基本过程

程序设计是给出解决特定问题程序的过程，是软件构造活动中的重要组成部分。程序设计往往以某种程序设计语言为工具，给出基于这种语言的程序。专业的程序设计人员通常称为程序员。

任何设计活动都是在各种约束条件和相互矛盾的需求之间寻求一种平衡，程序设计也不例外。在计算机技术发展的早期，由于计算机资源不足，处理能力有限，程序的时间和空间复杂度往往是设计者关心的主要因素，软件构造活动主要就是程序设计活动。随着硬件技术的飞速发展和软件规模的日益庞大，程序的结构、可维护性、可移植性、可扩展性等因素日益重要。

软件系统越来越复杂，逐渐分化出许多专用的软件系统，如操作系统、数据库系统、应用服务器，而且这些专用的软件系统已逐渐成为普遍计算环境的一部分。在这种情况下，软件构造活动的内容越来越丰富，不再只是纯粹的程序设计，还包括数据库设计、用户界面设计、接口设计、通信协议设计及系统配置等过程。

一般来说，程序设计可分为以下几个步骤。

1．分析问题

对于接收的任务要进行认真的分析，研究所给定的条件，分析最后应达到的目标，找出解决问题的规律，选择解题的方法，对技术可行性和经济可行性进行研究，以期完成实际问题。对于跨学科的任务，经常需要长时间的讨论和沟通。

2．设计算法

设计算法是指设计出解决问题的方法及其实现的具体步骤。

3．编写程序

选择适当的编程语言，将算法翻译成计算机程序设计语言，得到源程序，对源程序进行编译和连接，得到可执行程序。

4．测试程序

运行可执行程序，得到运行结果。对结果进行分析，以期找到并排除程序中的错误。程序的错误和失误称为Bug。大型的程序中有Bug是现代程序设计中常常发生的事。充分而科学的测试能显著地减少Bug。

5．编写程序文档

许多程序是提供给用户使用的，如同正式的产品应当提供产品说明书一样，正式提供给用户使用的程序，必须向用户提供程序说明书。程序说明书的内容应包括程序名称、程序功能、运行环境、程序的装入和启动、需要输入的数据，以及使用注意事项等。除此之外，为了维护和升级程序，程序文档还应该包括源程序遵循的规范、特殊算法的论证、需求分析报告及调试历史等技术文档。

算法设计是程序设计的核心任务。当系统中包含很多可变的参数时，算法可能会比较复杂。在很多情况下，使用自然语言难以直观并简洁地描述这个过程，所以人们常常利用流程图来描述算法。

如图7.1所示的流程图描述了计算sum=1+2+3+4的算法。

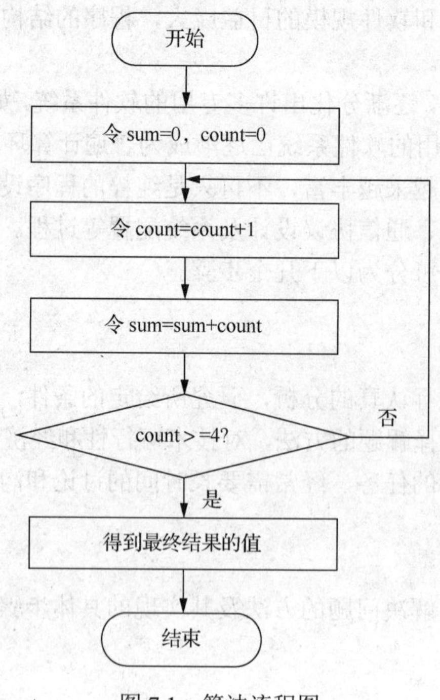

图7.1　算法流程图

需要注意的是，计算机上有许多算法工具可以绘制流程图，但是可能会采用不同的

流程图基本符号。例如，下节介绍的编程工具 Raptor 使用的流程图符号就与标准符号不同。

7.2.3　结构化程序设计

在计算机编程工作的早期，为使程序逻辑清晰、层次分明，同时提高程序的可靠性、可维护性，以及提高开发效率，人们在大量的编程实践中总结出了程序设计的一些基本原则，这就是结构化程序设计原则的由来。

结构化程序设计的基本思想是，程序只使用 3 种基本结构来实现，即顺序结构、分支结构和循环结构。每一种结构包含一条或多条语句，3 种结构可在程序中单独使用，也可以多次使用，还可以进行复杂的组合和嵌套。

使用结构化程序设计编程时，可以在程序中完全避免使用“无条件转移”指令。不使用“无条件转移”指令能够极大地提高程序的可读性和可维护性。

1．顺序结构

顺序结构的程序流程是指结构中的指令按编程时规定的顺序依次执行，每个指令都会执行且只会执行一次，结构的流程是单向的，不会错过任何指令，也不会有指令被执行超过 1 次。

如图 7.2 所示的流程图是顺序结构的一个例子。在这个例子中，程序在执行完 A 指令之后，就会执行 B 指令，然后执行 C 指令，之后继续执行后续指令。

2．分支结构

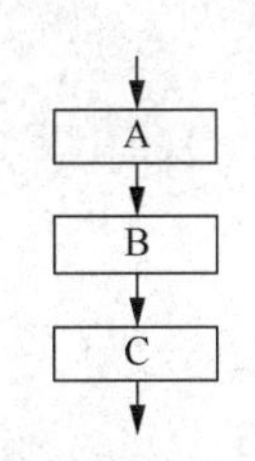

图 7.2　顺序结构

分支结构的程序在执行时，将对一个条件进行判断，根据判断的结果，决定执行程序的一部分，同时跳过另一部分。这意味着，在分支结构的程序中，总会有一个分支的指令不能获得执行，而另一个分支的指令能获得执行。具体哪一个分支指令不能获得执行，要取决于分支的判断指令的结果。例如，在如图 7.3（a）所示的分支结构流程图中，表示判断指令的是菱形框中的“a>=4”，在此指令判真时执行 true 分支，在此指令判假时执行 false 分支。很明显，在这种结构下，true 分支包含的指令和 false 分支包含的指令是互斥的，每次程序运行时，A 和 B 这两个分支中只能有一个会获得执行。需要注意的是，在一些程序中，分支结构中的两个分支，其中之一是由空指令构成的，空指令的意思就是什么都不做。例如，如果图 7.3（a）中的 B 分支是由空指令构成的，那么图 7.3（b）就会变成图 7.3（b）。在图 7.3（b）中，如果判断的结果为假，则会跳过分支 A。也就是说，（b）图是（a）图的一个特例。

具有两个分支的分支结构是最基本的分支结构。如果两个分支之中的一个或多个仍然具有分支结构，那么从总体上看，就构成了一个多分支结构，如图 7.4 所示。在图 7.4

的例子中，如果变量 a 大于等于 4，则执行 A 分支；如果变量 a 小于 4 且大于等于-2，则执行 B 分支；如果变量 a 小于-2，则执行 C 分支。

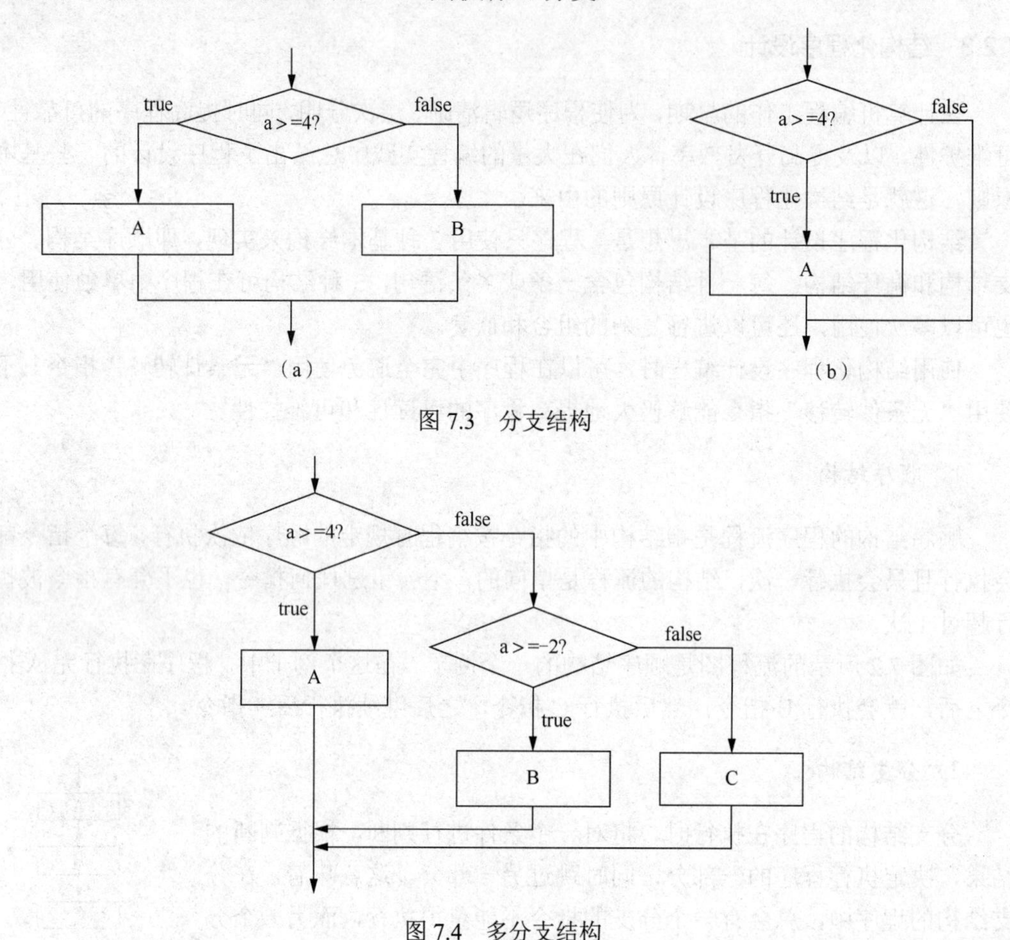

图 7.3　分支结构

图 7.4　多分支结构

3．循环结构

如果需要反复地执行同一段指令，则需要使用循环结构。这段反复执行的指令不能永远不停地执行，必须在某个适当的时机停止。一般来说，循环结构会使用“循环变量”来控制指令被重复执行的次数。在循环开始之前设定循环变量的初始值，每次循环时都改变一次循环变量的值，循环变量改变了一定次数或满足了某种特定条件之后，就跳出循环，继续执行循环之外的指令。如图 7.5 所示的流程图描述了这一过程。在图 7.5（a）中，先判断条件 p 的真假，若为真则跳出循环，若为假则执行循环体 C。图 7.5（b）先执行循环体，再判断是否应该跳出循环。这两种结构的区别很小，只在第一次进入循环时略有不同。

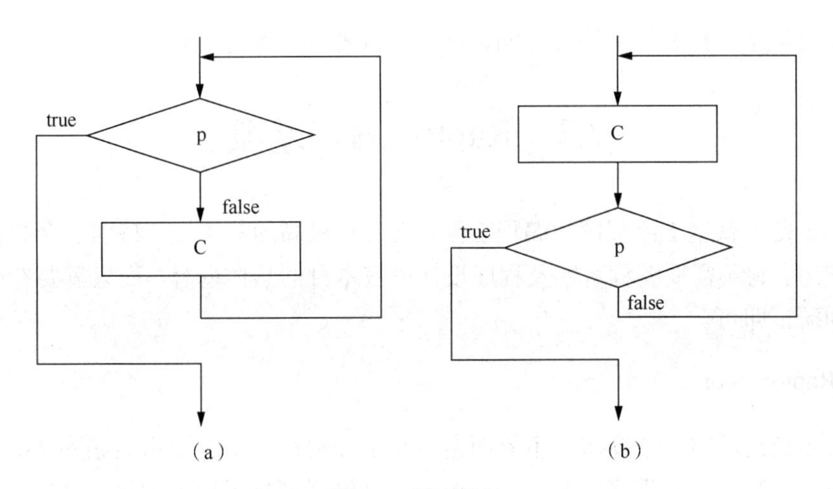

图 7.5　循环结构

这 3 种结构或组合、或嵌套、又或兼而有之，构成了结构化的程序设计。

7.2.4　面向对象程序设计

人们在编程实践中发现了结构化程序设计的一些缺点，最典型的问题有代码的可重用性差、软件的可维护性差、在软件开发后期系统功能调整困难。为了解决这些问题，人们开始采用面向对象的程序设计思想。

面向对象程序设计是一种计算机编程架构。对象是指“程序要处理的数据”和“处理数据的过程”被构建成了一个整体，而不是彼此独立。而程序则是由对象组合而成的。面向对象程序设计解决了软件工程的 3 个主要目标：重用性、灵活性和扩展性。

类是面向对象程序设计的基本概念，它是对现实世界的抽象，包括表示静态属性的数据和对数据的操作方法。类实现了封装和数据隐藏功能，只能用类自身包含的方法操作其属性，而外部并不能直接操作类的内部数据。这样，定义好的类在应用到不同的软件中时，使用类的人员并不需要了解类的内部工作过程，只需要知道如何使用类即可。新的类可以继承一个类的所有特性并添加新的特性，成为一个更具体的类，这实现了代码的复用，也增加了程序的可维护性。同时，使用继承的方法构建的类，可以采用多态性来为每个新类指定表现行为，使具有细微差别的类和类之间有共同的部分，也有不同的部分，以此实现高度的可重用性。

对象是类的实例化。人们用面向对象的观点，将众多具有数据属性和动作的实体抽象成对象，直接使用编程语言进行描述，这就是面向对象的程序设计。对象间通过传递消息来相互通信，模拟了现实世界中不同实体之间的联系过程。

总之，面向对象的程序设计方法解决了结构化程序设计方法的几个问题，使大规模的程序能够被开发、部署和维护。但是类的内部方法也仍然是结构化的。所以，作为初学者，需要从结构化的程序设计开始，循序渐进地学习编程知识。

7.3 Raptor 编程基础

Raptor 是一款基于流程图的编程工具。它具有极高的易用性，特别适合初学编程者理解和使用。它不需要编程者顾及程序设计语言本身的具体内容，而只需要专注于算法的设计和验证即可。

1. Raptor 界面

Raptor 启动后有两个窗口，主界面窗口和主控窗口。主界面窗口如图 7.6 所示。主界面窗口是编写和调试程序的窗口，主控窗口仅仅用来显示程序的输出结果。

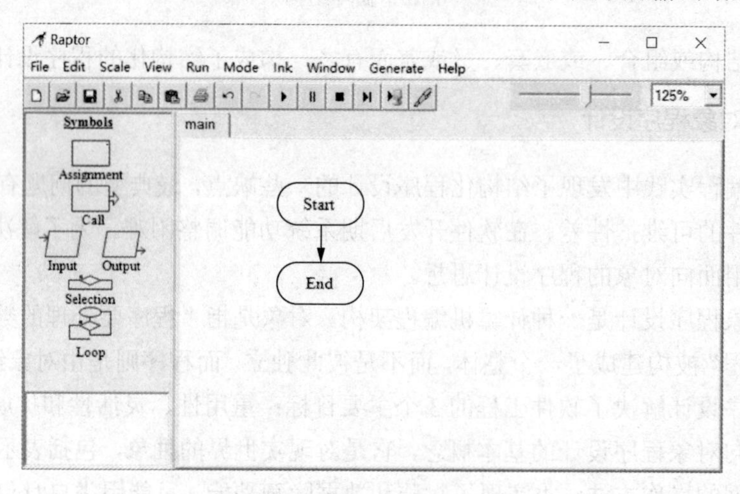

图 7.6 Raptor 主界面窗口

Raptor 的常规菜单项与大多数的 Windows 程序并无区别。Raptor 在常规菜单项之外，还有多个特有菜单项。“Run”菜单提供了运行和调试 Raptor 程序的命令；“Generate”菜单提供了生成高级语言程序和可执行文件的命令。

Raptor 主界面中包含基本符号栏、变量显示区、工作区等几个区域。其中，工具栏中的“速度调节”滑块的功能是调节程序运行的速度，它可以在程序运行前和运行时调节。

Raptor 提供了 6 种基本符号来设计流程图，分别是 Assignment（赋值）、Call（调用）、Input（输入）、Output（输出）、Selection（选择）和 Loop（循环）。Raptor 中的流程图符号如表 7.1 所示，基本上可以满足编程算法的需求。

表 7.1　Raptor 中的流程图符号

功能	名称	符号	含义
处理	赋值		定义或改变一个变量的值
	调用		调用另外的过程来处理变量
	输入		允许用户输入数据并存储在变量中
	输出		将变量的值或其他信息输出
控制结构	选择	Yes　No	在流程图中建立分支结构
	循环	Loop　Yes　No	在流程图中建立循环结构

2．Raptor 符号介绍

Raptor 提供的符号就是语句，语句用来实现一个特定的程序功能。

（1）赋值（Assignment）语句

在介绍赋值语句之前，有必要了解一下程序设计中的几个基本概念：常量、变量和表达式。

1）常量是在程序中一直保持不变的量。对于只在程序中使用一次的常量，可以在程序中直接使用它，如数字 5 就是一个常量，它的值是不会改变的。对于在程序中频繁使用的常量，我们可以为其命名。这样，在引用这个量时，不需要写它的值，只需要写它的名称即可，从而提高程序的可读性和易修改性。例如，Raptor 定义 pi 表示 3.1416，则在程序中可以通过直接引用 pi 来使用 3.1416 这个数。

2）变量表示的是计算机内存中的一个能储存数据的位置。一般来说，程序中有很多具有一定意义的数字和字符，它们都需要存储在变量中，以方便修改和使用。在任何时候，一个变量只能容纳一个值。但在程序的执行过程中，变量的值可以根据需要而改变。变量的名称简称为变量名，有了变量名，在程序中就可以方便地引用它了。例如，在图 7.1 中，有一个变量 sum，它的初始值是 0，经过一系列的操作，最后 sum 的值为 1+2+3+4=10。

大多数编程语言对变量名的命名有具体的要求。Raptor 对变量名的要求和绝大多数的编程语言对变量名的要求是一致的。例如，Raptor 要求变量名必须以字母开头，可以包含字母、数字和下划线，不可以包含空格或其他字符。在编程实践中，一般要求变量名应该与该变量在程序中的作用有关，如果一个变量名中需要包含多个单词，则单词之间使用下划线分隔，这样会使变量名具有可读性。变量名具有可读性是程序具有可读性的一部分，具有高度可读性的程序在调试和维护时效率更高，在团队项目及时间跨度较长的项目中优势明显。

使用 Raptor 建立的程序称为 Raptor 程序。Raptor 程序在刚开始执行时，没有变量存在。当 Raptor 遇到一个从未遇到过的变量名时，它会创建一个新的内存位置并将该变量的名称与此位置相关联。在程序执行过程中，该变量将一直存在，直到程序终止。当一个新的变量被创建时，其初始值决定该变量将存储的数据是数值数据还是文本数据。这就是变量的数据类型的含义。一个变量的数据类型在程序执行期间是不能更改的。总而言之，Raptor 支持两种类型的变量：数值型和字符串型。

例如，15、22.45、-3.14、0.0059 是数值型的数据，而“Hello world”和“Windows Programme”是字符串类型的数据。

需要注意的是，即使只有一个字符，也可以算作字符串。一般来说，不同类型的变量不应该互相赋值。

在 Raptor 中，赋值符号的功能是用于执行计算，然后将其结果存储在变量中。

在程序中创建赋值语句的步骤如下。

① 选中符号区中的赋值符号，被选中的符号变成红色。

② 单击工作区中的一个位置，即可将赋值符号置于该位置。

③ 双击赋值符号，打开“Enter Statement”窗口，如图 7.7 所示，在此窗口中可以编辑赋值语句。

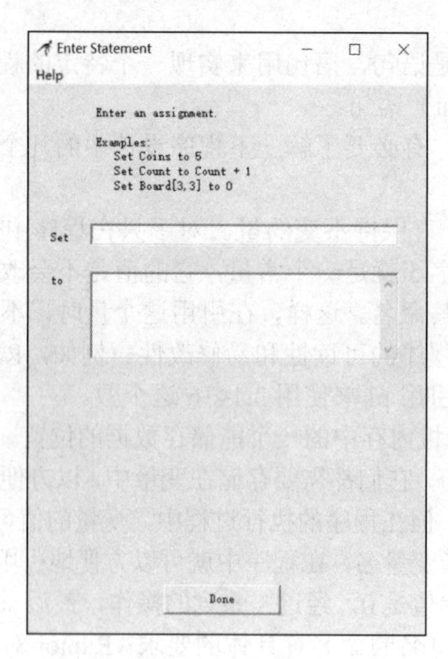

图 7.7 “Enter Statement”窗口

例如，在“Set”文本框中输入需要赋值的变量名，在“to”列表框中输入要执行的计算，即将数值 89 赋给变量 Age，在工作区中的显示结果如图 7.8 所示。

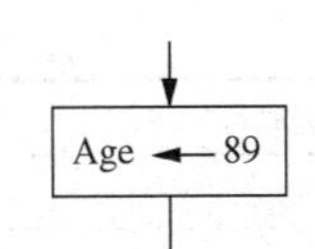

图 7.8　将数值赋给变量

一个赋值语句只能改变一个变量的值，也就是图 7.8 中箭头所指向的变量。如果这个变量在先前的任何语句中都未曾出现过，则 Raptor 会创建这个变量，并按赋值语句的要求来设置变量的初始值。如果这个变量在先前的语句中已经出现，那么先前的值就将被当前所执行的值取代。位于箭头右侧的部分在程序设计中称为“表达式”，表达式可以是图 7.8 中的简单形式，也可以是多个常量和变量组合在一起的复杂运算。无论是哪种情况，位于表达式中的变量的值都不会被赋值语句改变，只有箭头指向的变量的值才会被改变。

与大多数的编程语言类似，Raptor 中的赋值表达式也有固定的规则。

3）赋值表达式是由常量、变量和运算符组成的，必须是计算单个值的公式。公式可以是简单的，也可以是复杂的。例如，“2*pi*10.5”是一个符合 Raptor 规则的合法表达式。“(3+4.5)*6”也是合法的表达式。其中，“*”是 Raptor 中表示乘法的运算符。

当一个表达式中含有多个运算符时，这些运算符的执行具有优先顺序。运算符的一般优先顺序如下。

① 计算所有函数（function）。

② 计算括号中的表达式。

③ 计算乘幂（符号是“^”）。

④ 从左到右，计算乘法和除法。

⑤ 从左到右，计算加法和减法。

例如，表达式 6+2*(sin3+tan7)的运算顺序是先求 sin3 和 tan7，之后求括号中的值，然后计算乘法，最后计算加法。

Raptor 提供了一些常用的函数，以方便程序员来建立表达式，如 sqrt( )函数用来求平方根。赋值表达式 X=sqrt(9.8)表示将数字 9.8 的平方根赋予变量 X。表 7.2 列出了 Raptor 内置的运算符和函数。

表 7.2　Raptor 内置的运算符和函数

运算符	说明	示例
+	加号	3+4=7
−	减号	3−4=−1
−	负号	−3
*	乘号	3*4=12
/	除号	3/4=0.75
^或**	幂运算	3^4=3*3*3*3=81 3**4=81
rem	求余数	10rem3=1

续表

运算符	说明	示例
mod	求模	10mod4=2
sqrt	求平方根	sqrt(4)=2
log	求自然对数	log(e)=1
abs	求绝对值	abs(-9)=9
ceiling	向上取整	ceiling(3.14159)=4
floor	向下取整	floor(9.82)=9
sin	正弦，参数的单位是弧度	sin(pi/6)=0.5
cos	余弦，参数的单位是弧度	cos(pi/3)=0.5
tan	正切，参数的单位是弧度	tan(pi/4)=1.0
cot	余切，参数的单位是弧度	cot(pi/4)=1.0
arcsin	反正弦，结果的单位是弧度	arcsin(0.5)=pi/6
arccos	反余弦，结果的单位是弧度	arccos(0.5)=pi/3
arctan	反正切(y, x)，结果的单位是弧度	arctan(10, 3)=1.2793
arccot	反余切(x, y)，结果的单位是弧度	arccot(10, 3)=0.2915
random	生成一个范围为（0.0,1.0）的随机值	random*100 会产生 0～99.9999 的随机数
Length_of	求一个字符串变量所包含的字符数目	Example ←"Sell now" Length_of(Example)=8

Raptor 表达式的运行结果必须是一个数值或一个字符串。另外，可以使用加号“+”把两个或两个以上的文本字符串合并为单个字符串，或者将字符串和数值变量组合成一个单一的字符串。

例如，如果赋值语句为

```
Full_name ← "Joe " + "Alexander " + "Smith"
```

则执行此语句之后，变量 Full_name 的值为“Joe Alexander Smith”。

如果赋值语句为

```
Answer ← "The average is " + (Total / Number)
```

则在执行此语句时，若数值变量 Total 的值为 10，数值变量 Number 的值为 5，则此语句执行完后，变量 Answer 的值为“The average is 2”。

（2）输入（Input）语句

通常情况下，程序的执行过程发生在程序编写过程之后。如果有些数据在编写的过程中无法确定，就需要在执行过程中输入这些数据，即需要“输入语句”的功能。“输入语句”允许用户在程序执行过程中输入程序变量的值。

由于 Raptor 中有数值型和字符串型两种类型的数据，所以在用户输入数据之前，处在执行中的程序应有适当的提示，否则用户可能无法确定应该输入何种信息。也就是说，在编写程序的阶段，就应该为输入语句设计适当的提示信息。提示信息应尽可能言简意赅，当输入值具有单位或量纲（如厘米或米）时，应在提示信息中予以说明。

在程序中建立输入语句的步骤如下。

① 选中符号区中的输入符号，被选中的符号变成红色。

② 单击工作区中的一个位置，即可将输入符号置于该位置。

③ 双击输入符号，在打开的“Enter Input”对话框中输入适当的信息，即在上面的列表框中输入提示文本，在下面的文本框中输入变量名。然后单击对话框最下面的“Done”按钮。

当定义一个输入语句时，程序员需要指定两件事：一是提示文本，二是变量名称，该变量用来接收用户输入的信息。例如，在图 7.9 中，指定提示信息为“please input a number between 1 and 50”，而变量名为 *x*。这个语句要求输入一个在 1 至 50 之间的数，并将这个数赋值给变量 *x*。

编辑完输入语句之后，工作区中的输入语句会显示为如图 7.10 所示的形式。

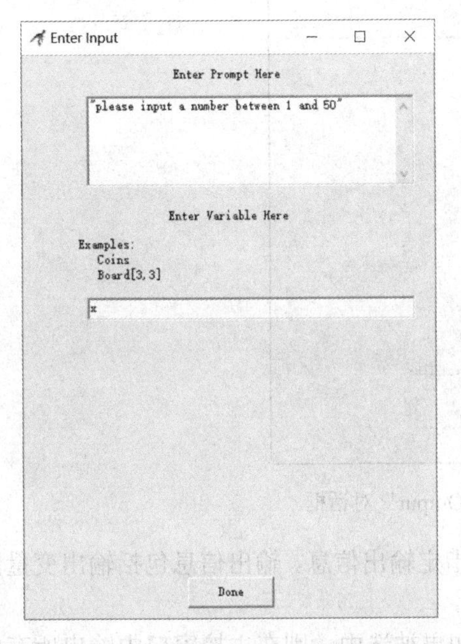

图 7.9　“Enter Input”对话框

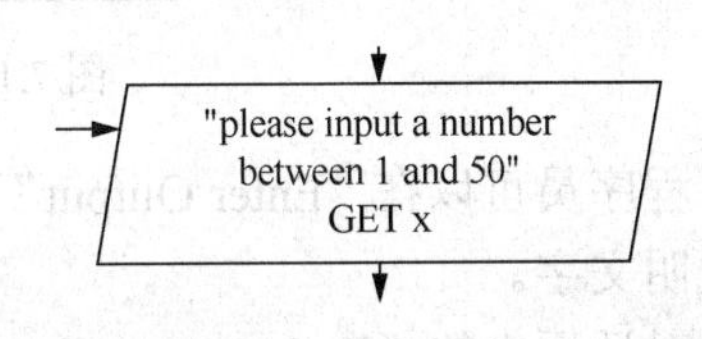

图 7.10　输入语句

程序在运行到这个输入语句时，屏幕会显示“Input”对话框，如图 7.11 所示。用户只需要输入符合提示文本要求的数据并单击“OK”按钮即可。

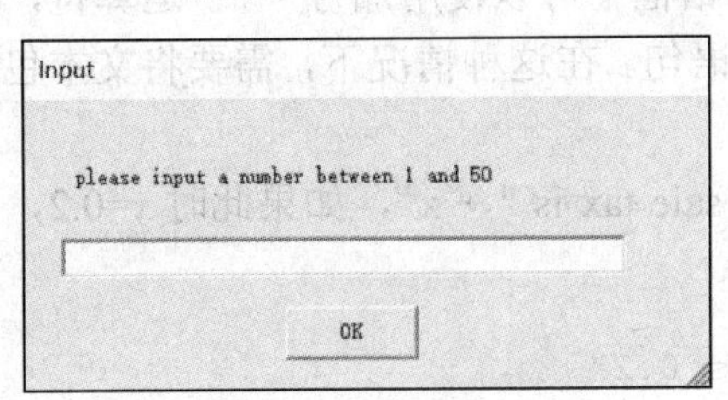

图 7.11　“Input”对话框

（3）输出语句

Raptor 的输出语句的功能是在主控窗口中显示输出信息。

创建输出语句的步骤如下。

① 选中符号区中的输出符号，被选中的符号变成红色。

② 单击工作区中的一个位置，即可将输出符号置于该位置。

③ 双击输入符号，在打开的“Enter Output”对话框中输入要输出的信息，之后单击对话框中的“Done”按钮即可，如图 7.12 所示。

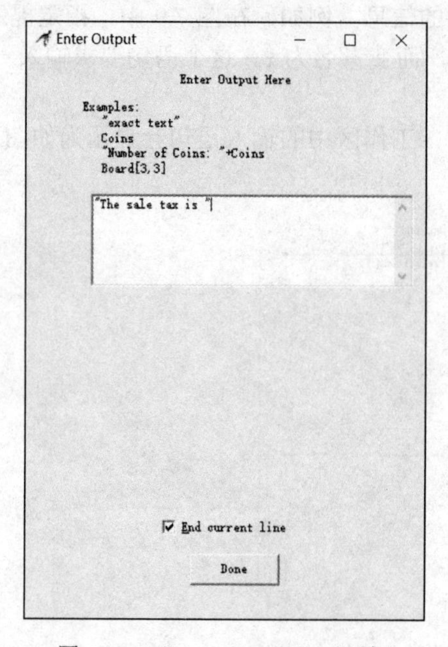

图 7.12　“Enter Output”对话框

程序员可以在“Enter Output”对话框中指定输出信息。输出信息包括输出变量的值及说明文字。

对话框中的“End current line”复选框如果被选中，则在主控窗口中输出所有内容之后会另起一行。在图 7.12 所示的例子中，输出语句将在主控窗口中显示文本“The sale tax is”之后再另起一行。

在“Enter Output”对话框中可以使用加号“+”运算符，用来将文本字符串与多个数值构成一个单一的输出语句。在这种情况下，需要将文本包含在引号中以区分文本和数值。

例如，表达式“"The sale tax is " + x”，如果此时 x=0.2，则主控窗口中将显示以下结果：

```
"The sale tax is 0.2"
```

需要注意的是，用于包含文字的引号不会在主控窗口中显示，它也不是表达式运算

的组成部分。通常，在主控窗口中输出数字时，都应该配有说明文字以帮助理解。

（4）Raptor 注释

对源程序添加注释可以帮助他人理解程序，也便于程序后期的维护。注释不是可执行的语句，它不会被执行，不会影响其他语句。像其他许多编程语言一样，Raptor 也允许对程序进行注释。

要为某个语句中添加注释，可右击相关的语句符号，在弹出的快捷菜单中选择“Comment”选项，打开“Enter Comment”对话框，如图 7.13 所示。可以在 Raptor 窗口中移动注释的位置，建议不要移动注释的默认位置，以防在需要更改时，引起错位等问题。

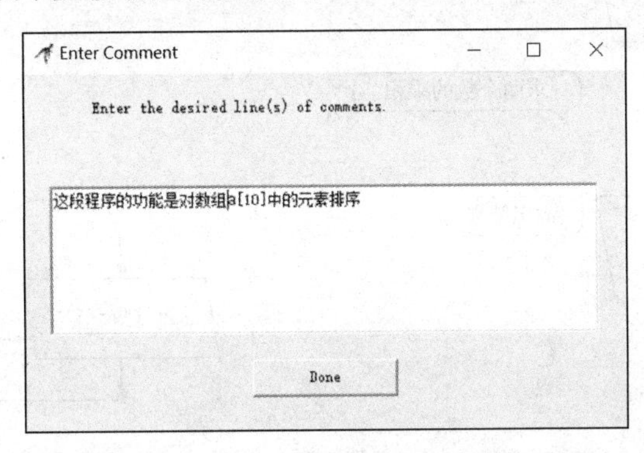

图 7.13　“Enter Comment”对话框

不是每一个语句都需要注释，注释的内容一般根据具体情况来书写。例如，程序开头的注释常常是作者信息、公司信息和版本信息；在程序其他位置的注释内容就相对丰富些，有的介绍程序的结构，有的介绍使用的数学或物理学原理，还有的解释非标准逻辑等。如图 7.14 所示为一个包含注释的程序。从图中不难看出，具有注释的程序具有较好的可读性。即使在没有其他文档的情况下，也能清楚程序各部分的功能。

（5）选择语句

结构化程序设计中包含 3 种基本结构，它们是顺序结构、选择结构和循环结构。顺序结构的程序在运行时，从第一条语句一直执行到最后一条语句，每个语句都会被执行且只执行一遍。如图 7.14 所示的程序就是一个顺序结构的程序。具有选择结构的程序在执行时，会有选择地执行程序中的一部分语句，即程序中的语句有的会被执行，有的不会被执行。

在 Raptor 中，选择结构的符号如表 7.1 所示。它包含一个表示判断的菱形框，以及标有 Yes 和 No 的两个分支。在菱形框中包含一个进行判断的表达式，称为“决策表达式”。在执行选择语句时，将根据决策表达式的结果来选择程序下一步的方向：若决策表达式的结果为“真”，则执行 Yes 分支；若结果为“假”，则执行 No 分支。决策表达式的结果一定是“真”或“假”，不会出现其他结果。程序员可以在写着 Yes 和 No 的分支上添加语句。显然，在每次执行程序时，Yes 和 No 两个分支中只有一个会被执行。

例如，添加两个输出语句，如图 7.15 所示。

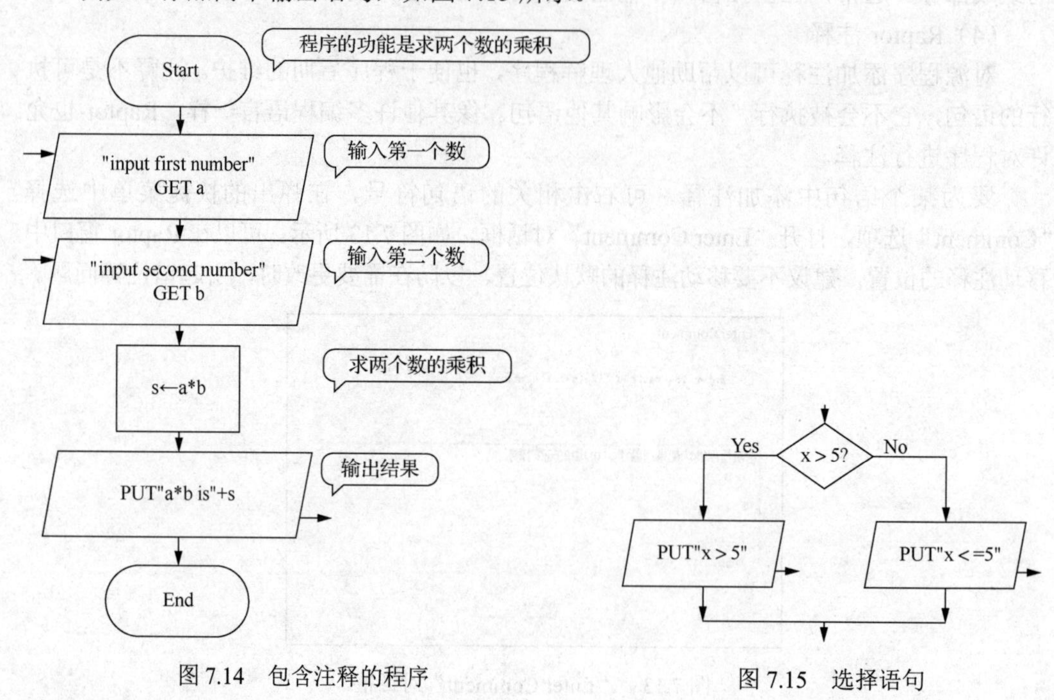

图 7.14　包含注释的程序　　　　图 7.15　选择语句

这段程序的含义是，若判断 *x*>5 是“真”，则执行 Yes 对应的分支，输出“x>5”；否则执行 No 对应的分支，输出“x<=5”。无论变量 *x* 取何值，Yes 和 No 对应的两个分支都不会同时被执行。

在某些情况下，选择结构的两个分支之一可能是空的或包含多条语句。如果两个分支同时为空或包含完全相同的语句，是不合适的。因为在这种情况下，无论判断的结果如何，程序执行的内容都是一样的，结果也是一样的。这就失去了选择语句的意义了。

决策表达式不同于赋值语句中的表达式，它的结果是“真”或“假”。与赋值语句表达式类似，决策表达式在求值时，表达式的运算也遵循一定的优先顺序。决策表达式的运算优先顺序如下。

① 计算所有函数。

② 计算括号中的所有表达式。

③ 计算乘幂（^或**）。

④ 从左到右，计算乘法和除法。

⑤ 从左到右，计算加法和减法。

⑥ 从左到右，进行关系运算（==、/=、<、<=、>、>=）。

⑦ 从左到右，进行 not 逻辑运算。

⑧ 从左到右，进行 and 逻辑运算。

⑨ 从左到右，进行 xor 逻辑运算。

⑩ 从左到右，进行 or 逻辑运算。

在优先顺序中，数学运算符的优先级高于关系运算符和逻辑运算符。表 7.3 对关系运算符和逻辑运算符进行了说明。

表 7.3　关系运算符和逻辑运算符说明

类别	运算符	说明	示例
关系运算符	=	等于	3=4 结果为“假”
	!=和/=	不等于	3!=4 结果为“真”
	<	小于	3<4 结果为“真”
	<=	小于或等于	3<=4 结果为“真”
	>	大于	3>4 结果为“假”
	>=	大于或等于	3>=4 结果为“假”
逻辑运算符	and	与运算	(3<4) and (10<20)结果为“真”
	or	或运算	(3<4) or (10>20)结果为“真”
	xor	异或运算	Yes xor No 结果为“真”
	not	非运算	not (3<4)结果为“假”

注意：决策表达式中的等号（=）运算符表达的含义是“判断”，即判断表达式的结果是“真”还是“假”。这与赋值语句中的等号的含义是不同的。

参与关系运算的两个表达式，必须针对两个相同的数据类型值进行比较。例如，3=4 或"Wayne"="Sam"是有效的比较，而 3="Mike"则是无效的比较。

在编程领域中，“真”和“假”称为布尔值。凡是参与逻辑运算的操作数，必须都是布尔值，运算的结果也是布尔值。其中，and 运算、or 运算和 xor 运算需要两个操作数，not 运算需要一个操作数。表 7.4 列出了逻辑运算的规则。

例如，(3<4) and (10<20) 是有效的决策表达式，它的最终结果为“真”；而 5 and (10<20) 则是无效的决策表达式，因为 and 运算符左侧是数值，不是布尔值。

表 7.4　逻辑运算的规则

运算符	*A*	*B*	结果	运算符	*A*	*B*	结果
and	假	假	假	or	假	假	假
	假	真	假		假	真	真
	真	假	假		真	假	真
	真	真	真		真	真	真
xor	假	假	假	not	假		真
	假	真	真		真		假
	真	假	真			假	真
	真	真	假			真	假

如果选择语句中的一个分支也是选择结构，则构成多分支结构。

图 7.16 展示了一个有 3 个分支的程序结构。在这个结构中，程序会根据变量 x 的值，选择语句 1、语句 2 和语句 3 中的一个语句执行。更多分支的选择结构也以此类推。

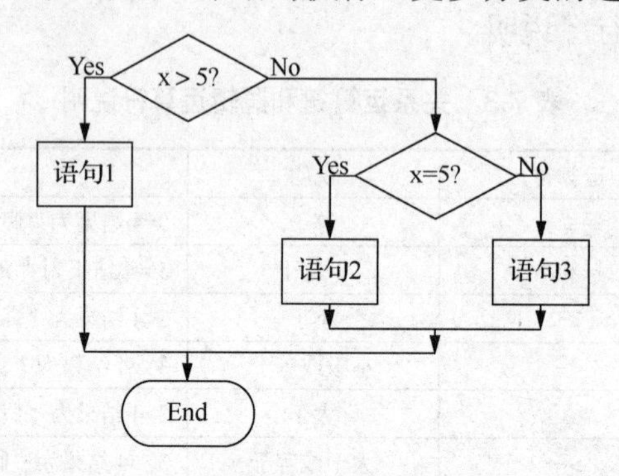

图 7.16　具有 3 个分支的选择结构

（6）循环语句

一个循环控制语句允许重复执行一个或多个语句，直到某些条件变为“真”为止。

在 Raptor 中，一个椭圆和一个菱形符号用于表示一个循环，如表 7.1 所示。循环执行的次数，由菱形符号中的决策表达式来控制。在执行过程中，如果决策表达式的结果为“真”，则执行 Yes 分支，跳出循环语句；如果决策表达式的结果为“假”，则执行 No 的分支，这样会使位于菱形和椭圆之间的语句被重复执行。

如图 7.17 所示是两种典型的循环结构。其中，循环体是需要被重复执行的语句。它可以置于决策表达式之前或之后。这两种结构在执行时略有区别。如果决策表达式在第一次判断时的结果就是“真”，则图 7.17（a）中的循环体会被执行 1 次，而在同样的情况下图 7.17（b）中的循环体不会被执行。这两个图只是一个简单的例子，实际上，循环体有可能含有多个语句，有的语句位于决策表达式之前，有的语句位于决策表达式之后。这样，程序可能执行的路线就会比较多。

在编程实践中经常有这样的问题：循环体需要执行特定次数，如执行 100 次。这样的程序可以用一个变量 c 来控制循环。变量 c 称为循环变量。在如图 7.18 所示的循环中，循环变量的初始值为 1，每次循环增加 1，当其大于 100 时跳出循环。

通常，对循环变量的使用可分为以下 3 部分。

① 在循环开始前对循环变量初始化。

② 在循环过程中修改循环变量。

③ 将循环变量应用于决策表达式，在适当的时机跳出循环。

这 3 个环节无论修改哪一个，都会改变循环次数。

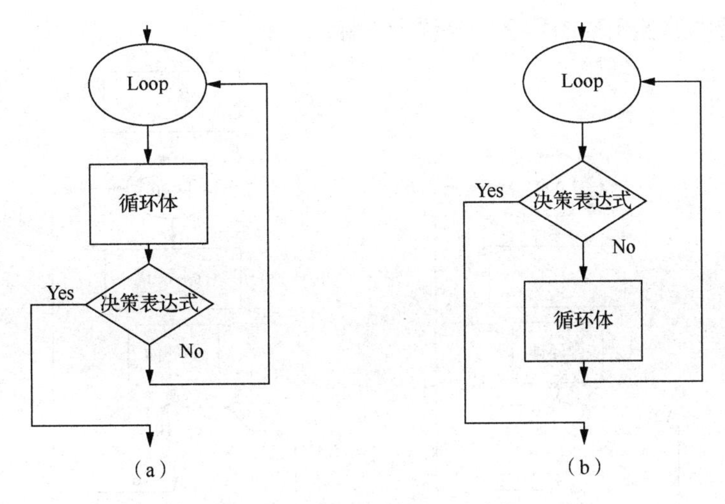

图 7.17　两种典型的循环结构

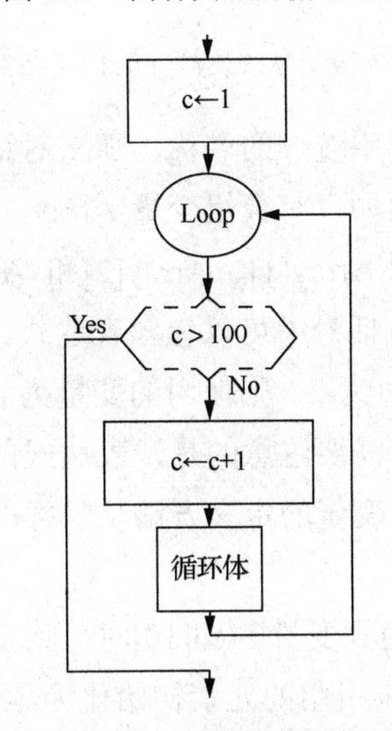

图 7.18　循环 100 次的程序结构

若循环体的执行次数不能预先确定，需要仔细斟酌设计决策表达式，以便能完成程序的功能。

需要注意的是，循环语句必须能够结束，否则循环就成了“死循环”。为了避免这个问题，需要设计好决策表达式，使循环执行有限次数之后，决策表达式的结果能够得到“真”，这样程序才能从 Yes 分支跳出循环。如图 7.19 所示就是两个死循环。

循环经常被用来处理数组变量。数组是在程序设计中，为了处理方便，把具有相同类型的若干变量按有序的形式组织起来的一种形式。这些按序排列的同类数据元素的集合称为数组。组成数组的各变量称为数组的分量，也称数组的元素，有时也称下标变量。

用于区分数组中的各元素的数字编号称为下标。

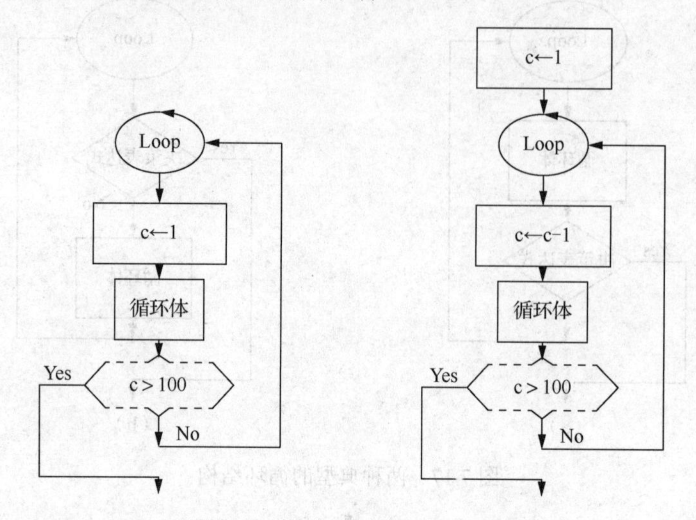

图 7.19　导致死循环的程序结构

如果多个相同类型的变量使用统一的名称，那么对这些变量的访问就会方便很多，而数组变量具有这样的功能。例如，有数组变量 Array，它包含 3 个相同类型的变量，则在使用这 3 个变量时可以使用 Array[1]、Array[2]和 Array[3]来分别表示这 3 个变量。

在 Raptor 中，数组符号的方括号中可以包含表达式。例如，程序中如果有这样的引用：Array[3*x+2]，若此时 x 的值为 2，则使用的变量为 Array[8]。能得到相同结果的表达式，均指向相同的数组成员。需要注意的是，表达式的值应该是一个正整数。

数组变量的定义方法与普通变量的定义方法是一样的，Raptor 在第一次遇到数组变量时将自动创建数组。

例如，当 Raptor 在第一次遇到变量 Fred[10]时，将自动创建包含 Fred[1]～Fred[10]连续 10 个元素的数组，并将尚未引用的元素初始化为零。

使用循环程序可以很方便地对数组进行操作，只需要一个并不复杂的结构就可以处理一个包含很多成员的数组。例如，对包含 10 个元素的数组进行的初始化操作可用如图 7.20 所示的结构实现。从流程图中可以看出，每次循环处理一个数组元素，10 次循环之后，循环结束，即完成了数组中所有元素的处理。

在这个流程图的执行过程中，在左下侧的变量监视窗口中可以看到数组规模的变化及各数组元素的值，在主控窗口中也会输出各元素的值，如图 7.21 所示。

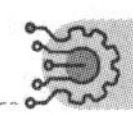

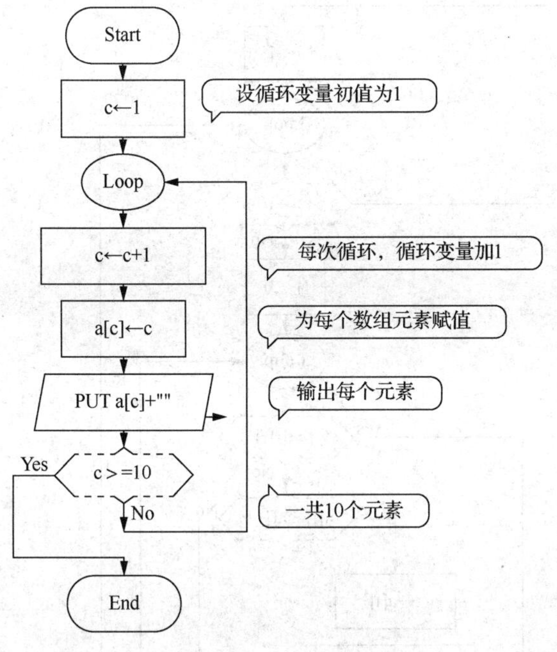

图 7.20　初始化数组

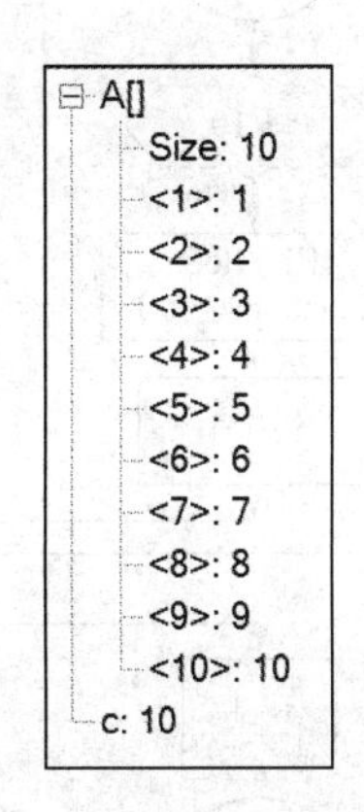

图 7.21　变量监视窗口

循环结构的循环体也可以是另一个循环结构，这样的结构通常称为嵌套循环，如使用冒泡法对数组元素排序就是一个典型的嵌套循环。在这个程序的第二个循环结构中，嵌套了一个循环结构和一个选择结构，如图 7.22 所示。

第一个循环的功能是创建一个数组，并给数组的各元素赋予一个随机数。随机数的范围是 0～100 的整数。第二个循环是一个嵌套循环，通过冒泡法对数组元素排序，将大数排在前面，小数排在后面。第三个循环的功能是在主控窗口中输出数组中各元素的值。

（7）调用语句与子图

在通常情况下，计算机能够执行的指令数量是有限的，每个指令都比较简单。在开发用于计算机程序的算法时，就需要使用简单的指令写出复杂的处理过程和步骤。这常常会使算法变得复杂、难懂，不利于阅读和理解。如果使用时发生错误，或者根据需求改进，是很困难的。所以在程序设计实践中，常常将一组指令组合在一起制作成一个“过程”，过程可以完成某项专门的任务并具有一个独特的名称——过程名。当需要执行这项特定的任务时，就使用一条语句调用这个过程。从概念上，无论过程本身的复杂程度如何，它都只作为算法的一个步骤来执行。这样就使算法简洁、易懂，为阅读和维护提供了便利。而过程本身作为独立的部分，可以独立设计、修改并应用到其他的算法中，不再需要重复编写。例如，Raptor 内置的 sqrt( )函数就是一个过程，当程序员需要求正数 4 的平方根时，直接调用 sqrt(4)就可以了，无须编写一个求平方根的程序。

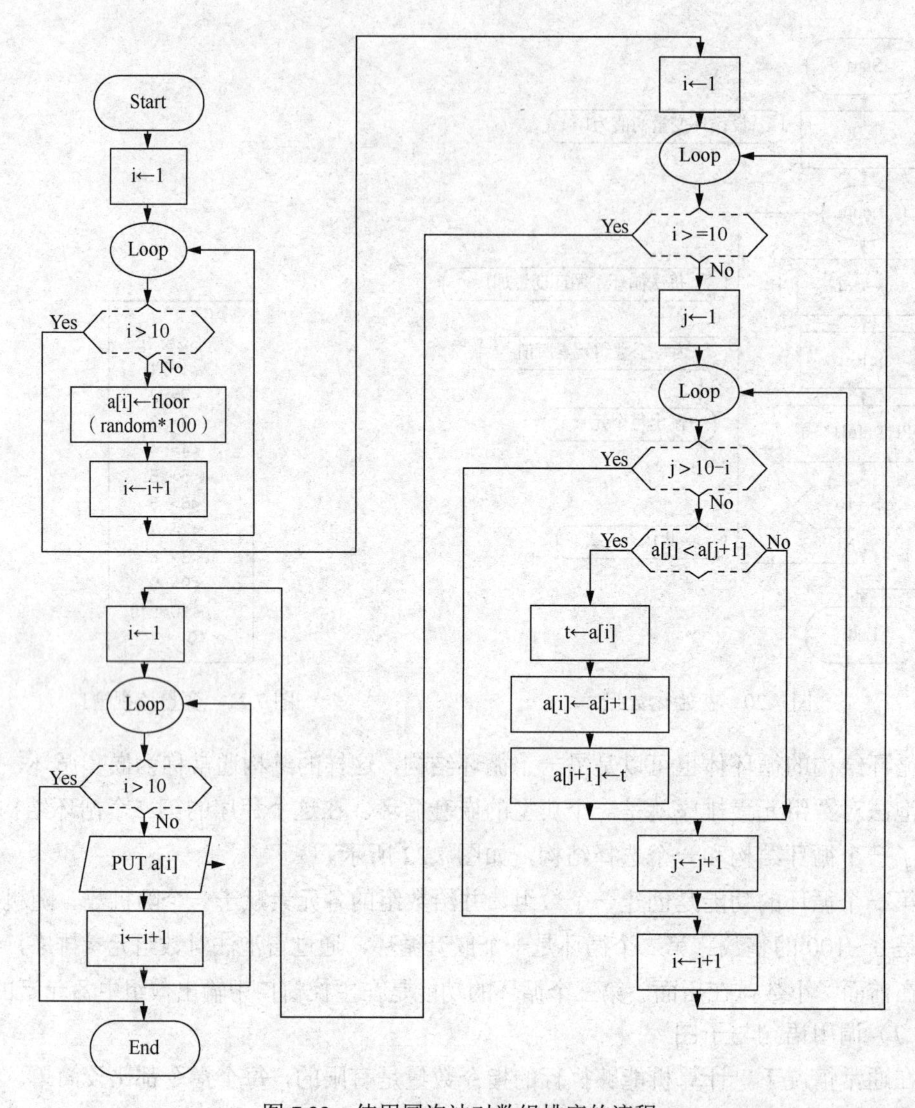

图 7.22 使用冒泡法对数组排序的流程

将算法的功能分解成多个部分之后，需要把各部分有机地结合在一起。Raptor 的编程环境提供了两种方式来解决这个问题：子图（subcharts）和子过程（procedures）。

1）子图。子图用来将程序划分成不同的指令集合。一个复杂的程序在划分之后会变成简单易读的程序。子图还能消除程序中的重复代码。这是因为子图的代码只需要写一次，但却可以使用多次。如果子图划分适当，程序通常会更短、更容易开发，并且更容易调试。

创建一个子图的步骤如下。

① 右击“main”标签，在弹出的快捷菜单中选择“Add subchart”选项，如图 7.23 所示。

② 在打开的“Name Subchart”对话框中，为子图命名，如图 7.24 所示。子图的名称与变量名相似，其名称必须唯一。

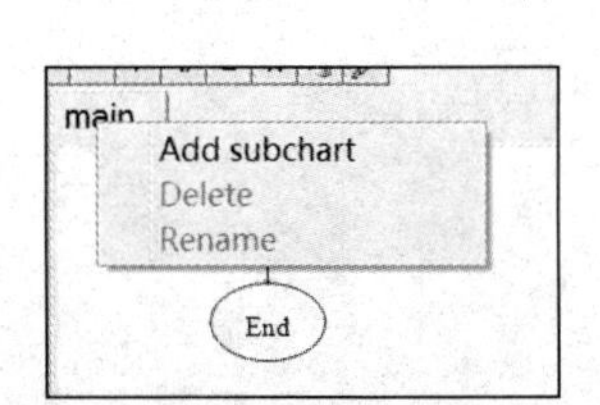

图 7.23　创建子图

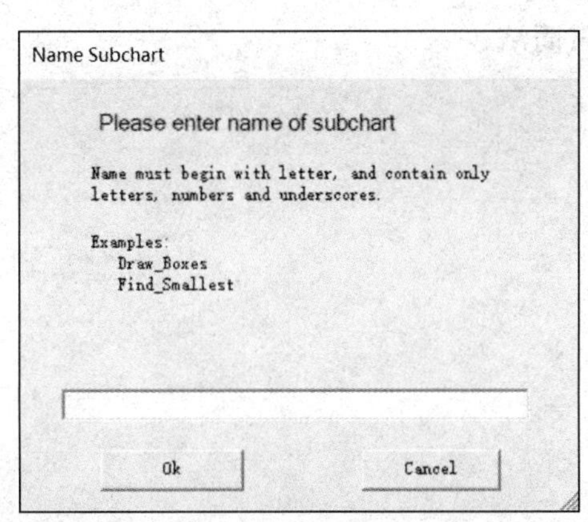

图 7.24　“Name Subchart”对话框

子图建立之后，会在“main”标签右侧出现以子图名命名的新标签。单击子图标签，即可查看和编辑子图。编辑子图的方法与编辑 main 图的方法是完全一样的。

程序执行时，总是开始于 main 图的“start”符号，并结束于 main 图中的“end”语句。其他子图只有被调用时才执行。与 main 图类似，当一个子图被调用执行时，也开始于该子图的“start”符号，结束于该子图中的“end”语句。在调用结束后，main 图会继续执行调用语句后面的其他语句。

需要注意的是，所有子图都可以使用相同的变量。一个变量的值可以在一个子图中定义并在其他子图中使用。

调用语句可以用来调用子图。例如，如果需要在 main 图中调用 subch1 子图，则可以进行如下操作。

① 在 main 图中插入调用语句。

② 双击调用语句，在打开的“Enter Call”对话框中输入“subch1”，如图 7.25 所示，然后单击“Done”按钮。

这样，当程序执行到 main 图的调用语句时，程序就会自动转向去执行 subch1 子图，子图执行完后，程序会回到 main 图并继续执行调用语句后面的语句。

在如图 7.22 所示的用冒泡法对数组排序的例子中，3 个循环结构及其相关语句的功能相对独立，可以分别建立 3 个子图来对应这 3 部分的功能，然后在 main 图中调用它们，如图 7.26 所示，这样可以简化 main 图的结构。在图 7.26 中，creat 子图中的程序是创建数组并赋予随机值，bubble 子图的功能是对数组排序，outp 子图的功能是输出数组。在 main 图中则只包含了 3 条调用语句，这样 main 图程序中没有包含过多的细节，看起来非常简洁。

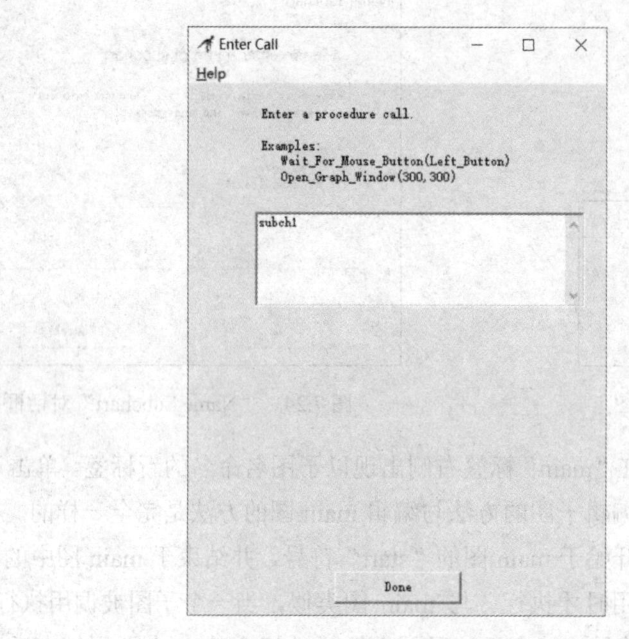

图 7.25 “Enter Call”对话框

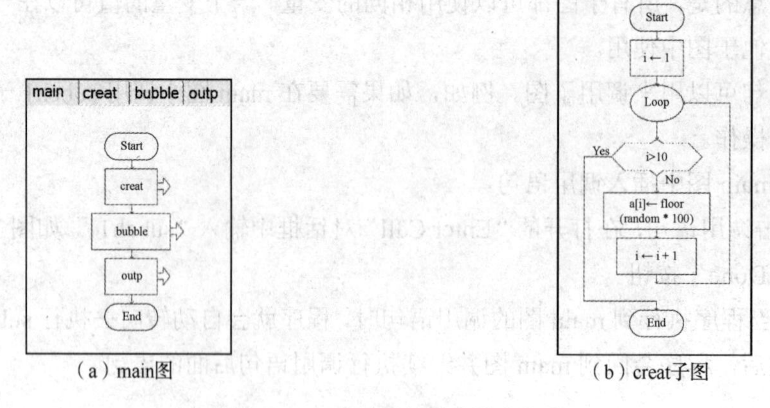

（a）main图 （b）creat子图

图 7.26 包含子图的冒泡排序程序

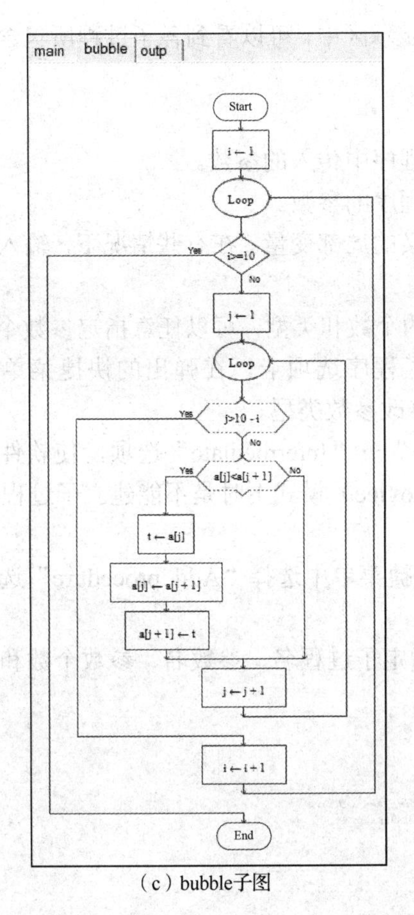

（c）bubble子图

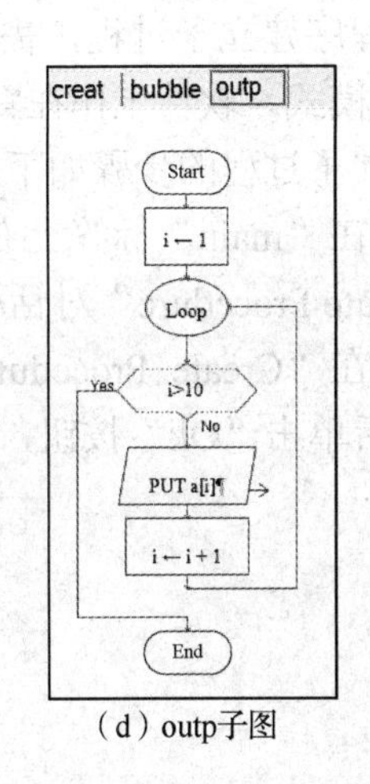

（d）outp子图

图 7.26（续）

2）子过程。与子图类似，子过程也是独立的，可以通过调用子过程的名称调用要执行的指令集合。子过程也可以同样提高程序的可读性，而且它的功能更强。这是因为在调用子过程时，可以向子过程传递参数。参数也是一种变量，它的作用是在子程序中接收调用函数传递过来的值，并在子程序中使用这个值。一个子过程在被调用时，其参数会收到初始值。每次调用子过程时都可以向其传递不同的参数，这样子过程的执行就更灵活。例如，函数 sqrt( )的功能是求参数的平方根。因此，当参数是 4 时，sqrt(4)的运行结果为 2；而当参数是 9 时，函数 sqrt(9)的运行结果为 3。同一个过程，会根据不同的参数得到不同的结果。

创建子过程时，必须定义子过程的名称、参数的名称及它们的类型。

需要注意的是，子过程中的变量只在子过程中有效，这样的变量称为局部变量。例如，即使两个子过程都包含一个名为 x 的变量，但它们是不同的变量，具有各自独立性。一个子过程中的 x 值的变化不会影响其他子过程中的 x 变量的值。

当程序运行时，在 Raptor 左下方的变量显示区中，可以看到各子过程所包含的变量及变量值的变化。

子过程有以下两种类型的参数。

输入参数：当子过程被调用时，从调用程序中传入的参数。

输出参数：当调用结束时，返回给调用程序的参数。

输入参数和输出参数都是在子过程中定义的局部变量。在有些情况下，输入参数和输出参数可以是同一个变量。

在创建一个子过程时，如果不确定参数的个数和类型，可以任意指定参数个数、名称和类型。以后可以根据需要，随时右击子程序选项卡，在弹出的快捷菜单中选择“Modify procedure”选项来增减参数个数或修改参数类型。

为程序建立子过程，需要先选择“Mode”→“Intermediate”选项，使软件工作在“中级”模式。软件工作在默认的“初级”（novice）模式下时是不能建立子过程的。

建立子过程的步骤如下。

① 在“main”标签上右击，在弹出的快捷菜单中选择“Add procedure”选项，打开“Create Procedure”对话框。

② 在“Create Procedure”对话框中，指定子过程名、参数名、参数个数和参数类型。然后单击“Ok”按钮，如图 7.27 所示。

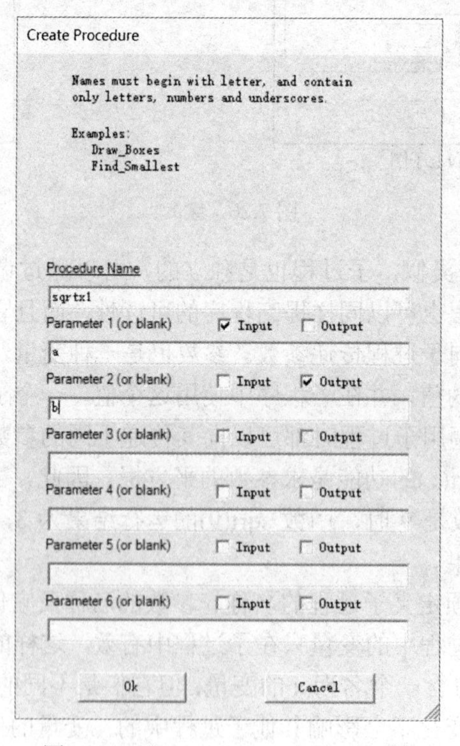

图 7.27 “Create Procedure”对话框

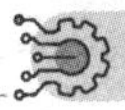

图 7.27 中指定了两个参数，a 是输入参数，b 是输出参数。子过程名是 sqrtx1。

子过程建立好之后，工作区会生成子过程的标签，其位置就在 main 标签旁边。

例如，定义一个子过程，它的名称是 fun1，它包含一个输入参数 x 和一个输出参数 y。为子过程添加一个赋值语句，将表达式“x*x+4”的值赋给 y，如图 7.28 所示。

这样，当调用这个子过程时，调用程序就可以使用 fun1(a, b)这样的形式来计算表达式“a*a+4”的值并将结果放入变量 b 中。使用 fun1(m, n)这样的形式计算表达式“m*m+4”的值并将结果放入变量 n 中。其中，变量 a、b、m 和 n 都是调用程序中的变量。在调用 fun1 过程时，变量 a 和 m 会将自己的值传递给子过程的输入变量 x；当调用结束之后，子过程会将输出变量 y 的值传递给调用程序的变量 b 和 n。这两个调用的例子中都涉及了“参数传递”的机制。

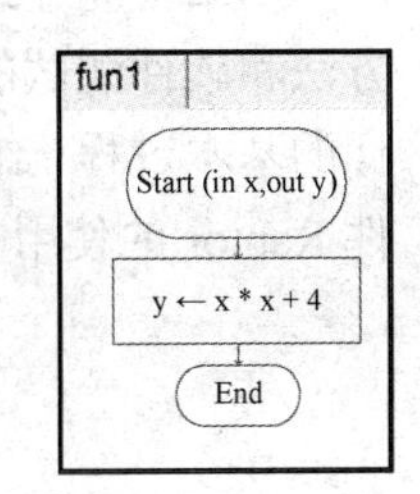

图 7.28　子过程

参数在使用时，需要注意以下几点。

① 当被调用的子过程存在多个参数时，参数的个数和排列顺序要与定义时的参数个数和排列顺序相同，否则传递时会把参数传递给错误的变量。

② 调用子过程时，调用函数可以使用表达式代替参数，但是表达式的结果应该是唯一的单个值。

③ 被调用的子过程如果有输出变量，则调用函数需要用一个变量来接收子过程的输出变量的值。

以上介绍了如何将复杂的问题划分成不同子部分（子图或子过程）求解的编程方法。如果想让所有子部分使用相同的变量，则可以使用子图来解决问题。如果想分隔变量，让所有子部分中的变量不与其他部分发生干扰，那就必须使用子过程。通常使用子图编写较为简单的程序，使用子过程编写相对复杂的程序。虽然子过程在调用时需要传递参数，但是由于子过程中的变量是局部变量，不依赖于调用函数，所以子过程的可移植性更好。

（8）生成高级语言程序和可执行文件

Raptor 软件可以生成 C++语言的程序。选择“Generate”→“C++”选项，会自动将程序改写成 C++源程序。如果本地计算机上有任何一个文本编辑器，都可以查看和修改 C++源程序，将得到的 C++源程序进行适当的处理即可运行。

选择“Generate”→“Standalone”选项，可以自动生成扩展名为“.exe”的可执行文件，文件名和存储位置与 Raptor 源文件相同，如图 7.29 所示。

图 7.29　生成可执行文件

本章小结

本章首先介绍了软件工程的概念，给出了软件工程的定义，描述了软件工程的开发方法和软件测试的方法；然后介绍了程序设计基础，包括程序设计语言的分类、程序设计的基本过程、结构化程序设计和面向对象程序设计；最后详细介绍了算法验证工具软件 Raptor 的使用方法。

第 8 章　数据库技术基础

随着计算机技术的发展，计算机处理的信息量越来越大、越来越复杂，为了能管理和使用大量的数据集，用户必须要有数据管理工具，由此诞生了数据库技术。数据库技术的核心是利用计算机高效率地管理数据，数据库系统是为适应数据处理的需要而发展起来的一种数据处理系统，也是一个高效的信息存储中心，对信息的有效性、一致性、安全性提供保障，并支持高效地检索数据和处理数据。

8.1　数据库技术概述

数据库是数据管理的最新技术，是计算机科学的重要分支。随着计算机应用的不断普及和发展，数据处理越来越占主导位置，数据库技术的应用也越来越广泛。数据库技术所研究的问题就是如何科学地组织和存储数据，如何高效地获取和处理数据。数据库技术作为数据管理的主要技术已成为计算机系统的重要组成部分。

8.1.1　数据库系统的发展

计算机对数据的处理是指对各种数据进行收集、存储、加工和传播的一系列活动的总和。计算机对数据的管理是指对数据进行分类、组织、编码、存储、检索和维护，它是数据处理的问题。

计算机数据管理随着计算机硬件、软件技术和计算机应用范围的发展而不断发展，多年来经历了人工管理阶段、文件管理阶段、数据库系统管理阶段 3 个阶段。这 3 个阶段的背景和特点如表 8.1 所示。

表 8.1　数据管理的 3 个阶段

阶段		人工管理阶段	文件管理阶段	数据库系统管理阶段
背景	应用目的	科学计算	科学计算、管理	大规模管理
	硬件背景	无直接存储设备	存储设备为磁盘、磁鼓	存储设备为大容量磁盘
	软件背景	无操作系统	文件系统	数据库管理系统
	处理方式	批处理	联机实时处理、批处理	分布处理、联机实时处理和批处理
特点	数据管理者	人	文件系统	数据库管理系统
	数据面向的对象	某个应用程序	某个应用程序	现实世界
	数据共享程度	无共享，冗余度大	共享性差，冗余度大	共享性大，冗余度小

续表

阶段		人工管理阶段	文件管理阶段	数据库系统管理阶段
特点	数据的独立性	不独立，完全依赖于程序	独立性差	具有高度的物理独立性和一定的逻辑独立性
	数据的结构化	无结构	记录内有结构，整体无结构	整体结构化，使用数据模型描述
	数据控制能力	应用程序控制	应用程序控制	由DBMS提供数据安全性、完整性、并发控制和恢复

1. 人工管理阶段

20世纪50年代中期以前，计算机主要用于科学计算。外存只有纸带、卡片、磁带，没有直接存储设备；软件还没有出现操作系统，没有管理数据的软件；数据不保存在计算机中，数据无结构，由用户直接管理，数据是面向应用的，数据之间不共享，数据必须依赖于特定的应用程序，缺乏独立性。

2. 文件管理阶段

20世纪50年代后期到60年代中期，计算机不仅用于科学计算，还用于数据管理。硬件方面，已出现磁盘等直接存取数据的存储设备；软件方面，操作系统中包含了数据管理软件及文件系统。文件系统实现了记录内的结构化，即给出了记录内各种数据间的关系，但是文件从整体来看却是无结构的。在文件系统阶段，程序和数据有了一定的独立性，程序和数据分开存储。数据文件可以长期保存在外存上被多次存取。数据文件依赖于对应的程序，不能被多个程序所共享。同一数据可能重复出现在多个文件中，导致数据冗余度大，这不仅浪费了存储空间，增加了更新开销。更严重的是，由于数据不能统一修改，容易造成数据的不一致。

3. 数据库系统管理阶段

20世纪60年代后期，计算机性能得到提高，应用越来越广泛，需要计算机管理的数据量急剧增长，硬件方面出现了大容量磁盘，存储容量大大增加。为了解决数据的独立性问题，实现数据的统一管理，达到数据共享的目的，数据库技术得到了极大的发展。数据库技术的主要目的是提供数据的共享性，使多个用户能够同时访问数据库中的数据；减小数据的冗余，以提高数据的一致性和完整性；提供数据与应用程序的独立性，从而减少应用程序的开发和维护代价。

到20世纪70年代，数据库技术与通信技术、面向对象技术、多媒体技术、人工智能技术、面向对象程序设计技术、并行计算技术等相互渗透、相互结合，成为当代数据库技术发展的主要特征。

网络技术的发展为数据库提供了分布式运行的环境，系统结构从原来的主机/终端体系结构发展到客户/服务器系统结构，出现了分布式数据库系统。分布式数据库系统可分为物理上分布、逻辑上集中的分布式数据库结构和物理上分布、逻辑上分布的分布式数据库结构两种。目前使用最多的是第二种结构的客户/服务器（C/S）系统结构。客户/服务器应用程序具有本地用户界面，但访问的是远程服务器上的数据。

8.1.2　数据库系统的概念

1．数据

数据是数据库中存储的基本对象，它描述了现实世界事物的符号记录，包括文字、图形、图像、声音等，它们都是用来描述事物特性的一种表现形式。

2．数据库

数据库是按照预先约定的数据格式来组织、存储和管理数据的仓库，是长期存储在计算机内、有组织的、可共享的数据集合。它不仅包括数据本身，还包括相关数据之间的联系。数据库技术主要研究如何存储、使用和管理数据。数据库具有较低的冗余度，应用程序对数据资源共享，数据独立性高，能够统一管理和控制等特点。

3．数据库管理系统

数据库管理系统（database management system，DBMS）是一种操纵和管理数据库的大型软件，用于建立、使用和维护数据库，它对数据库进行统一的管理和控制，以保证数据库的安全性和完整性。用户通过 DBMS 访问数据库中的数据，数据库管理员（database administrator，DBA）也通过 DBMS 进行数据库的维护工作。它的主要功能是用户能方便地对数据进行定义和操纵，能实现对数据库的查询、插入、删除和修改的基本操作，在建立、运用和维护数据库时统一管理、统一控制，保证数据的安全性和完整性。

4．数据库系统

数据库系统是由数据库、DBMS、应用系统、数据库管理员和用户组成的系统。它是为适应数据处理的需要而形成的一种较为理想的数据处理的核心机构。它是一个实际可运行、存储、维护和为应用系统提供数据的软件系统，是存储介质、处理对象和管理系统的集合体。

5．数据库管理员

数据库管理员负责数据库中的信息内容和结构，决定数据库的存储结构和存储策略，定义数据的安全性要求和完整性约束条件，监控数据库的使用和运行及数据库的改进和重组。

8.1.3　数据库系统的体系结构

从数据库的管理看，数据库系统的体系结构分为三级模式结构。所谓模式是数据库中全体数据的逻辑结果和特征的描述。

数据库系统的三级模式结构如下。

1．外模式

外模式也称用户模式，是数据库用户与数据库系统的接口，是数据库用户的数据视图，是与应用有关的数据的逻辑表示。

2．模式

模式也称逻辑模式，是所有用户的公共数据视图，是数据库中全体数据的逻辑结构和特征的描述，是数据库系统模式的中间层。

3．内模式

内模式也称存储模式，是数据物理结构和存储方式的描述，是数据在数据库内部的表示。

数据库的三级模式的关系是，一个数据库只有一个模式和内模式，同一类用户使用同一个外模式。数据库模式是数据库的核心和关键，外模式通常是模式的子集。数据按外模式的描述提供用户，按内模式的描述存储在硬盘上，而模式介于外、内模式之间，既不涉及外部的访问，也不涉及内部的存储，从而起到隔离作用，有利于保持数据的独立性。内模式依赖于全局逻辑结构，但又可以独立于具体的存储设备。

数据库系统的三级模式是对数据的抽象，若想使用户能逻辑地处理数据，需要在数据库系统三级模式之间提供两层映像，即外模式/模式映像和模式/内模式映像。

（1）外模式/模式映像

外模式/模式映像定义该外模式与模式之间的对应关系，保证数据与程序的逻辑独立性。也就是说，即使数据的逻辑结构改变了，如修改数据模式、增加新的数据类型、改变数据之间的联系等，用户程序都可以不变。

（2）模式/内模式映像

模式/内模式映像定义了数据库逻辑结构与存储结构之间的对应关系，保证数据与程序的物理独立性。也就是说，即使数据的物理结构（包括存储结构、存取方式等）改变，如存储设备的更换、物理存储的更换、存取方式改变等，应用程序都不用改变。

8.2 数据模型

模型是现实世界的抽象。数据模型是数据特征的抽象，用来描述数据的基本结构及其之间的关系。

数据模型从抽象层次上描述了数据库系统的静态特征、动态行为和约束条件，因此

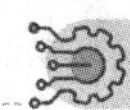

数据模型通常由数据结构、数据操作及数据约束 3 部分组成。

1．数据结构

数据模型中的数据结构主要用于描述数据的类型、内容、性质及数据间的联系等。数据结构是数据模型的基础，数据操作和数据约束都建立在数据结构上。不同的数据结构具有不同的数据操作和数据约束。

2．数据操作

数据模型中的数据操作主要用于描述在相应的数据结构上的操作类型和操作方式。关系操作分为查询操作（选择、投影、连接、除、并、交差）和其他操作（增加、删除、修改）。

3．数据约束

数据模型中的数据约束主要用于描述数据结构中数据之间的语法和词义联系、它们之间的制约和依存关系，以及数据动态变化的规则，以保证数据的正确、有效和相容。

数据模型是从现实世界到机器世界的一个中间层次。数据模型包括概念数据模型、逻辑数据模型和物理数据模型 3 类。

8.2.1　E-R 模型

E-R 模型又称概念模型，是一种面向客观世界、面向用户的模型，是整个数据模型的基础。

（1）实体模型

实体模型指客观存在并可相互区别的物体。实体可以是实在的物体，也可以是抽象的事件。

（2）关系模型

关系模型指实体间的对应关系，两个实体之间的联系有 3 种类型：一对一联系（1∶1）、一对多联系（1∶n）、多对多联系（m∶n）。

在 E-R 图中，用矩形框表示实体，框内注明实体的名称；用椭圆形表示实体的属性，并使用连线将其与实体连接起来。实体间的联系用菱形框表示，联系以适当的含义命名，名称写在菱形框中，使用连线将参加联系的实体矩形框与菱形框连接起来，并在连线上标明联系的类型，即 1∶1、1∶n 或 m∶n。

8.2.2　常用的数据模型

DBMS 所支持的数据模型又称逻辑数据模型，分为 4 种：层次模型、网状模型、关系模型和面向对象数据模型。4 种数据模型的特点如表 8.2 所示。

表 8.2　4 种数据模型的特点

数据模型	主要特点
层次模型	用树形结构表示实体及实体之间联系的模型称为层次模型，其上级结点与下级结点之间为一对多的联系
网状模型	用网状结构表示实体及实体之间联系的模型称为网状模型，网中的每一个结点代表一个实体类型，允许结点有多于一个的父结点，可以有一个以上的结点没有父结点
关系模型	用二维表结构表示实体及实体之间联系的模型称为关系模型，在关系模型中把数据看作二维表中的元素，一个二维表就是一个关系
面向对象数据模型	指用面向对象的观点描述现实世界实体的逻辑联系的模型，用若干属性来描述对象的特征，用若干方法来描述对象的行为（操作），对象是数据和操作的封装体

每种 DBMS 都是基于某种数据模型的，目前关系数据模型是最重要的一种数据模型。关系数据模型是将数据组成二维表的形式，由行和列组成。以学生基本信息表为例，如表 8.3 所示，介绍关系模型中的常用术语。

表 8.3　学生基本信息表

学号	姓名	性别	年龄	身份证号	专业号
01010101	王亮	男	19	123456200301017811	01
01010102	刘娟	女	18	123456200302017811	01
01010201	陈刚	男	19	123456200303017811	03
01020101	黄婷	女	19	123456200304017811	05
02020101	胡雪	女	19	123456200305017811	05

1．关系模型

使用二维表结构来表示实体及实体之间联系的模型称为关系模型。

2．属性和值域

二维表中的列（字段、数据项）称为属性，列值称为属性值；属性值的取值范围称为值域。例如，表 8.3 中有 6 列，对应 6 个属性（学号、姓名、性别、年龄、身份证号、专业号）。

3．关系模式

在二维表中，对关系的描述称为关系模式。例如，表 8.3 中的关系描述为学生（学号，姓名，性别，年龄，身份证号，专业号）。

4．元组与关系

关系在二维表中的行（记录的值）称为元组，元组的集合称为关系；关系模式和关系常常称为关系。

5．关键字或码

在关系的属性中，能够用来唯一表示元组的属性（或属性组合）称为关键字或码，即关系中的元组由关键字的值来唯一确定。例如，表 8.3 中的学号能够唯一确定一个学生。

在一个关系中，关键字的值不能为空，即关键字的值为空的元组在关系中是不允许存在的。有些关系中的关键字是由单个属性组成的，还有一些关系的关键字常常是由若干个属性的组合构成的。这种关系中的元组不能由任何一个属性唯一表示，必须由多个属性的组合才能唯一表示。例如，学生成绩关系：成绩（学号，课程号，成绩），它的关键字由（学号，课程号）属性的组合构成。

6．候选关键字或候选码

如果在一个关系中，存在多个属性或属性的组合都能用来唯一表示该关系的元组，这些属性或属性的组合都称为该关系的候选关键字或候选码。例如，表 8.3 中的身份证号就是候选关键字。

7．主关键字或主码

在一个关系的若干个候选关键字中，指定某个关键字的属性或属性的组合作为该关系的主关键字或主码。例如，表 8.3 中，选择学号作为该关系的主关键字。

8．非主属性或非码属性

关系中不组成码的属性均为非主属性或非码属性。

9．外部关键字或外键

当关系中的某个属性或属性组合不是该关系的关键字或只是关键字的一部分，但却是另一个关系的关键字时，称该属性或属性组合为这个关系的外部关键字或外键。例如，表 8.3 的学生关系中，专业号不是关键字，但专业号是专业关系的关键字，所以专业号是学生关系的外部关键字或外键。

8.3　关系运算

关系代数是一种抽象的查询语言，是研究关系数据语言的数学工具。

关系代数的运算对象是关系，运算结果也是关系。关系代数用到的运算符包括 4 类：传统的集合运算符、专门的关系运算符、比较运算符和逻辑运算符，如表 8.4 所示。

表 8.4　关系代数运算符

运算符		含义	运算符		含义
传统的集合运算符	∪	并	比较运算符	>	大于
	–	差		≥	大于等于
	∩	交		<	小于
	×	笛卡儿积		≤	小于等于
专门的关系运算符	σ	选择		=	等于
	π	投影		≠	不等于
	⋈	连接	逻辑运算符	¬	非
	÷	除		∧	与
				∨	或

关系代数的运算按运算符的不同还可以分为传统的集合运算和专门的关系运算。

8.3.1　传统的集合运算

传统的集合运算是二目运算，包括并、交、差、广义笛卡儿积 4 种运算。

1．并

设关系 R 和关系 S 具有相同的目 n（即两个关系都有 n 个属性），且相应的属性取自同一个域，则关系 R 与关系 S 的并由属于 R 或属于 S 的元组组成。其结果仍为 n 目关系。

2．差

设关系 R 和关系 S 具有相同的目 n，且相应的属性取自同一个域，则关系 R 与关系 S 的差由属于 R 但不属于 S 的所有元组组成。其结果仍为 n 目关系。

3．交

设关系 R 和关系 S 具有相同的目 n，且相应的属性取自同一个域，则关系 R 与关系 S 的交由既属于 R 又属于 S 的元组组成。其结果仍为 n 目关系。

4．广义笛卡儿积

两个分别为 n 目和 m 目的关系 R 和 S 的广义笛卡儿积是一个(n+m)列的元组的集合。元组的前 n 列是关系 R 的一个元组，后 m 列是关系 S 的一个元组。若 R 有 k_1 个元组，S 有 k_2 个元组，则关系 R 和关系 S 的广义笛卡儿积有 $k_1 \times k_2$ 个元组。

如图 8.1 所示，其中图 8.1（a）、图 8.1（b）分别对应具有 3 个属性的关系 R 和 S。图 8.1（c）为关系 R 与 S 的交，图 8.1（d）为关系 R 与 S 的差，图 8.1（e）为关系 R 与 S 的并，图 8.1（f）为关系 R 与 S 的笛卡儿积。

A	B	C
a	b	c
b	a	d
c	d	e
d	f	g

（a）关系 R

A	B	C
a	b	c
c	d	e
f	h	k

（b）关系 S

A	B	C
a	b	c
c	d	e

（c）关系 R 与 S 的交

A	B	C
b	a	d
d	f	g

（d）关系 R 与 S 的差

A	B	C
a	b	c
b	a	d
c	d	e
d	f	g
f	h	k

（e）关系 R 与 S 的并

R.A	R.B	R.C	S.A	S.B	S.C
a	b	c	a	b	c
a	b	c	c	d	e
a	b	c	f	h	k
b	a	d	a	b	c
b	a	d	c	d	e
b	a	d	f	h	k
c	d	e	a	b	c
c	d	e	c	d	e
c	d	e	f	h	k
d	f	g	a	b	c
d	f	g	c	d	e
d	f	g	f	h	k

（f）关系 R 与 S 的笛卡儿积

图 8.1　传统的集合运算举例

8.3.2　专门的关系运算

1．选择

选择又称限制，它是在关系 R 中选择满足给定条件的元组，记作 $\sigma_F(R)$。其中，F 表示选择条件，它是一个逻辑表达式，取逻辑值“真”或“假”。

选择运算实际上是从关系 R 中选取使逻辑表达式 F 为真的元组。

选择是从行的角度进行的运算，即按水平方向抽取记录。经过选择运算得到的结果可以形成新的关系，其关系模式不变，但其中的元组是原关系的一个子集。

在表 8.3 所示的关系中，选取年龄为“19”的元组，可以记为

$\sigma_{年龄='19'}$(学生基本信息)

2．投影

关系 R 上的投影是指从 R 中选择出若干属性列组成新的关系，记作 $\pi_A(R)$。

其中，A 为 R 中的属性列。

投影是从列的角度进行的运算，相当于对关系进行垂直分解。经过投影运算可以得到一个新的关系，其关系模式所包含的属性个数往往比原关系少，或者属性的排列顺序不同。

在表 8.3 所示的关系中，选取所有学生的学号、姓名和专业的元组，可以记为

$$\pi_{学号,\ 姓名,\ 年龄}(学生基本信息)$$

3．连接

连接运算是指从 R 和 S 的笛卡儿积 R×S 中选取（R 关系）在 A 属性组上的值与（S 关系）在 B 属性组上的值满足比较关系θ的元组。

连接运算中有两种最为重要也最为常用的连接，一种是等值连接，另一种是自然连接。

θ为“=”的连接运算称为等值连接。它是从关系 R 与 S 的笛卡儿积中选取 A、B 属性值相等的元组。

自然连接是一种特殊的等值连接，它要求两个关系中进行比较的分量必须是相同的属性组，并且要在结果中把重复的属性去掉。

一般的连接操作是从行的角度进行的运算。但自然连接还需要取消重复列，所以是同时从行和列的角度进行的运算。

4．除

除运算是同时从关系的水平方向和垂直方向进行的运算。

给定关系 R（X, Y）和 S（Y, Z），X、Y、Z 为属性组。R 与 S 的除得到一个新的关系 P（X），P 是 R 中满足元组在 X 属性列上的投影：元组在 X 上的分量值 x 的象集 Y_x 包含 S 在 Y 上投影的集合，记作 $R \div S$。

8.4　数据库设计

数据库设计是指根据用户需求，在某一具体的 DBMS 上，设计数据库结构和建立数据库的过程，也是规划和结构化数据库中的数据对象及这些数据对象之间关系的过程。

一般情况下，数据库的设计过程大致可分为以下 6 个步骤。

1．需求分析

在需求分析阶段要详细调查和分析用户的业务活动和数据的使用情况，明确所用数据需要完成的功能和处理方式，确定用户对数据库系统的使用要求和各种约束条件，最后确定用户的需求规约。

2．概念设计

在概念设计阶段，将在需求分析阶段得到的信息进行分类、聚集和概括，建立抽象的概念数据模型。这个概念模型应反映现实世界各部门的信息结构、信息流动情况、信息间的互相制约关系，以及各部门对信息储存、查询和加工的要求等。所建立的模型应避开数据库在计算机上的具体实现细节，采用一种抽象的形式表示出来。以扩充的实体联系模型方法为例，首先明确现实世界各部门所包含的各种实体及其属性、实体间的联系，以及对信息的制约条件等，从而给出各部门内所用信息的局部描述。其次将前面得到的多个用户的局部视图集成为一个全局视图，即用户要描述的现实世界的概念数据模型。

3．逻辑设计

将在概念设计阶段得到的现实世界的概念数据模型设计为数据库的一种逻辑模式，即适应于某种特定 DBMS 所支持的逻辑数据模式，并进行优化。与此同时，可能还需要为各种数据处理应用领域产生的相应逻辑子模式。这一步设计的结果就是所谓的“逻辑数据库”。

4．物理设计

在物理设计阶段，依据具体计算机结构的多种存储结构和存取方法设计特定的 DBMS，对具体的应用任务选择最合适的物理存储结构（包括文件类型、索引结构和数据的存放次序与位逻辑等）、存取方法和存取路径等。这一步设计的结果就是所谓的“物理数据库”。

5．实施设计

在实施设计阶段，在物理设计的基础上收集数据并具体建立一个数据库，编制与调试应用程序，运行一些典型的应用任务来验证数据库设计的正确性和合理性。

6．运行与维护设计

在数据库系统正式投入运行的过程中，必须不断地对其进行评价、调整与修改。

设计一个完整的数据库应用系统是一个不断重复上述 6 个步骤的过程，除关系型数据库已有一套较完整的数据范式理论来指导数据库设计外，数据库设计的很多工作仍需要人工来做，尚缺乏一套完善的数据库设计理论、方法和工具，以实现数据库设计的自动化或交互式的半自动化设计。所以数据库设计今后的研究发展方向是研究数据库设计理论，寻求能够更有效地表达语义关系的数据模型，为各阶段的设计提供自动或半自动的设计工具和集成化的开发环境，使数据库的设计更加工程化和规范化，并在数据库的设计中充分体现软件工程的先进思想和方法。

8.5 常用的数据库管理系统

目前商品化的 DBMS 以关系型数据库为主导产品，技术也比较成熟。在关系 DBMS 的产品中，如 MySQL、SQL Server、Oracle、Sybase、DB2、Microsoft Office Access、Informix 等，针对不同操作系统和不同用户的需求，各种 DBMS 分别占有一席之地。

1．MySQL

MySQL 是一个开放源码的小型关联 DBMS，开发者为瑞典的 MySQL AB 公司。MySQL 是一个快速、多线程、多用户和健壮的 SQL（structure query language，结构化查询语言）数据库服务器，被广泛地应用在 Internet 上的中小型网站中。由于其体积小、速度快、总体拥有成本低，尤其是开放源码这一特点，所以许多中小型网站为了降低网站总体拥有成本而选择 MySQL 作为网站数据库。

2．SQL Server

SQL Server 是由微软公司开发的一个可扩展的、高性能的、为分布式客户/服务器计算所设计的 DBMS。它是 Web 上最流行的用于存储数据的数据库，已广泛应用于电子商务、银行、保险、电力等与数据库有关的行业。SQL Server 实现了与 Windows NT 的有机结合，提供了基于事务的企业级信息管理系统方案。SQL Server 还提供了众多的 Web 和电子商务功能，如对 XML 和 Internet 标准的丰富支持，通过 Web 对数据进行轻松安全的访问，具有强大、灵活、基于 Web 和安全的应用程序管理等。而且，由于其易操作性极其友好的操作界面，深受广大用户的喜爱。

3．Oracle

Oracle 是世界上使用较广泛的关系数据库系统之一。它采用标准 SQL 结构化查询语言，支持多种数据类型，提供面向对象存储的数据支持，具有第四代语言开发工具，支持 UNIX、Windows NT、OS/2、Novell 等多种平台。除此之外，它还具有很好的并行处理功能。Oracle 产品主要由 Oracle 服务器产品、Oracle 开发工具、Oracle 应用软件组成，也有基于微型计算机的数据库产品。它采用完全开放策略，可以使客户选择最适合的解决方案。

4．Sybase

Sybase 公司在 1987 年推出了 Sybase 数据库产品。Sybase 主要有 3 种版本：①UNIX 操作系统下运行的版本；②Novell Netware 环境下运行的版本；③Windows NT 环境下运行的版本。Sybase 产品主要由服务器产品 Sybase SQL Server、客户产品 Sybase SQL

Toolset 和接口软件 Sybase Client/Server Interface 组成，还有著名的数据库应用开发工具 PowerBuilder。

5．DB2

DB2 是内嵌于 IBM 的 AS/400 系统上的 DBMS，直接由硬件支持。它主要应用于大型应用系统，具有较好的可伸缩性，可支持从大型机到单用户环境，应用于 OS/2、Windows 等平台下。它支持标准的 SQL 语言，具有与异种数据库相连的 GATEWAY。因此，DB2 具有速度快、可靠性好的优点。DB2 能在所有主流平台上运行（包括 Windows），最适于海量数据的处理。DB2 具有很好的网络支持能力，每个子系统可以连接十几万个分布式用户，可同时激活上千个活动线程，对大型分布式应用系统尤为适用。

6．Microsoft Office Access

Microsoft Office Access 是由微软公司发布的关系 DMBS。它结合了 Microsoft Jet Database Engine 和图形用户界面两项特点，是 Microsoft Office 的系统程序之一。Access 适用于小型商务活动，用于存储和管理商务活动所需要的数据。Access 不仅是一个数据库，还具有强大的数据管理功能，可以方便地利用各种数据源生成窗体（表单）、查询、报表和应用程序等。Access 支持 ODBC（open database connectivity，开放式数据库互连），利用 Access 强大的动态数据交换和对象的连接和嵌入特性，可以在一个数据表中嵌入位图、声音、Excel 表格、Word 文档，还可以建立动态的数据库报表和窗体等。Access 还可以将程序应用于网络，并与网络上的动态数据相连。利用数据库访问页对象生成 HTML 文件，轻松构建 Internet/Intranet 的应用。

8.6　新型的数据库系统

面对传统数据库技术的不足和缺陷，人们自然想到借鉴其他新兴的计算机技术，将其与传统数据库技术相结合，形成了各种新型的数据库系统，如面向对象数据库系统、分布式数据库系统、知识数据库系统、模糊数据库系统、并行数据库系统、多媒体数据库系统等。数据库技术被应用到特定的应用领域中，又出现了工程数据库、演绎数据库、时态数据库、统计数据库、空间数据库、科学数据库、文献数据库等，它们都继承了传统的数据库理论和技术，但已不是传统意义上的数据库了。下面介绍几个新型数据库技术的应用。

1．分布式数据库系统

分布式数据库系统的出现是地理上分散的用户对数据共享的需求和计算机网络技术空前发展的结果。它是在应用的驱动下，数据库技术和网络技术不断发展、不断互相融合、互相促进的结果。它具有数据分布性、逻辑相关性、局部自治性与全局共享性、数据的冗余性、数据的独立性和系统的透明性等特点。

分布式数据库系统的基础是集中式数据库系统技术和计算机网络技术，但并不是说简单地把集中式数据库通过联网就能构成分布式数据库。在分布式数据库系统的研究与开发中，人们要解决分布式环境下数据库的设计、数据的分配、查询处理、并发控制及系统的管理等多方面的问题。

一个分布式数据库系统强调数据的分布性，数据分布存储在网络的不同计算机（又称结点或场地）上，各场地既具有高度的自治性，同时又强调各场地系统之间的协作性。对于用户来说，一个分布式数据库系统在逻辑上看就如同一个集中式数据库系统，用户可以在任何一个场地执行全局应用和（或）局部应用。

分布式数据库管理系统（distributed database management system，DDBMS）是一个支持分布式数据库的建立、操纵与维护的软件系统，负责实现局部数据管理、数据通信、分布数据管理及数据字典管理等功能。

2．面向对象的数据库系统

面向对象的数据库系统是数据库技术与面向对象程序设计相结合的产物。其主要特点是具有面向对象技术的封装性和继承性，提高了软件的可重用性。面向对象的数据库系统包括了关系 DBMS 的全部功能，只是在面向对象环境中增加了一些新内容，其中一些是关系 DBMS 所没有的。

3．空间数据库

空间数据库是一种应用于地理空间数据处理与信息分析领域的、具有工程性质的数据库，它是地理信息系统在计算机物理存储介质上存储的与应用相关的地理空间数据的总和，一般是以一系列特定结构的文件的形式组织在存储介质上的。

4．多媒体数据库

多媒体数据库是数据库技术与多媒体技术结合的产物，以数据库的方式合理有效地实现对格式化数据（如数字、字符等）和非格式化多媒体数据（如文本、图形、图像、声音、视频等）的存储、管理和操作等功能。多媒体数据库具有媒体多样性、信息量大和管理复杂等特点。

多媒体 DBMS 是一个支持多媒体数据库的建立、操纵与维护的软件系统，负责实现对多媒体对象的存储、处理、检索和输出等功能。它的主要研究内容是多媒体的数据模型、多媒体 DBMS 的体系结构、多媒体数据的存取与组织技术、多媒体查询语音、多媒体数据库的同步控制及多媒体数据的压缩技术等。

5．并行数据库

并行数据库是数据库技术与并行技术相结合的产物，它在并行体系结构的支持下，实现数据库操作处理的并行化，以提高数据库的效率。并行数据库技术的主要研究内容有并行数据库的体系结构、结点间通信机制的处理、并行操作算法、并行查询优化、并行数据库的物理设计、并行数据库的数据加载和再组织技术。

6．演绎数据库

演绎数据库是数据库技术与逻辑理论相结合的产物，也是一种支持演绎推理功能的数据库。演绎数据库是由关系组成的外延数据库和由规则组成的内涵数据库两部分组成的，并具有一个演绎推理机构，从而实现数据库的推理演绎功能。

演绎数据库技术的主要研究内容有逻辑理论与逻辑语言、递归查询处理与优化算法、演绎数据库的体系结构。

7．主动数据库

主动数据库除了具有传统数据库的被动服务功能，还提供主动进行服务的功能，即在没有用户干预的情况下，能主动地对数据库系统做出反应，执行某些操作，为用户提供所需的信息。其主要设计思想是用一种统一而方便的机制实现应用对主动性功能的需求，即系统能把各种主动服务功能与数据库系统集成在一起，以利于软件的模块化和软件重用，同时也增强了数据库系统的自我支持能力。

8．数据仓库

数据仓库是体系化环境的核心，也是决策支持系统和联机分析应用数据源的结构化数据环境。数据仓库研究和解决从数据库中获取信息的问题。数据仓库中的数据是面向主题的，是按照一定的主题域进行组织的。数据仓库中的数据是集成的，是在对原有分散的数据库数据抽取、清理的基础上经过系统加工、汇总和整理得到的，以保证数据仓库中的信息是关于整个企业的一致的全局信息。数据仓库支持数据挖掘和知识发现。

9．数据挖掘

数据挖掘技术采用人工智能、仿生物技术、数理统计和计算智能方法从数据仓库中提取、挖掘和发现知识，以满足数据分析和决策处理的要求。数据挖掘是数据库知识发现中的一个步骤。数据挖掘一般是指从大量的数据中自动搜索隐藏于其中的有着特殊关系性的信息的过程。在大数据时代，数据挖掘是最关键的工作。大数据的挖掘是从海量、不完全的、有噪声的、模糊的、随机的大型数据库中发现隐含在其中有价值的、潜在有用的信息和知识的过程，也是一种决策支持过程。通过对大数据高度自动化的分析，数据挖掘技术可以做出归纳性的推理，从中挖掘出潜在的模式，帮助企业、商家、用户调整市场政策、减少风险、理性面对市场，并做出正确的决策。

10．模糊数据库系统

模糊数据库系统中事务的模糊特征和行为使用模糊数据表示，模糊数据主要用模糊集合及其隶属度表示。模糊数据服从模糊运算规则和模糊数据约束。模糊数据库能够存储和管理模糊数据和模糊联系，支持模糊运算，保证模糊数据约束。目前模糊数据库系统在模式识别、过程控制、医疗诊断、专家系统等领域有较好的应用。

11．移动数据库系统

移动数据库是能够支持移动式计算环境的数据库，其数据在物理上分散而逻辑上集中。它涉及数据库技术、分布式计算技术、移动通信技术等多个学科。与传统的数据库相比，移动数据库具有移动性、位置相关性、频繁的断接性、网络通信的非对称性等特征。移动数据库作为分布式数据库的延伸和扩展，拥有分布式数据库的诸多优点和独特的特性，能够满足未来人们访问信息的要求，具有广泛的应用前景。

12．Web 数据库系统

Web 数据库将数据库技术与 Web 技术融合在一起，使数据库系统成为 Web 的重要有机组成部分，从而实现数据库与网络技术的无缝结合。这一结合不仅把 Web 与数据库的所有优势集合在了一起，而且充分利用了大量已有数据库的信息资源。Web 数据库由数据库服务器、中间件、Web 服务器、浏览器 4 部分组成。Web 数据库的工作过程是用户通过浏览器端的操作界面，以交互的方式，经 Web 服务器来访问数据库。用户向数据库提交的信息，以及数据库返回给用户的信息都是以网页形式显示的。

本章小结

本章首先介绍了数据库系统的发展过程，数据库系统的相关概念及其体系结构；然后介绍了数据模型、关系运算及数据库设计的一般步骤；最后简单介绍了常用的 DBMS 和新型的数据库系统。

第 9 章　IT 新技术

众所周知，以移动互联、物联网、云计算、大数据为代表的新兴技术掀起的新的信息浪潮，在改变着社会发展的进程。移动互联的飞速发展，进一步加快云+端融合的步伐，直接带动数据消费。物联网推动人们对世界的感知，形成感知的数据。云计算将交互的数据、交易的数据和感知的数据进行融合，形成了大数据。大数据技术推动数据整合和分析，进而推动企业决策和社会治理。云计算、移动互联网、物联网、社交网络、电子商务、即时通信等技术形式的涌现，推动人类从现实社会快速切换到网络社会形态，形成了人类的虚拟生活方式。

9.1　物　联　网

物联网是指物物相连的互联网。这里有以下两层含义。

1）物联网的核心和基础仍然是互联网，是互联网的延伸和扩展。

2）其用户端延伸和扩展到了任何物品与物品之间都可以进行信息交换和通信。

物联网由美国麻省理工学院的 Ashton 教授于 1999 年首次提出，把所有物品通过射频识别（radio frequency identification，RFID）等信息传感设备与互联网连接起来，实现智能化识别和管理。2005 年，国际电信联盟（International Telecommunications Union，ITU）发布《ITU 互联网报告 2005：物联网》，正式提出了“物联网”的概念，即将各种信息传感设备，如 RFID 装置、各种传感器结点及各种无线通信设备等与互联网结合起来形成的一个庞大、智能网络。

物联网经过多年的不断发展与认识，目前被普遍认为是指通过信息传感设备，按照约定的协议，把任何物品与互联网连接起来，进行信息交换和通信，以实现智能化识别、定位、跟踪、监控和管理的一种网络，是在互联网的基础上进行延伸和扩展的网络。

9.1.1　物联网的发展现状

近年来，物联网技术的市场规模正处于飞速扩张的趋势。根据国际数据公司（International Data Corporation，IDC）的数据显示，2020 年全球物联网市场规模为 1.7 万亿美元，McKinsey 预测 2025 年全球物联网市场规模可高达 4 万亿～11 万亿美元。在全球物联网连接数方面，根据全球移动通信系统协会预测，全球物联网连接数会从 2019 年的 120 亿增长至 2025 年的 246 亿，年复合增长率为 17%。

因其具有巨大增长潜能，物联网已成为当今经济发展和科技创新的战略制高点，成为各国构建社会新模式和重塑国家长期竞争力的先导。在我国，自 2010 年物联网被写入政府工作报告后，发展物联网被提升到国家战略高度。“十三五”规划纲要明确提出“发展物联网开环应用”，将致力于加强通用协议和标准的研究，推动物联网不同行业不同领域应用间的互联互通、资源共享和应用协同。“十四五”时期经济社会要以推动高质量发展为主题，而数字经济正是推动供给侧结构性改革和经济发展质量变革、效率变革、动力变革的重要力量，物联网作为行业数字化转型的重要一环将成为整个社会数字经济发展的核心动能。

在产业方面，物联网技术和方案在全球各行业的渗透率不断加速。根据 Vodafone 调查数据，2018 年全球物联网技术的渗透率已超过 34%。根据全球领先的信息技术研究和顾问公司 Gartner 调研，2020 年超过 65%的企业和组织将应用物联网产品和方案。各行业对物联网的应用力度持续增强，根据不同咨询公司预测数据统计，智能工业、智能交通、智慧医疗、智慧能源等领域将最有可能成为物联网产业发展最快的领域。2020 年，我国物联网连接的主要行业为智能家居、车联网、公共服务、智慧农业等。

物联网正逐步向着数字化、智能化的方向发展。丰富的应用、领先的技术、海量的数据成为物联网快速发展的原生动力。同时，数字孪生作为全球产业数字化、智能化转型的焦点，将助力物联网的全新优化与演进。

物联网市场规模不断扩大，预示着万物互联的开启、应用需求的全面升级，以及对海量数据进行智能化分析的可行性。尤其在应用层，“物联网+”的趋势进一步升级，物联网不再是作为一项孤立的技术而存在，而是将与大数据、云计算、人工智能等创新技术融合，带动细分产业转型升级。

9.1.2 物联网的主要特点

物联网具有以下 3 个特点。

1）物联网是各种感知技术的广泛应用，利用 RFID、传感器、二维码等随时随地地获取物体的信息。

2）物联网是建立在互联网上的泛在网络，通过将物体接入信息网络，依托各种通信网络，随时随地进行可靠的信息交互和共享。物联网通过各种有线和无线网络与互联网融合，并将传感器定时采集的物体信息通过网络传输。为了保障数据传输的正确性和及时性，物联网必须适应各种异构网络和协议。

3）物联网具有智能处理的能力，能够对物体实施智能控制。物联网利用云计算、模式识别等各种智能技术将传感器和智能处理相结合，对从传感器获得的海量信息进行分析、加工和处理，实现智能化的决策和控制，以适应不同用户的不同需求，发现新的应用领域和应用模式。

9.1.3 物联网的技术架构

从技术架构上来看，物联网可分为 3 层：感知层、网络层和应用层。

1）感知层。感知层用来感知物理世界，采集来自物理世界的各种信息。它由各种传感器及传感器网关构成，包括温度传感器、湿度传感器、二维码标签、RFID 标签和读写器、摄像头等感知终端。感知层相当于人的眼、耳、鼻、喉和皮肤等，其主要功能是识别物体、采集信息。

2）网络层。网络层由各种私有网络、互联网、有线和无线通信网、网络管理系统及云计算平台等组成，相当于人的神经中枢和大脑，其主要功能是传递和处理感知层获取的信息。

3）应用层。应用层是物联网和用户（包括人、组织和其他系统）的接口，其主要功能是与行业需求结合，实现物联网的智能应用。

物联网的行业特性主要体现在其应用领域内，绿色农业、工业监控、公共安全、城市管理、远程医疗、智能家居、智能交通和环境监测等各行业均有物联网应用的尝试，某些行业已经积累了一些成功的案例。

9.1.4 物联网的关键技术

物联网是物与物相连的网络，通过为物体加装二维码、RFID 标签、传感器等，即可实现物体身份唯一标识和各种信息的采集，再结合各种类型的网络连接，即可实现人和物、物和物之间的信息交换。因此，物联网中的关键技术包括识别和感知技术（二维码、RFID、传感器等）、网络与通信技术、数据挖掘与融合技术等。

1. 识别和感知技术

二维码是物联网中一种很重要的自动识别技术，是在一维条码基础上扩展出来的条码技术。二维码包括堆叠式/行排式二维码和矩阵式二维码，后者较为常见。矩阵式二维码在一个矩形空间中通过黑白像素在矩阵中的不同分布进行编码。在矩阵相应元素的位置上，用点（方点、圆点或其他形状）的出现表示二进制“1”、点的不出现表示二进制的“0”，点的排列组合确定了矩阵式二维码条码所代表的意义。二维码具有信息容量大、编码范围广、容错能力强、译码可靠性高、成本低、易制作等良好特性，已经得到了广泛的应用。

RFID 技术用于静止或移动物体的无接触自动识别，具有全天候、无接触、可同时实现多个物体的自动识别等特点。RFID 技术在生产和生活中得到了广泛的应用，大大推动了物联网的发展，常见的公交卡、门禁卡、校园卡等都嵌入了 RFID 芯片，可以实现迅速、便捷的数据交换。从结构上讲，RFID 是一种简单的无线通信系统，由 RFID 标签和 RFID 读写器两个部分组成。RFID 标签由天线、耦合元件、芯片组成，是一个能够传输信息、回复信息的电子模块；RFID 读写器由天线、耦合元件、芯片组成，用于读取（有时也可以写入）RFID 标签中的信息。RFID 利用频率信号将信息由 RFID 标签传送至 RFID 读写器。以公交卡为例，市民持有的公交卡是一个 RFID 标签，公交车上安装的刷卡设备是 RFID 读写器，当市民执行刷卡动作时，就完成了一次 RFID 标签和 RFID 读写器之间的非接触式的通信和数据交换。

传感器是一种能感受规定的被测量件，并按照一定的规律（数学函数法则）将其转换为可用信号的器件或装置，具有微型化、数字化、智能化、网络化等特点。人类需要借助于耳朵、鼻子、眼睛等感觉器官感受外部物理世界，类似的，物联网也需要借助于传感器实现对物理世界的感知。物联网中常见的传感器类型有光敏传感器、声敏传感器、气敏传感器、化学传感器、压敏传感器、温敏传感器、流体传感器等，可以用来模仿人类的视觉、听觉、嗅觉、味觉和触觉。

2．网络与通信技术

物联网中的网络与通信技术包括短距离无线通信技术和远程通信技术。短距离无线通信技术包括 ZigBee、NFC（near field communication，近场通信）、蓝牙、Wi-Fi、RFID 等。远程通信技术包括互联网、4G/5G 移动通信网络、卫星通信网络等。

3．数据挖掘与融合技术

物联网中存在大量数据来源、各种异构网络和不同类型的系统，如何实现如此大量的不同类型数据的有效整合、处理和挖掘，是物联网处理层需要解决的关键技术问题。而云计算和大数据技术的出现为物联网数据存储、处理和分析提供了强大的技术支撑，海量物联网数据可以借助于庞大的云计算基础设施实现廉价存储，并利用大数据技术实现快速处理和分析，以满足各种实际应用需求。

9.1.5 物联网的应用

物联网已经广泛应用于智能交通、智慧医疗、智能家居、环境监测、智能安防、智能物流、智能电网、智慧农业、智能工业等领域，对国民经济和社会发展起到了重要的推进作用，具体介绍如下。

1．智能交通

智能交通融入了物联网、云计算、大数据、移动互联网、人工智能等新技术，通过高新技术汇集交通信息，对交通管理、交通运输、公众出行等交通领域全方面及交通建设管理全过程进行管控支撑，充分保障交通安全、发挥交通基础设施效能、提升交通系统运行效率和管理水平，为通畅的公众出行和可持续的经济发展服务。

2．智慧医疗

智慧医疗是指综合应用新一代信息及生物技术，整合卫生部门、医院、社区、服务机构、家庭的医疗资源和设备，创新医疗健康管理和服务，形成全息全程的健康动态监

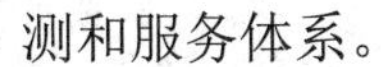

测和服务体系。

3. 智能家居

智能家居是指以住宅为平台，利用综合计算机、网络通信、家电控制等技术将家庭智能控制、信息交流及消费服务等家居生活有效结合起来，构建高效的住宅设施与家庭日程事务的管理系统，提升家居安全性、便利性、舒适性、艺术性，并实现环保节能的居住环境。

4. 环境监测

可以在重点区域放置监控摄像头或水质土壤成分检测仪器，相关数据即可实时传输到监控中心，若出现问题则发出警报。

5. 智能安防

采用红外线、监控摄像头、RFID 等物联网设备，实现小区出入口智能识别和控制、意外情况自动识别和报警、安保巡逻智能化管理等功能。

6. 智能物流

利用集成智能化技术，使物流系统能模仿人的智能，即使物流系统具有思维、感知、学习推理判断和自行解决物流中某些问题的能力（如选择最佳行驶路线、选择最佳包裹装车方案），从而实现物流资源优化调度和有效配置，提高物流系统的效率。

7. 智能电网

通过智能电表，不仅可以免去抄表工的大量工作，还可以实时获得用户的用电信息，提前预测用电高峰和低谷，为合理设计电力需求相应系统提供依据。

8. 智慧农业

智慧农业以智慧生产为核心，依托云计算、大数据、人工智能、卫星遥感等现代信息技术，实现生产数字化、智能化、低碳化、生态化和集约化，从空间、组织、管理整合现有农业基础建设、通信设备和信息化设施。

9. 智能工业

将具有环境感知能力的各种终端、基于泛在技术的计算模式、移动通信技术等不断融入工业生产的各环节，从而大幅提高制造效率，改善产品品质，降低产品成本和资源消耗，将传统工业提升到智能化的新阶段。

9.2 云 计 算

云计算是并行计算、分布式计算、网格计算、效用计算、网络存储、虚拟化、负载均衡等传统计算机和网络技术发展融合的产物，也可以看作是它们的商业实现。

9.2.1 云计算的概念

云计算是一种基于互联网的超级计算模式，它将计算任务分布在大量计算机构成的资源池中，使各种应用系统能够根据需要获取计算力、存储空间和各种软件服务，这些应用或服务通常不是运行在自己的服务器上，而是由第三方提供。

云计算的“云”是指存在于互联网上的服务器集群上的资源，它包括硬件资源（服务器、存储器、CPU 等）和软件资源（如应用软件、集成开发环境等），本地计算机只需要通过互联网发送一条请求信息，远端就会有成千上万的计算机提供需要的资源并将结果返回本地计算机。这样，本地计算机需要进行的操作很少，大部分操作由云计算提供商所提供的计算机群来完成。

狭义的云计算是指厂商通过分布式计算和虚拟化技术搭建数据中心或超级计算机，免费或以按需租用方式向技术开发者或企业客户提供数据存储、数据分析及科学计算等服务。

广义的云计算指通过建立网络服务器集群，向各种不同类型的客户提供在线软件服务、硬件租借、数据存储、计算分析等不同类型的服务。广义的云计算包括了更多的厂商和服务类型，如用友软件股份有限公司、金蝶国际软件集团有限公司（以下简称金蝶公司）等管理软件厂商推出的在线财务软件，Google 公司发布的 Google 应用程序套装等。

无论是狭义的云计算还是广义的云计算，云计算所秉承的核心是按需服务，就像人们使用水、电、天然气等资源的方式一样，取用方便，费用低廉。这也是云计算对于 ICT（information and communications technology，信息、通信、技术）领域乃至于人类社会发展最重要的意义所在。

云计算的主要特点如下。

1）超大规模。“云”具有相当的规模，“云”能赋予用户前所未有的计算能力。

2）虚拟化。云计算支持用户在任意位置使用各种终端获取服务。所请求的资源来自“云”，而不是固定的有形实体。应用在“云”中的某处运行，用户无须了解应用运行的具体位置，只需要一台笔记本计算机或一个 PDA，即可通过网络服务来获取各种能力超强的服务。

3）高可靠性。“云”使用了数据多副本容错、计算结点同构可互换等措施来保障服务的高可靠性，使用云计算比使用本地计算机更加可靠。

4）通用性。云计算的应用广泛，几乎涵盖整个网络计算。它不针对特定的应用，不局限于某一项功能，而是围绕 4G、5G 等新型高速运算网络展开多功能、多领域的应用。

5）高可扩展性。“云”的规模可以动态伸缩，可满足应用和用户规模增长的需要。

6）按需服务。“云”是一个庞大的资源池，用户可按需购买。例如，有人喜欢听歌、看电影，有人喜欢看财经信息，人们都能按自己的意愿去获取相关信息资源。

7）高性价比。由于“云”的特殊容错措施，使人们可以采用性价比高的结点来构成云；“云”的自动化管理，使数据中心管理成本大幅降低；“云”的公用性和通用性，使资源的利用率大幅提升；“云”设施可以建在电力资源丰富的地区，从而大幅降低能源成本。因此“云”具有前所未有的高性价比。

9.2.2　云计算的发展现状

美国是“云计算”概念的发源地，也是全球云计算技术引领者，因此云计算产品与技术的成熟度较高。美国已将云计算技术和产业定位为维持国家核心竞争力的重要手段之一，已从不同领域和角度在云计算领域布局，包括 Microsoft、IBM、Oracle、Google 等。其云计算产品和解决方案应用广泛，应用案例分布在全球快消公司、大学数据中心、科技企业、车企等。

在全球范围内，混合云和公有云已经成为企业用云的主要形式。管理服务提供商为云使用企业提供云管理平台，帮助云技术不足的企业更加方便地使用和管理云。根据 Gartner 统计，从投资上来看，企业对于云管理服务行业的投资正稳步增加，从 2016 年的 185.9 亿美元逐步增长到 2020 年的 427.3 亿美元，年增长率维持在 20%左右。

云管理服务行业在最近几年的发展较迅速。根据 Gartner 统计，2015～2020 年，全球云计算市场渗透率逐年上升，由 4.3%上升至 13.2%。可见，随着世界互联网的飞速发展，越来越多的企业运用云的技术，企业应用云计算成为大势所趋。

相比美国，中国云计算的起步较晚，目前处于快速增长阶段。2020 年，我国政府出台了多项鼓励政策，支持在具备条件的行业领域和企业范围内，探索大数据、人工智能、云计算、数字孪生、5G、物联网和区块链等新一代数字技术应用和集成创新。这意味着再一次明确了云计算在实现行业或企业数字化转型的重要地位。

近年来，我国云计算，特别是物联网等新兴产业快速推进，多个城市开展了试点和示范项目，涉及电网、交通、物流、智能家居、节能环保、工业自动控制、医疗卫生、精细农牧业、金融服务业、公共安全等多个方面，试点已经取得初步成果，产生了巨大的应用市场。

云计算市场从最初的十几亿增长至目前的千亿规模，行业发展迅速。赛迪顾问发布的 2021 年《中国云计算市场研究年度报告》数据显示，2017 年以来我国云计算市场规模保持了逐年较快增长，2019 年我国公有云市场规模首次超过私有云。2020 年，我国云计算整体市场规模达 1922.5 亿元，增速 34%，其中公有云市场规模达到 1047.7 亿元，相比 2019 年增长 32.74%。在私有云市场方面，2020 年中国私有云市场规模达 874.8 亿元，较 2019 年增长 35.59%，私有云提供商有望在云计算市场持续高速发展进程中持续受益。

据中国信息通信研究院预测，至 2023 年，我国公有云、私有云的市场规模将分别达到 2307.4 亿元和 1446.8 亿元。

据中国信息通信研究院调查统计，天翼云、腾讯云占据公有云 IaaS（infrastructure as a service，基础设施即服务）市场份额前三，华为云、光环新网处于第二梯队；腾讯云、百度云、华为云位于公有云 PaaS（platform as a service，平台即服务）市场前列。根据中国信息通信研究院发布的《中国私有云发展调查报告》显示，2020 年华为云、紫光云等企业在安全性、可控性方面的表现较为优异。

目前，国内的云计算应用主要是企业计算市场，又分为大企业客户和中小企业客户。大企业客户目前的主要业务是对已有服务器系统进行升级，如 IBM 给中化集团实施的云计算平台，属于企业私有云的建设；中小企业客户则主要是寻求 IaaS、PaaS 和 SaaS（software as a service，软件即服务）服务，其主要目的是节省成本。

根据中国信息通信研究院的云计算发展调查报告，2019 年我国已经应用云计算的企业占比达到 66.1%。其中，采用公有云的企业占比为 41.6%，采用私有云的企业占比为 14.7%，有 9.8%的企业采用了混合云。未来，在数字经济高速发展的趋势下，我国云计算行业仍将保持高速发展态势。企业应用云计算降本增效的效果显著。据调查统计，95%的企业认为使用云计算可以降低企业的 IT 成本，其中超过 10%的用户成本节省在一半以上。另外，超过四成的企业表示使用云计算提高了 IT 运行的效率。

2020 年，以 IaaS、PaaS 和 SaaS 为代表的全球公有云市场规模为 2083 亿美元。从整体来看，北美、欧洲、亚太地区云计算市场的发展较为成熟。其中，美国云计算市场规模占全球比重超过 40%，2020 年约为 44%；欧洲地区占比在 19%左右；亚太地区为全球云计算市场增速最快的地区，2020 年中国和日本的占比分别达 16%和 4%。

9.2.3 云计算的服务模式

云计算包括 3 种典型的服务模式，如图 9.1 所示，即 IaaS、PaaS 和 SaaS。这里，分层体系架构意义上的“层次”——IaaS、PaaS、SaaS 分别在基础设施层，软件开放运行平台层、应用软件层实现。

1．IaaS

消费者通过 Internet 可以从完善的计算机基础设施获得服务。IaaS 是将数据中心、基础设施等硬件资源通过 Web 分配给用户的商业模式。IaaS 将硬件设备等基础资源封装成服务供用户使用，如 AWS（Amazon Web service，亚马逊网络服务）的弹性计算云和亚马逊简单存储服务（Amazon simple storage service，S3）。在 IaaS 环境中，用户相当于在使用裸机和磁盘，既可以使它运行 Windows，也可以使它运行 Linux，但用户必须考虑如何才能使多台机器协同工作。IaaS 最大的优势在于它允许用户动态申请或释放结点，按使用量计费。运行 IaaS 的服务器规模达到几十万台之多，因此可以认为能够申请的资源几乎是无限的。同时，IaaS 是由公众共享的，具有更高的资源使用效率。

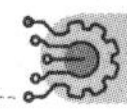

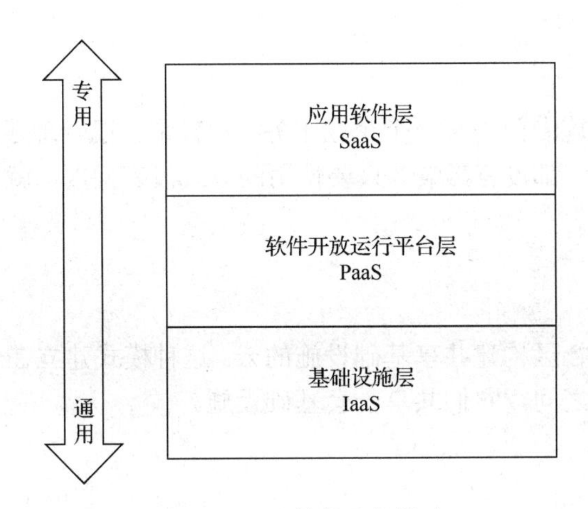

图 9.1　云计算的服务模式

2．PaaS

PaaS 对资源的抽象层次更进一步，它提供用户应用程序的运行环境，典型的如 Google App Engine、Microsoft Windows Azure。PaaS 实际上是指将软件研发的平台作为一种服务，以 SaaS 的模式提交给用户。因此，PaaS 也是 SaaS 模式的一种应用。PaaS 的出现可以加快 SaaS 的发展，尤其是加快了 SaaS 应用的开发速度。PaaS 服务使软件开发人员可以在不购买服务器等设备环境的情况下开发新的应用程序。

3．SaaS

SaaS 的针对性更强，它将某些特定应用软件功能封装成服务，如 Salesforce 公司提供的在线客户关系管理（customer relationship management，CRM）服务。它是一种通过 Internet 提供软件的模式，用户无须购买软件，而是通过向提供商租用基于 Web 的软件来管理企业经营活动，如邮件服务、数据处理服务、财务管理服务等。SaaS 模式大大降低了软件的使用成本，尤其是大型软件的使用成本，并且由于软件是托管在服务商的服务器上，减少了客户的管理维护成本，可靠性也更高。

9.2.4　云计算的部署模式

云计算有 4 种部署模式，每一种部署模式都具备独特的功能，可满足用户不同的要求。

1．公有云

在此模式下，应用程序、资源、存储和其他服务都由云服务供应商提供给用户，这些服务大多数是免费的，也有部分需要按使用量来付费，这种模式只能使用互联网来访问和使用。

2．私有云

私有云的基础设施专门为某一个企业服务，不管是自己管理还是第三方管理，自己负责还是第三方托管，都没有影响。只要使用的方式没有问题，就能为企业带来很显著的帮助。

3．社区云

社区云是为特定社区构建共享基础设施的云。这种模式建立在一个特定的小组中的多个目标相似的公司之间，它们共享一套基础设施。

4．混合云

混合云是由两种或两种以上部署模式组成的，如公有云和私有云混合。它们相互独立，但在云的内部又相互结合，可以发挥出所混合的多种云计算模式各自的优势。

9.2.5 云计算的关键技术

云计算是将动态、易扩展且被虚拟化的计算资源通过互联网提供给用户的一种服务。虚拟化技术、弹性规模扩展技术、分布式存储技术、分布式计算技术、多租户技术、海量数据管理技术和编程方式是云计算的关键技术。

1．虚拟化技术

虚拟化技术是指计算元件在虚拟的基础上而不是真实的基础上运行，它可以扩展硬件的容量，简化软件的重新配置过程，减少软件虚拟机相关开销和支持更广泛的操作系统等。通过虚拟化技术可实现软件应用与底层硬件相隔离，它包括将单个资源划分成多个虚拟资源的裂分模式，也包括将多个资源整合成一个虚拟资源的聚合模式。虚拟化技术根据对象可分为存储虚拟化、计算虚拟化、网络虚拟化等。在云计算实现中，计算虚拟化是建立在“云”上的服务与应用的基础。虚拟化技术目前主要应用于 CPU、操作系统、服务器等多个防线，是提高服务效率的最佳解决方案。

2．弹性规模扩展技术

云计算提供了一个巨大的资源池，而应用的使用又有不同的负载周期，根据负载对应用的资源进行动态伸缩（即高负载时动态扩展资源，低负载时释放多余的资源），可以显著提高资源的利用率。该技术为不同的应用架构设定不同的集群类型，每一种集群类型都有特定的扩展方式，然后通过监控负载的动态变化，自动为应用集群增加或减少资源。

3．分布式存储技术

云计算系统由大量服务器组成，同时为大量用户服务，因此云计算系统按分布式存

储方式存储数据，使用冗余存储的方式（集群计算、数据冗余和分布式存储）保证数据的可靠性。冗余的方式通过任务分解和集群，使用低配机器代替超级计算机的性能来保证低成本，这种方式保证了分布式数据的高可用、高可靠和经济性。在云计算系统中广泛使用的数据存储系统是谷歌（Google）公司的谷歌文件系统和 Hadoop 团队开发的分布式文件系统。分布式存储的目的是利用云环境中多台服务器的存储资源来满足单台服务器所不能满足的存储需求，其特征是存储资源可被抽象表示和统一管理。

4．分布式计算技术

基于云平台的最典型的分布式计算技术是 MapReduce 编程模式。MapReduce 将大型任务划分成很多细粒度的子任务，这些子任务分布式地在多个计算结点上进行调度和计算，从而在云平台上获得对海量数据的处理能力。

5．多租户技术

多租户技术的目的是使大量用户能够共享同一堆栈的软硬件资源，每个用户按需使用资源，能够对软件服务进行客户化配置，而不影响其他用户的使用。多租户技术的核心包括数据隔离、客户化配置、架构扩展和性能定制。

6．海量数据管理技术

云计算需要对分布的、海量的数据进行处理、分析。因此，数据管理技术必须可以高效地管理大量的数据。计算系统中的数据管理技术主要是 Google 公司的 BT（big table）数据管理技术和 Hadoop 团队开发的开源数据管理模块 HBase。由于云数据存储管理形式不同于传统的关系 DBMS 的数据管理方式，如何在规模巨大的分布式数据中找到特定的数据，也是云计算数据管理技术所必须解决的问题。同时，管理形式的不同造成传统的 SQL 数据库接口无法直接移植到云管理系统中，目前一些研究在关注为云数据管理提供关系 DBMS 和 SQL 的接口，如基于 Hadoop 子项目 HBase 和 Hive 等。

7．编程方式

云计算提供了分布式的计算模式，客观上要求必须有分布式的编程模式。云计算采用了一种思想简洁的分布式并行编程模型——Map-Reduce。Map-Reduce 是一种编程模型和任务调度模型，主要用于数据集的并行运算和并行任务的调度处理。在该模式下，用户只需要自行编写 Map 函数和 Reduce 函数即可进行并行计算。其中，Map 函数中定义各结点上的分块数据的处理方法，而 Reduce 函数中定义中间结果的保存方法及最终结果的归纳方法。

9.2.6　云计算的技术层次

云计算的技术层次主要从系统属性和设计思想角度来说明云，对软硬件资源在云计算技术中所充当的角色进行说明。云计算技术的体系结构分为 4 层：物理资源层、资源池层、管理中间件层和 SOA（service-oriented architecture，面向服务的体系结构）构建层，如图 9.2 所示。

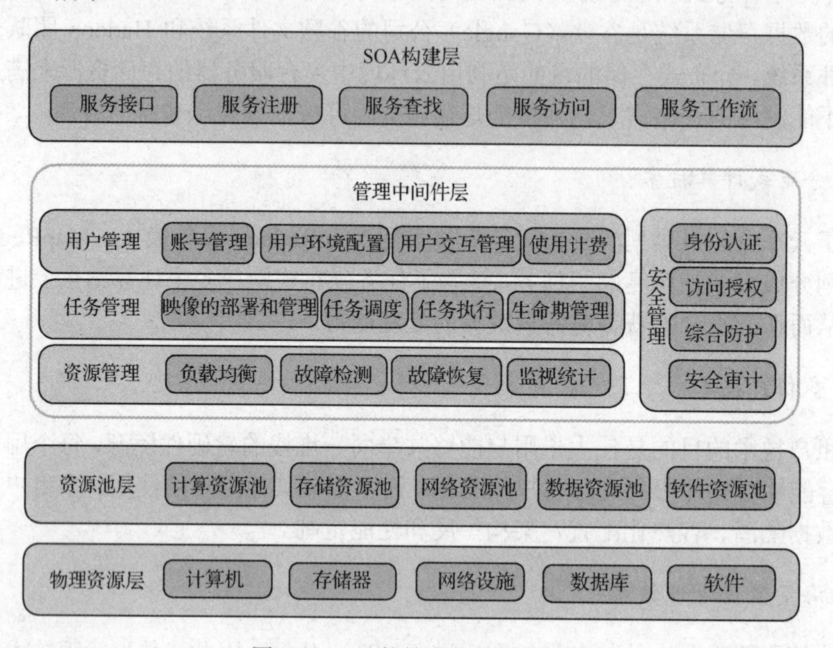

图 9.2　云计算技术的体系结构

1）物理资源层包括计算机、存储器、网络设施、数据库和软件等。

2）资源池层是将大量相同类型的资源构成同构或接近同构的资源池，如计算资源池、数据资源池等。构建资源池更多的是物理资源的集成和管理工作。例如，研究如何在一个标准集装箱的空间装下 2000 个服务器，并解决散热、故障结点替换、降低能耗的问题。

3）管理中间件层负责资源管理、任务管理、用户管理和安全管理等工作。资源管理负责均衡地使用云资源结点、检测结点的故障并试图将其恢复或屏蔽，并对资源的使用情况进行监视统计；任务管理负责执行用户或应用提交的任务，包括完成用户任务映像的部署和管理、任务调度、任务执行、任务生命期管理等；用户管理是实现云计算商业模式的一个必不可少的环节，包括提供用户交互接口、管理和识别用户身份、创建用户程序的执行环境、对用户的使用进行计费等；安全管理保障云计算设施的整体安全，包括身份认证、访问授权、综合防护和安全审计等。

4）SOA 构建层将云计算能力封装成标准的 Web 服务，并将其纳入 SOA 体系进行管理和使用，包括服务接口、服务注册、服务查找、服务访问和服务工作流等。

管理中间件层和资源池层是云计算技术的关键部分，SOA 构建层的功能更多依靠外部设施提供。

9.2.7 云计算的应用

云计算在中国主要行业的应用还仅仅是“冰山一角”，随着本土化云计算技术产品、解决方案的不断成熟，云计算理念的迅速推广普及，云计算必将成为未来中国重要行业领域的主流IT应用模式，为重点行业用户的信息化建设与IT运维管理工作奠定核心基础。

1．医药医疗领域

医药企业与医疗单位是国内信息化水平较高的行业用户，在“新医改”政策的推动下，医药企业与医疗单位将对自身信息化体系进行优化升级，以适应医改业务调整的要求。在此影响下，以云信息平台为核心的信息化集中应用模式将应运而生，它将逐步取代各系统以分散为主体的应用模式，进而提高医药企业的内部信息共享能力与医疗信息公共平台的整体服务能力。

2．制造领域

随着“后金融危机时代”的到来，制造企业的竞争将日趋激烈，企业在不断进行产品创新、管理改进的同时，也在大力开展内部供应链优化与外部供应链整合工作，进而降低运营成本、缩短产品研发生产周期，未来云计算将在制造企业供应链信息化建设方面得到广泛的应用，特别是通过对各类业务系统的有机整合，形成企业云供应链信息平台，加速企业内部“研发—采购—生产—库存—销售”信息一体化进程，进而提升制造企业竞争的实力。

3．金融与能源领域

金融、能源企业一直是国内信息化建设的领军性行业用户，中国石油化工集团、中国人民财产保险股份有限公司、中国农业银行等的企业信息化建设已经进入IT资源整合集成阶段，需要利用云计算模式，搭建基于IaaS的物理集成平台，对各类服务器基础设施应用进行集成，形成能够高度复用与统一管理的IT资源池，对外提供统一硬件资源服务，同时在信息系统整合方面，需要建立基于PaaS的系统整合平台，实现各异构系统之间的互联互通。因此，云计算模式将成为金融、能源等大型企业信息化整合的“关键武器”。

4．电子政务领域

云计算助力中国各级政府机构建设公共服务平台，以打造“公共服务型政府”的形象。在此期间，需要通过云计算技术来构建高效运营的技术平台，其中包括利用虚拟化技术建立公共平台服务器集群，利用PaaS技术构建公共服务系统等方面，进而实现公共服务平台内部的可靠、稳定运行，提高平台不间断服务的能力。

5．教育科研领域

云计算为高校与科研单位提供实效化的研发平台。云计算应用已经在清华大学、中国科学院等单位得到了初步应用，并取得了很好的应用效果。在未来，云计算将在我国高校与科研领域得到广泛的应用。各大高校将根据自身研究领域与技术需求建立云计算平台，并对原来各下属研究所的服务器与存储资源加以有机整合，提供高效可复用的云计算平台，为科研与教学工作提供强大的计算机资源，进而大大提高研发工作的效率。

9.3 大 数 据

随着互联网的飞速发展，特别是近年来社交网络、物联网和云计算的飞速发展和大量应用，全球数据量出现爆炸式增长，数据成了当今社会增长极快的资源之一。根据国际权威机构 Statista 的统计和预测，2020 年全球数据产生量达到 47ZB，而到 2035 年，这一数字将达到 2142ZB。随着数字经济在全球加速推进，以及 5G、人工智能、物联网等相关技术的快速发展，数据已经成为影响全球竞争的关键战略性资源。

9.3.1 大数据的概念

大数据目前有多种不同的理解和定义。

根据百度百科词条的定义，大数据（或称巨量资料）是指所涉及的资料量规模巨大到无法通过目前主流软件工具，在合理时间内实现采集、管理、处理的数据集合。

根据维基百科的定义，大数据是指数量巨大、类型复杂的数据集合，现有的数据库管理工具或传统的数据处理应用难以对其进行处理。这些挑战包括捕获、收集、存储、搜索、共享、传递、分析与可视化等。

IDC 对大数据的定义为，大数据一般会涉及两种或两种以上的数据类型，它要收集超过 100TB 的数据，并且是高速、实时数据流，或者是从小数据开始，但数据每年会增长 60%以上。这个定义给出了量化标准，但只强调了数据量大、种类多、增长快等数据本身的特征。

研究机构 Gartner 给出的定义为，大数据是需要新处理模式才能具有更强的决策力、洞察发现力和流程优化能力的海量、高增长率和多样化的信息资产。

按照 NIST 发布的研究报告的定义，大数据是用来描述在网络的、数字的、遍布传感器的、信息驱动的世界中呈现出的数据泛滥的常用词语。大量数据资源为解决以前不可能解决的问题带来了可能性。

麦肯锡全球研究所给出的定义为，大数据是一种规模大到在获取、存储、管理、分析方面大大超出了传统数据库软件工具能力范围的数据集合。

适用于大数据的技术包括 MPP（massively parallel processing，大规模并行处理）数据库、数据挖掘电网、分布式文件系统、分布式数据库、云计算平台、互联网和可扩展的存储系统。

9.3.2　大数据的特征

大数据已经渗透到每一个行业和业务职能领域，并成为重要的生产因素。目前工业界普遍将大数据的特征归纳为 5 个“V”：数据量大（volume）、数据多样性（variety）、处理速度快（velocity）、价值密度低（value）及真实性（veracity）。

1．数据量大

大数据的数据量巨大，存储容量单位的定义如表 9.1 所示。一般来说，超大规模的数据是指 GB（10^9）级的数据，海量数据是指 TB（10^{12}）级的数据，而大数据是指 PB（10^{15}）级及其以上的数据。可以想象，随着存储设备容量的增大，存储数据量的增多，大数据容量指标是动态增加的，未来还会继续增大。

表 9.1　数据存储单位的定义

单位	换算关系	字节数（二进制）	字节数（十进制）
B（byte，字节）	1B=8bit	2^1	10^1
KB（kilobyte，千字节）	1KB=1024B	2^{10}	10^3
MB（megabyte，兆字节）	1MB=1024KB	2^{20}	10^6
GB（gigabyte，吉字节）	1GB=1024MB	2^{30}	10^9
TB（terabyte，太字节）	1TB=1024GB	2^{40}	10^{12}
PB（petabyte，拍字节）	1PB=1024TB	2^{50}	10^{15}
EB（exabyte，艾字节）	1EB=1024PB	2^{60}	10^{18}
ZB（zettabyte，泽字节）	1ZB=1024EB	2^{70}	10^{21}

2．数据多样性

大数据的数据来源众多、种类多样，从生成类型上可分为交易数据、交互数据、传感数据；从数据来源上可分为社交媒体数据、传感器数据、系统数据；从数据格式上可分为文本、图片、音频、视频、光谱等；从数据关系上可分为结构化、半结构化、非结构化数据；从数据所有者上可分为公司数据、政府数据、社会数据等。多类型的数据对数据的处理能力提出了更高的要求。

3．处理速度快

速度快一方面是指数据的增长速度快；另一方面是指要求数据访问、处理、交付等速度快，时效性要求高。例如，搜索引擎要求几分钟前的新闻能够被用户查询到，个性化推荐算法尽可能要求实时完成推荐。

4．价值密度低

尽管我们拥有大量数据，但是发挥价值的仅是其中非常小的部分。以视频为例，一小时的视频，在不间断的监控过程中，可能有用的数据仅仅只有一秒或两秒。

大数据背后潜藏的价值巨大。2020 年，美国社交网站 Facebook 上的每日活跃用户为 18.2 亿，每月活跃用户超过 27 亿。广告商可根据网站对这些用户信息进行分析的结果精准投放广告。

5．准确性

准确性是数据真实性的描述，不真实的数据需要经过清洗、集成和整合以获得高质量的数据。因此，对于虚拟网络环境下如此大量的数据需要采取措施确保其真实性、客观性，这是大数据技术与业务发展的迫切需求。另外，通过大数据分析，真实地还原和预测事物的本来面目也是大数据未来发展的趋势。

在大数据的几个特征中，多样性和价值备受关注。多样性之所以被关注，是因为数据的多样性使其存储、应用等各方面都发生了变化，针对多样化数据的处理需求也成为技术的重点攻关方向。而价值则不言而喻，无论是数据本身的价值还是其中蕴含的价值都是企业、部门、政府机关所需要的。因此，如何将多样化的数据转化为有价值的存在，是大数据所要解决的重要问题。

9.3.3 大数据的关键技术

大数据技术是指从各种类型的数据中快速获得有价值信息的技术。大数据领域已经涌现出了大量新的技术，它们成为大数据采集、存储、处理和呈现的有力武器。

大数据关键技术涵盖了数据存储、处理、应用等多方面的技术，根据大数据的处理过程，可将其分为大数据采集、大数据预处理、大数据存储及管理、大数据分析及挖掘等环节。

1．大数据采集

大数据采集是大数据生命周期中的第一个环节，该环节通过 RFID、传感器、社交网络交互及移动互联网等获得各种类型的海量数据，是大数据知识服务模型的根本。

大数据采集一般分为大数据智能感知层和大数据基础支撑层。大数据智能感知层主要包括数据传感体系、网络通信体系、传感适配体系、智能识别体系及软硬件资源接入系统，其主要功能是实现对结构化、半结构化、非结构化的海量数据的智能化识别、定位、跟踪、接入、传输、信号转换、监控、初步处理和管理等。基础支撑层提供大数据服务平台所需的虚拟服务器，结构化、半结构化及非结构化数据的数据库及物联网络资源等基础支撑环境。

2．大数据预处理

大数据预处理主要完成对已接收数据的抽取、清洗等操作。

1）抽取。获取的数据可能具有多种结构和类型，数据抽取过程是指将这些复杂的数据转化为单一的或便于处理的结构类型，以达到快速分析处理的目的。

2）清洗。清洗的大数据并不全是有价值的，有些数据并不是我们所关心的内容，而有些数据则可能是完全错误的干扰项，因此要对数据进行过滤“去噪”，以提取出有效的数据。

3．大数据存储及管理

大数据存储与管理是指使用存储器将采集的数据存储起来，建立相应的数据库，并进行管理和调用。它主要解决大数据的可存储、可表示、可处理、可靠性及有效传输等几个关键问题。其相关措施如下。

1）开发可靠的分布式文件系统，设计能效优化的存储和融入计算的存储，开发大数据的去冗余及高效低成本的大数据存储技术，研究分布式非关系型大数据管理与处理技术，研究异构数据的数据融合技术、数据组织技术、大数据建模技术，研究大数据索引技术及大数据移动、备份、复制等技术。

2）开发新型数据库技术。数据库分为关系型数据库、非关系型数据库及数据库缓存系统。非关系型数据库主要是指 NoSQL 数据库，分为键值数据库、列存数据库、图存数据库及文档数据库等类型。关系型数据库包含了传统关系数据库系统及 NewSQL 数据库。

3）开发大数据安全技术，如改进数据销毁、透明加解密、分布式访问控制、数据审计等技术，以及突破隐私保护和推理控制、数据真伪识别和取证、数据持有完整性验证等技术。

4．大数据分析及挖掘

大数据分析及挖掘的主要目的是将隐藏在大量的杂乱无章的数据中的信息集中起来，进行萃取、提炼，以找出潜在的、有用的信息和所研究对象的内在规律。下面主要从数据可视化、数据挖掘算法、预测性分析、语义引擎及数据质量管理 5 个方面进行分析。

（1）数据可视化

数据可视化无论是对普通用户还是数据分析专家，都是最基本的功能。数据可视化是指借助图形化手段，清晰有效地传达与沟通信息。它主要应用于海量数据关联分析，由于所涉及的信息比较分散、数据结构不统一，借助功能强大的可视化数据分析平台，可辅助人工操作对数据进行关联分析，并做出完整的分析图表。

（2）数据挖掘算法

数据挖掘算法是指从大量的、不完全的、有噪声的、模糊的、随机的实际应用数据中，提取隐含在其中的、人们事先不知道的、具有潜在价值的信息和知识的过程。大数据挖掘一般没有预先设定好的主题，是在现有数据上进行基于各种算法的计算，从而起到预测效果，实现高级别数据分析的需求。

数据挖掘常用的方法有预测建模、关联分析、聚类分析、偏差分析等。

数据挖掘常用的算法有 C4.5 算法、CART 算法、K 近邻算法、朴素贝叶斯算法、支持向量机算法、期望最大化算法、Apriori 算法、K-Means 算法和 Adaboost 算法。

（3）预测性分析

大数据分析重要的应用领域之一是预测性分析。预测性分析结合了多种高级分析功能，包括特别统计分析、预测建模、数据挖掘、文本分析、实体分析、优化、实时评分、机器学习等，从而对未来或其他不确定的事件进行预测。从纷繁的数据中挖掘出其特点，可以帮助我们了解目前状况及确定下一步的行动方案，即从依靠猜测进行决策转变为依靠预测进行决策。它可帮助分析用户的结构化和非结构化数据中的趋势、模式和关系，运用这些指标来洞察预测未发生的事件，并采取相应的措施。

（4）语义引擎

语义引擎是指将已有的数据加上语义，可以将它想象成在现有结构化或非结构化的数据库上的一个语义叠加层。它是语义技术最直接的应用，可以将人们从烦琐的搜索条目中解放出来，使用户更快、更准确、更全面地获得所需信息，以提高用户的互联网体验。

（5）数据质量管理

数据质量管理是指对数据计划、获取、存储、共享、维护、应用、消亡生命周期的每个阶段中可能引发的各类数据质量问题，进行识别、度量、监控、预警等一系列管理活动，并通过改善和提高组织的管理水平使数据质量进一步提高。对大数据进行有效分析的前提是必须要保证数据的质量。高质量的数据和有效的数据管理无论是在学术研究还是在商业应用领域都极其重要，各领域都需要保证分析结果的真实性和价值性。

9.3.4 大数据的应用

“十三五”以来，我国大数据蓬勃发展，融合应用不断深化。2020 年，我国大数据产业迎来新的发展机遇期，产业规模日趋成熟。大数据产业主体从“硬”设施向“软”服务转变的态势更加明显。金融、医疗健康、政务是大数据行业应用的最主要类型。除此之外依次是互联网、教育、交通运输、电子商务、供应链与物流、农业、工业与制造业、体育文化、环境气象、能源行业。下面介绍大数据技术在一些领域的典型应用。

1. 医疗行业中的大数据应用

新冠肺炎疫情在全球范围内暴发，引发了一场抗“疫”大战。在此次抗“疫”历程中，大数据发挥了巨大作用，广泛应用在疫情监测分析、人员管控、医疗救治、复工复产等各方面，为疫情防控工作提供了强大的支撑。

疫情期间，从大数据分析和展现入手，通过对人员和车辆流动、资源分布、物流运

输等信息进行全方位、多角度的实时展示，支撑政府的疫情防范管制。通过建立模型、分析挖掘等手段利用位置数据和各类行为数据实现高危人群识别、人员健康追踪、区域监测、市场监管等功能。在病情诊断、医学研究、医疗辅助等医护工作的相关场景中，大数据和智能技术得到充分应用。利用大数据技术实现海量生活数据的采集、分类和存储，为居民提供无接触外送、实时疫情地图、互联网医疗等服务。在便利居民正常生活的同时，确保了各类服务的安全健康。疫情防控健康码解决了数据标准不一致的问题，实现了跨省跨地区的疫情服务互联和有序复工复产；百度 Hi 企业智能远程办公平台、华宇软件等远程办公软件支撑了政企学的异地协同运转。

2．金融行业中的大数据应用

在全球数字化转型的热潮中，金融行业一马当先。金融机构具有庞大的客户群体，企业级数据仓库存储了覆盖客户、账户、产品、交易等大量的结构化数据，以及海量的语音、图像、视频等非结构化数据。这些数据背后都蕴藏了诸如客户偏好、社会关系、消费习惯等丰富全面的信息资源，成为金融行业数据应用的重要基础。

随着金融业务与大数据技术的深度融合，数据价值不断被发现，有效促进了业务效率的提升、金融风险的防范、金融机构商业模式的创新及金融科技模式下的市场监管。目前，金融大数据已在交易欺诈识别、精准营销、信贷风险评估、供应链金融、股市行情预测等多领域的具体业务中得到广泛应用。大数据的应用分析能力，正在成为金融机构未来发展的核心竞争要素。

大数据在金融行业的应用主要体现在以下几个方面。

1）精准营销。精准营销是指依据客户的消费习惯、地理位置、消费时间进行推荐。

2）风险管控。风险管控是指依据客户的消费和现金流提供信用评级或融资支持，利用客户社交行为记录实施信用卡反欺诈。

3）决策支持。决策支持是指利用决策树技术进行抵押贷款管理，利用数据分析报告实施产业信贷风险控制。

4）效率提升。效率提升是指利用金融行业全局数据了解业务运营薄弱点，利用大数据技术加快内部数据的处理速度。

5）产品设计。产品设计是指利用大数据计算技术为财富客户推荐产品，利用客户行为数据设计满足客户需求的金融产品。

3．交通行业中的大数据应用

在交通领域中，大数据一直被视作缓解交通压力的技术利器。应用大数据有助于了解城市交通拥堵问题中行人的出行规律和原因，为政府精准管理提供基于数据证据的综合决策，以实现交通和生活的和谐，提高城市的宜居性。

利用大数据技术，可以提升单一路口或区域路段的通行效率。结合高清监控视频、卡口数据等，再辅以智能研判，可以实现路口的自适应及信号配时的优化。通过大数据分析，得出区域内多路口综合通行能力，用于区域内多路口红绿灯配时优化。

利用智能交通管理系统，可以获取道路天气、施工情况、事故情况，并结合大数据分析，为出行人员和交管部门提供天气、路面状况、事故易发地点、停车场等信息，并根据车辆目的地、驾驶员行驶习惯、路面情况推荐行驶路线。

公交线路规划和设计也是大数据的应用场景之一，传统的公交线路规划往往需要在前期投入大量的人力进行 OD 调查（origin destination survey）和数据收集。但是在公交卡普及后，OD 流量数据完全可以从公交一卡通中采集到相关的交通流量和流向数据，包括同一张卡每天的行走路线和换乘次数等详细信息。结合交通流量的流向数据趋势变化，更好地帮助公交部门进行公交运营线路的调整、换乘站的设计等。

利用 iOS 和安卓手机，能够跟踪入网城市的停车位。用户只需要输入地址或在地图中选定地点，即可看到附近可用的停车位及其价格和时间区间。App 能够实时跟踪停车位的数量变化，能够实时监控多个城市的停车位，以缓解停车难问题。

另外，航空公司利用大数据安排机场航班的起降可以提高航班管理的效率，也可以提高上座率，降低运行成本；铁路利用大数据可以有效地安排客运和货运列车，以提高效率、降低成本。

4. 教育行业中的大数据应用

信息技术已经在教育领域有了越来越广泛的应用，如教学、考试、师生互动、校园安全、家教关系等。在教学方面，大数据不仅可以帮助改善教育教学模式，还可以在重大教育决策制定和教育改革方面提供建议。美国利用数据来诊断处在辍学危险期的学生、探索教育开支与学生学习成绩提升的关系、探索学生缺课与成绩的关系。例如，美国某州公立中小学的数据分析显示，在语文成绩上，教师的高考成绩越好，学生的成绩也越好。如果有了充分的数据，便可以发掘更多的教师特征和学生成绩之间的关系，从而为挑选教师提供参考。

大数据还可以帮助家长和教师甄别出孩子的学习差距并提供有效的学习方法。例如，美国的麦格劳-希尔教育出版集团开发出了一种预测评估工具，帮助学生评估他们已有的知识和达标测验所需程度的差距，进而指出学生有待提高的地方。评估工具可以使教师跟踪学生的学习情况，从而找到学生的学习特点和方法。通过大数据搜集和分析，为教育教学提供坚实的依据。

在国内，尤其是北京、上海、广东等城市，大数据在教育领域已经有了非常多的应用，如慕课、在线课程、翻转课堂等就应用了大量的大数据工具。毫无疑问，在不远的将来，无论是教育管理部门，还是校长、教师、学生和家长，都可以得到针对不同应用的个性化分析报告。而且，个性化学习终端将会更多地融入学习资源云平台，即根据每个学生的不同兴趣爱好和特长，推送相关领域的前沿技术、资讯、资源乃至未来职业发展方向等，并贯穿每个人终身学习的全过程。

5. 零售行业中的大数据应用

了解客户的消费喜好，进行商品的精准营销，满足客户服务需求是目前大数据在零

售行业领域最广为人知的应用。基于用户搜索行为、浏览行为、评论历史和个人资料等数据，互联网业务可以洞察消费者的整体需求，进而进行针对性的产品生产、改进和营销。通过大数据的应用，电信公司可以预测出流失的客户，超市则可以更加精准地预测哪款产品会大卖，汽车保险行业会了解客户的需求和驾驶水平等。

《纽约时报》曾经发布过一条引起轰动的关于美国第二大零售超市 Target 百货公司成功推销孕妇用品的报道，让人们再次感受到了大数据的威力。对于零售业而言，孕妇是一个非常重要的消费群体。孕妇从怀孕到生产的全过程，需要购买保健品、婴儿尿布、爽身粉、婴儿服装等各种商品，表现出非常稳定的刚性需求。因此，孕妇产品零售商如果能够提前获得孕妇的信息，在怀孕初期就进行有针对性的产品宣传和引导，无疑将会给商家带来巨大的收益。如何有效地识别出哪些顾客属于孕妇群体就成为最关键的问题。Target 公司借助大数据分析技术分析顾客的购买行为，以判断顾客是否已经怀孕。例如，怀孕的妇女一般在怀孕第三个月时会购买很多大包装的无香味护手霜，几个月后，她们会购买镁、钙、锌之类的保健品。在大量数据分析的基础上，Target 公司选出 25 种典型商品的消费数据构建得到怀孕预测指数；通过这个指数，Target 公司能够在很小的误差范围内预测顾客的怀孕情况。因此，当其他商家还在茫然无措地寻找目标群体时，Target 公司已经早早地锁定了目标客户，并将孕妇相关产品的优惠广告寄发给客户。

6．体育、娱乐领域中的大数据应用

大数据在体育、娱乐领域得到了广泛的应用，包括运动员表现、健康数据、比赛数据的采集和分析，正在成为职业俱乐部发现优势和不足、赢取胜利不可或缺的手段。

从运动员本身来讲，可穿戴设备收集的数据可以让自己更了解身体状况。媒体评论员通过大数据提供的数据更好地解说比赛、分析比赛，数据已经通过大数据分析转化为了洞察力，为体育竞技中的胜利增加筹码，也为身处世界各地的体育爱好者随时随地观赏比赛提供了个性化的体验。

尽管鲜有职业网球选手愿意公开承认自己利用大数据来制定比赛策划和战术，但大多数球员会在比赛前后使用大数据服务。有教练表示：“在球场上，比赛的输赢取决于比赛策略和战术，以及赛场上连续对打期间的快速反应和决策，但这些细节转瞬即逝，所以数据分析成为一场比赛最关键的部分。

7．日常生活中的大数据应用

大数据不仅应用于企业和政府，同样也应用于我们的日常生活中。在信息化社会，我们每个人的一言一行都会留下以数据形式存在的轨迹，这些分散在各角落的数据，记录了我们的通话、邮件、购物出行、住宿及生理指标等各种信息，构成了与每个人相关联的个人大数据。分析个人大数据就可以深刻了解他的各种生活行为习惯，如每年的出差时间、喜欢入住的酒店、每天的上下班路线、最爱去的购物场所、网购的商品、个人的网络关注话题和个人的性格等。了解了个人的生活行为模式，一些公司就可以为个人

提供更加周到的服务。例如，开发一款个人生活助理工具，可以根据你的热量消耗及睡眠模式来规划个人的健康作息时间，可以根据个人兴趣爱好为你选择与你志趣相投的恋爱对象，可以根据你的心跳、血压等各项生理指标为你选择合适的健身运动，可以根据你的交友记录为你安排朋友聚会以维护人际关系网络，以及可以根据你的阅读习惯为你推荐最新的相关书籍等。所有的服务都以数据为基础、以个人为中心，使我们每个人都能获得更加舒适的生活体验和更高的生活品质。

9.3.5 大数据与云计算、物联网的关系

云计算、大数据和物联网代表了 IT 领域最新的技术发展趋势，三者既有区别又有联系。云计算最初主要包含两类含义：①以 Google 公司的 GFS 和 Map-Reduce 为代表的大规模分布式并行云计算技术；②以亚马逊公司的虚拟机和对象储存为代表的“按需租用”的商业模式。但是随着大数据概念的提出，云计算中的分布式计算机技术开始更多地被列入大数据技术，而人们提到云计算时，更多指的是底层基础 IT 资源的整合优化及以服务的方式提供 IT 资源的商业模式（如 IaaS、PaaS、SaaS）。从云计算和大数据的诞生到现在，二者之间的关系非常微妙，既密不可分，又千差万别。因此我们不能将云计算和大数据割裂开来作为截然不同的两类技术看待。此外，物联网也是和云计算、大数据相伴相生的技术。下面介绍三者的联系与区别。

1. 大数据、云计算和物联网的区别

大数据侧重于对海量数据的存储、处理与分析，其目的是从海量数据中发现价值，服务于生产和生活；云计算本质上旨在整合和优化各种 IT 资源，并通过网络以服务的方式廉价地提供给用户；物联网的发展目标是实现物物相连，应用创新是物联网发展的核心。

2. 大数据、云计算和物联网的联系

从整体上看，大数据、云计算和物联网这三者是相辅相成的。大数据根植于云计算，大数据分析的很多技术都来自于云计算。云计算的分布式数据存储和管理系统（包括分布式文件系统和分布式数据库系统）提供了海量数据存储和管理能力，分布式并行处理框架 Map-Reduce 提供了海量数据分析能力，没有这些云计算作为支撑，大数据分析则无从谈起。反之，大数据为云计算提供了“用武之地”，没有大数据这个“练兵场”，云计算技术再先进，也不能发挥它的应用价值。同时，物联网的传感器源源不断地产生的大量数据，构成了大数据的重要数据来源，没有物联网的飞速发展，就不会带来数据产生方式的变革（即由人工产生阶段转向自动产生阶段），大数据时代也不会这么快到来。同时，物联网也需要借助云计算和大数据技术，来实现物联网大数据的存储、分析和处理。

综上所述，云计算、大数据和物联网已经彼此渗透、相互融合，在很多应用场合可以同时看到三者的身影。在未来，三者会继续相互促进、相互影响，更好地服务于社会

生产和生活的各领域。

本 章 小 结

本章首先介绍了物联网的概念、特点、技术架构、关键技术及其应用；然后介绍了云计算的概念、发展现状、服务模式、部署模式、关键技术及其应用；最后介绍了大数据的概念、特点、关键技术及其应用，并阐述了大数据、云计算和物联网三者之间的区别与联系。

参 考 文 献

程向前，周梦远，2014．基于 RAPTOR 的可视化计算案例教程[M]．北京：清华大学出版社．
高万萍，王德俊，2019．计算机应用基础教程（Windows 10，Office 2016）[M]．北京：清华大学出版社．
互联网+计算机教育研究院，2019．WPS Office 2016 商务办公全能一本通[M]．北京：人民邮电出版社．
刘永娟，彭勇，2015．大学计算机基础（Windows 7+Office 2010）[M]．北京：人民邮电出版社．
冉娟，吴艳，张宁，2016．RAPTOR 流程图+算法程序设计教程[M]．北京：北京邮电大学出版社．
唐培和，徐奕奕，2015．计算思维：计算学科导论[M]．北京：电子工业出版社．
王飞跃，2013．面向计算社会的计算素质培养：计算思维与计算文化[J]．工业和信息化教育（6）：4-8．
熊燕，杨宁，2019．大学计算机基础（Windows 10+Office 2016）（微课版）[M]．北京：人民邮电出版社．
杨丽凤，2015．大学计算机基础与计算思维[M]．北京：人民邮电出版社．
姚志鸿，郑宏亮，张也非，2021．大学计算机基础（Windows 10+Office 2016）[M]．北京：科学出版社．